21 世纪高等学校工程管理系列教材
北京建筑大学教材建设项目资助出版

城 市 公 共 设 施 管 理

邓世专　编著

机械工业出版社

本书融合了城市管理学、城市经济学、城市规划与设计等多学科专业知识，从城市公共设施设计、运营、维护、服务和数字化转型等方面介绍了城市公共设施管理的现状与问题，并给出了相应对策，重点介绍了城市公共设施管理的趋势、技术和实践，主要内容包括城市公共设施管理概述、城市公共设施设计、城市公共设施规划、城市公共设施优化、城市公共设施投资与融资、城市公共设施建设工程管理、城市公共设施运营管理、城市公共设施维护、数字化转型的城市公共设施管理。

本书可作为高等学校工程管理、工商管理、公共管理等专业高年级本科生或研究生的教材，也可作为行业在职职工的岗位培训教材，还可作为广大城市公共设施管理工作人员的参考书。

图书在版编目（CIP）数据

城市公共设施管理/邓世专编著. —北京：机械工业出版社，2022.8
21 世纪高等学校工程管理系列教材
ISBN 978-7-111-71142-1

Ⅰ.①城…　Ⅱ.①邓…　Ⅲ.①城市公用设施-公共管理-高等学校-教材
Ⅳ.①TU998

中国版本图书馆 CIP 数据核字（2022）第 113949 号

机械工业出版社（北京市百万庄大街 22 号　邮政编码 100037）
策划编辑：林　辉　　　　　责任编辑：林　辉　王　芳
责任校对：李　杉　张　薇　封面设计：张　静
责任印制：刘　媛
北京盛通商印快线网络科技有限公司印刷
2022 年 8 月第 1 版第 1 次印刷
184mm×260mm·17.25 印张·424 千字
标准书号：ISBN 978-7-111-71142-1
定价：58.00 元

电话服务　　　　　　　　　网络服务
客服电话：010-88361066　　机　工　官　网：www.cmpbook.com
　　　　　010-88379833　　机　工　官　博：weibo.com/cmp1952
　　　　　010-68326294　　金　书　网：www.golden-book.com
封底无防伪标均为盗版　机工教育服务网：www.cmpedu.com

前　言

公共设施是指由政府或其他社会组织提供的、属于社会公众使用或享用的公共建筑或设备。按经济学的说法，公共设施是政府提供的公共产品。从社会学角度来讲，公共设施是满足人们公共需求（便利、安全、参与）和公共空间选择的设施，如公共行政设施、公共信息设施、公共卫生设施、公共体育设施、公共文化设施、公共交通设施、公共教育设施、公共绿化设施等。公共设施是与我们生活密切相关的一种辅助设施，具体包括路灯、垃圾箱、公共汽车站、商亭、电话亭、标志牌、广告牌、马路护栏等，是在城市中使用最多、分布最广而又与人群（无论是本地人还是外来游客）接触最为密切的设施，它以其独有的功能特点遍布城市的大街小巷。公共设施与大众的日常生活关系密切，在实现其自身功能的基础上，已经与建筑一起共同反映一个城市的特色与风采，体现市民的生活品质。

城市公共设施作为与人们日常生活密切相关的、一种发挥城市功能的户外设施，是公共景观环境中不可或缺的元素。城市景观中公共设施的配置、完善与演变体现了人类的文明程度，具有文化性、多元性、特定性的设计特点。现代城市景观的公共设施是伴随着大工业生产的兴起、现代设计的诞生而发展起来的。随着生产过程的机械化、自动化，自动装置、计算机装置被广泛应用，新材料、新科技不断涌现，人们的公共空间领域也不断扩展，随即发展出了与之配套的饮水机、路灯、指示牌、设计新颖的公共自助系统、电话亭、公共汽车站、儿童游乐设施等。公共设施装点着城市景观环境的每个角落，体现了人文关怀和人类文明。

随着人类文明的发展和科技的进步，人们对生活环境的要求也日益提高。无论是身边的小区景致、街心及广场的布局与陈设，还是公园、纪念馆、学校等公共场所的形与色，空间与体量，功能与活动，都日益受到人们的瞩目。而在这些公共空间环境中，与人们最能"亲密"接触的就是公共设施，公共设施通过多变的形式、丰富的体量、便利性和情趣性，不仅从视觉上满足了人对环境美的要求，还从功能上满足了人对环境的各方面需求。公共设施在不断地完善和发展，由最初的公共座椅、公共雕塑、凉亭、喷泉等，发展为公共电话亭、候车亭、自动提款机、自动售货机、路牌、路障等，给人们的生活、生产和学习提供了更大的空间，给人们的生活带来了更多的精彩与便利。

我国在城市化快速发展过程中取得了不斐的成绩，但各种城市公共设施管理问题也接连显现。一些城市政府在理解城市公共设施管理内涵上存在认识偏差，在实践中出现了很多似是而非的城市公共设施管理问题。为此，如何依据我国城市化和市场化的实际水平，建立与时俱进的具有中国特色的城市公共设施管理理念，从而提高城市公共设施管理水平，成为城市公共设施管理者的重要研究课题。

因此，本书融合城市管理学、城市经济学、城市规划与设计等多学科专业知识，不仅从城市公共设施设计、运营、维护、服务和数字化转型等方面介绍了城市公共设施管理的现状与问题，而且给出了对策。同时，本书重点介绍了公共设施管理趋势、技术和实践，包括哪些创新和技术将产生较大的影响，需要采取什么行动和实践来提升效率，城市公共设施管理人员将面临哪些挑战以及如何克服等。

本书在编写过程中参考了大量国内外文献，在此对有关作者表示衷心的感谢！由于编著者水平有限，本书不妥之处恳请同行专家、学者和广大读者批评指正。

编著者

目　　录

前言

第1章　城市公共设施管理概述 ………………………………………………… 1
1.1　认识“城市” …………………………………………………………… 1
1.2　解读“公共” …………………………………………………………… 6
1.3　公共设施的含义与特点 ………………………………………………… 9
1.4　公共设施管理的范畴与分类 …………………………………………… 11
1.5　城市公共设施展示 ……………………………………………………… 14

第2章　城市公共设施设计 …………………………………………………… 28
2.1　城市公共设施设计的目标与约束 ……………………………………… 28
2.2　公共设施设计的性质与基本任务 ……………………………………… 30
2.3　公共设施设计的理念、原则和方法 …………………………………… 36
2.4　城市公共设施设计的实施 ……………………………………………… 50
2.5　城市公共设施设计的效果与评价 ……………………………………… 58
2.6　城市公共设施设计案例 ………………………………………………… 61

第3章　城市公共设施规划 …………………………………………………… 69
3.1　规划概述 ………………………………………………………………… 69
3.2　城市规划概述 …………………………………………………………… 70
3.3　城市规划理论与城市公共设施规划关注点 …………………………… 76
3.4　城市公共设施规划调查研究与基础资料收集 ………………………… 82
3.5　城市公共设施规划的基本内容 ………………………………………… 88
3.6　城市公共设施规划的编制与实施 ……………………………………… 94
3.7　城市公共设施规划案例 ………………………………………………… 99

第4章　城市公共设施优化 …………………………………………………… 101
4.1　可持续的城市公共设施优化原则 ……………………………………… 101
4.2　公共设施的优化促进可持续发展 ……………………………………… 104
4.3　可持续的公共设施战略规划 …………………………………………… 109

第5章　城市公共设施投资与融资 …………………………………………… 113
5.1　城市公共设施投资 ……………………………………………………… 114
5.2　城市公共设施融资 ……………………………………………………… 123
5.3　BOT模式与PPP模式 …………………………………………………… 134

5.4 投融资常用的评价方法 ···································· 140

第 6 章 城市公共设施建设工程管理 ···································· 147
6.1 城市公共设施建设目标与基本程序 ···································· 147
6.2 城市公共设施建设工程招标投标 ···································· 149
6.3 城市公共设施建设项目组织协调 ···································· 153
6.4 城市公共设施建设工程进度管理与质量控制 ···································· 156
6.5 城市公共设施建设工程环境管理 ···································· 159

第 7 章 城市公共设施运营管理 ···································· 162
7.1 城市公共设施运营管理概述 ···································· 162
7.2 城市公共设施运营管理面临的问题及原因分析 ···································· 167
7.3 城市公共设施运营战略与计划 ···································· 169
7.4 城市公共设施的运作管理 ···································· 174
7.5 城市公共设施运营的质量管理 ···································· 181
7.6 城市公共设施运营管理案例 ···································· 190

第 8 章 城市公共设施维护 ···································· 203
8.1 城市公共设施属性分析 ···································· 203
8.2 城市公共设施规划和设计寿命周期 ···································· 206
8.3 城市公共设施维护理论 ···································· 210
8.4 公共设施养护 ···································· 220
8.5 城市维护建设税 ···································· 227
8.6 我国城市公共设施维护管理存在的问题及设想 ···································· 229
8.7 国外公共设施维护经验 ···································· 235

第 9 章 数字化转型下的城市公共设施管理 ···································· 240
9.1 城市公共设施数字化管理的必要性和意义 ···································· 240
9.2 城市公共设施的数字化管理 ···································· 245
9.3 城市公共设施数字化管理的一般流程 ···································· 260
9.4 城市公共设施数字化管理的关键要素 ···································· 262
9.5 城市公共设施数字化管理案例 ···································· 264

参考文献 ···································· 268

第 1 章

城市公共设施管理概述

1.1 认识"城市"

什么是城市？这个问题可以有成千上万种回答。作为一种与人类文明伴生、依然不断发展演变的空间聚落形式，不仅很难用准确的文字对其进行定义，对其现实的认识也差异巨大，如同电视剧《北京人在纽约》片首语所言："如果你爱他，就把他送到纽约去，因为那里是天堂；如果你恨他，就把他送到纽约去，因为那里是地狱。"大都市可以是实现梦想的舞台，也可能是充满陷阱与危险的泥沼。在不同的个体眼中，城市可以代表完全不同的形象与意义；若从学科领域的视角出发，将会得到更多的看法。定义的多样性反映了城市现实的复杂性，因此，更需要了解城市的本质与特征，从而在纷繁凌乱的现实世界中洞察城市的内核。

1.1.1 城市的含义

历经了千年的发展与演进，城市已成为一个相当复杂的社会现实，虽然当今世界有将近一半的人生活在城市里，但是人们对城市的认识却不尽相同。法国学者 P. 平切梅尔（P. Pinwheel）指出了其中的困难："城市现象是个很难下定义的，现实城市既是一个景观、一片经济空间、一种人口密度，也是一个生活中心和劳动中心，更具体点说，也可能是一种气氛、一种特征或一个灵魂。"

城市的定义有上百种之多，这些从不同学科、不同角度的总结，深化了对城市的认识。也许对城市给出一个确切的、完整的定义是不可能的，但不妨从如下定义中发掘一些普遍的内涵，作为进一步认识城市的起点（孙施文，1997）。

1）地理学上的城市，是指地处交通方便的、覆盖有一定面积的人群和房屋的密集结合体。

2）对于城市的法律定义，尽管在不同的国家城市的定义是不一样的，但就其一般性质来说，城市必须同时具有：

① 密集性，即大量的人口和高度的密集。

② 经济性，即非农业的土地利用，第二、第三产业等非农业活动的密集。

③ 社会性，即城市中许多人与人之间的社会关系和相互作用明显地不同于乡村。

3）城市有以下四个特质：

① 较充分地享受其社会的生活和文明。

② 商业和工业中心，即有大规模的货品和劳务，以及各种不同的非农业职业。

③ 有某种程度自治的人口。

④ 孕育文化的中心，即可孕育世界文明，保持文明的高度形式。

概括起来，对城市可有如下认识：

1）城市聚集了一定数量的人口。

2）城市以非农业活动为主，是区别于农村的社会组织形式。

3）城市承担一定地域空间政治中心、经济中心和文化中心的职能。

4）城市要求相对聚集，以满足居民生产和生活方面的需要，发挥城市特有功能。

5）城市必须提供必要的物质设施和力求保持良好的生态环境。

6）城市是根据共同的社会目标和各方面的需要而进行协调运转的社会实体。

7）城市有继承传统文化，并加以绵延发展的使命。

综上所述，城市是一个以人为主体，以空间和环境利用为基础，以聚集经济效益为特点，以人类社会进步为目的的一个集约人口、集约经济、集约科学文化的空间地域系统。

1.1.2　城市的本质

城市是人聚集生活而形成的空间聚落，人生存发展的社会化过程与城市同步，正如《马丘比丘宪章》所指出的：人与人之间的相互关系和交往是城市存在的基本根据。不断更新的技术手段为人类社会实现空间梦想插上了翅膀，在欲望、利益、效绩的驱使下，城市快速扩张、城市规模极度膨胀。

城市是人的生活空间。可以这样界定城市的本质：城市是人类为满足自身生存和发展需要而创造的人工环境，探讨城市的本质就聚焦于人性、人的需求和人与环境三个方面问题。

1. 人性

人作为自然个体，是很脆弱的动物，无法完全以"自然"的状态生存。能遮风避雨、安全舒适的居室是人维持生存的基本条件。刘易斯·芒福德（Liuwis Mumford）认为，城市的发展实质上就是人类"居室"日趋完备的过程。没有人的存在，没有人对于自身居住环境的需要，也就无须论及城市的产生。作为人类所选择和创造的人工环境，城市首先要应对人的生存需要，提供衣、食、住、行等基本条件，满足人的自然性。人又不同于其他动物，与群体之间存在紧密而广泛的社会关联。城市还要应对人的精神需要，设置文化教育和休闲娱乐设施，以满足人的社会性。人是自然性和社会性特征的统一体，城市要充分考虑到人的基本需要，为人的生存发展创造适宜的条件与环境。

（1）人的自然属性　人来自自然界，作为其中的一部分，与外界随时随地发生着物质与能量的交换。人的自然属性决定了人与自然环境的内在关联。人无法脱离所存在的自然环境，作为自然界最高等级的动物，人必须维护自然生态系统的平衡与持续发展，这是人存在的根本。人的自然属性是社会属性产生的根源，人无法作为单独的个体脱离群体而存在，换句话说，人的社会属性同人的自然属性是天生共存的。

（2）人的社会属性　人的社会属性是指人与人之间的合作和互助，人的自然属性与动物有着相同之处，而人的社会属性则把人与动物完全区别开来，人的社会属性是人的本质所在。马克思指出：人的本质不是个人所固有的抽象物，在其现实性上，它是一切社会关系的总和。社会行为促使社会成员更紧密地互相结合起来，它使互相支持和共同协作的场合增多了，并且使每个人都清楚地意识到这种共同协作的好处。

从人类社会总体发展来看，如果说人自身的生物进化过程已基本完成，人的社会进化过程却还远远没有结束，人的社会属性所固有的可塑性、可教育性都决定了一个人是未完成的社会存在物。人在本质上是社会存在物，是有意识地从事活动的存在物。

1）人的社会属性在于其可塑性和可教育性。人是社会动物，作为实践主体，人既要改变客观世界，也要改变主观世界。根据现代教育人类学的观点，人刚生下来时如同动物一样，只有自然性的本能，没有社会性的文化，这时可以认为人在成长发育上是不成熟的，必须通过学习、接受教育，才能成为有所为的社会人，完成社会生命的进化。即使是成人，也仍需要继续学习和接受各种形式的教育，以适应时代的变化和知识的更新。

2）城市环境对改造人的社会属性具有重要作用。人的生命进化有两条通道：遗传和社会。个体的生理生命起源于他父母体内的细胞合成，社会生命则起源于与外界的交流。人的语言、行为、观念及其他社会特征都是在与外界环境的交流中形成的。不仅历史和现实社会说明人必须在社会环境中才能生存和发展，而且对人进行社会性改造的工具、技术也存在于社会环境中。因此，外界环境对人的发育和成长具有重要作用，人的发展正是以遗传的禀赋为基础，以环境条件的影响为前提，通过不间断学习和教育活动来实现的。

2．人的需求

人的需求由人的本性决定。城市不断演变进化的过程也可以看作人的需求不断发展变化的过程，城市与人的需求之间的矛盾和冲突构成了社会生产力发展的动力之源。

（1）需求的层次与类型　美国人本主义心理学家亚伯拉罕·哈罗德·马斯洛（Abraham Harold Maslow）提出了人的需求层次理论（见图 1-1）。他认为，需求层次出现的先后表明，较低级的需求是优先的，越是高级的需求对于维持纯粹的生存就越不迫切，但是高级需求才能产生更大的幸福感和内心生活的丰富感。可以将这些需求分成生存需求和发展需求。发展需求又可分为基本发展和高层次发展需求。生存需求是人的生理机能所决定的，是发展需求的前提和基础。生存需求的内涵也不是一成不变的，随着收入水平的上升和生活方式的改进，人对生存质量的要求也处于变化之中。发展需求以生存需求为依托，同时又对生存需求有重要的影响。

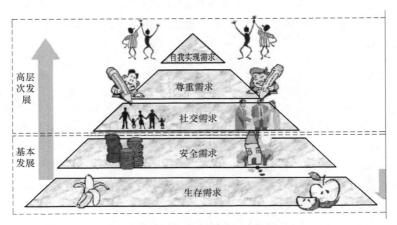

图 1-1　需求层次理论

从主体形式看，需求可分为个体需求和群体需求。个体需求是由个人的身体状况、年龄阶段、兴趣、爱好、经历、文化背景、受教育程度等因素决定的，是需求的基本形式。群体需求是一定社会群体的需求，或者是个体需求之和。群体需求高于个体需求，限制着个体需求的程度、范围，并引导个体需求的发展方向。同时也要顾及个体需求的特殊性和合理性。

（2）需求的差异性　从差异性来看，人的需求有以下几个方面的特征：

1）时代差异性。不同的历史阶段社会条件的差异会造成人需求结构的不同。在原始社会中，人类主要是满足自身的生存需求。随着生产力的发展，人类社会进入工业文明时代，许多新需求产生，如享受、休闲、接受教育等。进入信息社会以来，社会生活方式的变化使人的需求呈现更为多样的类型。

2）群体的差异性。社会群体有不同的划分方式：按职业可分为学生、工人、农民等；按收入分为高、中、低不同收入群体；按性别分为男性和女性；按年龄分为儿童、少年、青年、中年和老年。不同群体之间的需求结构都有所不同，如儿童主要是生存需求，老年人主要是休闲需求，而青年人的发展需求更为强烈，中年人对创造力的需求更迫切一些；高收入群体对自身的发展需求提出了更高要求，而低收入群体则主要以满足自己的生存需求为主。

3）地区差异性。一方水土养一方人，因自然气候、地理位置、文化传统、风俗习惯、收入水平和生活方式等的差异，各地区间人的需求差异较大。我国幅员辽阔，地区差异更为明显，南方和北方、东部和西部、先发达与后发达地区、大城市和小城镇的人之间均存在着特定的需求。

3. 人与环境

城市本质的另一个重要方面，是人与环境的互动关系。人创造环境，环境也塑造人。人工环境本身是人的行为和意识的产物，自然环境作为人工环境的存在基础与人类息息相关。城市环境一方面体现了人化自然，满足了人的需求，另一方面又对人具有重要的影响。因此，城市环境与人是一个不可分割的整体，互为前提，互为条件。城市环境具有人性化的特征，这是城市环境与自然环境的根本区别之所在。在设计城市环境时必须从人自身的基本需求以及人类社会发展的长远利益和长远目标出发，把城市环境与人的自身利益联系起来，以便更加符合人类发展的基本需求。在城市本质的主要构成中，人性是基础，人的需求是核心，环境是载体。城市的本质体现了人本主义思想，体现了人在城市发展中的主导作用和不可推卸的历史使命。

1.1.3　城市的特征

城市作为社会大系统，是一个以人为主体、以自然环境为依托、以经济活动为基础，社会联系极为紧密的有机整体。它有着自身的成长机制和运行规律，更有区别于乡村的鲜明特征。概括起来，城市有以下四个方面的典型特征。

1. 系统——复杂、动态、开放的大系统

城市是经济运作实体、社会政治实体、科学文化实体和自然生态实体的有机统一。因此，城市在本质上是一个社会大系统，它的特征是各种要素在一定空间地域上的集聚，形成层次复杂、关系错综、目标功能多样的格局，并且伴随历史进程，持续演进更新、动态发展。作为系统而存在的城市具有系统所有的典型特征，其中最主要的就是整体性。对城市中的实体环境和建筑物进行规划和设计时，都必须将之置入城市整体的背景进行考察，全面掌握其自身的运行规律以及整体与其他要素之间的相互关系。城市的复杂性还在于系统因素之间不存在着复杂的相互作用和相互关系。随着科学技术的不断进步，社会分工在不断深化、细化，非树形结构的城市系统要素间的联系也变得更加多元。

人类社会的发展进程是文明不断演化和推进的过程，也是人利用自然和改造自然从而实现人的自由与价值的过程。从蛮荒的山林、村落到聚集的城市，毫无疑问城市在发展的进程中扮演着核心的角色。物质、财富、知识、技术等的高度聚集带来了显而易见的结果：绝大多数的国家发展战略都是在城市中做出的；大多数的社会变化开始于城市；城市文化代表社会主流文化。因此，城市是周围地域的经济、政治、社会和文化中心，引导着人类社会的发展方向。

2. 密集——人、物质、活动的高度密集

密集是城市最本质的特征。城市的密集性具体体现为以下三个方面。

（1）人的密集　城市是人的聚落，而且是高度密集的生活空间。2000 年，墨西哥城人口高达 1950 万，占墨西哥总人口的 17.4%。我国是一个人口众多而耕地相对不足的大国，城镇建设用地十分宝贵，这在客观上造成了我国城市人口密集度比其他国家更为突出。2012 年，以城市的市区计，北京的人口密度为 8563 人/km^2，广州为 2880 人/km^2，天津为 2314 人/km^2，而上海高达 22576 人/km^2。上海的人口密度是美国纽约 2 倍左右（10634 人/km^2）、英国伦敦的 4 倍左右（5285 人/km^2）。

（2）物质和资本的密集　城市被称为"钢筋混凝土的森林"，城市中的建筑物鳞次栉比、道路桥梁密如蛛网、各种物流昼夜奔腾不息。城市是国家物质财富主要的创造者和聚集地。1993 年，中国工业总产值的 74% 来自城市（不含市辖县，以下同），工业固定资产的 73% 也集中在城市；当年全国全部固定资产投资额中，有 44% 投向了城市；城市居民储蓄存款余额占全国城乡居民储蓄存款余额的 66%。

（3）活动的密集　城市里几乎集中了所有的高等院校和多数科研院所，以及国家主要的行政管理文化设施（如图书馆、博物馆、展览馆）、体育设施（如体育场、体育馆）和大中型医疗机构等，这就使城市承担了创造和传播人类精神文明的神圣使命，城市文化也成为社会文化的主体。

3. 高效——高效率与高效益

（1）高效率　相对于乡村，城市拥有完善的市政设施、便捷的通信手段、发达的交通工具和高智力的管理阶层，因此有着很高的运转效率。在现代化、信息化的社会里，城市的高效率更具有无可比拟的优势，它是推动城市不断发展的"引擎"。

（2）高效益　城市基本上脱离了对土地的依赖，较少受自然气候等因素的干扰，再加上众多的熟练工人、雄厚的资金投入和先进的科学技术，因而较之农村能取得更高的经济效益和社会效益。以上海市为例，2010 年上海市以其占全国 1.72% 的人口、0.06% 的土地创造出占全国 42% 的国内生产总值和 44% 的工业总产值。而同年，在中国有着"农业大省"之称的河南与湖南，其人均国内生产总值只有上海的 32%。

4. 多元——多功能与多类型

（1）多功能　城市功能指的是在国家政治、经济、文化生活中承担的任务和作用。城市功能的多寡强弱，直接决定了它在社会经济生活中的盛衰存亡。城市功能一般包括以下内容：

1）作为一个经济实体，城市内部的经济生活必然具备生产、分配、交换、消费四个

环节。

2）作为一个社会实体，城市是人们进行政治、社会等活动的中心，要为居民提供一个安定的社会环境。

3）作为一个文化实体，城市必须提供教育、科研、文体、娱乐等多种服务，延续与传承历史文化。

4）作为一个物质实体，城市还要提供方便于工作、居住、游憩和交通的综合设施。

以上功能，是任何城市都应必备的，不可偏废与缺少。从这个意义上说，所有城市都是多功能的，只不过各种功能的强弱存在差异而已。城市也因为这种差异而呈现出不同的特征。

（2）多类型　各个城市由于处于不同的自然状况和社会进程当中，必然受着地理位置、气候条件、矿藏资源、山水环境、经济实力、人文历史和行政区划等诸多因素的影响，因而内部功能的构成与发展不可能千篇一律，必然有某种或某几种功能更强、成长更快，从而居于主导地位，其余功能则处于辅助地位，这样，那些主导功能就决定了城市的特色，使城市呈现出若干种不同类型。

1.2　解读"公共"

公共生活是由"公共"限定的生活类型，其要义凝结在"公共性"上。公共是城市公共中心的基本属性，在不同的历史发展阶段和文化语境下，其含义不尽相同。东西方的"公共"观念差异尤为显著，"公共"内在价值的解读与认知是建立科学的规划设计理念的基本前提。

1.2.1　东西方语境下的"公"与"私"

"公"与"私"，作为一对语义范畴，在东西方的社会思想发展史上源远流长，从古希腊的城邦社会到希腊化时期的世界市民，从近代欧洲的市民国家到现代社会的国民国家，这一问题在政治学、经济学、伦理学中都被提及。但只是在人类进入文明时代以后，公与私的对立才逐渐显现出来。

农业社会时期，无论东方还是西方，国家在本质上都是为特权阶层服务的，在帝王们看来，"普天之下，莫非王土；率土之滨，莫非王臣"。虽然"公""私"问题也存在，但只是局限于人的集合状态和规模状态上，只是一种个人与集体的相对性。

人类进入工业社会以后，国家和政府的内涵发生了根本的转变，人类生活才分化为公共生活和私人生活。在当代语境下，广义的公共生活是指借助公共权力和公共资源，自觉、主动地谋取可共享利益的活动。可见，公共性问题是进入工业社会以后，在政府公共部门化和社会公共领域发展的过程中，才真正呈现出来的。公共性问题是一个现代社会语境中的问题，在东西方不同的文化语境下形成的"公""私"观念，造成了当代社会价值认同的差异性。

1. 东西方文化的差异

东西方文明发源地不同的自然地理环境和气候条件形成了原始先民在生存过程中对外部世界的不同态度和意识。爱琴海诸岛是西方文明的发源地之一，海陆交错、山峦重叠，夏季少雨，适宜耕种的土地不多。涉海的地理环境促进了海上贸易的广泛开展和商业活动的发达。恶劣的生存条件和瞬息万变的海洋气候特征让西方人从一开始就形成了与自然抗衡、征服自然的心理，生存环境条件促成了西方人勇敢、斗争的典型性格特征以及个人独立生存的能力。地中海沿岸这种环境使其产生的文化必然向流动性和开放性发展。因此，西方历史在总体上是不断斗争与变化的，呈现人类社会对生命和生存意义更为强烈的追求意识。

中华文明发源地的自然环境与地中海截然不同，东南是辽阔无际的大海，北部是漫漫大漠，再往北是西伯利亚冰原，西边横亘青藏高原和横断山脉，中华文明几乎是在一个封闭的环境里发生和发展的。中华文明的发源地（黄河中下游地区）自古以来就是土地肥沃、气候适宜农作物生长的地区，农业活动成为人们最主要的生存方式，人们长期在一个地方安居，遵循四季规律，定期播种和收获。这种典型的农耕文明造就了中华民族安居乐业、因循守规的思想特征，由此形成了以家庭为核心的强大的宗族体系，家族中的长辈理所当然地成为宗族的领袖，中国传统社会也由此形成了基于农耕文化的宗法礼制社会。所有这些条件构成的独特社会模式在长期的历史中形成了超稳定的社会结构。

2. 西方语境下"私"的演化

"私"的拉丁文是"privates"，本意是"丢失"，来自动词"private"（剥夺），用以表示一种不健全和有缺陷的生活方式。按字面意思理解，隐私意味着一种被剥夺的状态，甚至是被剥夺了人类能力中最高级、最具人性的部分，也就是不允许参与公共领域活动。"私"的概念在西方的历史中演进。

这首先得益于罗马法的传播。正是在全面继承罗马法的基础上，形成了当今世界两大法系之一的民法体系。它以处理人民之间的契约、财产继承、家庭关系等为主——欧洲法律的这个性质，奠定了私权的稳固地位，即使在绝对王权理论中，也不能以公共利益为理由任意剥夺个人的财产权。

其次是基督教的推动。基督教强调每个人应该照管好自己的事情，这推动了个人的独立，经由文艺复兴运动，个人主义开始高扬。

在私人领域中，个人完全自主地决定所有事情，不应受到任何外力的干涉。这种不受干涉的、自我的思想本质上是一种现代思想，其目的是满足个人的需要。

3. 我国语境下"公"的概念

在我国，"公"早于"私"出现，从最开始的指称具体的人或物，如"公"多指"公家""公田""公室"等，"私"主要指"私家""私田""私怨"等。到战国晚期公私之义开始具有抽象意义，并具有价值判断和道德含义。这样一种政治伦理观点在整个封建传统社会中占据着主导地位，成为传统公私观点的基本指向，宋明理学更是提出了"存天理，灭人欲"。"私"在我国传统文化语境中完全没有合理性存在的依据。而发端于祖先、国君的"公"则被统治阶层充分利用，并被扩大上升到道德规范层面，成为有效的统治工具。

考察西方语境下"公"的语义，其拉丁文为"publicus"，法语和英语都是"public"，在语源上"publicus"是从"populus"（人民）变化而来的，意思为"属于人民全体的"。与西方"公"的含义比较，可以看出我国传统"公"观念的特点。

首先，我国的传统"公"更突出伦理、规范意识。在我国的传统公私意识中，公与私大多是尖锐对立的，价值倾向很清楚。"私"带有强烈的负面意义，是为社会所排斥的，"公"则经常指称某种理想的心态。

其次，我国传统"公"的领域含义相当淡薄，只有指代"政府"时有此含义。即使如此，在与政府有关的"公"的文化中，公私分际的价值虽然存在，但并不很有力量。再者，传统"公"的认知很少涉及社会生活。在这样的观念影响下，我国传统社会普遍缺失公共精神。直到现在，还有一些人没有将社会领域或人民与"公"联想在一起，而把社会当作个人可以任意活动的天地。

最后，除了道德理想的含义，我国的传统"公"最稳定的一个内涵就是政府。这会使得一些没有真正建立起当代的代表社会大众的"公"的观念的人，怀有"事不关己，高高挂起""只扫自家门前雪"的处世态度。

1.2.2　公共性的内涵

"公共"（public）是指"公众的""公开的""公共实务的"和"公众享用的"等含义。在西方社会和政治历史上，"公共"与"公共领域"直接相关，产生于18世纪中后期。学者在分析18世纪资产阶级公共领域时，首先界定了"公共性"，它"本身表现为一个独立的领域即公共领域，它和私人领域是相对立的"，同时强调了"国家和社会的分离是一条基本路线，它同样也使公共领域和私人领域区别开来"。他们特别指明在公共领域一词中"公共"是指"公共性以及公开化"。

1. 公共性的含义

具体而言，公共性具有以下几个方面的含义：

（1）公开开放性　与私人领域的封闭性和隐蔽性相比，公共性是普遍开放的。它原则上对所有人开放，各方面的代表在公共的场合都有权发表自己的意见，并能够得到应有的尊重。这种互相参照的关系就是一种公共性。这里的一切都是在阳光下进行的，这里不是个人的隐私天地而是向世人显露一切的公开空间。

（2）普遍适用性　普遍适用性指的是公共性在效能和意义上的内涵，简称普适性。凡冠以"公共"名义的事物，无论其内涵还是外延均普遍适合，均包含了公共事物中的所有个体或对象。公共空间作为最典型的公共性事物，所谓其普适性就是指公共空间的所有内容都适用于所有主体的公共需求。普适性的含义较为广泛，它包含的本质内容和程序等方面，无一例外地"享有"权利、"拥有"资格、"履行"义务。

（3）多元差异性　公共世界是一个以多元为特征的世界，同质和差异在公共世界的内部交织存在。因此，与私人性的排他性相比，公共性强调平等合作，强调差异共存。公共性是差异性的"同时在场"。在这里，公共性是两种质的相关性，不同质的个体以相关性彼此证明，而不是互相排斥、你死我亡的关系。因此，相互尊重、平等对话和交流、讨论和辩论是公共性存在的必要条件。

（4）公共利益性　与个体性强调个人、阶级、阶层和集团利益相比，公共性是非个人、非阶级、非阶层和非集团性的。在公共领域中，社会公众既不是作为商业或专业人士来处理私人事务的，也不是作为国家的代表来处理公共事务的，它不受任何商业利益或强制性权力的束缚，而是完全以人的身份来处理普遍的公共利益问题。正是公共领域的存在，才使私人领域中独立私人之间无法自发解决的矛盾有了新的解决途径。

2．公共性的价值

公共性说到底来自人性，人是社会性动物，任何人都需要依赖其他人或社会组织，才能获得生存的基本条件，最终实现自我价值。在马斯洛的需求层次理论中，自我实现占据最高端，是人的终极需要，然而人们必须通过承认他人、成就他人才能真正确认自我、成就自我，因此所谓自我实现就是自己为社会所需、为社会所用，即必须将自身的某些活动或产品与他人、组织分享。从人的发展来看，每个人的发展都将成为其他人发展的条件，因此人实现公共性就是在确证自我的过程中所体现的"为他"的属性。

自我实现问题是人的存在与发展的重大问题，就"私"在西方的历史演进来看，"自我"实现问题仍然未彻底走出"唯我论"的困境，从而引发了人们对"他我""共我"在自我的意义中的价值思考。而一个人的发展取决于和他直接或间接进行交往的其他一切人的发展。也就是说，"自我"的确证、实现要以成就"他我""共我"为条件，成就"他我""共我"就是"为他"。中国古典哲学中倡导"老者安之，朋友信之，少者怀之"的人生理念，这同样也是封建宗族社会中自我实现的一种路径。这种"自我"在确证、实现自己中所体现出的自觉自愿的为他属性就是公共性。因此，公共性问题归根结底是人的发展问题。

1.3　公共设施的含义与特点

1．公共设施的概念和构成

公共设施是指在城市公共环境或街道社区中为人们提供的有一定质量保障的各种公用服务系统以及相应的识别系统，它是城市空间中统筹规划的具有多项功能的共享设施。

常见的城市公共设施体量虽小，却应同时具备功能性、美观性、地域性等特征。它们不是单独存在的，其设置应与所处的大环境相融合、相协调，所以公共设施包含了内涵、形象、关系三个层面的内容。

（1）内涵　内涵是指公共设施在文化价值方面的内在取向，主要体现在三个方面：

1）公共设施因时、因地和因使用者的差异而表现出不同的个性。

2）公共设施的社会地位及其在相关历史、文化、民俗、经济、政治等方面的内在含义。

3）公共设施所凝聚的美学意义。

（2）形象　形象是指公共设施给人的视觉效果，主要包括以下三个方面：

1）公共设施有直观的、能够为人感官所感知的外在特征，如材料、肌理、色彩、尺度、空间布局、整体与局部的处理等。

2）公共设施的安全性与舒适性。

3）公共设施的耐久性。

（3）关系　关系是指公共设施与其他环境要素的协调关系，包括公共设施的单体或群组与周围环境、建筑的空间关系以及与所在场所的综合意象等。

在公共设施的构成中，内涵是公共设施的灵魂，关系是公共设施的骨骼，形象是公共设施的肌肤。

2. 公共设施的分类和特性

在任何领域中不同的分类都可导致不同的分类结果，公共设施大致有宏观、微观两种分类方法。

（1）宏观分类　公共设施包含硬件公共设施和软件公共设施两方面的内容。

1）硬件公共设施。硬件公共设施是指人们在日常生活中经常使用的一些基础设施，包含五个系统。

① 信息交流系统，如小区示意图、公共标识、留言板、阅报栏等。

② 交通安全系统，如照明灯具、交通信号灯、停车场、消防栓等。

③ 休闲娱乐系统，如饮水装置、公共厕所、垃圾箱、电话亭、健身设施、游乐设施、景观小品等。

④ 商品服务系统，如售货亭、自动售货机、银行自动存取机等。

⑤ 无障碍系统，如建筑、交通、餐饮、通信系统中供残疾人或行动不便者使用的有关设施或工具。

2）软件公共设施。软件公共设施是指为了使硬件公共设施能够协调工作，为社区居民更好地服务而与之配套的智能化管理系统。

① 安全防范系统，如闭路电视监控、可视对讲、出入口管理等。

② 信息管理系统，如远程抄收与管理、公共设备监控、紧急广播、背景音乐等。

③ 信息网络系统，如电话与闭路电视、宽带数据网及宽带光纤接入网等。

（2）微观分类　从公共设施的功能出发，可将公共设施分为实用型、装饰型和综合功能型三大类，并在此基础上继续划分。

1）实用型公共设施。这类公共设施包括道路环境、活动场所和设施小品三类，是以应用功能为主而设计的，体现了公共设施功能强大、经久耐用等特点。

① 道路环境由步行环境和车辆环境组成，主要包括人行道、车行道、停车场等。

② 活动场所包括游乐场、运动场、休闲广场等。

③ 设施小品包括照明灯具、休息座椅、亭子、公共停靠站、垃圾箱、电话亭、洗手池等。

2）装饰型公共设施。这类设施是以街道小品为主，又分为雕塑小品和景观小品两类，是以装饰需要为主而设置的，都具有美化环境、赏心悦目的特点，体现了硬质景观的美化功能。

① 现代雕塑作品的种类、材质、题材都十分广泛，已经逐渐成为现代城市景观设计的重要组成部分。

② 景观小品包括园林绿化中的假山、景墙、花架、花盆等。

3）综合功能型公共设施。一些公共设施同时具有实用性和装饰性的特点。这类具有综合功能的公共设施体现了形式与功能的协调统一，在现代城市景观设计中被广泛应用，如灯具、洗手池、座凳、亭子等，既具有实用功能，也具有美化装饰作用；装饰小品中的假山、花架、喷泉等，既是观赏的对象，也是人们的休憩游玩之处。

3. 公共设施的特性

公共设施的特性具有公共性、感知性、环境性、装饰性、复合性五个特性。

（1）公共性　对于公共设施而言，其服务对象不是设计师个人或少数人，而是普通社会大众，其设计应关注在民族、时代、社会环境中形成的共同美感以及客观存在的普遍艺术标准，将真正的功能之美转化为促进大众积极向上的精神力量。

（2）感知性 感知性是指公共设施的功能特性能够因其外在因素而为受众所感知，人们通过其形状、色彩、质感、体量、特征等信息来理解和操作设施。因此公共设施应该让使用者一看就明白它的功能及操作方式。

（3）环境性 环境性是指公共设施通过其形态、数量、空间布置方式等对环境予以补充和强化的功能特性。作为特定信息的载体，公共设施在人与环境的交流中无疑起着重要的媒介作用。

（4）装饰性 装饰性是指公共设施以其形态对环境起到烘托和美化作用的功能特性。装饰性可以体现为单纯的艺术处理，也可以是与环境特点相呼应及对环境氛围进行渲染。

（5）复合性 公共设施可以把多种功能集于一身，如花坛既是景观小品，具有装饰功能，同时也可以结合座凳进行设计，具有休息功能。

1.4 公共设施管理的范畴与分类

1. 公共设施管理的意义和范畴

公共设施是指由政府或其他社会组织提供的、属于社会公众使用或享用的公共建筑或设备。因此：从经济学来讲，公共设施是政府提供的公共产品；从社会学来讲，公共设施是满足人们公共需求（便利、安全、参与）和公共空间选择的设施，如公共行政设施、公共信息设施、公共卫生设施、公共体育设施、公共文化设施、公共交通设施、公共教育设施、公共绿化设施等。

公共设施是与人们生活密切相关的一种室内外辅助设施，具体包括路灯、垃圾箱、公共汽车站、商亭、电话亭、标志牌、广告牌、马路护栏等，是在城市中使用最多、分布最广而又与人群（无论是本地人还是外来游客）接触最为密切的公共设施，它以其独有的功能特点遍布城市的大街小巷。

公共设施与大众日常生活关系密切，在实现其自身功能的基础上，已经与建筑一起共同反映一个城市的特色与风采，体现市民的生活品质。城市公共设施在欧洲被称为"街道的工具""园地装置""城市的配件"。日本人则称之为"步行者道路的家具"。作为城市形态的重要元素，公共设施显然具有成为城市触媒的潜力，引导城市形态的发展，并且有可能对该地区的发展产生影响。

我国在城市化快速发展过程中取得了很好的成绩，但同时各种城市公共设施管理问题也接连出现。一些城市政府在理解城市公共设施管理内涵上存在认识偏差，实践上出现了很多似是而非的城市公共设施管理问题。为此，如何依据我国城市化和市场化的实际水平，建立与时俱进的具有中国特色的城市公共设施管理理念，从而提高城市公共设施管理水平，成为城市公共设施管理者的重要研究课题。

公共设施已成为城市居民和自然资源之间联系的纽带，公共设施管理应关注公共设施如何通过特别的设计以帮助所有的城市居民来保护自然资源，以及公共设施服务所涉及的如能源、水和垃圾降解等的概念与内涵，并且阐述公共设施如何成为城市可持续性的催化剂。

随着公共空间环境越来越被人们关注，公共设施设计的内容和形式也日益丰富，现代人们的生活领域逐步向公共空间延伸，这就对公共设施设计提出了新的要求，主要体现在：

1）公共设施设计应具有一定的包容性。假如将一个环境场所当中的各类公共设施作为一个整体的空间那么对于这样一个空间的内容的研究就是要研究各个部分——"场"，要对"场"的地域特征、来往人群、环境氛围进行详细的考察和研究，根据不同"场"的要求进行实地设计。

2）公共设施设计应具有开放性特征。公共设施是相对外部空间的设施，它所形成的空间环境，在影响人类活动的同时，也影响其他环境，具有联系环境的作用。公共设施作为环境的一部分，一定要与环境相呼应，既要有自己的独立特征也要有与环境呼应的特点。

3）公共设施在它所处的不同性质的空间环境中，有着不断变化的特征，所以它具有非平衡性特征。同类型的公共设施，运用到不同环境中，其局部细节或功能要求也会随着变化。

4）随着社会、科技和时代的发展，人们的生活方式和审美意识也在发生变化，这就要求公共设施设计的创作思想空间扩大，公共设施网络的种类和构思框架也不断扩增。

在整个环境设计当中，我们要根据公共设施与建筑和景观环境的整体关系，给予公共设施以更多的设计表达内容，在合理的构筑和设置满足了基本功能要求的情况下，还要考虑公共设施设计与环境设计的建筑发展关系。从激发城市整体环境的活力、体现较高的社会和经济效益、满足现代化城市未来发展要求的方面看，公共设施设计实际上也担负着一定的城市大环境建设的任务。公共设施设计的水平影响着城市的发展水平，设计思想要新颖独特，技术运用要有特点，制作要精良。

2．公共设施管理的分类

从管理角度，对公共设施进行分类：

（1）公用系统设施　公用系统设施主要包括公共交通设施、公共信息设施、公共照明设施、公共卫生设施、公共服务设施、休息设施、游乐设施等。

1）公共交通设施。城市空间环境中，交通安全方面的环境设施多种多样，其作用也各不相同，大到汽车停车场、人行天桥，小到道路护栏、公交车站都属于公共交通设施。我们周边环境中通常接触到的还有通道、台阶、坡道、道路铺设、自行车停放处等公共交通设施。

2）公共信息设施。公共信息设施种类繁多，包括以传达视觉信息为主题的标志设施、广告系统和以传递听觉信息为主的声音传播设施。在日常生活中常见的形式主要有：标志、街钟、电话亭、钟塔、音响设备、信息终端、宣传栏等。

3）公共照明设施。现代城市离不开公共照明设施系统，城市的功能逐渐复杂，人们的生活内容越来越丰富多彩，夜间活动也较为频繁，城市夜景照明效果的提高成为人们新的视觉要求。主要公共照明设施有路灯、广场景观灯、园林灯、建筑立面照明、水景照明、发光广告、霓虹灯、商业橱窗、街道信号灯，甚至包括流动的汽车灯等。各种灯光和灯具结合起来，形成丰富的城市夜景和独特的城市文化。

4）公共卫生设施。公共卫生设施主要是指为保持城市市政环境卫生清洁而设置的具有各种功能的装置器具。这类设施主要有：垃圾箱、烟灰缸、雨水井、饮水器、洗手器、公共厕所等。

5）公共服务设施。公共服务设施主要是指为便利人们购物、存储、咨询等活动而设立的公共设施，包括售货亭、自动取款机、电子问询处、服务站等服务设施，为人们外出购物或观光时买食物、生活用品，以及问询、取款等提供方便。

6）休息设施。休息设施是直接服务于人的设施之一，最能体现对人的关怀。在城市空间场所中，休息设施是人们利用率最高的设施。休息设施以椅凳为主，也可以是适当的休息廊，主要设置在街道、小区、广场、公园等处，以供人们休息、读书、交流、观赏等。

7）游乐设施。游乐设施通常包括静态、动态和复合形式三大类。儿童和成年人所需设施在活动内容和活动场地规模方面均有很大的区别，本书仅介绍儿童游乐设施和老年人健身设施。

（2）景观系统设施　景观系统设施作为城市景观环境的组成要素，通常有硬质与软质之分，如建筑小品、传播设施、景观雕塑等由各种人工要素构成的属于城市硬质景观设施，具有自然属性景观要素的如绿化、水体等属于软质景观设施。

1）建筑小品。建筑小品作为建筑空间的附属设施，必须与所处的空间环境相融合，同时还应有其本身的个性。建筑小品在建筑空间环境中除有其使用功能外，还应在视觉上发挥传达一定艺术象征的作用。有些建筑小品甚至在空间环境中担当主导角色，具体包括围墙、大门、亭、棚、廊、架、柱、步行桥、室内小品等。

2）水景设施。水是自然界中最具灵气的物质之一，是装点城市空间环境、表现生命动感的重要因素。按水景形态，水景设施可分为池水、流水、喷水、落水、亲水等，可反映出水体存在的平静、流动、跌落和喷涌四种自然状态。

3）绿化设施。植物是自然界中最具生命力的物质之一。绿化则是以各类植物构成空间环境景观，是体现城市环境生命力的重要因素。具有绿化设施特征的主要有树池、盆景、种植器、花坛、绿地等。

4）传播设施。传播设施是指在城市空间环境中具有一定商业作用的环境设施，一般有壁画、道路广告、灯箱、商业橱窗、立体 POP、活动性设施等。

5）景观雕塑。景观雕塑以其实体的形体语言与所处的空间环境共同构成一种表达生命与运动的艺术作品。它不仅反映着城市精神和时代风貌，而且对表现和提高城市空间环境的艺术境界和人文境界均具有重大意义，同时具有美化环境的作用。景观雕塑分类的方法有很多：按艺术处理形式，可分为具象雕塑、抽象雕塑和装置构件；按在城市环境中的功能作用不同，可分为纪念性景观雕塑、主题性景观雕塑、装饰性景观雕塑、象征性景观雕塑等。

按照行业，对公共设施管理进行分类：

（1）市政设施管理　市政设施管理是指污水排放、雨水排放、路灯、道路、桥梁、隧道、广场、涵洞、防空等城乡公共设施的抢险、紧急处理、管理等活动。

（2）环境卫生管理　环境卫生管理是指城乡生活垃圾的清扫、收集、运输、处理和处置、管理等活动，以及对公共厕所、化粪池的清扫、收集、运输、处理和处置、管理等活动。

（3）城市市容管理　城市市容管理是指：城市户外广告和景观灯光的规划、设计、设置、运行、维护、安全监督等管理活动；城市道路整治的管理和监察活动；乡、村户外标志、村容镇貌、柴草堆放、树木花草养护等管理活动。

（4）绿化管理　绿化管理是指城市绿地和生产绿地、防护绿地、附属绿地等的管理活动。

（5）城市公园管理　城市公园管理主要是指对为人们提供休闲、观赏、运动、游览以及开展科普活动的城市各类公园的管理活动。

（6）旅游景区管理　旅游景区管理是指对具有一定规模的自然景观、人文景物的管理和保护活动，以及对环境优美，具有观赏、文化或科学价值的风景名胜区的保护和管理活动，包括风景名胜区和其他类似的自然景区管理，以及自然保护区管理。

1.5　城市公共设施展示

某居民小区内儿童娱乐设施如图 1-2 所示。

在某居民小区的公共场所中，儿童娱乐设施的高度低，且地面铺有"地毯"，可防止儿童在玩耍时摔伤。在这些儿童娱乐设施旁边还设有长椅，以便家长可在看管儿童玩耍时休息。

某小区门口的社区微型消防站如图 1-3 所示。

图 1-2　某居民小区内儿童娱乐设施　　　　图 1-3　某小区门口的社区微型消防站

在小区门口设立一个消防站可以有效地减少和避免居民区内火灾的发生，站内灭火救援装备一应俱全，配备干粉灭火器、消防桶、灭火毯、灭火防护服、水枪等。小区设有微型消防站，能让居民心里有踏实感，也能提高居民的消防安全意识。

天津民园体育场环形草坪台阶如图 1-4 所示。

图 1-4　天津民园体育场环形草坪台阶

　　民园体育场是天津著名的大型公共设施之一，坐落于天津市和平区重庆道 83 号，位于天津著名的国际文化旅游景点——"五大道"地区。无论是从建筑设计上还是休闲娱乐上来说，民园体育场都是极其成功的：开放式的板柱式建筑便于人们进入通行；中间广大的空地向下凹陷，设计成大型的环形草坪台阶，人们可以任意坐下歇息；四周的塑胶跑道虽然已不被运动员使用，但是普通居民可以在此跑步，夜晚还有很多溜冰的青少年。民园体育场作为公园，其公共设施职能十分完善，能满足不同年龄阶层的需要，并且极具艺术美观感。

　　北京西郊有轨电车、站台如图 1-5 所示。

图 1-5　北京西郊有轨电车、站台

　　北京西郊有轨电车及内部设施（座椅、扶手）全新且人性化，内部较大的玻璃也便于观光游览沿途风景。站台设施齐全，配备了半透明屋顶、引导标识、站牌、座椅、自主贩卖机、垃圾桶等，并且配有工作人员协调秩序、给予乘客引导，很人性化。北京西郊车站整体呈现出古朴的乡土气息，让人感到放松和舒适，很适合其"去香山游玩的"轻松愉快心情。车站和列车与周围环境保持一致。

　　木桶形分类垃圾桶如图 1-6 所示。

　　这种木桶形垃圾桶底部有一些不严密的地方，存在着漏水的问题，对道路环境造成了一定影响，收垃圾的时候也可能出现渗漏情况，仍需要改进。

　　交通护栏如图 1-7 所示。

a)　　　　　　b)

图 1-6　木桶形分类垃圾桶

图 1-7　交通护栏

图 1-7 所示护栏，离人行道近的护栏采用银色护栏，而分隔车行道的护栏采用白色护栏。银色护栏采用空心，而且边角圆润，没有外露的棱角，可以有效防止行人磕碰受伤。白色护栏安全性稍差，但相比银色护栏工艺更简单、造价更低，因此选择放在远离行人的车行道之间。

公交车专用道提示牌如图 1-8 所示。

图 1-8　公交车专用道提示牌

提示牌不应太小，否则不醒目，不易被驾驶人发觉，易产生违章行为认定的争议。

路口遮阳棚如图 1-9 所示。

图 1-9　路口遮阳棚

遮阳棚为过路口等待绿灯的行人提供遮风挡雨的庇护，比较人性化，其顶篷采用青花与祥云，具有文化性、宣传性。

年久失修的公交车站如图 1-10 所示。

地砖年久失修，则人们追赶车辆时匆忙之中容易受伤。

北京通州通济路指路牌如图 1-11 所示。

图 1-10　年久失修的公交车站　　　　　　　　图 1-11　北京通州通济路指路牌

　　该指路牌方便市民出行、导示、辨别方向等，是在道路两旁或绿化带上建设的交通设施。由于城市公交日益发达，指路牌已发展成为城市一个不可或缺的重要组成部分。指路牌多为矩形结构，合金材质，蓝白相间的色彩，贴有反光膜。指路牌的文字下还应有拼音，"南""北"下还应有英文缩写，便于外国人理解。

　　北京海淀区的绿荫小道如图 1-12 所示。

　　北京海淀区的绿荫小道属于公共绿化设施。绿荫小道可以改善绿地体系布局不合理的问题，并且改善生态环境，推动绿色北京的发展。北京绿荫小道倡导民众的绿色出行，为民众提供更多的休闲生活方式，在绿道中可以散步、骑行、郊游、开展各类体育活动等，给紧张的都市生活带来了舒缓，使人身心愉悦。并且绿荫小道内有合理布局的服务点，如卫生间、休息场所、自行车停放处等，使民众感到便利。北京绿荫小道将北京的绿地、交通站点和景点进行了整合串联，彰显首都特色。它在满足了居民需求的同时提升了城市品质，有利于强化北京的特色和形象，提升居民自豪感。

　　北京某公园内公共座椅如图 1-13 所示。

图 1-12　北京海淀区的绿荫小道　　　　　　图 1-13　北京某公园内公共座椅

　　公园内公共座椅的设置和设计主要体现人性化，要满足不同人的需求。图 1-13 所示公共座椅虽然很有设计感，和周围环境风格统一，但在摆放位置上却存在一些问题，降低了它的使用率。在该地区停留人群的主要目的是欣赏湖中景观和拍照等，这些座椅的设置却成了障碍。并且该座椅摆放在没有任何遮挡物的平台上，在炎热的夏天不能起到为人们避暑遮阴的作用。公共座椅的设置除了让人们随心所欲地休息之外还要考虑人们自我隐蔽的安全感，为人们提供一种富有吸引力的半公开、半私密的空间。

真空环保厕所如图 1-14 所示。

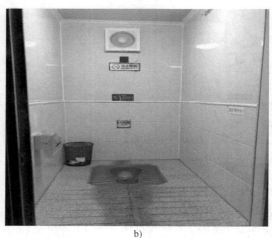

a)   b)

图 1-14　真空环保厕所

真空环保厕所是厕所的一种，大大节约了冲厕用水，彻底解决小空间、空气不流畅的卫生间的臭味问题。作为公共厕所，真空环保厕所设置于交通干路两侧，位置合理，为行人提供便利，并且该厕所有残疾人专用间，有坡道设计，设计人性化。该厕所外观现代简约，标志明显，与城市现代化风格统一。其内部干净整洁，真空环保设计使其无异味，不会给周边带来过多负面影响。

北京市某公共篮球场如图 1-15 所示。

图 1-15　北京市某公共篮球场

某公司出资建设的免费公共篮球场，是为了让大家参与篮球运动、享受篮球运动所带来的乐趣，便利了来往商场购物的人以及周边小区的居民。这个公共篮球场是迪卡侬品牌的一种营销策略，消费者在商场内的该公司的实体店购物后可以到这个免费篮球场内试试刚买的产品。篮球场内有四排长椅、一个垃圾桶、一个篮筐，四周有铁栏围起，设施十分完善。

盲道如图 1-16 所示。

盲道是城市建设中基础的无障碍设施，体现了对盲人的人性化关怀。盲道上有突起的条纹、圆点，盲人通过脚感作用以及盲道砖的辅助作用来行进。

北京某小区儿童娱乐设施如图 1-17 所示。

图 1-16　盲道

图 1-17　北京某小区儿童娱乐设施

小区内便于儿童游玩的公共设施，能够满足儿童的日常需要。小区内安保相对较好，让儿童玩得开心，家长放心。

书香朝阳如图 1-18 所示。

书香朝阳是中文在线为朝阳区建设的新型数字图书馆，通常放置于公交车站等人口密集、人员流动量大的地方，方便人们阅读。

北京某广场附近公交车站座椅如图 1-19 所示。

图 1-18　书香朝阳

图 1-19　北京某广场附近公交车站座椅

车站附近广告牌，中间设有座椅，便于人们在候车时休息。广告牌有顶篷，也便于为人们在恶劣的天气状况下遮风挡雨。图 1-19 所示座椅在北京市内十分常见，且非常方便。

北京市某路潮汐车道如图 1-20 所示。

潮汐车道的设计可以在一定程度上缓解早晚高峰压力。早高峰时段进城方向比出城方向车道更多，晚高峰时段出城方向比进城方向车道更多。

北京某购物中心环形公共座椅如图 1-21 所示。

图 1-20　北京市某路潮汐车道

图 1-21　北京某购物中心环形公共座椅

购物中心位置便利，环形的公共座椅有利于分散人流，缓解商城拥挤之患，并且作为商城装饰。它既能提高整个商场的舒适程度，提高空间利用率，也能为顾客休息提供便利。

北京香山公园凉亭如图 1-22 所示。

凉亭位于半山腰，爬山的游客可以在此处欣赏香山美景。凉亭与山路有一定距离，便于游客更好地休息，噪声等不会很大。整个凉亭的风格带有中国古典文化气息，更能让外国游客体会香山公园的历史感。

北京某小区狗狗厕纸箱如图 1-23 所示。

在小区内设置宠物厕纸回收箱，使得居民更为便捷地处理宠物的厕纸，以鼓励居民及时清除宠物粪便，维护社区良好的卫生环境。

北京世园公园内的陀螺座椅如图 1-24 所示。

造型独特、别具匠心的陀螺座椅，不仅极为舒适，而且无论如何摇晃都不会倒，使游客在小憩的同时体会到乐趣，愉悦身心后再出发！

图 1-22　北京香山公园凉亭

图 1-23　北京某小区狗狗厕纸箱

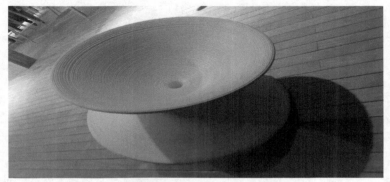

图 1-24　北京世园公园内的陀螺座椅

旧衣物回收站如图 1-25 所示。

旧衣物回收站回收闲置衣物，有利于提高闲置资源的利用率，将闲置的旧衣物转送给有需求的人。

a)

b)

图 1-25　旧衣物回收站

固沙用具如图 1-26 所示。

图 1-26　固沙用具

固沙用具可以使居民区的沙土变得更少，使居民出行更加方便。

北京世园公园内的洗手点如图 1-27 所示。

北京世园公园内的洗手点、饮水点很多。世园公园面积巨大，有些商铺之间距离很远，设置洗手点、饮水点为游客提供了饮水和卫生保障。

东京街头"斜"斑马线如图 1-28 所示。

图 1-27　北京世园公园内的洗手点

图 1-28　东京街头"斜"斑马线

在日本的一些闹市区，人流量比较大的地方，经常会看到斜行斑马线。这样斜着的斑马线既大大缩短了行人的通行时间，同时也提高了车辆的通行效率。

东京地铁的老弱病残孕专用座椅如图 1-29 所示。

日本电车一般在每节车厢都设有老弱病残优先席，或者在一些车厢设有用来固定轮椅的位置。

秦皇岛公交车站如图 1-30 所示。

河北省秦皇岛市北戴河区为典型的旅游区，节假日会有较大的客流量，而该区公交非高峰期发车间隔为 20min，时间较长，车站却没有座位供候车的市民休息等待，可以增加座椅供市民与游客短暂休憩。

海口市万绿园健身长廊如图 1-31 所示。

万绿园作为海口市最著名的公园之一，每天都会迎接大量的游客。除了公园常见的草坪、树林、散步道等外，万绿园还增设了健身长廊。长廊里有多种多样的健身器材，不仅可以满足普通运动需求，还可以满足专业高级需求。万绿园还有环绕整个公园的塑胶跑道和自行车道，可以满足多种运动需求。

海口市 LED 灯夜景如图 1-32 所示。

图 1-29　东京地铁的老弱病残孕专用座椅

图 1-30　秦皇岛公交车站

图 1-31　海口市万绿园健身长廊

图 1-32　海口市 LED 灯夜景

海口市的许多高楼大厦都装有大面积的 LED 灯，并受到统一的管理，夜晚人们可以欣赏到巨大的"画"，夜景十分美丽。

北京回龙观至上地的"空中"自行车专用路如图 1-33 所示。

北京回龙观至上地的"空中"自行车专用路能缓解居住在回龙观地区的人们的上下班通勤压力，也分散了附近地铁站的客流。只需 30min 即可从几十万人居住的回龙观地区骑行到企业高度集聚的上地地区。

此条自行车专用路周边的景观、绿化也比较完善，还设有防风装置，并且在夜间也有灯光保障，充分考虑了人们出行的需求，

图 1-33　北京回龙观至上地的"空中"
自行车专用路

兼具实用性与美观性，而且具有人性化设计。在 IT 公司高度集聚的上地地区，早晚高峰地铁非常拥挤。居住在回龙观、在上地地区上班的人每天花费非常多的时间和精力在出行上，更面临极大的安全隐患，自行车专用路有效地解决了他们的问题。相信在未来，会有更多的这样的公共设施，北京的"堵""挤""出行高压"等交通问题可以得到消解。毫无疑问这是一项可以给市民带来极大便利的公共设施。

创意木质座椅如图 1-34 所示。

木质座椅在夏季不考虑室内冷气的情况下，它可以保证透气；在不考虑暖气的情况下，它的木质特性起到保暖的作用。并且，图1-34所示木质座椅最具特色的是它是在龙骨上连接各木板形成的，而不是连续平滑的大片材料。它较好地呼应了公共座椅上人们所需要的隔离感需求，比较巧妙自然地给予了陌生人之间一定的空间距离，但是又保持了座椅的整体性。其箭头所指处是整个椅子设计的点睛之笔，它把原本闲置的空间利用起来，增大了箭头所指区域。儿童可以坐在上半部分，双腿可以不用再悬空，而是直接放在箭

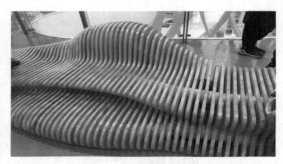

图1-34　创意木质座椅

头部分，也可以选择坐在下半部分。它对于身材娇小的成年人或是习惯蜷缩坐姿的人同样适用，增加了舒适感。

存在安全隐患的盲道如图1-35所示。

图1-35所示盲道的设置具有极大的安全隐患，建筑物直接压在盲道之上，盲人如果按照盲道的指示行走，必定会一头撞在墙上它给群众的生命安全带来隐患。

搓衣板式减速带如图1-36所示。

图1-35　存在安全隐患的盲道

图1-36　搓衣板式减速带

搓衣板式减速带铺设得过于密集，给行车带来了不便。其便于驾驶人在路口减速慢行的出发点是好的，但是有点矫枉过正，超长超密的减速带会使驾驶人的人身安全受到威胁，更容易引发交通事故。

某学校轮滑场地如图1-37所示。

图1-37某学校轮滑场地面积太过狭小，起不到相应的效果，导致此处长时间荒废，无人问津；中间凹两边凸的设计使得场地容易积水，很长时间都干不了。

某大学体育馆路边的休息区如图1-38所示。

图1-38所示休息区大气美观，迎合了体育馆的风格样式。它能够同时供多人休息、小憩。在不失美观的前提下，该休息区能够提供大量的休息位置，是其所在学校中做得比较好的一处公共设施。

高架绿化工程如图1-39所示。

高架绿化工程在夏季可为市民提供阴凉，日常可以净化空气。

大学急救箱如图1-40所示。

图 1-37　某学校轮滑场地

图 1-38　某大学体育馆路边的休息区

图 1-39　高架绿化工程

图 1-40　大学急救箱

在校园内或一些公共场所均有急救箱。在紧急情况下，可便捷地实施急救等。

湖边座椅如图 1-41 所示。

一些公共休闲处有许多颜色不一的舒适的座椅。许多居民、游客或树下乘凉，或沙滩上晒太阳。座椅颜色鲜艳好看，坐上去十分舒适。

路边停车桩如图 1-42 所示。

图 1-41　湖边座椅

图 1-42　路边停车桩

图 1-42 所示的停车桩为海边救生圈的设计，设计符合当地特色、大众审美，方便使用。停车桩用来鼓励市民骑自行车。

某儿童游乐设施如图 1-43 所示。

图 1-43 所示游乐设施色彩明丽（橙色）、造型奇特有趣，在安全上也考虑了地面的柔软程度。

某国际机场停车场如图1-44所示。

较柔软的塑胶地面

图1-43　某儿童游乐设施　　　　　图1-44　某国际机场停车场

图1-44所示国际机场停车场运营方用高科技和高品质服务，为来往旅客提供舒心的停车体验。在这里，旅客既可以掌握停车楼即时动态，还可以享受机器人2min就可以停好车的服务。

某小区儿童滑梯如图1-45所示。

图1-45　某小区儿童滑梯

某小区为住户增加亲子活动时间，提升小区的吸引力，增加小区的魅力值设置的儿童滑梯。不仅是孩子活动的地方，也是人气聚集的地方，孩子们可以在滑梯游戏中锻炼身体或是提升人际交往能力。该儿童滑梯设立在商业区与小区住户广场的中间位置，在为住户提供便利的同时，也大大减少了儿童游戏带来的噪声污染。

某小区一体化太阳能路灯如图1-46所示。

一体化太阳能路灯是由太阳能电池板将太阳能转换为电能，然后给一体化太阳能路灯里的锂电池充电。在白天，即使是在阴天，这个太阳能发电机（太阳能电池板）也能收集、存储需要的能量，在晚上自动给一体化太阳能路灯的LED灯供电，实现夜间照明。同时一体化太阳能路灯具备人体红外感应功能，能在夜间实现智能的人体红外感应控制灯工作模

图 1-46　某小区一体化太阳能路灯

式，有路人时 100%亮，无路人时延时一定时间后自动变到 1/3 的亮度，智能节省更多能源。太阳能作为一种"取之不尽，用之不竭"的安全、环保的新能源，在一体化太阳能路灯上起到了重要作用。

某国际机场登机口如图 1-47 所示。

图 1-47 所示登机口处垃圾箱位于角落，是分类垃圾箱。其左边的轮椅区，可以方便一些老人或者行动不便的人群，比较人性化。最重要的是，在两排座椅中间放置的充电设备可以极大地提高便利度：有些充电宝之类的产品不可以随身带上飞机，而候机时间较长的时候，手机和其他电子设备很容易出现电量不足的情况，手机对于当代人的重要性不言而喻，这个充电设备的放置位置非常合适，不占用很大的空间，也可以满足在座每个人的充电需求，八个座位匹配八个充电口。其金钱成本、时间和空间成本都不会很高。

某国际机场安检口如图 1-48 所示。

图 1-47　某国际机场登机口

图 1-48　某国际机场安检口

在安检之前，旅客多会把液体和垃圾丢弃。某国际机场的安检口的垃圾分类做得好，以塑料瓶、易拉罐、纸质物品和其他垃圾的图标展现垃圾的分类，不论旅客懂不懂当地语言，都可以知道什么样的垃圾进哪个口，而且每个口的形状基本上都仅够扔进去一个垃圾，不会出现因旅客远距离投掷垃圾导致增加工作人员工作量的状况。

第 2 章

城市公共设施设计

2.1 城市公共设施设计的目标与约束

城市公共设施管理要求设计者把注意力集中在设计程序的基本功能和约束条件上，这样可以避免在设计过程中生搬硬套而忽略了其他有用的可选方案。在系统化方法下，首先必须完成的任务之一就是认真定义问题的目标和约束条件，将目标和约束条件应用到设施和设计当中，或者应用到设计者的工作中，有时同时应用于两个方面。

2.1.1 设施的目标

无论在施工期还是使用期，设施要实现的主要目标在本质上都是要具有经济性和社会性的。设施的目标主要包含以下内容，但并不限于这些内容：

1）不论是考虑业主的费用还是用户的费用，都要有最大或合理的经济性。

2）最大或足够的安全性。

3）在设计期（使用性能）内最大或合理的服务能力。

4）有最大或足够的能力适应各种需求的数量及重复次数（荷载、容量和缺陷）。

5）最小或有限度的由于环境和使用影响而造成的实体损坏。

6）最小或有限度的噪声和空气污染，以及在施工过程中对环境的干扰。

7）最小或有限度地对毗邻土地或设施的使用造成的破坏。

8）最大或良好的景观价值。

这些目标引出了几个主要的矛盾，这在任何履行社会和经济需求的复杂系统或设施中都会发生。因此，在实现各个目标的过程中每个建造的单元都做出了一些妥协或折中。在一个具体的设计中，各目标的相互影响随着诸如乡村或城市、用途和环境的变化而有所改变。

上面所列出的前 3 个目标非常重要。经济性是首要的必要条件，这是因为大多数公共机构都感到没有充足的资金来满足所有期望的投资。安全性是机构必须实现的另一个要求。在设计期限内的服务能力也必须足够强，这样才能确保公共设施可以为用户提供预期的质量水平，包括速度、运行费用、延误和舒适度等。

第 4 个目标即最大的能力，可应用到设施和设计过程两个方面。这个目标直接与最佳经济性目标竞争。第 5 个目标即最小的实体损坏，是与服务能力有关的，因为实体损坏是造成服务能力丧失的主要因素。然而，它被认定为单独的目标，是因为在养护和修复费用方面它同样会和经济性的目标发生竞争。

最后 3 个目标，除了在建筑物方面，通常没有那么重要。景观价值或外观，对某些特殊用途会是非常重要的目标，但当其修补和维修的规模很大时，对用户或邻近的业主、旁观者来说是不愿接受的，在这种情形下这个目标也就不重要了。

2.1.2　设施的设计目标

从某种意义上讲，设计过程的目的就是设计一个设施，当其建好后，能实现之前已确定的使用功能目标。然而，设计过程的具体目标可以用技术、经济和社会的术语来陈述：

1）确立一个设计原则，即最经济、最合理、最安全和最实用。

2）考虑所有可能的设计对策和备选方案。

3）识别和整合设计因素的可变性。

4）最大限度地提高对备选方案的服务能力、安全性和实体衰减的预测准确性。

5）最大限度地提高成本和效益预测的准确性。

6）把设计成本降到最低，包括人员时间、材料试验和图纸准备的时间。

7）最大限度地发挥与施工人员和养护人员的信息传递和交换作用。

8）最大限度地使用当地的材料和劳动力。

上述某些设计目标和设施本身的目标是一致的，而其他几项则是设计过程特有的。大多数目标会和其他目标依需要而融合。

第 1 个目标，简单地反映了设计的需求，以确认经济性、服务能力和安全性的目标。要实现这个目标，就必须考虑所有可能或可行的设计对策和备选方案，就像在第 2 个目标中提到的一样。对于任何已知情况，设计方案可以有数百种组合，因此要实现这个目标，很有必要使用计算机进行分析。

第 3 个目标，识别设计、施工和养护因素的随机特性。识别和整合设计因素的可变性应成为任何设计方法的重要准则，其同样在桥梁和公共设施的设计中也有显著的作用。

第 4 个目标是最大限度地提高预测的准确性，与第 3 个目标相关，也和输入数据的质量有关。减少设计预测中的不确定性对规划活动很重要，以使投资计划可以更可靠地实现。

第 5 个目标，成本和效益预测的准确性，直接和设计预测的准确性有关，也和估算施工、养护和用户费用的能力相关。

第 6 个目标在材料试验、人员时间和图纸准备方面，把设计过程的成本降到最低，这确实重要，但这明显会与其他目标产生冲突。如果设计过程资金不足，后果可能是得到不完整、不充分或是过度浪费的设计对策。

第 7 个目标，遗憾的是与施工人员和养护人员的信息交换，很大程度上在设计工作中被忽略了。在北美洲就曾有这样的事例，养护队不熟悉连续配筋混凝土路面，却用沥青来填充大量的细微裂纹，而这些细微裂纹正是这种路面类型的结构特征，并不需要养护。造成这样混乱的结果应该归咎于设计人员缺乏与养护人员的沟通，而不是养护人员本身的问题。这样的沟通极其重要，因为正确的施工和养护工作可以把设计理念"贯彻"在设施的整个寿命期。

最后的目标，包括使用当地的材料和劳动力，这在大多数情况下是不言而喻的客观需要。这个目标可以是对第 1 个目标（即最佳的经济性）的补充，但有时候当地的材料可能需要加固或处理。

2.1.3　城市公共设施设计约束条件

主要的设计约束条件是经济上的以及实体或技术本质上的，主要包含以下几点：

1）所进行的设计和施工可利用的时间和资金。

2）在修复之前所允许的最低服务能力水平。

3）材料的可利用性。

4）所能允许的最大或最小规模。

5）在相继修复之间的最小时间间隔。

6）施工人员和养护人员的能力和装备情况。

7）进行试验的能力。

8）现有的结构和经济模型的水平。

9）现有设计信息的质量和范围。

第 1 个约束条件可能不仅包括能用于某个具体工程中的资金限额，还包括这些资金的机会成本。所有其他的约束条件相对而言都比较一目了然，其本质都是物质上的和技术上的。但每个都隐含经济因素，因而都和第 1 个约束条件有联系。

2.2　公共设施设计的性质与基本任务

2.2.1　公共设施设计的性质

1. "公共设施"一词的语义优势

与"公共设施"相关的语汇：在英国最初表述为 Street Furniture，直译为"街道家具"；在欧洲称为 Urban Furniture 或 Urban Element，直译为"城市家具"或"城市元素"。在日本，被理解为"步行者街道的家具"或"街道的装置"。这些表述在我国均被使用，我国还普遍使用"环境设施"来描述"公共设施"这一概念。

在互联网中用 Google 搜索引擎进行搜索，约有 502 万项信息符合"公共设施"的词条搜索结果，有 114 万项符合"环境设施"的词条搜索结果，有 95.2 万项符合"城市元素"的词条搜索结果，71.6 万项符合"街道家具"的词条搜索结果；53 万项符合"城市家具"的词条搜索结果。由此可见，"公共设施"一词的中文使用频率远远超过其他词条。其原因可主要概括如下：

1）城市中的公共设施虽确实大部分集中于街道两侧，但"街道家具"的称谓显然不能概括出公共设施所涉及的所有领域。如果我们将建筑外的公共设施称为"街道家具"，那么，建筑内部或交通工具中的公共设施又该如何称呼？另外诸如盲道、铺地等设施，本身就是交通线路的设计，并无"街道家具"的特征。因此，我们可以形象地用"街道家具"代指部分公共设施，却不能作为它的统称。

2）与"街道家具"相比，"城市家具"似乎能够在更大范围内代指公共设施，但"家具"一词本身便具有偏见，如果可以把公共候车亭、饮水机、垃圾桶、座椅形象地称为城市的"家具"，那么自动取款机、电子公共信息服务终端、公用电话等明确具有产品属性的公共设施是否还能称为"家具"呢？如果不能又该如何称呼呢？

3）使用"城市元素"的称谓不但混淆了公共设施与城市其他构成物之间的关系，而且也混淆了人造物与自然景观之间的差别。例如，城市建筑与景观、广场与绿地、街道与桥梁是不是城市构成元素呢？如果是，那么它们与公共设施的区别又该如何界定呢？

与以上称谓相比，"公共设施"明显具有语义优势，这主要表现为以下几方面：

1）"公共"一词虽与"私人"相对，但并不强调"物"的所有关系，而着重强调其非限制的可参与性。"公共"主要表现为此类设施处于公共环境之中，并可以被所有人使用。这样，我们就可以轻易地界定出它的使用对象与使用环境，明确其作为"一类"设计所具有的普遍特征。

2）"设施"一词中的"设"字从言，从"殳"，本义有摆设、陈列的意思。"施"字本指旗帜，也有设置，安放的含义，也有施用、运用的意思。可见"设施"特指那些有明确使用功能的事物，强调其可用性。因而"设施"与单纯的审美性事物区别，如"城市雕塑、城市景观"等。

3）"公共设施"一词具有明显的可拓展性，它可以泛指一切以服务于公众为目的而建造的所有设施。它既可以指道路、桥梁、管线、信息网络等公共基础设施，也可特指如交通导向、功能服务、观赏景观等公共设施系统，还可以描述信息亭、公共座椅、街道路障、信号灯等公共设施单体。因此"公共设施"具有很强的词义拓展性，而外延又不易与其他概念相混淆，这对于我们正确界定它的内涵与外延极为有利。

鉴于此，本书采用"公共设施设计"（Public Facilities Design）作为该领域的名称进行表述，并展开讨论。

2. 公共设施设计的系统性分析

日本设计师平松清房先生曾有过这样的感慨："我现在坐在一个公园的长椅上，这是出自日本一个中型园林设施生产厂的普通长椅。我不明白为什么要把这个长椅放在这儿，而理由也许是由于促销员的努力——将厂商的产品目录分发到每一位公园设计者的面前。即使一个单独的长椅也要与整个景观有明确的关系。"实质上，平松清房感慨的原因在于"长椅"缺少必要的"场所感"（Place）。高登·库仑（Gordon Cullen）在《城镇景观简编》中详细论述了"场所感"这一观念："场所"强调"归属"感和个体与场地的情感联系，每个个体都要通过物理分异或差异性而获得个体特征。然而，当它处于某种环境，并很好地与该环境相融合，就必然具备了这一场所的集体特征，表达对集体或场所的归属感。由此可见，即便是单个个体的公共设施的设计，仍必须注重与其场所的一致性。

美国学者凯文·林奇（Kevin Lynch）在《城市意象》一书中将城市空间的物质形态归结为五种元素——道路、边界、节点、区域与地标。它们互为因果，形成城市的公共空间系统。例如，道路围合而成区域，区域与道路相交而成边界，道路与道路之间的交织点称为节点。而在这个由道路、边界、区域和节点构成的系统中，凡具有特殊识别与记忆成分的因素均可以成为地标，它可以是一座建筑，也可能只是一个标识。城市中的公共设施是作为城市的子系统而分布中，具有明显的从属关系，同时公共设施之间又相互协调，构成自己独立的体系，这就是公共设施设计的系统性。公共设施设计的系统性可以概括为以下几个方面：

（1）文化性　文化性也可以称为公共设施的文化内涵，是指其在文化价值方面的内在倾向性，也是须经过设计者周密详尽调查与深入思考才能感知的深层属性。

公共设施的文化特征从属于与该设施所处的环境，这个"环境"是指一个国家、民族、城市、区域所具有的与众不同的文化特征，强调其相互之间的差异性。每个城市具有不同的"性格"，如北京的庄严稳重、南京的成熟内敛、上海的包容运动、苏杭的古朴秀雅等。城市的这种深层的文化积淀，往往被称为城市的"文脉"。

文脉不同，其设施的性格特征也会不同，这就要求设计者能够在设计伊始就将公共设施置于其城市文化特征的背景之中，而予以整体性考察，并最大限度地把这种城市文化特征体现在公共设施设计之中。

（2）相关性　相关性主要是指公共设施与其他城市构成要素之间的相互关系，主要包括以下几点：

1）公共设施之间的相关性。公共设施作为人们生理或心理需要在公共环境中的延伸，必然具有相互协调匹配的一致性。人的需要是有机的，因此服务于这种需要的公共设施同样也是系统的。

以公园中的公共座椅为例，不同方式布置的座椅会影响人们之间的交流意愿。如果座椅无助于人们交谈，或者坐的时间一长就令人很不舒服，那些主要是为了满足其交流需求的使用者就不得不另寻他处。因而，公共座椅的设计和摆放对老年人有很大的影响，如果长椅设计得比较短，且容易被人独占，其他人就无法使用，这样就可以避免不必要的交流；但如果公共座椅设计得过长，人们往往占据座椅两端的位置，这样就会因距离太远而无法交流；如果有第三个人想坐下，会因为被夹在中间而感到尴尬，而宁愿走开。因此，公共座椅的长度应该容纳坐下 2~4 个人，这样既不侵犯任何人的私人空间，又近得足以方便交谈。许多老年人听力较差，如果多个老年人并排坐在公共座椅上，则会对交流带来困难，因而桌椅之间的匹配关系非常重要。

当然，座椅与其他设施之间也存在必须重视的匹配关系，譬如，如果座椅之间缺少有效的公共照明系统，则会大大削减其夜晚使用的可能性。当然，如果照明系统距离座椅过近，或者亮度过高，同样也会削弱人们使用的可能性。此外，公共座椅周边 2~5m 的范围内应设置垃圾桶。但垃圾桶并非离座椅越近越好：距离垃圾桶过近的公共座椅不太会被人使用；同样，如果垃圾桶设置得过远，或者没有设置，则公共座椅周边区域的卫生情况则很难保证。

2）公共设施与其环境要素之间的相关性。使用环境不同，公共设施的功能、风格、数量或材质都会呈现出相异的特征。除去公共设施与周边环境的文化特征不谈，其与周边的自然环境就有密切的相关性。

钢筋水泥并且采用大量玻璃幕墙的高层建筑，不问环境是否适合，不仅无助于城市的节能环保、低碳生活，而且可能成为造成资源浪费的幕后推手。以大面积的玻璃幕墙为例，玻璃幕墙在降低采光成本的同时，也大大提高了建筑内温度调节的成本。很多北方地区，冬冷夏热：夏天阳光直接照射到建筑内部，使室内温度骤然升高，而不得不增大空调的制冷效率以维持合适的温度；同样，冬天又往往是阴多晴少，玻璃幕墙不利于保温，也同样会大大提高室内取暖的成本。无论是南方竹楼，还是北方窑洞，长久以来，不同地区的建筑总是根据各自地区的自然环境，而找到的最佳解决方案。如果不问环境状况、不问当地的实际情况，而采用一种办法解决问题，则必然会带来资源的巨大浪费。

这种情况在很多城市的公共设施中也存在。例如，我国很多南方地区，气候潮湿多雨，但在公共空间中大量使用以原木为主要材料的公共设施，漆膜极易磨损脱落，而原木长期在潮湿气候下很容易腐坏，并且，潮湿的公共设施往往不易于人们正常使用；反之，在北方很多地区，气候干燥，但冬夏两季昼夜温差很大，很多公共设施却不采用温和的木材，反而选用金属或石材作为公共座椅的主要材料，以至于夏季或白天，座椅在阳光的暴晒下温度过高而无法使用，而冬季或夜晚座椅冰冷，同样无法使用，这造成了公共投入的巨大浪费。

3）公共设施与其使用场所之间的相关性。在克莱尔·库珀·马库斯与卡罗琳·弗朗西斯编著的《人性场所——城市开放空间设计导则》中，将城市典型的开放空间划分为城市广场、邻里公园、小型公园与袖珍公园、大学校园、老年住宅区、儿童保育户外空间和医院户外空间，并以此来展开其全书的讨论，并强调了每个典型开放空间中公共设施设置的特点。

他们在讨论"邻里公园"时分析：当公园变成人们的户外起居室时，饮水机、厕所就变成了必需之物。例如，饮水机的放置不仅要确保站着的成年人使用时无须蹲下或者大幅度弯腰，同时还要保证儿童与乘坐轮椅的人能够很好地使用，因而最好配置两个不同高度的饮水口。再如，与年轻人相比，老年人更容易受炎热、寒冷和强光的影响，因此，遮阴设施或凉亭非常必要。

《人性场所——城市开放空间设计导则》中，在讨论"城市广场"时分析人们使用公共座椅的可能为以下几点：

1）为了等公共汽车或出租车而短暂停留的人。

2）坐在广场边界，观看过往车辆交通和人行道活动的行人，这类使用者多为男性。

3）那些只想静悄悄地走近，并坐在广场中看热闹的人。

以上三类人多表现为个体而非群体，因此，公共座椅不应布置得太紧密，如面对面或呈直角而坐。

4）伴侣或情人，他们寻求僻静或亲密的独处空间，还有成对或成群的女性，她们喜欢处于空间内部，不会暴露的位置。

5）绝大多数使用者，都不愿意坐得太靠近道路交通、人行道及建筑入口。群体和个体都是如此。

当然，上述分析所得到的设置广场公共座椅的方式，并不一定适合"邻里公园"。

事实上，同样是公共空间，广场与公园的人群结构各具特征，同理，即使是同一公共区域，不同时间其人群结构也会出现差异，因此，能够明确这种差异，对于设计不同区域内的公共设施具有特殊的指导意义。

（3）一致性　一致性主要是指在同一区域、同一环境，甚至同一城市之间的公共设施应在形式或功能上保持相对的稳定性。例如，同一街区就不宜出现两种座椅设计，同样公共座椅应与周边其他公共设施造型风格保持一致；一个城市的候车亭、电话亭、自动售货机等设施在外形上应保持完全统一，甚至使用方法也应趋同，这样有助于市民或外来游客的识记与使用。

在城市公共设施系统性因素分析中，文化性是公共设施的灵魂，相关性是骨骼，而一致性是肌肤，只有三者相辅相成，互为系统，才能使公共设施既能很好地发挥功能也能很好地融入环境。

3. 公共设施设计的特征

狭义的公共设施设计虽然多以"单体"的形式出现，但它们之间往往具有不可忽视的共性特征，有效地归纳这些特征，对于我们从整体上把握公共设施设计的特点，具有重要的作用。

1）功能特征。随着经济水平的不断提高，城市功能不断深化发展，人们将传统私人空间中器物所拥有的功能向公共空间延展，这种需求便会引发室内功能的室外化、私属功能的公共化。从某种意义上分析，公共设施就是城市为市民提供的公共性产品，因此公共设施往往具有明确的使用功能，我们可以将其概括为功能特征。

2）共用特征。公共设施作为城市公共空间的重要组成部分，起着深化空间层次、拓展空间功能的作用。公共空间有别于私密空间的原因在于参与者可非限制地、自由地出入其中。而公共设施的一个重要特征也正表现在它可能被所有人群且理应被所有人群使用，而并非只满足单一人群的需要，这就是公共设施设计的共用特征。共用特征主要表现为：一件公共设施应该被所有人使用；可以被多人同时使用；能够在多人同时使用的情况下促进他们之间的交流理解，避免误解与争执。

3）审美特征。公共设施有"城市家具"的别称，其中将城市比作"家"，将公共设施比作设置于其中的"家具"。众所周知，家具对家庭环境的营造起着至关重要的作用，而公共设施对于市容市貌的影响同样不容小觑，因此公共设施在满足其使用功能需要的同时，也应具有强烈的审美特征，并发挥其潜在的美育作用。鉴于此，我们有理由认为，城市中的艺术景观设计并不具备公共设施设计的所有功能，而功能良好、形态优雅的公共设施却具有城市景观设计的所有特质。

4）文化特征。一个城市的公共设施应该与这个城市的文化特质保持一致，一个区域的公共设施应符合该区域的建筑环境风格，公共设施不单单是功能与审美的载体，还应是城市文化的标志物。不同城市之间的公共设施应努力体现城市之间在文化脉络上的区别，而不是漠视它们之间的区别。此外，公共设施还应具备明确区域边界的作用，使人们能够透过公共设施风格或形态的变化，明确城市之间、区域之间的文化独特性与差异性。

5）注目性与隐形化特征。公共设施设计的注目性与隐形化是一对矛盾，这表现在其既要便于公众的识别，又要与"场所"相融合。譬如公共厕所设计如果过分强调与周围环境相容，便缺少必要的注目性，使用者便难以发现，但如果过于醒目又会与环境发生冲突。再如垃圾桶的设计，有些古典园林环境内部惟妙惟肖地将垃圾桶设计成树桩的形状，虽然能使垃圾桶有效地与环境融和，但却也导致缺乏必要的标识而难以被游客发现；但另一些园林环境中的垃圾桶却直接套用置于广场或商业场所的垃圾桶设计，虽便于发现，但却破坏了整体环境。对于这个问题，许多发达国家直接采用不设置垃圾桶，由游客自行携带垃圾袋的方式予以解决。可见，公共设施设计的注目性与隐形化的确应当予以重视与专门研究。

综上所述，本书通过将公共设施放在城市和公共空间两个载体上综合分析考察，并对公共设施设计的整体性与层次性、基本原则与共性特征等问题进行研究，可以将公共设施设计的基本特征概括如下：

公共设施设计因其所具有的共用性特征，而有别于其他以私人占有为目的的设计物和设计行为。公共设施设计作为动词，强调的是以满足公众共同需求为目的所开展的设计行为；作为名词，强调的是被公众所使用的"物"的设计。但这种"公共"性并不特指"物"的所有关系而是着重强调其无限制的可参与性，主要表现为此类设施处于公共内外环境之中，并可以不加限制地被所有人使用；"设施"一词特指那些具有明确使用功能的设计物，强调其功能性与可用性，因而与单纯的审美性事物及建筑环境设计相区别。

此外，"公共设施"一词具有明显的可拓展性，它可以泛指一切以服务于公众为目的而设计制造的、具有明确使用功能的设施。它既可以指道路、桥梁、管线、信息网络等公共基础设施，也可特指诸如交通导向、功能服务、景观观赏等公共设施系统，还可以描述信息亭、公共座椅、街道路障、信号灯等公共设施单体。以此为标准，可以将其划分为：基于保证城市正常运行及市民基本生活的基础性设施；基于优化市民公共生活质量，满足城市空间功能的便利性设施；增进市民相互交流与自我实现的交流性设施。

2.2.2　公共设施设计的基本任务

1. 满足使用功能，保证使用公平

从本质上分析，公共设施设计的实质就是私人性产品功能的公共化延伸。

我们有"坐"的需求，因而室内有了沙发椅凳，公共空间则有了公共座椅；我们有"饮水"需要，居家的饮水机也就变成了公共场所的直饮水机；我们有"信息交流"的需要，所以在配备家庭座机的同时，路边街角则出现了公共电话亭或信息亭。从这个意义上分析，公共设施设计的功能本质与产品设计的并无不同。然而，公共设施设计与传统产品设计的不同之处在于，公共设施更强调其"公用"特征。在通常情况下，我们可以根据自身因素（包括生理、心理、使用习惯、经济情况和文化背景等因素）自主选择适合自己的产品，而在公共设施中，这种自主选择的可能性却大打折扣。所以，在很多情况下，我们不得不被动地接受许多公共设施为我们设定的功能与操作方式，也会因各种私人原因而放弃使用某些公共设施，譬如：公共饮水机出水口过高，儿童便无法使用；自动取款机操作烦琐，老年人便拒绝使用；公用电话话筒容易传染疾病，在移动电话大量出现后便趋于淘汰；某些公共座椅因为被设计得过宽过长而成为流浪汉的"睡床"，导致其他人无法正常使用等。所以，公共设施设计在满足使用功能的前提下，必须比私人性产品具备更多的使用公平特点，以方便所有群体的正常使用。

2. 融入周边环境，保持风格统一

与传统的私属性产品不同，公共设施往往被放置于内外公共环境之中，也就是说，私属性产品对私密空间的环境协调关系，在公共设施设计中则被放大到公共设施与公共空间乃至区域环境协调一致的程度。

3. 尊重区域文化，包容生活传统

公共设施作为思维意识的投射物，必然会表现出自身的文化特征，而这种文化特征又应从属于该设施所处的文化环境。在此，我们可以将"文化环境"理解为一个国家、民族、城市、区域所具有的、与众不同的文化特征，强调其相互之间的差异性。背景不同，公共设施的性格特征也会不同，这就要求设计者能在设计之初将公共设施放置于城市文化特征的背景之中，而予以整体性考察，并尽可能地把文化特征体现在公共设施设计之中。一个区域的公共设施应与该区域的文化特质保持一致，公共设施不单是功能与审美的载体，还应是区域文化的标志物。不同区域之间的公共设施应努力体现它们之间在文化脉络与生活传统上的区别，而不是漠视这种区别。此外，公共设施还应具备明确区域边界的作用，使人们能够透过公共设施风格或形态的变化，明确城市之间、区域之间的文化独特性与差异性。

4. 促进民众交流

人是社会性的动物。在西方，有些学者将城市公共空间称为"人性场所"，以强调这些公共空间对于民众之间的沟通交流所起到的积极作用。事实上，环境优美且设计合理的公共空间的确可以鼓励人们较长时间逗留其中，而不是来去匆匆，这必然为他们之间的沟通交流创造更多的可能。反之，没有任何设施的公共空间是不可想象的，此类空间因缺乏实际功能而索然无味。因此，从这个意义上分析，公共设施在满足人们的使用需求的同时，也为人与人之间沟通提供了必要的"媒介"和"道具"。宜人景色之中的一个座椅可能使一对陌生人成为朋友；公共小区中的一组健身设施可以使一群互不相干的锻炼者结成群体；民众在公共候车亭前有序地等待可以使他们感受到礼让、谦和等美德；街角路边的旧式信筒可以勾起人们思念亲友的情绪。我们可以将公共空间看成人与人之间交流理解的舞台，而一个个功能合理、形态美观的公共设施便成为这一"舞台"上的道具。因此，好的公共设施不仅是功能的"容器"，更是文化的"容器"和人性交流的"道具"。在这种"道具"的作用下，不同年龄、背景的民众得以更为自然协调地交流。

2.3　公共设施设计的理念、原则和方法

2.3.1　公共设施设计的理念

1. 公共设施的形式与环境的融合

公共设施是城市整体环境的组成部分，公共设施艺术的存在形式或依附于公共设施，或依附于街道、广场、绿地、公园等物质形态，公共设施设计应当从整体出发，妥善处理局部与整体、艺术设计与环境的相互关系，力图在功能、形象、内涵等方面与环境相匹配，使环境空间格调升华。

每个城市都有各自的生态环境，城市公共设施设计必须考虑其存在空间的生态环境，注意设施与自然环境的和谐统一。城市公共设施既要顺应自然环境，又要有节制地利用和改造自然环境，实现自然环境与人们生活的和谐统一。设计应该充分考虑绿化植被随时间、季节变化的规律、自然条件的制约等。有的城市四季如春、气候湿润，在城市公共设施设计之初就要考虑街道两旁种的是什么花，栽的是什么绿化植物，这些植被的开花期、花的颜色如何等。只有这样，所设计的城市公共设施才能很好地与周围的生态环境融合，使街景更美丽。还有些城市四季分明，一年中很多时间被白色的冰雪覆盖，这些城市的公共设施在设计上就应该考虑多采用暖色调，来平衡和调节周围环境带给人的寒冷的感觉。一些城市和地区受到温度、湿度、气压、气流等自然因素的限制，在设计其城市公共设施时就要把材料的抗寒性、耐腐性等因素考虑进去。否则，设计师千辛万苦设计出来的美丽的城市公共设施，还未得到人们的驻足，就已经寿终正寝了。城市公共设施的设计很好地与城市的生态环境融合，具体体现在以下几个方面。

（1）造型　公共环境系统中的公共设施的造型，应以人的活动为主题，避免雷同的概念性形象。公共设施应以智慧性为主题表现，以富有生命力的直观性特征为主旨，呈现设施的多样性，同时在视觉上产生与环境的呼应——这不仅取决于设施的功能与材料，还取决于对设施造型的控制，使公共设施与环境产生共鸣效应。

人和设施在一定的环境中沟通互动，需要相应的传播媒介传递信息，这种传播媒介便是设施自身的造型语言。设施的设计需要根据使用者生活的各种要求和生产工艺的制约条件，将各种材料按照美学原则加以构思、创意、结合。其造型语言体现的是组成设施的各个要素和整体构造的相互关系。例如，游乐场所中的公共设施使人们能够在其活泼多变、生动可爱的形象中寻找乐趣，在旋转、波动、离奇的装饰中感受刺激，体验整个休闲娱乐环境的氛围。纪念性广场则体现沉静、崇高的性格：长长的轴线，对称的布局形式，使环境的各类设施也相应具有相同的庄重与力度。不同场所设施的造型相差甚远，公共信息系统设施的造型就应结合环境特征，协助人们识别地域，体验空间带来的情趣。

公共设施是具体的、可感受的实体，其造型可抽象为点、线、面三个基本要素。点是最简洁的形态，可以表明或强调位置，形成视觉焦点。线的不同形态表现不同的性格特征：直线表现严肃、刚直与坚定；水平线表现平和、安静与舒缓；斜线表现兴奋、迅速与骚乱；曲线代表现代美、柔和与轻盈。线的运用不当则会造成视觉环境的紊乱，给人矫揉造作之感。形态各异的实体表面含有不同的表情，决定了公共设施总体的视觉特征。点、线、面基本要素及相互之间的关联，展现出丰富多彩，通过分离、接触、联合、叠加、覆盖、穿插、渐变、转换等组合变化，使公共设施造型实现个性化的表现，令公共设施易于被人们识别的同时也与环境空间相融合。

（2）空间 在考虑公共设施的形式与环境融合的同时，还要注重空间与人的关系。人离不开空间，空间是人在地球和宇宙中的立足之处，空间使无变为有，使抽象变为具体。随着经济文化事业的发展，市场规模扩大，交通网络愈加密集，信息、资源和人口日益集中，这使得人类不断建设、创造自己的活动与生活空间。城市的空间不仅是形象，公共设施也不仅是摆设，它们更体现着这个城市的文明程度。

空间与人，犹如水与鱼，唯有空间的参照才能凸显人的存在。对于一个容纳人的空间来说，它需要使之变得有序。空间中，人与空间里的公共设施构成了一种主从关系。现代人通过营造居住、活动和旅游的空间，追求丰富的身心愉悦；生活空间的艺术、装饰、庭园绿化等已经成为人们生活的必要部分。如果现代人的生活空间狭窄、公共空间被侵占、空间协调被破坏整体空间缺少延续性而是拼接化的，就会在让其中的人感觉到窒息与困惑。人在环境空间中通过不同的体验获得多方面的感知，包括对空间的感知，公共设施设计应充分满足人对体验的要求，才能实现空间的效益：这是环境优化的先决条件。

不同地域特有的地形地貌和与之俱来的居民风土人情或性格之间有着一定的联系，如从辽阔草原上牧民的豪爽、江南人的精明能干等中，都可看出环境对人的性格所起的塑造作用。环境空间、社会因素和人的行为、性格、心理之间存在着一定的联系。空间环境会对人的行为、性格和心理产生一定的影响，同时人的行为也会反作用于环境空间，这尤其体现在城市居住区、城市广场、街道、商业中心等人工景观的设计和使用上。

生活空间与人们日常行为的关系大致分为以下三个方面：

1）通勤活动的行为空间：主要是指人们上学、上班过程中所经过的路线和地点，以及外地游览观光者的观点路线和地点。人们对公共设施空间的体验即对由建筑群体组成的整体街区的感受。公共设施设计在这个层面上应当把握局部设计与整体的融合。

2）购物活动的行为空间：受到消费者自身的特征影响，以及商业环境、居住地与商业中心距离的影响，消费者除了完成身心愉悦的购物行为外，还存在休闲、游玩等行为。在这个层面上，良好的公共设施设计是展示城市形象的重要途径之一。

3）交际等闲暇活动的行为空间：朋友、邻里和亲属之间的交际活动是闲暇活动的重要组成部分。闲暇活动行为的发生往往会在宅前宅后、广场、公园、体育活动场所及家中进行，因此涉及这些行为的场所设计也是公共设施设计的主要内容。

以上行为空间中的行为与相应的公共设施设计是截然不可分的，它们之间存在着密切的联系，在具体的项目设计时要通盘考虑，突出重点。对于发生在公共环境中的交往形式而言，不同的交往所需的空间距离、环境条件都会有所不同。如60cm左右的距离属于两人之间的私密空间，并可能发生身体接触，第三个人通常会自动远离这个范围，所以在一般环境中，人的活动空间应保证占到50cm以上。这样的空间范围，不会让人感到拥挤，可以避免使人产生焦虑感。人的行为还与空间及公共设施的尺度有关：在狭窄的通道上，人们会有紧张的心理；在宽敞的空间中，人们的心绪就比较平静，会感觉轻松，从而放慢速度。公共空间作为社交生活的主体媒介，应促进人与人、人与物、物与物之间广泛交流与沟通，创造良好的交往空间——这是维系并实现个人与群体、个人与社会联系平衡的条件。

2. 公共设施的色彩与材质的美感

公共设施设计不仅是对造型和功能的设计，还应考虑任何公共设施都是依托色彩与材质表现出来的，色彩是公共设施的性格，材料是公共设施的支撑。色彩的搭配需要与造型、材质等外在的形式要素相协调，并要通过一定的工艺程序制造出来，所以公共设施的色彩与材质、工艺直接影响到公共设施的美观。

（1）色彩　公共环境设施的色彩在人们的直观感受中最能反映环境的性格倾向，最富有情感的表现力度，是最为活跃的环境设计语言。色彩能明显地展示造型的个性，解释活动于该环境中的人的客观需求，或振奋欢乐，或宁静休闲，或平和安详。总之，公共设施的色彩以其鲜明的个性加入环境的组织中，创造人与环境的沟通，并赋予环境以生气和活力。

公共设施的色彩往往带有很强的地域、宗教、文化及风俗特色。公共设施的色彩往往与所在国家的地理环境、文化环境和民俗风情有关。色彩既要服从于整体色调的统一，又要积极发挥自身颜色的对比效应，使色彩的搭配与造型、质感等外在的形式要素协调，做到统一而不单调，对比而不杂乱。巧妙地利用色彩的特有性能和错觉原理拉开前景与背景的距离，可以使公共信息系统设施比较端庄的形体变得轻快、亲切。不同的城市有着不同的风格，每一个城市都有着它自己的面孔。有的城市现代气息十足，有的城市偏于保守，有的城市充满"故事"，有的城市文化悠久。这就需要设计师们根据城市的不同，设计不同色彩风格的城市"街具"，做到"天人合一"。在世界各国的大都市中，英国伦敦对城市的色彩控制就较成功，其城市的主体建筑基本上采用中灰、浅灰色调，而公共汽车、邮筒、电话亭、路牌等公共设施则采用鲜艳亮丽的色彩，使整个城市环境显得温文尔雅、亲切生动，增强了环境的感染力。

公共设施的色彩设计还要考虑到气候地域的影响。例如，北方气候干燥寒冷，因而北方的公共设施材料应多采用具有温暖质感的木材，色彩要鲜艳醒目，以调剂漫长冬季中的单调色彩，以使人们在漫漫寒冬感受到心理上的温暖和视觉上的春天，使抑郁的心情变得轻松愉快；南方温热多雨，选材要注意防潮防锈，故材料多为塑料制品或不锈钢材料，色彩上也以亮色调为主。

城市风格的和谐统一与城市色彩密不可分。所谓城市色彩，就是指城市公共空间中所有裸露物体外部被感知的色彩总和（城市地下设施及地面建筑内部装修与城市色彩无关；地面建筑物处于隐秘状态的立面，其色彩无法被感知，也不构成城市色彩）。也就是说，城市公共设施的色彩要做到与城市风格相吻合，应该在城市主色调——城市色彩的大方向要求的基础上，结合周边已存在的城市建筑以及自然环境的基调做相应调整。城市是人类集中居住地，城市色彩是一种系统存在，完整的城市色彩规划设计应对所有的城市色彩构成因素统一进行分析规划，先确定主色系统和辅色系统，然后确定各种建筑物和其他物体的永久固有基准色，再确定包括城市广告和公交车辆等在内的流动色，以及街道点缀物及窗台摆设物等临时色。在城市公共设施的设计中也应该考虑其所属空间的城市色彩，使其与城市风格相吻合。

（2）材质　任何设施，无论功能简单或复杂，都要通过其外观造型，使机能由抽象的层面转化为具体的层面，使设计的理念物化为各个应用实体。现代设计中的材料质感的设计，即肌理的设计，作为设施造型要素之一，随着加工技术的不断进步及物质材料的日益丰富而受到各国设计师的重视。

这里的肌理包括公共设施表面组织构造的纹理，其变化能引起人的视觉肌理感与触觉肌理感的变化。通过视觉得到的肌理感受和通过触觉得到的肌理感受输送向人的大脑，从而唤起视觉、触觉的感受及体验。肌理的创造，即视觉感、触觉感的处理是否得当，往往是评价一件设施品质优劣的重要条件之一。质感使设施造型成为更加真实、生动、丰富的整体，使设施以自身的形象向人们显示其个性，例如，汉白玉、花岗石、岩石、钟乳石等材料，就体现出不同的个性，即使是同类的玉石，不同的组合传达的信息也不相同，尤其当它们营造一定的空间氛围时，常使参与者从肌理质感中获得新的体验，获得精神需要的满足。

公共信息系统设施的设计更需追求材质的美感。如何选择、运用不同的材料进行组合搭配，在显示不同材料质感美的同时可以产生丰富的对比效应，已成为设计师们关注的课题。这也是形式处理的一种手法，运用对比的造型效果，使设施更加生动活泼，富有变化。建造富有现代韵味的城市环境，不是轻率地将传统材料搬进现代生活，而是将传统材料与现代材料有机结合于环境中。当前，设计师们越来越倾向于运用材料的自然属性，因为他们发现自然界有那么多美好的、一度被淡忘却又随处可寻的天然材料，它们具有更多值得人们回味的属性与意趣。

设计中要考虑各种材料的特性，如可塑性、工艺性。通过不同的材质表现不同的设计主题。在材料的运用上应尽可能地挖掘材料自身的个体属性与结构性能，体现出物体美。同时还应关照材质的肌理，表面的工艺不同，材料的肌理就不同，对人们的视觉作用也就不同。表面粗糙的材料与表面细腻的材料相比较：粗糙的体感强，粗壮有力，适用于大设施；细腻的给人感觉比较细致，适用于小设施。材质通过其自身的特点表现着不同的设计意图。工艺的精细程度也给人不同的感受，越精细的工艺给人的感觉就越逼真、醒目，简单、粗糙的工艺给人感觉很大气，但有时会让人感觉缺乏细节，适用于大型设施或设施的基座部分。不同的工艺给人不同的视觉感受，有不同的工艺美。现代社会的发展，新技术与新材料的开发与利用，为公共信息系统设施提供了更大的发展空间。如果能很好地将其与周围环境相协调，便会创造出一种既有变化又互相联系的整体感。

3. 公共设施的文化与设计的交融

文化是一个城市发展的灵魂，只有文化才能凸显城市特色。公共设施作为城市环境景观中重要的组成部分，文化对其尤为重要。文化不仅可以给人以精神上的鼓舞和陶冶，提高审美水平，也可以调剂人们的情绪，规范人们的日常行为。城市公共设施作为一种文化传播的媒介，可以很好地传递城市的文化和精神，积极地传承地域文化、发扬地域文化，激起市民的共鸣和对地域的热爱。

每个城市都有自己独特的传统和特色的文化，这些传统和文化是历史的积淀和创造的结晶。城市公共设施完全可以作为城市文化的一种载体，把富有特色的文化符号应用在设计中。人们欣赏或使用富有民族和传统文化特色的公共设施时，一定会更加了解公共设施所在的城市，并更加尊重和热爱它。中国几千年的传统文化为城市公共设施的设计留下许多可利用的元素：飞檐斗拱、水榭亭台的古代建筑风格，传统的镂空窗格设计，中国象形文字的美学价值以及由此引发的对设计的种种遐想。如何将这些传统文化的精髓所在与现代设计方法相结合，是专业设计人员在设计城市公共设施时应该考虑的问题之一。

设计时可以从建筑和景观两个方面考虑。

一方面中国地域辽阔、民族众多，在历史发展中形成了自己独特的建筑风格。以"皇城"著称的北京，道路东西南北规整，建筑以四合院闻名。上海的建筑则以里弄为特色，形成了特有的海派文化。天津的海河孕育了城市文化，也决定了城市的布局走向。外来文化涌入天津，形成了多元并存的城市文化现状，各式的小洋楼与本土建筑各具韵味又协调统一，形成了天津近代城市形象。黄土高原的窑洞、江南水乡的粉墙黛瓦、福建的客家土楼都是有地域特色的建筑在这些不同风格的地区设计公共设施时，可以从城市特有的空间环境、人文特征和历史遗迹中挖掘，如借鉴名胜古迹、文献、文物、民间传说和民间工艺等。为了不破坏当地建筑的风格，设计公共设施时必须考虑到整体建筑风格，从中抽取出诸如形态、色彩、文化等因素，并运用到公共设施设计中去。世界建筑大师贝聿铭先生为苏州博物馆新馆所做的设计就是公共设施传承与发扬城市文化的典范。江南一隅的这栋建筑吸引了全世界的目光，更让无数建筑爱好者为之疯狂。贝聿铭的设计在保存苏州传统特色的基础上，采用非常有新意的用材和设计，如以现代钢结构代替了木质材料、深灰色石材的屋面、突破中国传统建筑的"大屋顶"等，对粉墙黛瓦的江南建筑符号进行了新的诠释。其江南水乡建筑模式是传统建筑比例尺度在现代建筑设计中的完美运用，"不高不大不突出"的建筑体量与苏州城整体风貌的结合更是建筑与城市文化融合的体现。

另一方面，公共设施与城市景观的关系是相辅相成的，公共设施参与城市景观构成，是景观规划中的一部分。城市景观是城市建设不可或缺的构成元素，如城市雕塑、喷泉、景观灯等。那么公共设施应当与城市景观和谐一致，相辅相成，既要丰富城市景观文化的内涵，又要创造优美的环境，因此，从某种意义上说，公共设施就是城市景观的一部分。例如，改造后的北京前门大街的"拨浪鼓"形路灯。拨浪鼓是古人走街串巷叫卖货物的工具，也是我国古老的玩具之一。现在"拨浪鼓"变身为现代照明设施，矗立在大街两侧。它再现了老北京建筑文化、商贾文化、会馆文化、市井文化集聚地的风采。再如，四川杜甫草堂外的公共设施，大到公共厕所、小到指示牌的设计无不显示浓郁的地域特色。其中，电话亭的设计就采用了中国传统的石亭盖形式。"亭"是我国传统建筑中周围敞开的小型点式建筑，供人停留观赏之用。以石亭盖作为电话亭的顶部极具装饰性，体现了浓郁的城市文化、地域文化特色。

4. 公共设施中的"以人为本"的设计理念

人是城市环境的主体，因而设计应充分考虑使用人群的需要，以体现"以人为本"的设计理念。一个设计合理且极具美感的公共设施，不但可以有效地提高其使用的频率，而且可以增强市民爱护公共设施、爱护公共环境的意识，增强市民对城市的归属感和参与性。城市公共设施的设计必须充分考虑人与环境之间的关系，以人的行为为中心，把人的因素放在第一位。

人的行为源于自身需求和内心的变化，公共设施在一定程度上影响着人的行为。公共空间环境中的行为与心理虽有个体差异，但仍具有一定的共性，具有相同或类似的行为方式，这是公共设施设计的依据。优秀的公共设施能够满足绝大多数人的行为和心理需求。公共环境中的公共设施也是有针对性的，不同的人群具有不同的行为方式，设计时必须考虑到参与者与使用者可能在参与和使用过程中出现的任何行为，设计者必须对其进行深入调研，才能在设施的功能、造型和色彩设计上满足其需要，考虑到公共设施材料、结构、工艺及形态的安全性，在设计伊始便应尽量避免对参与者和使用者所造成的安全隐患，体现以人为本的人性化设计理念。城市公共设施设计应尊重人的行为方式和心理需求，提高人本意识，将物质元素与精神元素融入设计理念中。城市公共设施设计应充分考虑人体工程学因素，制定合理的设计方案，提高公共设施的适宜性，达到人与环境的和谐统一，避免不当设计。例如，设计儿童娱乐设施应注重安全性，合理设计无障碍设施供残障人士使用等。在物质文明和精神文明高度发展的今天，城市中公厕、康体器材、街头公用电话等公共设施的安装和布局越来越体贴，以让市民享受到生活的舒心和便捷。应注意，使用公共设施的人群不仅是成年人，也包括儿童和一些特殊人群；公共设施成人化的设计安装，会让儿童使用不便，并存在潜在的儿童使用安全隐患。例如，在公共场所中儿童在街头走失或遇上意外的事件时有发生，给"110"拨打电话是必要的一种求救方式。可是，现在街头公用电话的数字按键离地面都在1.5m左右，儿童常常无法使用。在电梯间应设置一些专供特殊人群使用的低位按钮，公交车的栏杆高度应再低一些。

有效地进行"以人为本"的公共设施设计，还要关注设计师这一重要因素，"以人为本"的设计理念对设计师提出了很高的要求。首先，要求设计师具有人文关怀的精神，能够自觉关注以前设计过程中被忽略的因素，如关注社会弱势群体的需要，关注残疾人的需要等。其次，要求设计师熟练掌握人体工程学等理论知识，并能运用到实践中去，体现出设施功能的科学性与合理性，如垃圾箱开口太高和太低都不便于人们抛掷废物，太大会使污物外露，既不雅观又不卫生，同时还要考虑防雨措施以及便于清洁工人清理等。再次，要求设计师具有一定的美学知识，具有审美的眼光，通过调动造型、色彩、材料、工艺、装饰、图案等审美因素，进行构思创意、优化方案，满足人们的审美需求。

2.3.2 公共设施设计的原则

1. 易用性原则

"一个商品售货员将商品扔在你的脚下，而你不得不弯下腰将摔碎的商品捡起时，毫无疑问，你会非常愤怒并将你的愤怒表达出来。但自动售货机这样做的时候你却表现得极为自然，这是因为人机关系中的尊重与人人关系中的有非常大的区别。"很明显，很多具有明确产品属性的公共设施缺乏"可以被人容易和有效使用的能力"。美国学者唐纳德·A. 诺曼在其著作中列举了很多缺乏易用性（usability）的公共产品。诸如让人晕头转向、不知所措的玻璃门，浪费宝贵讲座时间的投影仪，使教授不得不上蹿下跳的升降屏幕，文字说明复杂却还是无法理解的电话机等。的确，在现实生活中，我们有时不得不在自动取款机旁边，等待前面的老人一遍又一遍地重复错误操作，而无法施以援手。这就是公共设施缺乏易用性所带来的困扰。

易用性通俗地讲就是指（产品）是否好用或有多么好用。实际上，这个与"友好使用"（user friendly）的概念同样适用于具有明确功能的公共设施设计，例如，垃圾桶开口的设计就既要考虑到防水功能，又不能使垃圾的投掷产生困难；自动取款机既要使用易记难忘的密码确认方式，也要便于在操作完成后使用户记得取回银行卡。这些都是公共设施设计时应该考虑的易用性。

夏凯尔（Shackel）在1991年为"易用性"下的定义为：（产品）可以被人容易和有效使用的能力。一般来说，产品设计的易用性通常包括以下几个要素：

（1）易见（easy to discover） 易见是指（设计）所具有的功能容易被使用者发现。藏得很深的功能就不容易被使用者发现，无法被使用。

（2）易学（easy to learn） 易学是指使用者学起来容易，并可以在短时间内完成正确的操作。

（3）易用（easy to use） 易用是指在可能的情况下提高用户的操作效率，节约操作时间。

与传统的私属性产品设计不同，公共设施设计因其使用范围的非限定性，而往往对实现功能的操作过程的易用性要求更高。因此，易用性原则在公共设施设计中应该着重考虑以下几个问题：

1）公共设施所设置的功能是否易于被使用人群发现？

2）公共设施所设置的操作方法能否被所有使用人群所掌握？

3）操作方法的学习过程是否可以伴随正确的使用过程而同步开展？

4）错误的操作方法能否得到有效纠正？

5）如何消除错误操作给使用者所带来的不便或心理不适？

6）如何在多个使用者同时操作时，保证他们之间的有序及友善？

2．安全性原则

我们在公共场所不幸受伤的原因可能来自以下几个方面：

1）刚刚下完一场大雪，人行道路太滑。

2）楼梯台阶太陡，或者楼梯踏步之间距离过大。

3）公共汽车的上车踏步太陡，而后面等待上车的乘客却太多。

4）公共汽车运行过程中紧急制动。

5）自动取款机前面的人动作缓慢且多次无操作，与其发生争执。

6）道路井盖被盗。

7）路口的信号灯在转向时根本看不清楚。

8）绿灯与黄灯之间的间隔时间太短。

9）环境照明亮度太低。

有老师曾在公共设施设计专题课程中向学生提问过这样一个问题："如果儿童在广场中

玩耍时，不慎被某些公共设施所伤害（如公共座椅的金属扶手、公共电话亭侧面挡板边沿），那么，这种意外伤害的责任较多地应归咎于设计者，还是使用者（这里特指儿童）？"多数学生认为责任应是儿童（调皮）或父母（缺少看护），只有少数学生认为责任应是设计师的设计疏漏，本书赞同少数学生的观点。

设置于公共环境中的公共设施，设计时必须考虑到参与者和使用者可能在参与和使用过程中出现的所有行为。儿童的天性就是玩耍嬉闹，这是不能改变的，而能够做到的是以儿童身高作为尺度，低于此尺度的公共设施均应考虑其材料、结构、工艺及形态的安全性。在设计伊始便尽量避免给参与者和使用者所带来的安全隐患，这就是公共设施设计的安全性原则。

譬如：供儿童使用的公共设施要尽可能地远离街道，如果离街道太近，则需要围合起来，并且器材要足够坚固，足以承受成年人的偶尔使用，成年人有时会参与儿童游乐以吸引儿童加入。带有明确入口与出口的儿童游乐设施定能够便于监护人看顾儿童，以防备各种意外状况。

在儿童游戏区周边（如沙场），最好能提供既能饮用又能游戏的水源，孩子们在感到口渴的时候可以及时补充水分，并且有了水的参与，沙子的玩法可以成倍增加。另外，孩子们可能想去冲洗一下自己的小脏手。

秋千几乎是使用率最高的设施之一，但传统秋千经常会造成事故，因此在秋千周围要有很大的空间作为跌落区，并使用适当的材料（如沙、草地）作为缓冲材料。滑梯与攀爬设施的布局也应合理，从而避免儿童因相互拥挤而造成不必要的伤害。

公共设施设计的安全性原则应该着重考虑以下几个因素：

（1）设施避免操作失误的功能　由于人本身就是一个不稳定的、复杂的系统，而其异常复杂的生理、心理因素左右着人的思想、行为，即使是训练有素的专业人员，在某些情况下也可能出现不同程度的操作失误。因此，理想的操作状态是公共设施本身已具备避免操作失误的功能，使人处于安全状态下。

（2）设施的限定保护　这种安全设计的目的是将使用者的活动度限定在一定的范围内，实现有效的安全指数。

（3）隐藏危险部件　一些产品的某些部件具有必然的危险性时，将其隐藏起来。

3. 系统性原则

"系统"（system）有两种解释：其一，同类事物按一定的关系组成的整体；其二，有条理的。虽然该词频繁地出现在社会生活和学术领域中，但对"系统"的定义及其特征描述尚无统一规范的定论。一般而言，我们可以将其理解为由一些相互联系、相互制约的若干组成部分结合而成的、具有特定功能的一个有机整体（集合）。正如我们在前文所提及的，凯文·林奇将城市空间归结为由道路、边界、节点、区域与地标等五种要素组成的系统，它们互为因果，形成城市的公共空间系统。城市中的公共设施是作为城市公共空间系统的子系统而分布其中的，与城市公共空间系统具有明显的从属关系，同时设施之间又相互协调，构成自己独立的体系：这就是公共设施设计的系统性。

譬如，《城市道路照明设计标准》（CJJ 45—2015）中，对不同道路、行人流量、道路区域、平均照度、交会区域等涉及公共照明系统的各个指标都给出了较为详细的标准。从《城市道路照明设计标准》中可以看出，城市道路照明绝不只是一个个耸立于道路两旁的路灯，而是根据不同区域、不同流量、不同环境等特点所组织的公共照明系统，其系统性的设计原则不言而喻。

本书将依据城市公共设施在城市生活中所发挥的不同作用，将其分成基础性公共设施、便利性公共设施、交流性公共设施三个子系统。基础性公共设施在于保证城市正常运行；便利性公共设施在于优化市民公共生活质量；交流性公共设施在于增进市民间交流与其自我实现。一般，便利性公共设施与交流性公共设施的数量分布与功能实现总是依托基础性公共设施而得以实现的，换而言之，城市中基础性公共设施的发达程度直接决定了其他类型公共设施的发展。

譬如，公共照明必然沿城市交通线路分布，路灯亮度或数量往往与道路宽度及人行流量呈正比；公共卫生设施与便利性设施数量必须与人口密度相匹配；休息设施、健身或游乐设施不宜处在城市快速路或主干道旁边；公共休息区或市民较长时间逗留的区域必须配有垃圾清理或回收设施等。再如，健身设施周围需要设置公共照明设施，以起到引导人群使用的作用；而缺乏这种集中照明的公共设施，健身设施会因缺乏引导性、安全性和交互性，而在夜晚的使用率相对较低。事实上，诸如卫生设施、休闲设施、便利性设施、健身设施等公共设施系统，它们之间及其内部均存在着自然匹配的关系，这种关系在设计时可以概括为系统性原则。

4. 审美性与独创性原则

文明的公共环境同样应该是美的公共环境，公共设施对于市容市貌的营造有着重要的推动作用。功能良好、形态优雅的公共设施在满足功能需要的同时，还兼具美育的功能。因此，公共设施设计的审美特征同样不容忽视。毕竟，功能良好与造型美观并不存在不可调和的矛盾，一个设计合理且富有美感的公共设施，不但可以有效地提高自身的使用频率，而且可以增强市民爱护公共设施与公共环境的意识，增强其对城市的归属感和参与性。

有些学者不将公共设施划归工业设计的范畴，其主要原因在于传统的工业设计具有机器化、大批量生产的特征，而公共设施设计往往具有专项设计、小批量的特征。然而这些特征与环境设计的特征具有相似之处，因而较多学者将公共设施设计视为环境设计的延续。事实上，随着加工工艺与生产技术的进步，早期工业设计的大批量生产正在向今天人性化、个性化的小批量生产方式转变。工业设计中"人"与"环境"的因素已经被摆在了重要的位置，这一点与公共设施设计的基本特征是一致的。而公共设施设计的独创性原则在于，设计者应根据公共设施所处的文化背景、地理环境、城市规模等因素，对同功能的设施提供不同的解决方案，使其更好地与环境"场所"相融合。

5. 公平性原则

与私人性产品不同，公共设施更多地强调参与机会的均等与使用的公平。公平性原则主要表现为公共设施应不受性别、年龄、文化背景与教育程度等因素的限制，能被各个层次的使用者公平使用，这也正是公共设施有别于私人性产品的根本之处。公平性原则在设计中被表述为普适设计（universal design）原则或广泛设计（inclusive design）原则，在我国则较多地表述被"无障碍设计"。自 1967 年以来，欧洲更多地使用"为所有人设计"（design for all）的说法。事实上，将无障碍设计的含义简单地理解为公共设施中盲道、坡道等专供行为障碍者所使用的设施，是很不全面。公平性设计原则应贯彻到所有的公共性产品之中。

在任何一件公共设施中，设计者都应具体、深入、细致地体察不同性别、年龄、文化背景和生活习惯的使用者的行为差异与心理感受，而不仅对残障人士、老年人、儿童或女性人群表现出"特殊"关照。

（1）无障碍设计　无障碍设计（barrier-free design）、跨代设计（transgenerational design）、广泛设计和普适设计在本质上所指的是一回事，只不过在程度上略有不同。如果说无障碍设计着重关注的是残障人士，那么跨代设计所强调的则是老人与儿童，广泛设计与普适设计强调，每个人它们所强调的是设计所应体现出的公平性原则与普遍适应。

两次世界大战之后，很多人直接因伤致残，一些人则由于战时物质极度匮乏，而有先天或后天的残障，还有更多的人虽然肢体健全，但因为战争摧残而饱受各类精神问题的困扰。战后各国面对这种无法回避的残酷事实，必须考虑如何使他们重新融入社会生活，抚平他们的战争创伤。无障碍设计最早可以追溯到 20 世纪 30 年代初，当时瑞典、丹麦等国家建立起专供残疾人使用的公共设施。1961 年，在瑞典召开了国际生理残障者康复学会（ISRD），会议更加关注在欧洲、美国和日本等国家开展的无障碍设施设计。同年，美国制定了世界上第一个《无障碍标准》，此后，英国、加拿大、日本等几十个国家和地区相继制定了法规。我国于 1983 年在北京召开了"残疾人与社会研究会"，并发出了"为残疾人创造便利生活环境"的倡议。1986 年 7 月建设部、民政部、中国残疾人福利基金会共同编制了我国第一部《方便残疾人使用的城市道路和建筑物设计规范（试行）》。

无障碍设计主要表现为通过改动那些起初并未考虑残障人士需要的设计，而适应他们的设计行为，我们可以将其称为"自下向上的设计"，如通过设置盲道、坡道或直梯，来提高行为有障碍者的通过率；通过在公共设施中设置声音、振动、灯光或色彩等多种提示方式，来提高残障人士对公共设施的使用率；通过在电视媒体中设置手语、字幕等方式来方便失聪者观看等。今天，无障碍设计的观念已经深入到环境建筑设计、工业设计、信息传达设计等各个方面，成为体现社会公平、彰显社会文明的重要特征。

（2）跨代设计与广泛设计　究竟是谁离不开带轮子的座椅，难道只是残障人士吗？当然还包括蹒跚老人，以及不能独自行走的婴幼儿。事实上，任何一个正常人，或在生命初期，或是在垂暮之年，都需要与带轮子的座椅相伴，只是生命的初发与凋谢的象征意义不同，以至于我们很难将儿童推车与成人轮椅看成是一类事物。

如果说无障碍设计关注的多是残障人士，那么，跨代设计或广泛设计则对"行为有障碍者"有了更广泛的界定。我们在生命初期，身体机能发育尚未完善，无法独自进食，不能独自行走，不会通过语言交流感情，是不折不扣的"行为有障碍者"；而随着年龄的增长，我们又会日益变老，身体机能逐步退化衰减，终有一天，又会变得耳聋眼花、步履蹒跚，再次沦为"行为有障碍者"。从这个意义上分析，几乎所有人都是"残障人士"。

本书认为"残疾人"概念的存在，本身便是由设计中的不平等或不合理造成的。正是那些单纯讨好社会强势群体的设计，给弱势群体造成了太多的障碍，才使他们不能完成某些本可以完成的操作，导致他们被认为是"行为有障碍者"。如果我们在设计中可以消除这些障碍，让他们像正常人那样活动和愉悦地生活，那么，他们便不再感觉到身体的残障会对生活造成那么多的不便，心理也就更健全。因此，随着社会文明程度的不断提高，设计对人的关照会更加深入，强调关爱老人、儿童、病人等弱势群体的生活质量。设计师开始尝试在设计伊始就努力考虑到弱势群体的特殊需要，而将原本适应他们的设计通过修改，来适应身体能力正常的人，我们将这种设计称为"自上而下的设计"。

因此，跨代设计主要是指通过事先设计来使器物能够被各个年龄阶段的人很好地使用，而广泛设计则是指设计能够广泛地被绝大多数人所接受。跨代设计或广泛设计的基本原则一般包括以下几点。

1）公平使用。设计物，特别是那些处于公共环境中的设施，应当尽可能地被所有人使用。设计师应向所有使用者提供他们真正需要的功能物，而避免将某些特殊人群排斥在外。

2）弹性使用。设计物所能实现的功能应尽量宽泛，要考虑到不同人群在使用相同器物时生理或心理的差异，并在详细考察不同人群实际能力或操作习惯的基础上，尽可能地设计出富有弹性的产品或空间，使产品或空间得到充分使用。

3）感性使用。设计物应该易于理解，操作简单。使用者可以通过最基本的生活经验、感性知识或者图形符号来理解并正确地操作器物，并通过及时有效的多重反馈信息来获得操作反馈。

4）耐错使用。老人或儿童因为生理原因，往往会出现各种各样的误操作，设计师应在设计过程中预先考虑到误操作，并对一些容易造成严重后果或不可逆转的误操作，设置各种反馈机制，使误操作能被及时纠正。

（3）普适设计　或许我们正年富力强，不受疾病困扰，身体各项机能运作正常，但是我们真的适合所有设计了吗？或者说，所有设计都适合我们吗？显然，这种情况并不存在。通常，我们会因为经济、文化、审美、信仰、生活习惯等各种原因而钟情于某些设计，对另一些设计却毫无兴趣。

广义来看，普适设计是指设计师的作品具有普遍适应性，能够被所有人使用，为了达到这个目的，设计物在设计之初，必须经过深入的分析研究，以使其适用于所有的潜在使用者，如残障人士、老人、儿童、病人、妇女、贫困者以及极少数信仰者等。然而，普适设计的命题又是一个"悖论"，如果说普适设计努力从人类身体的共性需求出发，去消除他们之间的差异性，那么设计当然应当强调通用性；但人们的心理又会因为民族、宗教、信仰、文化和经济等因素而呈现某些差异，设计则又要表现出差异性。今天，我们在公共空间或共享产品中强调设计的普适性，而在私属空间或私人产品中则更强调设计的人性化与个性化。

6. 适度原则

城市中的公共设施是否越舒适越好？还是越昂贵越好？答案当然是否定的。我们曾在此前的章节提及，社会的公共环境质量是社会财富积累量的晴雨表，也是衡量公众文明程度的显性指标。城市公共环境的发展过程会呈现这样一种态势：当城市（也可以指国家或地区）居民收入普遍高于该城市的公共性收入比时，个体的财富便会向集体或社会溢出（这种情况类似于地下水位与泉水之间的关系）。同样，当市民的私人环境普遍优于城市的公共环境时，城市的公共环境便得以改善；反之，当城市居民的收入普遍低于社会财富时，社会的财富便必然会向个体转移。同理，当公众的私人环境比公共环境更糟糕时，公共环境中的设施便必然面临被破坏的危险。这种态势也就能够解释我国为什么会在20世纪末、21世纪初才开始真正关注城市公共环境与公共设施。相比较而言，这一过程在西方很多发达国家，于20世纪70年代至80年代便已经完成了。因此，城市中的公共设施并非越昂贵越好，它应与城市经济发展水平及发展质量呈正比。以公共座椅为例：公共座椅的主要功能是为公共空间中穿行或逗留者提供必要的休息，但这种"休息"的程度级别在于"坐"，而并非是

"卧"。遗憾的是，许多城市的公共座椅长度被设计成大于 140cm，中间又未设置扶手隔断，这样的座椅往往变成流浪汉的"睡床"，不但没有满足普通市民"坐"的需求，反而对周边环境产生负面影响。

一项由美国加利福尼亚州圣何塞市的城市公园与旅游管理局（The Park and Recreation Department）在 1981 年所做的调查表明，10～25 岁的男性是公共设施的主要破坏者，而周末日落与日出的这段时间段则是绝大多数破坏活动发生的时间。破坏公共设施的原因可能包括无聊、酗酒、家庭破碎、缺乏管教、职场压力甚至是娱乐活动的昂贵或缺乏。

华盛顿大学建筑系的关于户外休闲环境的调查（A Survey of vandalism in outdoor recreation）把破坏活动分为四类，即改变用途（把垃圾桶当成梯子）、损毁东西（打碎玻璃或照明灯罩）、拆除或偷窃（偷走任何可以偷走的东西）、丑化形象（人为涂鸦），而最有可能被破坏的设施从高向低排列，分别为桌子、长椅、墙、公厕、娱乐器械、灯具、指示牌、垃圾桶。可见，蓄意破坏公共设施的行为在任何地方都有，只是发生的概率不同，市民的素质不应成为设计师规避责任的借口。因此，在公共设施的设计中，要适度，适度基本可表现为功能适度与材料合理两个方面。所谓功能适度主要是指公共设施单体在满足自身基本功能的同时，不宜诱使使用者赋予其他功能。所谓材料合理主要是指公共设施的造价应参照民众的普遍收入水平，设计师应优先考虑使用那些价格低廉、加工方便而又坚固耐用的材料，避免通过堆积昂贵材料的办法取得炫耀性的视觉效果。事实证明，许多城市将铸铁井盖替换成水泥材质之后，针对井盖的盗窃行为明显被遏制了。这一例证有效地证明了材料合理对于保障公共设施不被蓄意破坏是多么重要。

7. 环保性原则

人类社会对自然节制的、友好的甚至是敬畏的态度向设计界延展。如果说无障碍设计、跨代设计、普适设计的关注重点仍然停留在强调当代人的幸福。那么，绿色设计（Green Design）与可持续设计则在谋求子孙后代的福祉。"生态整体主义"的观点要求人类必须有节制、有计划地利用资源。设计不能仅仅贪图一时之快，而侵害蚕食子孙后代的生存权与发展权。在这种情况下，绿色设计与可持续设计便呼之欲出了。

1971 年，维克多·帕帕奈克所著的《为了真实的世界而设计》（Design for the Real World）为绿色设计思想的发展做出了划时代的贡献，维克多更加强调设计工作的伦理价值，他认为设计的最大作用并不是创造商业价值，也不是审美风格方面的单纯竞争，而是创造一种新的社会变革的力量。设计师应当认真考虑人类对自然资源的使用问题，并对保护地球环境承担应有的责任。1933 年，奈杰尔·怀特里（Nigel Whiteley）在《为社会而设计》一书中也探讨了相似的观点，探讨了设计师在设计、社会、环境的互动过程中究竟应该扮演一种什么样的角色。

绿色设计作为一种被广泛接受的设计概念，在 20 世纪 80 年代真正流行起来，与其相关的设计概念还包括生态设计（ecological design）、环境设计（design for environment）、生命周期设计（life cycle design）等。从广义上讲，绿色设计是 20 世纪 40 年代末逐步建立起来，是在 20 世纪 60 年代迅速发展起来的环境伦理学和环境保护主义运动向设计界的投射，也是从造物角度对人与环境之间关系的思考。在狭义上讲，绿色设计就是指以节约资源为目的，以绿色技术为方法，以仿生学和自然主义等设计观念为追求的设计行为。在公共设施设计中贯彻"绿色主义"尤为重要，其主要原因可概括为以下几点。

首先，公共设施设计不同于其他私属化的产品设计，此类设计处于公共环境之中，具有引导普通民众思想意识和价值取向的意义。因此，它所倡导或抵制的生活方式，将会对公众形成普遍的影响力。

其次，就公共设施而言，它从设计、生产、采购、放置，到其投入使用，与其他私属化产品完全不同，民众对公共设施具有某些"不可选择性"。换而言之，民众能够决定他们在私属空间中的生活状态（无论其是否真的绿色环保），但却无法决定自己在公共空间中的生活状态。如果公共设施所引导的生活方式是"绿色"的，那么，民众的生活状态便更趋于"绿色"。

最后，相对于城市中的私属空间而言，市民在公共空间中消耗的能源、造成的污染是可控的。因此，如果每一件公共设施都能真正贯彻绿色环保的设计原则，最大限度地降低其对能源的消耗和对环境的影响，那么整个社会的运行成本将大大降低。

可见，在公共设施设计中贯彻绿色环保的设计原则，绝不是设计几个分类垃圾桶那么简单，它所产生的巨大的社会示范效应，必然要求设计师在材料选择、设施结构、生产工艺、设施的使用与废弃等各个环节进行通盘考虑，整体把握。

2.3.3　公共设施设计方法

1. 公共设施设计的思维方法

思维，从广义上讲是人脑对客观事物间接和概括的反映，它是在表象、概念的基础上进行分析、综合、判断等认识活动的过程。设计是需要思维的，设计本身就是一项创造性的活动。创造性思维是一个与创造力和直觉紧密联系的过程，创造性思维是以抽象思维、形象思维、灵感思维等多种思维为基础的灵活应用和发挥。创造力是进行创造性思维并思考的结果，以及对现有信息和条件进行原创性加工和处理所得到的结果，以具体化的形式表达出来的能力。设计过程就是发挥创造性思维方法的过程，创造力对于设计结果有着决定性作用。

公共设施的设计过程是一个从提出问题到解决问题的过程，而认识问题和解决问题的方案设计过程是由设计者的大脑思维决定的。设计者可以通过不同的方式来形成不同的设计方案。设计构思是创造新事物的过程，创造也需要多方面的知识作为基础，具有创造力的构思需要脱离现有的思维模式才能够寻找到新的解决问题的方案，所创造出的设计产品才具有新事物的价值。

在设计初期，人们是通过模糊思维和创造性思维来构思设计目标的，随之进入局部深入和细节刻画中期阶段，在形象思维和逻辑思维的作用下兼顾技术、结构和造型，进一步确定设计方案的具体形式。设计过程中，设计师应以自己的身体体验和头脑去理性地寻找设计思路，遵循以感性的艺术表现让用户去感知和享受的原则。创造性思维作用下形成的"整体设计"是设计的基本规律。

设计师需要寻找有效的创造性思维方法来进行各类设计工作，现列举四种典型的思维方法：

（1）线性推理法（逻辑思维法）　线性推理法是设计师应用最多的方法之一，就是从一种情况总结分析直至最后完成设计的线性的设计方法。这种方法需要具有较强的内在逻辑性，这种逻辑性的思维想法不一定已经存在，而可能是设计者自己创造出来的。所以当设计过程中"线性"出现"断裂"的局面时，就需要设计者能够及时有效地从信息和资料中提炼出设计依据来弥补。如将设计构思起因推进到极限，或定位在非主流习惯、观念的方向上进行思考，这样就有可能形成新的构思而产生新的公共设施设计作品。常见的线性推理法如下：

1）联想法。联想法是指将已有产品的功能、技术等与将要开发的新产品联系起来，或者由其他领域的不同类的产品联想到新产品的维形。

2）仿生学法。由大自然生物的结构、功能原理、外部形态等得到启发，并应用于产品的改进、设计、发明和创造。

3）缩小和扩大法。缩小和扩大法是指将产品的功能、结构、原理、造型的整体或局部等进行放大或缩小，从而获得设计推进的切入点。

4）逆向思维法。针对传统的逻辑和习惯的思维方式，将看问题的视角、顺序和所用的技术、原理和方法做逆向思维，或许会有非同寻常的发现。

5）模拟法。模拟法是将在某方面相似的产品进行比较，借鉴其设计思想和手法并运用到新产品中。

6）列举法。列举法是指将对已有产品的评价和对新产品的期望、特征描述等通过表格、图形和文字的形式呈现出来，从而获得新产品的雏形。

7）移植法。移植法是指将其他领域的技术原理移用到产品设计中，进行创新设计。

8）收缩法。收缩法是指概念提出较大范畴，再通过将主题含义缩小的方式将焦点引申到所要设计的产品上。这种模式更容易释放设计师的想象力，不至于一开始就受已有理念的影响。

9）综合法。综合法是指将相关产品的材料、机理、处理方式、生产工艺等运用到新的产品上。

（2）螺旋排除法 螺旋排除法首先对设计方案提出多个不同的假设和设想，然后根据评价条件排除部分方案，反复运用上述方法，达到螺旋运动的效果，使每一次得出的方案结果都有所改善。如将不同的使用功能或不同的设计信息要素有机地组合在一个设施主体上，就可能形成具有新型功能的设施。

（3）形式归纳法 形式归纳法要先制定明确的设计任务，在这样一个先决条件下最大限度地发挥创造力。这种方法虽然缺少一定的系统性，但是却很实用。如确定采用仿生的设计手法，在结合设施的功能的前提下，对设计的形状、色彩、材质做多方面的协调而产生多个设计方案。

（4）积攒协调法 积攒协调法设计的思想是通过多方面的添加或去除、整理，达到协调各个局部设想的结果。采用这种方法要注意，当面对多个变体时要注重选择，不忽略整体设想，通常实施前提是要有明确的思路和丰富的经验。思维方法有很多：在面对相同的设计要求时，若采取不同的思维方法，也许会产生不同的设计结果；在面对不同的设计要求时，也要依据不同的条件选择不同的思维方法。设计过程中也可以同时采用多种思维方法，我们可以根据自己的创造性思维意识来寻找适合自己的设计方法。

2. 公共设施设计的设计方法

公共设施从大的方面说可以作为一个系统去设计，它属于一个城市，就必然要融入一个城市的设计系统。这就类似于应用工业设计方法设计一个系列的多个产品一样，其中的思想方法是相同的，主要运用工业设计中的系统论。例如，城市中的汽车停靠站的公共设施虽不能与小区的设施完全一样，但在城市设计系统中汽车停靠站这一公共设施除了要满足候车的功能外，还要把其设计风格统一起来共同反映这个城市的特色。公共设施在不同的城市，其设计风格都会有或多或少的不同，公共设施设计将会统一为一种风格，并与整个城市有机地联系在一起，对该城市的特征及风格起到一种很好的宣传作用。可以从工业设计方法论中寻找公共设施的设计方法。公共设施的设计主要考虑两个方面，一是环境，二是人，它们是公共设施设计的重点考虑方向。从环境方面考虑，春城昆明与首都北京的公共设施在色彩选择上应有所不同，多雨城市与少雨城市在公共设施设计上的重点也会不同，不同功能的城市对于公共设施的需求也不一样。公共设施作为某区域的单元体要素，还应脱离特定的环境而"自我表现"。要因地制宜地设计与该区域相适应的多样化、有个性的公共设施，这不仅可以丰富城市形象，更是开放性文化价值体系的试验与创新。从人的方面考虑，公共设施的设计还要考虑到人的生理和心理方面的因素。例如，作为最常见的公共设施，座椅自身尺寸所占的空间一定要适合座位上的人，座椅在树荫下、水池边，或设置于离汽车道较远的道路旁则更受欢迎。而且，对于座椅设计，只有研究人与人所隔的空间才能设计出适合公众的座椅。这些都运用了工业设计中的设计方法，工业设计理论对于公共设施的设计有很好的指导作用。人和环境都是在不断变化的，不同的时代对于公共设施的需求也会发生变化，因此公共设施的设计也会随着时代发展而不断发展。

公共设施除了要满足人的生理、心理需要之外，还要起到审美、宣传、教育的作用，因此在设计公共设施的时候就要考虑相关方面的要求。要把公共设施看成景观来进行设计，让它们体现并符合所在城市的民俗风范、地理气候特征。

2.4　城市公共设施设计的实施

1. 景观小品

景观小品是指既有功能要求，又具有点缀、装饰和美化作用的，从属于某一建筑空间环境的小体量建筑，是游憩观赏设施和指示性标志物等的统称。景观小品按其功能分为四类。

（1）供休息的小品　此类景观小品包括各种造型的亭、廊架、花架等。

1）亭。

① 作用：可以满足人们在旅游活动中的休憩、停歇、纳凉、避雨、极目眺望之需。

② 造型：结合具体地形，将娇美轻巧、玲珑剔透的形象与周围的建筑、绿化、水景等相结合，构成园林一景。

③ 材料：包括竹、木、石、砖、瓦等地方性传统材料，钢筋混凝土，以及轻钢、铝合金、玻璃钢、镜面玻璃、充气塑料等新材料。

④ 位置：亭子可设在道路末端或道旁边，特别是视野开阔处与花园中心的显要处，或设在水边、林内，或附设在建筑物旁。

2）廊架。廊架具有遮阳、防雨、小憩等功能，是建筑的组成部分，也是构成建筑外观特征和划分空间格局的重要手段。例如，围合庭院的回廊对庭院空间的处理、体量的美化都十分关键；园林中的廊则可以起到划分景区、形成空间变化、增加景深和引导游人的作用。

3）花架。花架顶部多由格子条构成，是常配置攀缘性植物的一种庭园设施。

① 用途：可分隔景物，联络局部，起遮阳、休憩的作用；可作为庭园主景，也可代替树林作为背景；其上攀缘鲜艳的花卉，可作为主景观赏。

② 材料：包括竹木花架、钢花架、砖石花架、混凝土廊架（柱）等。

（2）装饰性小品　装饰性小品包括各种固定的和可移动的花钵、饰瓶，可以经常更换花卉，如具有装饰性的花钵、水缸、景墙、景窗等，在园林中可以起到点缀作用。

（3）结合照明的小品　此类小品的基座、灯柱、灯头都有很强的装饰作用。

（4）服务性小品　服务性小品包括为游人服务的饮水泉、洗手池、时钟塔等，以及保护园林设施的栏杆、格子垣、花坛绿地的边缘装饰等。

景观小品具有精美、灵巧和多样化的特点，在设计创作时应力争做到"景到随机、不拘一格"，在有限的空间中得其天趣。景观小品的设计原则如下：

1）添其意趣：根据自然景观和人文风情提出景点中小品的设计构思。

2）合其体宜：选择合理的位置和布局，做到巧而得体、精而合宜。

3）取其特色：充分反映建筑小品的特色，将其巧妙地熔铸在园林造型之中。

4）顺其自然：不破坏原有风貌，做到涉门成趣、得景随形。

5）求其因借：通过对自然景物形象的取舍，使造型简练的小品获得景象丰满充实的效果。

6）饰其空间：充分利用景观小品的灵活性、多样性丰富园林空间。

7）巧其点缀：把需要突出表现的景物强化起来，把影响景物的角落巧妙地转化成游赏的对象。

8）寻其对比：把两种差异明显的素材巧妙地结合起来，使其相互烘托，显出双方的特点。

2. 景观桥梁

景观桥梁是城市景观环境中的交通设施，不仅具有联系水陆的功能，与道路系统相配合，还能在引导游览线路、组织景区的分隔与联系、增加景观层次、丰富景致、形成水面倒影等方面起到造景作用。在设计景观桥时应注意水面划分与水路的通行，类型有汀步、梁桥、拱桥、浮桥、吊桥、亭桥与廊桥等。

（1）从材料上分

1）木桥。木桥是最早的桥梁形式，但因木材本身易腐以及受材料强度和长度的限制等，不仅不易在河面较宽的河流上架设木桥，而且也难以造出很牢固耐久的木桥梁。

2）石桥和砖桥。石桥和砖桥一般是指桥面结构采用石或砖料的桥。但砖构造的桥极少见，一般是砖木或砖石混合构建，石桥则较为多见。

3）竹桥和藤桥。此类藤桥主要见于南方，尤其是西南地区。其一般只用在河面较狭窄的河流上，或作为临时性之用。

（2）从结构形式上分

1）梁桥。梁桥是用桥墩沿水平方向为承托，然后架梁平铺桥面的桥。

2）浮桥。浮桥是用船或浮箱来代替桥墩的，故有"浮航""浮桁""舟桥"之称，属于临时性桥梁。

3）索桥。索桥也称吊桥、绳桥、悬索桥等，是以竹索或藤索、铁索等为骨干相拼悬吊起的桥。

4）拱桥。拱桥有石拱、砖拱和木拱之分，其中砖拱桥极少见，只在庙宇或园林里偶见使用。一般常见的是石拱桥，其中又有单拱、双拱、多拱之分，拱的多少要视河面的宽度来确定。

3. 入口大门

入口大门可以起到分隔地段、建筑间、厂区等空间的作用，一般与围墙结合围合空间，标志不同功能空间的界限，避免过境的行人，车辆穿行。

入口大门分为门垛式（在入口的两侧对称或不对称砌筑门垛）、顶盖式、标志式、花架式、景观式等形式。在设计中首先要考虑满足使用功能，其次要考虑大门的风格与建筑环境风格的统一，还必须考虑其体量、尺度、比例、色彩、质感等方面与建筑环境的协调。

（1）门洞尺寸的确定　首先是门洞尺寸的确定，应满足人流、疏散、运输等使用要求，在实际设计中门洞尺寸一般都要放大。

（2）其他比例尺度因素　应该考虑建筑物本身的体量，如高层住宅的大门尺度应相对大一些，低层住宅的大门尺度就可以相对小一些。具体考虑因素如下：

1）建筑物外部空间的大小，如小区的门前比较开阔，大门的尺度就要放大，而独院院落的门前较窄，大门就要相对低矮一些。

2）大门本身的构件，如门扇、门柱、门墙等，相互之间的比例关系要协调。

（3）门的色彩　建筑的色彩设计一般以大面积墙面的色彩作为基调色，而大门的色彩应作为强调色来处理。大门部位的配色应该与背景有着相互适应的明度差、彩度差和色相差。

（4）大门的风格　大门的风格应力求与建筑物的风格一致，以充分体现和谐美，如欧式风格的别墅就应配上欧式风格的大门。

（5）门的平面位置　主大门前应有供人员集散用的空地广场来作为道路与建筑之间的缓冲地带。如门前应有控制人流和工作的活动空间，还应满足车辆停车、缓行与倒车的要求等。其面积和空间尺寸应根据使用性质和人数确定，且不得有任何障碍物影响空间的使用。

4. 景观雕塑

景观雕塑是指用传统的雕塑手法，在石、木、泥、金属等材料上创作的艺术品，是一定历史条件下文化和思想的产物。雕塑分为圆雕、浮雕和透雕三种基本形式，现代艺术中出现了四维雕塑、声光雕塑、动态雕塑和软雕塑等。艺术家在特定的时空环境里对日常生活中的物质文化实体进行选择、利用、改造、组合，以令其演绎出具有新的文化意蕴的艺术形态。

现代的环境雕塑千姿百态的造型和审美观念的多样性，加之高科技、新材料的加工手段与现代环境意识的紧密结合，给现代生活空间增添了生命的活力和魅力。人们置身其中，可以感受到丰富的人文内涵，受到艺术熏陶。

（1）景观雕塑在环境中的作用　景观雕塑是城市空间中的文化与艺术的重要载体，能够装饰城市空间，形成视觉焦点，与四周的环境空间、建筑空间形成视觉场，在空间中变换轮廓、切割空间，起到凝缩、维系作用。

（2）景观雕塑是整体环境中的艺术作品　景观雕塑的四周会有相应的建筑空间因素、历史文化因素、人群车流因素，也有无形的声、光、温度等因素，这一切构成了环境因素。因此，决定雕塑的场地、位置、尺度、色彩、形态、质感时都必须从整体出发，研究各方面的背景关系，采用均衡、统一变化、韵律等手段寻求恰当的答案，表达特定的空间气氛和意境，给人鲜明的第一视觉印象。

（3）雕塑环境的人性化及景观雕塑的触觉空间　景观雕塑大都采用接近人的尺度，在空间中与人在同一水平面上，可观赏、触摸、游戏，增强人的参与感。它在形式上采用丰富多样的雕塑语言，可以产生各种情趣，满足不同层次人群的精神要求，符合不同环境空间的特质。

（4）现代环境雕塑语言的广泛化　景观雕塑的发展跳出了以往传统的那种狭窄的表达范围，更广泛地吸收、借鉴众多学科及艺术成果，不断充实丰富自己。例如，从环境空间理论中吸取视觉表现力因素，强调尺度感，出人意料地变换空间形态和方向；在人心理感受方面也吸收了文学、戏剧、电影诸方面的因素，如隐喻、追求戏剧性、电影蒙太奇手法及悬念效果等。

5. 公共座椅

公共座椅是景观环境中最常见的设施种类，便于游人休憩。公共座椅的设计，应考虑以方便使用者长久停留的舒适型座椅为主，同时兼顾老人、小孩的需求，设计适宜不同人群使用的座椅类型。路边的座椅应离路面有一段距离，避开人流，形成休息的半开放空间。同时座椅的布置要注重人的心理感受，通常应面向视野好、有人的活动区域，同时兼顾光线、风向等因素，也可与其他设施如花坛、水池等结合进行整体设计。

座椅由座面、靠背、椅腿、扶手四个部分组成。

1）座面：为使坐靠更加舒适，靠背与座面之间应保持95°～105°的夹角，座面与水平面之间应保持2°～10°的夹角。有靠背的座椅深度可取30～45cm；无靠背的深度取50～75cm。座椅的高度保持在45cm左右较舒适，座面的前边缘应做圆角处理。

2）靠背：为增加舒适度，靠背应稍向后倾斜，其高度保持在50cm左右较适宜。无靠背的座椅最好考虑两边可同时使用。

3）椅腿：出于安全的考虑，椅腿不能超过座面的宽度。

4）扶手：扶手的宽度不应超出座面的边缘，表面应坚硬、圆润并易于抓握。

座椅常用材料有木材、石材、混凝土、金属、陶瓷、塑料。

1）木材。木制座椅是庭园的基本组成部分，具有朴实自然的感觉。木材的低导热性与钢结构和天然石材形成了明显的反差，木材的天然性与环保性也是其他硬质材料所不及的。

2）石材。目前市场上常见的石材主要有大理石、花岗岩、水磨石、合成石四种，其中：大理石中以汉白玉为上品；花岗岩比大理石坚硬；水磨石是用水泥等原料锻压而制成的；合成石是以天然石的碎石为原料，加上黏合剂等经加压、抛光而制成的。后两者因为是人工制成的，所以强度没有天然石材高。

3）混凝土。混凝土是由胶凝材料、骨料和水按适当的比例拌和而成的混合物，经一定时间后硬化而成的人造石材，简写为"砼"。其因用料经济、加工方便，而应用比较广泛。

4）金属。在公共座椅中使用最多的金属钢铁和铝，物理性能好、资源丰富、价格低廉、工艺性好。但金属热传导性好，因此冬夏季节不适宜人们使用。

5）陶瓷。陶瓷表面光滑、耐腐蚀、具有一定的硬度。但由于烧制工艺的限制，其尺寸不能过大，也不能制作过于复杂的形体。

6）塑料。塑料是指以树脂（或在加工过程中用单体直接聚合）为主要成分，以增塑剂、填充剂、润滑剂、着色剂等添加剂为辅助成分，在加工过程中能流动成型的材料。此类材料可塑性强、质量小、绝缘、耐腐蚀、传热性能低、色彩丰富。

6. 照明设施

灯具是景观环境中常用的照明设施，主要是为了方便游人夜行，起到照明作用，渲染夜景效果。灯具可分为路灯、草坪灯、水下灯，以及各种装饰灯具和照明器。

（1）灯具的选择与设计原则

1）应功能齐备，光线舒适，充分发挥照明功效。

2）灯具形态应具有美感，光线设计要配合环境，形成亮部与阴影的对比，丰富空间层次，增强立体感。

3）与环境气氛相协调，用"光"与"影"来衬托自然的美，并起到分隔空间、变换氛围的作用。

4）应保证安全，灯具的线路开关乃至灯杆设置都要采取安全措施。

（2）灯具的高度

1）低位置路灯：高度为 0.3~1m，多用于庭园、散步小径等环境空间中，营造温馨的气氛。

2）步行道路灯：高度为 1~4m，通常设置于道路的一侧，灯具造型应注重细部处理，满足中近视距的观感。

3）停车场及干路灯：高度为 4~12m，采用较强的光源，排列间距较大，通常为 10~50m。应着重控制光线的投射角度，防止强光对周围环境的干扰。灯具的悬挑距离一般不超过灯具高度的 1/4。

4）专用高杆灯：高度在 6~10m，设置于工厂、仓库、加油站等具有一定规模的环境空间中。应考虑该空间夜晚活动及相关设施的照明。

5）高杆灯：高度在 20~40m，路灯照射范围比较广，通常位于城市广场、体育场馆、停车场等地，在环境空间中具有地标作用。

（3）灯具的布置　居住区道路的照明为减少眩光，高度宜大于 3m 或小于 1m，同时考虑灯具位置的选择，避免过强的光线照入居室。采用高杆照明的截光型灯具时，应按照平面对称式布置，安装间距与高度比例应以 3∶1 为宜；若要求间距较大时，应采用投光灯，按径向对称式布置，安装间距与高度比例应以 4∶1 为宜。

7. 指示设施

每一个规划区域都有自己的识别标志，指示系统要统一于视觉识别。尽管指示系统有区别性，但在表现形式上应具有广泛的统一性，应具有载体之间应用材料与造型的统一性、载体颜色与地域文化的一致性及地域环境尺度上的呼应性。在设计中还应考虑景观设计的风格理念，分析自然环境与人文建筑对指示系统的影响，在统一的设计风格中寻求变化，产生独具魅力的文化个性。

指示系统按照功能不同大致分为六类，包括定位类（帮助人们确定自己的位置，如地图、建筑参考点、地标等）、信息类（提供各类详细信息，如商店的商品目录、开放时间、促销活动等）、导向类（引导人们前往目的地）、识别类（以个性的手法使人们识别特殊的地点，可以是一件艺术品、一座建筑或某个环境）、管制类（标识有关部门的法令、法规，有强制执行的意义）、装饰类（美化环境或环境中的某些元素，如旗帜、匾额等）。

8. 候车亭

候车亭是指为方便乘客候车，在车站设置的防护（遮阳、防雨等）设施。

（1）设计要求　候车亭应为低成本、易于维修和养护、能够抵御人为蓄意破坏的，同时还应该是舒适的、便利的、安全的、易于辨别的，并能够提供清晰的交通信息。

（2）设置

1）上下行站点应在道路平面上错开，错开间距不小于 50m。

2）在交叉路口设置车站时，宜在交叉路口 50m 外。

3）候车亭长应不小于 5m 并不大于标准车长的 2 倍；全宽宜不小于 1.2m；坐落在高出路面 0.2m 的台基上。

（3）设计原则

1）候车亭的设计应反映城市的环境特点和个性。

2）候车亭应易于识别；同一车种、线路的候车亭可在形态、色彩、材料、设置位置等方面加以统一；站牌规格统一，且设置醒目。

3）注重与周围环境的协调统一。

4）候车亭内应有较好的明视度，人们可以清晰地观察车辆靠站的状况。

5）方便乘客上下车。

6）候车亭应能够供人们小坐，成为遮风避雨的场所。

9. 电话亭

电话亭是一个矗立于街头，内有公用电话的"小屋子"，通常设有透明或有小窗的闸门，以在保障使用者隐私的同时，又可让人知道电话是否正在使用中。早期的室外电话亭采用木材或金属制造，设有玻璃窗。一些较新设计采用塑胶或玻璃纤维制造，简单耐用，也可降低成本。

电话亭就其封闭性能可分为隔音式（四周封闭）、半封闭式（不设隔音门）等，应根据环境空间的性质、使用频率确定电话亭的形式。例如，在商业街为防止外部干扰，通常设置隔音式电话亭；在街头可设置便捷的半露天式电话亭。

电话亭通常设置在不妨碍交通的人行道上，设置后的人行道宽度不小于 1.5m。为方便雨天使用，最好设置在高出地面的台基上。

在设计中应注意：电话的放置高度须适宜，同时考虑残疾人、儿童、老年人的使用要求；电话面板设计要简洁明了；使用者可放置随身物品；使用者可进行电话记录，如设置书写板等构件；电话亭须有较好的挡雨功能；电话亭须有良好的通风透气性能。

电话亭不仅是一种通信设施，更体现了城市的风度和多元的生活方式。针对不同的空间环境、功能区域，电话亭在色彩、肌理、形态、材质的设计上应有所不同。

10. 游戏与健身设施

游戏设施一般为 12 岁以下的儿童所设置，需要家长陪同使用。在设计时应考虑其安全性，如选用软质材料，避免儿童碰伤。游戏设施应顺应儿童的探求心理，针对不同年龄段儿童的活动需求。游戏设施应按照儿童人体工程学原理及统计资料加以设计，同时在周围应为家长设置休息的座椅。游戏设施较为多见的有秋千、滑梯、沙场、爬杆、爬梯、绳具、转盘、跷跷板等。

健身设施是指能够通过运动，锻炼身体各个部分的健身器械，一般为 12 岁以上的儿童以及成年人所设置。在设计健身设施时要考虑成年人和儿童不同的身体和动作的基本尺寸要求，并考虑结构和材料的安全性。

总之，公共设施是室外环境中最具实用功能、最能体现人性化的要素之一，它已经成为景观中非常醒目的亮点，而且随着新材料、新工艺的不断出现与完善，公共设施正向高科技、智能化发展。它正在成为现代人生活、工作、娱乐等户外活动所需的方便与舒适的"道具"。公共设施设计提倡多元化，以形成具有地方特色、民族风格的艺术空间，以自然为主线，开拓人与自然充分亲近的生活环境，不断将自然环境与人工设计巧妙地融合于一体，使人们获得重返大自然的美好享受。

11. 围墙

围墙有两种类型：一种是环境空间周边、生活区等的分隔围墙；一种是园内为划分空间、组织景色、安排导游而布置的围墙。在设置围墙时应注意：能不设墙的地方尽量不设，让人接近自然，爱护绿化；尽量利用自然的材料达到隔离的目的，具有高差的地面、水体的两侧、绿篱树丛等都可以达到隔而不分的目的；要设置围墙的地方，能低尽量低，能透尽量透，只有少量须掩饰之处才用封闭的围墙；使围墙成为园景的一部分，让围墙向情景墙转化。能够把空间的分隔与景色的渗透联系起来，有而似无，有而生情，才是高超的设计。

构造围墙的材料有竹木、砖、混凝土、金属等几种。

（1）竹木围墙　竹篱笆是过去最常见的围墙。采用一排竹子加以编织，成为活的围墙（篱），是最符合生态学要求的墙垣了。

（2）砖围墙　墙柱间距为 3~4m，中间可开各式花窗，既节约材料又易管养，缺点是较为闭塞。

（3）混凝土围墙　混凝土围墙有两种：一是以预制花格砖砌墙，花型富有变化但易爬越；二是用混凝土预制成片状，可透绿也易管养。混凝土围墙的优点是一劳永逸，缺点是不够通透。

（4）金属围墙

1）以型钢为材，断面有几种常用形式，表面光洁、性韧、易弯不易折断，但每 2~3 年要油漆一次。

2）以铸铁为材，可做各种花型，优点是不易锈蚀、价格又不高，缺点是性脆、光滑度不够。

3）锻铁、铸铝材料质优而价高，局部花饰可室内使用。

4）各种金属材料，如镀锌网、铝板网、不锈钢网等。现在往往把几种材料结合起来使用，取长补短。例如，用混凝土作为墙柱、勒脚墙，用型钢作为透空部分框架，用铸铁作为花饰构件，局部细微处用锻铁与铸铝材料。

12. 护栏

护栏一般是指沿一些路段的路基边缘或沿路中央分隔，以及为使行人与车辆隔离而设置的防护设施，警戒车辆驶离路基、防止车辆闯入对向车道，以保障车辆和行人的安全。它兼有引导驾驶人的视线或限制行人任意横穿等作用。护栏由支柱和横栏组成，可用木材、钢筋混凝土或金属等材料制造。

（1）分类

1）矮栏杆：高度为 30~40cm，多用于绿地的边缘和场地的分隔。

2）分隔栏杆：高度在 90cm 左右，具有维护、拦阻作用。

3）防护栏杆：高度在 120cm 左右，多使用混凝土、钢管等材料，使人感觉安全可靠。

（2）设计原则

1）注意护栏颜色的饱和度、亮度对环境的影响。

2）护栏在环境中处于次要地位，所以在形态方面既要注重个性，又要保证整体环境的和谐统一。

3）因为护栏连续重复出现，所以应着重注意韵律的处理。

13. 自行车存放架

自行车存放架在设计上要形成一定的秩序，达到景观化效果，采用向心式、岛式（对放式）、靠墙式等车辆存放形式，合理利用空间，规范车辆的停放。应考虑对占地面积的有效利用，除平面存放外，还可采用阶梯式存放等形式。

1）平行存放：与道路垂直成 90°，每辆车的占用面积约 1.1m，一般约分隔 0.6m 存放一辆车。

2）斜角式存放：与道路组成的角度为 30°~45°，每辆车的占用面积约为 0.8m²。

3）单侧段式存放：设置前高后低的车架，前轮离地约 0.5m，每辆车的占用面积约为 0.78m²。

4）双侧平置存放：两侧前轮叉式存放，比较节省面积，每辆车的占用面积约为 0.99m²。

5）双侧段差式存放：采用上高下低的形式，每辆车的占用面积约为 0.69m²。

14. 垃圾箱

垃圾箱是城市环境中不可缺少的景观设施，也是保护环境、清洁卫生的有效措施。垃圾箱在满足功能需求的同时，应着力体现人文特色，通过细微的差异性设计来提升环境的独特品位。在设计垃圾箱时要考虑垃圾箱风格与环境整体风格相一致，从中找出诸如形态、色彩、文化等因素，并运用到设施的设计中去。

在设计中还要考虑使用维护的方便易行，提高人的可操作性，在功能上达到方便人们丢弃废物、提高资源回收率的效果，如烟蒂与可燃废弃物分别收纳，可回收物与不可回收物分别收纳等。在布局上，将可回收与不可回收垃圾箱设置在一块儿，避免间隔一定距离间断投放的现象，并应尽量设置在公共座椅附近，提高人的可接近性与分类投放废弃物品的自觉性，以达到真正保护环境的目的。

垃圾箱的分类情况如下：

1）按照形态分为竖型、柱头型、托座型。

2）按照清除方式分为旋转式、抽底式、启门式、套连式、悬挂式。

3）按照设置方法分为固定型、地面移动型、依托型。

2.5 城市公共设施设计的效果与评价

设计通常有相当程度的主观性，尽管受到力学和物理方面的限制，但还是会趋向于去优化客户确定的某个要素，并反映客户规定的标准。许多附加的因素都应整合到设计过程中，如进度要求、供应商的能力、环境和成本。无论怎么说，设计都是定义项目时最中心的议题。

2.5.1 设计效果的度量

近年来，在工业化国家，人们越来越关注生产率及其增长。在美国，建筑业尤其把关注点集中在生产率上，建筑业常常因缓慢的技术增长和不断攀升的成本而被批评。

度量设计生产率要比度量施工生产率困难得多。然而，越来越多的人意识到对设计工作实际效果的度量还是要在项目的施工、启动和运营阶段实现，因此建立一个评价设计效果的方法也许会比评价设计工作本身的生产率更有益。

在评价设计效果的过程中，必须清楚业主和设计人员同样会对最终的结果产生巨大的影响。其中业主的影响包括专利技术的引入、设计要求或约束、进度或成本约束以及在项目进行过程中强加的变更等。此外，设计效果的度量必须要认同业主的目标，而不是仅仅参照绝对或独立的标准。

美国建筑工业学会已经建立了一套系统地评价项目设计效果的方法。这个方法具有很强的灵活性，可适用于各种各样的情况，包括：

1）广泛的、类型各异的项目。

2）设计效果客观和主观混合的度量。

3）设计效果的不同目标和标准。

4）不考虑资源的影响而度量总体设计效果，或者当设计者和业主的影响可以被独立识别时，衡量设计人员的实绩。

2.5.2 设计评价

设计工作发生在一个项目的早期阶段，它包括创造性思维、复杂的工程计算和把设想转化为图纸等相关的活动、技术规范以及施工主要项目的采购。在设计阶段有很多的参与方，包括业主、各种设计小组、供货商、施工代表等。因此很难评价具体某一方的业绩，而评价所有参与方的总体成果比较容易。

任何评价方法评价的都是总体设计成果，而不是设计者本身。尽管如此，还是可用评价方法来建立一些目标和基准，在一个工程的设计阶段最先选定性能，以及按照规定的基准来评价性能。

大多数的业主、建造者和设计者都同意"设计"包含在业主和承包商总部的功能中，这些功能有：初步设计；项目管理（包括成本估算和控制）；采购；施工图设计。没有任何现行的设计评价方法可以充分地确定这些不同功能的总体效果。

在评价设计时涉及很多因素，可以把这些因素分为：评价指标，各种指标的权值，将各种指标及其权值组合成一个单独的定量值来进行评价的方法。指标及其权值将在接下来的部分进行介绍。把指标和权值组合为一个单独的定量值的方法可以用目标矩阵来描述。

1. 设计评价指标

设计评价指标应在设计过程开始之前就建立起来，并被所有的有关人员理解和接受，然后才能够用来评价设计效果。设计评价指标应该只包括那些直接对实现项目目标产生影响的因素。设计的业绩目标应该是合理和可达到的，而且业绩目标的完成应该主要依赖于设计过程中各方的行为。最后，评价指标应该覆盖所有设计职责的主要方面。

设计评价指标取决于许多变量。工程的类型将会影响到设计输出的选择，所以把输出值选为评价指标之一。工程进度也会对评价指标的选择产生影响。与工程进度相关的施工或设计合同的类型对评价指标的选择也有影响。在选择设计评价指标时，必须考虑到设计的使用者。业主、设计人员和施工者对成本效益的设计有不同的兴趣和不同的用途。在为评价设计效果选择评价指标时，牢记这些兴趣和用途很重要。当然，所有设计的用户都对工期准时、在预算之内和高质量完成项目感兴趣。

最适合于设计效果初始评价的 7 个评价指标见表 2-1。对设计的用户来说，每一个指标都是必要的，可以在工程施工期间或完工后立即进行评价，但并不是所有的这些指标都可以易于用定量的因素进行量化。这 7 个指标中，一些指标可以量化，一些指标必须通过个人主观判定。虽然主观判定是有价值的，但还是应该推崇为所有的指标建立定量的评价方法。

表 2-1　初始设计评价指标

指标	定量的	主观的
设计文件的准确性	X	
设计文件的可用性		X
设计工作的成本	X	
设计的可施工性		X
设计的经济性		X
进度安排的合理性	X	
启动容易	X	

这 7 个指标并不是测定设计效果的所有指标。可实施性、可养护性、安全性、设备安装效率及设备性能等方面的指标也具有同样的重要性，但是这些指标需要在一个运营周期之后进行评价，并且要由不同的人员而不仅由那些参与了设计、施工和启动工程的人员来评价。这 7 个指标应该在项目组解散和重要数据变得难以获得之前评价。接下来分别对这 7 个指标进行详细讨论。

（1）设计文件的准确性　因为技术要求和图纸是最容易被识别的设计成果，所以它们成为度量效果的重要因素。规范性设计文件的准确性可以衡量设计图和技术要求变更的频率及其影响。这些变更还包括文件的修正，以及给设计和施工阶段带来的额外工作量。

（2）设计文件的可用性　这个标准确定施工队伍使用设计文件的容易性，以及设计图和技术要求的完整性和清晰程度。

（3）设计工作的成本　设计工作的成本是评判全部实际发生在设计阶段的费用的唯一

标准，可以通过与初始（加上批准的变更）预算额及项目总成本比较，按设计活动的成本效益来量化。

（4）设计的可施工性　设计的可施工性是指在规划、工程技术、采购和现场操作方面最佳运用施工知识和经验来实现工程总体目标的程度。通过把施工知识成功整合到设计工程中，实施一个可施工性计划有助于优化工程成本。

（5）设计的经济性　设计的经济性标准包括保守设计和不足设计等指标。保守设计体现在超大尺寸构件和非标准材料的数量上。设施的不良外形可以是不足设计的指标。

（6）进度安排的合理性　设计文件对进度的安排以及设计人员指定的采购材料是否合理，会显著影响工程项目实施。进度的履行情况反映了设计文件合理与否和材料供应的及时性。

（7）启动容易　工程项目启动容易与否部分地反映了设计的精确性和有效性。有效性可以通过比较计划开始时间和实际开始时间来衡量。启动时运营和养护人员的数量也可以是判断启动容易与否的指标。

上面讨论的 7 个指标对所有的设计用户都很重要，并且都是相关联的，与工程类型、施工建设活动或任何工程变化的影响无关。每个标准都应该在任何设计效果的初始评价中使用，但不应该把这 7 个指标当作是绝对的或包罗万象的。由于行业、公司或项目的差别，有些设计用户可能会确定一些附加的重要指标。

这 7 个指标并不会在同样的程度上影响或表征设计效果。某几个指标可能是评价有效设计的较好指标，自然在评价过程中应该受到更多的重视。有必要合理地对这些指标加权以合理地确认指标的适用情况，也可以采用"目标矩阵"技术来整合评价。

2. 目标矩阵

Riggs 等人建议采用目标矩阵来进行生产率评价。可以运用同样的概念来建立一个评价设计的有效方法。一个目标矩阵由 4 个主要部分组成：目标、权重、性能级别和性能指数。目标定义要评价什么；权重表示多个目标之间的相对重要性以及相对于整个评价目标的重要性；性能级别是将目标的评价值与标准或基准值进行对比得到的。使用这 3 个分量来计算第 4 个分量（性能指数），计算的结果用来表征和跟踪使用性能。

3. 关于设计效果评价的结论

设计评价矩阵可用于任何工程类型或工程领域。矩阵中采用的目标和权重可以修正以适用于任何的工程，评价也可以适应大多数需求。根据需要它可以简单（主观评价），也可以复杂。定量的评价比主观的评价要明显优越，从众多类型的工程项目中获得的大量数据可以用来为从属性目标值建立规范。

整个设计过程是复杂和多变的，没有哪个评价方法可以得到绝对的定量结果，而且不加解析就可适用于所有的设计过程和环境。尽管如此，评价设计效果的方法仍可以用于：

1）对具体工程项目的设计效果评价指标，在业主、设计者和建造者之间达成共识。

2）以系统合理的量化方式来比较各工程的设计效果，发现性能的变化趋势。

3）抓住改善整个设计效果的机会，激励所有参与者对最终结果做贡献。

设计是一个具有相当主观性的过程，会受到许多因素的影响，而且它是一个工程项目中把设想转化成具体说明符号的核心点。本书中所介绍的方法是针对设计的评价，而不是针对设计人员的评价，应同时认识到有许多参与方和因素影响到最终的设计成果。

2.6　城市公共设施设计案例

案例一　雄安城市家具设计

"2019 雄安城市家具设计方案征集"的招标公告已在雄安新区公共资源交易服务平台发布。"城市家具"是设置在城市公共空间的各类设施，与"城市客厅"概念相对应，具体来说，包括信息设施（指路标志、电话亭、邮箱），卫生设施（公共卫生间、垃圾箱、饮水器），道路照明、安全设施，娱乐服务设施（坐具、桌子、游乐器械、售货亭），交通设施（公交站点、车棚）以及艺术景观设施（雕塑、景观小品）等，具有实用、装饰审美、文化传承等功能。

城市家具是保障人们在城市中各项活动安全、有序、舒适进行的必备条件，同时也是塑造城市风貌形象，提升城市空间品质的重要元素。例如，有的垃圾箱集聚垃圾分类、太阳能供电、无线 WiFi 覆盖、夜间照明、公益广告宣传等众多功能，造型独特并富有地域文化特色，可成为街头靓丽的风景。

目前，一些地方城市家具设计还存在着与周边环境不协调、缺乏对城市文化特色的表达，以及功能不完善、设置不合理等问题，影响市民对城市空间环境的感受和对城市服务的体验。

雄安新区要求：营造优美、安全、舒适、共享的城市公共空间；注重人性化、艺术化设计，提升城市空间品质与文化品位，打造具有文化特色和历史记忆的公共空间。

根据上述要求，其城市家具设计要遵循三个原则。

1）人性化原则。布置的位置、方式、数量应考虑人们的行为、心理需求特点，要关注残疾人、老人和儿童等的特殊要求，体现人文关怀。

2）整体性原则。城市家具的造型、色彩、材料和尺度要与城市公共空间环境相协调，有利于塑造雄安新区的中华风范、创新风尚的城市风貌。

3）生态性原则。考虑选择对环境影响小的原材料，减少原材料的使用，优化加工制造技术，减少使用阶段的环境影响，延长产品使用寿命。

雄安新区建设已经转入大规模建设阶段，检查井盖、导视标识、路灯照明、景观小品等一批城市家具急需加紧设计，急需国内外一流城市家具设计团队，为雄安量身定做城市家具设计方案，使汇聚全球智慧、融合雄安元素的城市家具设计精品，与各主要在建工程项目同步落地实施并投入使用。

案例二　中国 2010 年上海世博会中国国家馆

2007 年 12 月 18 日，中国 2010 年上海世博会中国国家馆正式开工建造，该馆的设计方案——东方之冠，也首度公布于众。"东方之冠，鼎盛中华，天下粮仓，富庶百姓。"丰富多元的中国元素为中国馆带来了强烈的视觉冲击力。

作为世博会主办国建造的最重要展馆之一，中国馆以"城市发展中的中华智慧"为核心展示内容，承载着中华民族对科技发展和社会进步的期盼。细细品味，中国馆的设计方案中凝练了众多的中国传统元素。同时，这些传统元素"古"意"新"解，透露出新鲜气息。

中国馆共分为国家馆和地区馆两部分：国家馆主体造型雄浑有力，宛如华冠高耸，天下粮仓；地区馆平台基座汇聚人流，寓意富庶四方。国家馆和地区馆的整体布局，隐喻天地交泰、万物咸亨。中国馆由国家馆、省区市馆、中国香港馆、中国澳门馆、中国台湾馆组成。建筑外观以"东方之冠"为构思主题，表达中国文化的精神与气质。

2010 上海世博会顺利闭幕后，经过一段时间的筹备，中国馆变成了中华艺术宫，并于2012 年 10 月 1 日正式开馆。中华艺术宫是集收藏保管、学术研究、陈列展示、普及教育和对外交流等基本职能为一体的艺术博物馆。它与上海当代艺术博物馆同为公益性、学术性的机构，收藏、展示和陈列反映中国近现代美术起源与发展脉络的艺术珍品，以及代表中国艺术创作最高水平的艺术作品，并围绕近现代艺术组织学术研究、普及教育和国际交流等活动。

中华艺术宫贯彻立足上海、携手全国、面向世界的展览策划原则，体现中国气派和国际视野。中华艺术宫以建设中国近现代经典艺术传播、东西方文化交流展示中心为发展目标，依托上海公立艺术单位的收藏，常年陈列反映中国近现代美术起源与发展脉络的艺术珍品，并联手全国美术界，收藏和展示代表中国艺术创作最高水平的艺术作品，还联手世界著名艺术博物馆合作展示各国近现代艺术珍品，努力使之成为广大人民群众享受经典艺术、享有公共文化服务的高雅殿堂。

中华艺术宫按照国际性、专业性、开放性的要求，参照国内外优秀博物馆管理经验，建立政府主导下的"理事会决策、学术委员会审核、基金会支持"的"三位一体"运营架构。其运营模式创新，由政府保障基本运营，通过社会资助和自主经营部分解决资金问题，并由市政府专门设立两馆收藏专项资金，由两馆学术委员会每年提出收藏计划和工作建议。

案例三　成都麓湖·云朵乐园

项目地址：成都麓湖生态城

设计时间：2016 年 5 月—2016 年 12 月

建成时间：2017 年 6 月

面积：25000m²

1. 设计灵感与理念

云朵乐园（见图 2-1）是一个设问的起点，它的解答关乎如何在碧湖荡漾之外，为城市创造更多值得参与的公共空间。

麓湖生态城作为大城市郊区的新建社区，其社区主体为在一个相对很短时间内搬进来的居民。公园作为社区使用频率较高的主要公共空间，起着促进居民交流、形成良好的邻里关系以及新的社区文化的重要作用；同时，公园也是居民日常生活接触到大自然的地方，是一个重要的环境教育场所。

在历史上，成都人依水而居，和自然融洽共处。但是随着现代城市的建设，河道逐渐消失，人们的日常生活和水越来越有隔阂。我们通过对麓湖引水造湖的历史解读以及社区现状分析，将云朵乐园定位为寓教于乐的儿童乐园、一个露天的"水体验馆"；我们以水的各种形态和特征作为灵感来设计景观空间和节点，希望通过设计让人了解水对人类生活的重要性，重塑人与水的关系，如图 2-2 所示。

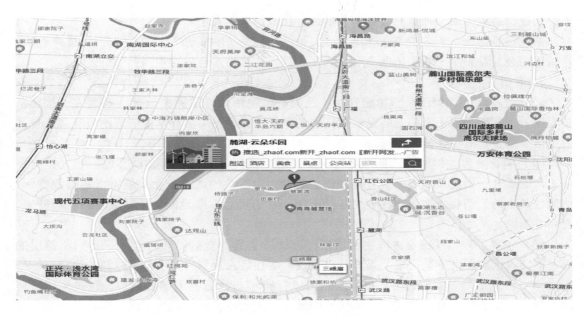

图 2-1　云朵乐园

图 2-2　设计景观

2. 公共设施的意义

第一层是生态。地球从不需要人类，而是人类需要地球。我们营造公共设施时，会用低碳、环保、可持续的材料维护生态，这也是在维护人类的生存环境。

第二层是生活。在陌生的环境、陌生的人群中，公共设施场所会起到凝聚人的作用，为人们创造沟通的介质，加速熟人社会的形成，让人们感到安定。

第三层是生命。到一定年龄和阶段之后，人必然会有探寻"生的意义"的精神需求。在精致的公共设施中，看朝阳落日、水面辽阔，人在沉思中会感谢生命的美好。

3. 启示

（1）呼应情怀，创设情感功能容器　逃离自己生活的舒适圈去追寻诗和远方，这在某种程度上，其实是当下人们对自己生活环境的厌倦，或者是生活环境的一成不变让每天规律的生活显得更加索然无味。

（2）关怀城市，构建城市良好终端　要实现生活圈居住区，就必须实现产业人口与居住人口的重合，因此新城规划应有充分的前瞻性，为后续的城市产业发展留出足够的空间，给居住其中的人们提供在居住区创立各种全新产业的机遇，以促使整个新城不断自我升级、自我更新。

（3）消除界限，塑造全龄段生活模型　打造一个适合全龄段并且能满足不同年龄层的人在不同人生阶段的不同需求的新城已经是现代居住区在规划设计中不可或缺的定位。

（4）激发活动，实现人与环境交互　在"智能+"、大数据引领的信息、科技快速发展的大背景下，传统的生活方式发生了快速的转变，人们对住宅区建筑立面、形式的认知趋向于表象化，但是对公共设施的认知却趋向于多样化、特色化。

案例四　治愈性公园——德国布里隆疗养公园

1. 设施简介

治愈性公园是指在营造美好自然景观的基础之上，以环境、活动、音乐、气味等方式改变人的心境与精神状态的公园，它是缓解社会压力的重要场所。其设计具有现实意义，不仅能够美化城市环境，还能传递人文情感。

德国布里隆疗养公园位于草甸山谷里独具吸引力的中心地带，有美丽的树木、芳香沁人的鲜花草地和丘陵草原（见图2-3）。

图2-3　公园景致（一）

布里隆疗养公园南部被树林和宽阔的草地所环绕，郁闭的森林与开阔的草地形成内敛与外放的对比。在以布里隆疗养公园为起点的景观道路上，有13个节点代表着不同的情绪，如爽朗、和谐、迷茫、专注、沉思、庄严等。

在布里隆疗养公园，可以发现神奇的事物，可以享受宁静，探索声音和气味，可以感知光影的交替。公园里重复出现的元素，如舒适的长椅、红颜色吊床和介绍性文字等，将各个节点融入公园开阔的景观之中（见图 2-4）。

图 2-4　公园景致（二）

2. 特点优势

（1）受众广泛，主题明确　受众包含所有人群。布里隆公园秉持"以人为本"的理念。其设计体现明确的主题。

（2）科学选材　座椅采用木质材料，与环境融合的同时，也便于通风，且可保护隐私，带给人们安全感。绿植规划在保证夏季通风、抵御冬季寒冷的同时，也充分发挥空气负离子对人的保健医疗作用。

（3）区域设计连续和谐　区域设计考虑整体性和区域性，充分结合公园构件、公园家具、公园分区和公园生态环境四方面，将私密性和公开性融合。

（4）以人为本，巧妙设计公园物件　公园物件的设计融合人的感官特点，以给人最美好的体验为出发点，注重对人们心理的调节作用。公园物件的选址与周围的环境充分搭配，发挥公园物件实用功能的同时也增强使用者的体验感。

3. 启示

（1）鼓励兴建治愈性景观公园　应鼓励和规划兴建治愈性景观公园使人们在日常生活之中，形成习惯，舒缓压力，得到治愈。

（2）融合中国各地方景观特色　我国资源丰富，各地各有特色。各地可以依托自身资源，将中华传统文化融入公共设施中，如中医、二十四节气等。

（3）加强宣传力度，普及治愈性景观公园知识　增强人们对治愈性景观公园的了解，提高人们对其重要性、必要性的认识。各地可建立相关机构，着力于宣传推广工作。

（4）政府可推行相关政策，鼓励建设治愈性景观公园　各地政府可以推行相关政策，如财政优惠等，鼓励治愈性景观公园的建设，规范其行业发展。

案例五　瑞典 St.Johannes plan 及 Konsthall 广场景观设计

　　完成时间：2014 年

　　设计单位：Whites 事务所

　　设计规模：28000m²

　　所在国家：瑞典

　　作品地址：马尔默市

　　位于马尔默市中心的 Triangeln 区曾经是一处安静的地方，远离繁忙的主街道。新的城市隧道站使该区成为服务 37000 名乘客的交通枢纽。现在，它是城市最活跃的地段。为了满足新增人流量和人们的需求，马尔默市举办了一次竞赛，以在 Triangeln 周围设计新的城市空间。Whites 事务所设计了两个连接的空间，在高峰时段的工作日和安宁平静的周日清晨都可以被使用。"我们将 Triangeln 站的周边区域看作每个人都可以使用的'开放舞台'。精美的现浇混凝土铺装、灯光和座椅等细节使空间序列统一和谐（见图 2-5）。其目标是设计出优雅且奢华的铺装效果。"Whites 事务所的 Niels De Bruin 说。

a)　　　　　　　　　　　　　　　　　b)

图 2-5　空间序列统一和谐

　　广场的地面用可移动的混凝土铺装，由 2m×3m 的模块组成（见图 2-6）。地面很容易被改造，或更换某一部分来作为展览和临时活动的场地。这片广场已经深深扎根于马尔默市的居民心中，他们在这个广场上玩滑板，制作电影和表演。

　　道路上的刺状图案铺装，指向 St.Johannes 教堂（又称为玫瑰教堂）。这座教堂是马尔默市的青年教会所在，铺装图案的设计灵感来源于新艺术运动时期自然的表达。

　　公共交通的基础设施是这个项目不可或缺的一部分，共享空间的设计让行人们自由地穿行于繁忙的城市中心。

案例六　自行车停放设施

1. 日本自行车停放系统

　　日本自行车停放系统（见图 2-7）主管表示该系统的结构也具有防震效果。自行车停放

图 2-6　广场地面

全程采用自动化方式，但必须先申请一张 IC 卡，并在前轮安置感应晶片，且需要按月缴费。如此一来，用户只要将自行车停妥，并站在黄线以外的地方，并且刷卡，机器就会自动将自行车送入地下停车场。取回时也只要感应卡片，机器就会自动将自行车送回。一旦用户踩到黄色区域内，整个机器的运转就会放慢或停止，以保证安全。整个停车、取车的过程最快只要 8s，非常便利。

图 2-7　日本自行车停放系统

2. 国内现状

国内共享单车市场在快速发展的同时，也存在很多问题。国民多数表示："我的车没有地方停了！"也有一些商超、店铺对共享单车乱停放问题表示不满，认为影响了自己正常经营。

由于共享单车与用户之间不存在归属关系，所以无法强制要求用户对停在哪里、保证不占道停放等全部负责。共享单车乱停放造成路侧停车秩序混乱、影响行人通行等问题亟待解决。

3. 案例分析

1）设施设计创新。自行车停放系统与市面上的同功能产品截然不同，它革新了以往传统自行车停放设施的螺旋式、插槽式、高低式等形式，不仅美观，还与现代技术结合。

2）从管理上来说，自行车停放系统的运营成本虽然偏高，设施定期维护，但是它解决了一系列传统自行车停放设施的诟病，如环境影响、便利问题等，从根本上解决了规范停放的问题。

3）政府投入总体减小，大部分由智能机械设施自动完成，自行车停放系统已成为公共设施"榜样"的标杆。

4. 设施特点

合理性：不同于以往的设计理念，将自行车停放设施智能化，缩小公路占位率。

人性化：满足人们的停车需求，实现功能多元化，为人们提供极大便利。

可持续性管理：这种设计使得总成本降低，管理便捷，让城市环境变得更加美好，并且持续改进，充分体现出可持续化发展理念。

功能性：功能齐全，简单便利，解决乱停乱放问题。

第 3 章

城市公共设施规划

3.1 规划概述

规划，是融合多要素、多人士看法的某一特定领域的发展愿景，意思是进行比较全面的、长远的发展计划，是对未来整体性、长期性、基本性问题的思考，以及设计未来整套行动的方案。部分政府部门工作人员及学者常将规范视为城乡建设规划，把规划与建设紧密联系在一起，认为规划要考虑土地征用、设计图等一系列问题。其实，这是对规划的概念以偏概全的理解。规划具有综合性、系统性、时间性、强制性等特点。规划需要相对准确的数据并运用科学的方法进行从整体到细节的设计，需要依照相关技术规范及标准制定有目的、有意义、有价值的行动方案，其目标具有针对性，数据具有相对精确性，理论依据具有翔实及充分性。规划的制定从时间上需要分阶段，由此可以使行动目标更加清晰，使行动方案更具可行性，使数据更具精确性，使经济运作更具可控性，使收支更具合理性。规划讲究空间布局的合理性。一是特定领域规划应与土地开发规划、城市发展规划和区域发展规划协调统一；二是局部区域规划、区域规划、国家规划势必重叠，但应相互包容。合理的规划要根据所要规划的内容，整理出当前有效、准确、翔实的信息和数据，并以其为基础进行定性与定量的预测，而后依据结果制定目标及行动方案。所制定的方案应符合相关技术及标准，更应充分考虑实际情况及预期能动力。规划是实际行动的指导，因此其目标必须具备确定性、专一性、合理性、有效性及可行性。规划作为实际行动的基础，更应充分考虑实际行动中的可能情况，以及对未知的可能情况做具体的预防措施，以降低规划存在的漏洞或实际行动中可能情况发生所产生的不可挽回的后果或影响。

在经济社会发展中，规划分为产业规划和形态规划两种类别，两者的关系是相辅相成的。

1）产业规划是形态规划的前提和基础。区域经济社会的发展，最核心的不是厂房、道路、绿地、景观等系统的工程建设，而是从当地资源、能源、禀赋及经济发展基础条件出发，设计主导产业、优势产业、特色产业，研究产业链条，并从空间和时间两个方面对区域产业发展做出科学、合理、可操作性强的产业发展规划。只有如此，区域经济才有可能获得健康、快速发展，才需要有相应的以产业规划为基础并与产业规划相配套的形态规划（平面建设规划）。

2）形态规划会促进或影响产业规划。一个好的形态规划会极大地促进产业规划的实施，反之则会限制或制约产业规划的有效实施。这也正是科学研究的意义所在，专家存在的价值所在。国家经济社会发展规划的编制，必然是建立在大量的科学研究基础上的。如果地方盲目、简单地从形态规划入手，投入很大资金建设开发区、高新区，就会造成有楼无市、有房无人的结果。

按内容性质分，规划可分为总体规划和专业规划。按管辖范围分，规划可分为全国发展规划和机关、企事业单位的部门发展规划。

规划与计划基本相似，不同之处在于：规划具有长远性、全局性、战略性、方向性、概括性和鼓动性。规划的基本意义由"规"（法则、章程、标准、谋划，即战略层面）和"划"（合算、刻画，即战术层面）两部分组成，"规"是起，"划"是落；从时间尺度来说，规划侧重于长远；从内容角度来说，规划侧重于"规"，即重指导性或原则性。在人力资源管理领域，规划一般用作名词，英文一般为 program 或 planning。计划的基本意义为合算、刻画，一般指办事前所拟定的具体内容、步骤和方法；从时间尺度来说，计划侧重于短期；从内容角度来说，计划侧重于"划"，即重执行性和操作性。在人力资源管理领域，计划一般用作名词，有时用作动词，英文一般为 plan。计划是规划的延伸与展开，规划与计划是一个子集的关系，即"规划"里面包含着若干个"计划"，它们的关系既不是交集的关系，也不是并集的关系，更不是补集的关系。

规划是一个为实现期望目标而安排未来活动的关键词，规划的功能主要集中在全系统，并且要安排融资、预算及政策等事务。现代规划的概念有两层独立的含义：战略规划，通常是长期的反映规划经济及商务方面内容的，涉及高层管理者或企业的管理层；战术规划，常常反映设施的技术层面，涉及技术管理层，他们负责具体设施管理，以及与高层管理者或企业的管理层协商后在战略规划范围内进行未来扩展的事务。战术规划要强调的重点是上一级的需求，包括准备和更新总体规划、评估需求和预算、预测未来需求，并且制定设施保护及升级、年度及跨年度工作计划的规划。一个实用而有效的公共设施资产管理系统必须将规划、设计和施工与使用期内的维护、修复和更新、更换及重建活动集合成一体，涉及成本效益的管理也必须与规划、设计及施工集成为一体。

城市公共设施规划属于城市规划的一个分支。因此，认识城市公共设施规划，首先需要了解城市规划。

3.2　城市规划概述

在讨论城市规划的实质性内容之前，首先遇到的问题就是"为什么要进行城市规划"和"什么是城市规划"。对于前者，约翰 N. 利维（John N. Levy）在其《现代城市规划》（第 8 版）中归纳为现代社会的"相互联系性"和"复杂性"。也就是说，现代社会是一个复杂的相互关联的整体，任何简单的凭直觉的判断和决定已不足以把握全局的发展方向并获得预期的结果。就像在农村，你可以邀请三五亲朋，按照约定俗成的形式，在数天之内建成一座农家小院而不需要做什么特别的"规划"，但建设一座大楼、一个街区甚至一座城市，情况就完全不同了。这就是为什么我们需要"规划"的原因。要回答"什么是城市规划"可能难度更大一些，这是因为在各种不同的社会、经济、历史、文化背景下，对城市规划的理解会有较大的差异。

3.2.1　城市规划的定义

"城市规划"在英国被称为"town planning"，在美国被称为"city planning"或"urban

planning"，在法语和德语中分别被称为"urbanisme"和"stadtplanung"。我国使用"城市规划"。英国在有关城市规划与建设的条目中提到：城市规划与改建的目的，不仅在于安排好城市形体——城市中的建筑、街道、公园、公用事业及满足其他各种要求，而且在于实现社会与经济目标；城市规划的实现要靠政府的运筹，并需运用调查、分析、预测和设计等专门技术。此外，英国的城乡规划（town and country planning）可以看作是更大空间范围内的社会经济与空间发展规划。美国国家资源委员会（National Resource Committee）则将城市规划定义为：城市规划是一种科学、一种艺术、一种政策活动，它设计并指导空间的发展，以适应社会与经济的需要。美国的城市与区域规划（city and regional planning）也可以看作是覆盖范围更广泛的规划体系。

城市规划是以城市为单位的地区作为对象，按照将来的目标，为使经济、社会活动得以安全、舒适、高效开展，而采用独特的理论从平面上、立体上调整，满足各种空间要求，预测确定土地利用与设施布局和规模，并将其付诸实施的技术。城市规划是以实现城市政策为目标，为达成、实现、运营城市功能，对城市结构、规模、形态、系统进行规划、设计的技术。计划经济体制下的苏联将城市规划则看作是整个国民经济工作的继续和具体化，并且是国民经济中一个不可分割的组成部分。它是根据发展国民经济的年度计划、五年计划和远景计划来进行的。

我国在 20 世纪 80 年代前基本上沿用了上述定义，改革开放之后有所修正，将城市规划定义为"对一定时期内城市的经济和社会发展、土地利用、空间布局以及各项建设的综合布局、具体安排和实施管理"。事实上，用一句话或几句话简单地概括城市规划的定义并不是一件容易的事情，如果抽象到适用于不同国家与地区的程度就更为困难。下面就上述城市规划定义中所包含的共同点以及相互之间的差异进行简要的分析。

1. 城市规划的语义要素

讨论城市规划的定义并不是玩咬文嚼字的教条主义的文字游戏，而是通过对文字表述的分析，达到理解城市规划内涵的目的，即了解城市规划所包含的语义内容。因此，可以从以下几个方面——城市规划的语义要素来理解城市规划的含义。

（1）具有限定的空间范围 城市规划有一个明确的空间范围，该空间范围通常被称为城市规划区。城市规划的作用被限定在这个范围内。城市规划区一般包含已建成的城市地区、在规划期内（例如 10 年之内）即将由非城市利用形态向城市利用形态转化的地区以及有必要限制这种转化活动的地区。在这一地区中，改变土地利用形态（例如在原有的农田上建设建筑物、修筑道路、开辟游乐场所）开发建设活动，需要按照城市规划预先给出的方式进行。

（2）作为实现社会、经济诸目标的技术手段 城市规划是一项技术，但与以电子产品、汽车等大众消费品的制造技术为代表的现代应用技术不同，其目的不仅是要建设一个作为物质实体的城市，而且是通过对作为物质实体的城市的各种功能在空间上的安排，实现城市的社会、经济等多发展目标。因此，城市规划本身不是目的，也不可能取代对社会、经济目标本身的制定工作，城市规划必须与相应的社会、经济发展计划相配合，才能真正发挥作用。城市规划的关注对象是作为物质实体的城市以及城市空间。

（3）以物质空间为作用对象 在有关某个城市的诸多发展计划、规划中，城市规划是将诸多发展目标具体落实到空间上去的唯一的技术手段。例如，发展经济需要容纳产业发展的空间，发展教育需要建设学校的空间，提高医疗卫生水平则需要医院等相应的场所。这一切都需要通过城市规划落实到具体的城市空间中去。

（4）包含政策性因素和社会价值判断　由于诸项城市功能在空间分布上的排他性，因此，任何一个具体的城市规划都包含有政策性因素。而政策的制定除受某些客观条件影响外，还在不同程度上受到社会价值判断（或者说是政治）的影响。例如，我国长期执行的"严格控制城市用地规模"的政策就是基于我国人地关系这一国情所制定的；而城市中是优先发展有轨公共交通，还是大量兴建城市道路、立交桥，鼓励发展私人小汽车，就必须基于社会价值判断做出结论。甚至在某些情况下，客观因素与社会价值判断同时存在，如在人均土地资源紧张的客观条件下，是鼓励发展中高密度的经济适用住房，还是放任低密度高档房地产项目的开发。

2. 城市规划与社会经济体制

如果说以上城市规划语义要素中所列举的是城市规划的共同之处，那么在不同的社会经济体制下的城市规划就各自具有鲜明的特征。这种差异更多地体现在城市规划被赋予的职能方面。城市规划是人类为了在城市的发展中维持公共生活的空间秩序而做的未来空间安排的意志。在不同的社会经济体制中，产生这种"意志"的途径是不同的。封建社会中，皇权至高无上，因此，封建社会中的城市规划体现的是统治者或少数统治阶层的"意志"；而在西方资本主义社会中，国家对私有财产的保护使得个人或利益集团的"意志"成为主体。与此类似，在计划经济体制下，城市规划作为国民经济计划的体现，代表着国家的统一"意志"，具有较强的按计划实施的建设计划的性质；而在市场经济体制下，城市规划所面对的是建设投资渠道的多元化，以及由此而产生的利益集团的多元化和"意志"的多元化。在以市场经济为主导的现代社会中，城市规划实质上是一种为达成社会共同目标和协调利益集团矛盾的技术手段。

3.2.2　城市规划的性质

1. 城市活动与城市规划

城市规划为城市中的社会经济活动提供了一个物质空间上的载体。如同演员与舞台的关系一样，虽然高水平的舞台并不能保证演员的演出总是一流的，但是很难设想高水平的演员能在一个糟糕的舞台上有上乘的表演效果。因此，城市的物质空间形态规划虽不能直接左右城市活动，但却能为各项城市活动提供必不可少的物质环境，更何况城市活动本身也会直接或间接地为其载体提供物质上的支持。成立于1928年的瑞士国际现代建筑协会（CIAM）在1933年雅典会议上通过的著名的《雅典宪章》中，将居住、工作、游憩和交通作为现代城市的四大功能，提出城市规划的任务就是要恰当地处理这些功能及其相互之间的关系。

随着时代的发展，城市功能日趋复杂，《雅典宪章》中的某些原则也受到来自各方面的质疑，但时至今日这种按照城市功能进行城市规划的思想仍具有很强的现实意义，只不过各项城市功能的内涵、存在方式与规则标准随着时代的变化而发生了较大的改变而已。例如：就工作而言，其内涵早已突破传统制造业的范围，扩展到日益庞大的第三产业，进而发展至包含当今迅速发展的信息产业、创意产业等。随之而来的是，规划中工作地点在城市中的空间分布也相应地从位于城市外围的工业区转向多元化的甚至是分散的就业中心，如商业服务中心、商务区（CBD）等。居住功能的要求也从满足基本居住功能转向对综合环境质量的追求。甚至由于 SOHO 等概念的出现，居住功能与工作功能之间的界限也变得不再那么明显。城市的交通功能依然重要，但未来信息时代的城市交通或许将进入虚拟的世界。

2. 城市规划技术与城市规划制度

城市规划与社会经济体制密切相关，这是因为城市规划作为一门与社会生活密切相关的应用技术具有两面性，即一方面城市规划中包含面对客观物质空间的工程技术内容，另一方面城市规划中又包含作为维持社会生活正常秩序准则的制度性内容。作为工程技术手段的城市规划，以追求城市整体运转的合理性与效率为目标，在不同国家和地区之间易于学习、借鉴和流传。根据城市各类用地之间的相互关系而做出的用地布局、道路网及交通设施的布局，以及各种城市基础设施的规划等，均可以看作此类内容。我国封建社会中的传统城市规划以及计划经济体制下的城市规划，通常以工程技术为侧重点。作为制度性内容的城市规划所关注的是城市整体运转过程中的公平、公正与秩序。由于其出发点建立在社会价值判断的基础之上，因此不同国家与地区之间以及不同的社会体制下的城市规划往往存在着较大的差异。例如：在城市开发建设过程中对私权的保护与限制的方式和程度、对代表公权的城市政府规划管理部门权限的界定、城市规划本身的地位、权力的授予等，均属于此类内容。作为制度性内容的城市规划是现代社会中、在市场环境下，是城市建设与开发领域中不可或缺的，相对公平、公正与整体合理的规则。

因此，现代社会中，城市规划的性质不再单纯是一项有关城市建造的工程技术，它同时具有作为社会管理手段的特征。这种特征也可以视为近现代城市规划与传统城市规划的划分依据。

3.2.3　城市规划的特点

1. 多学科综合性

多学科综合性是城市规划的一个首要特征。城市规划在学科知识结构和理论上涉及多种学科，在实践中涉及社会、经济、环境与技术诸方面因素的统筹兼顾和协调发展。城市规划的这种多学科综合性表现在以下方面：

（1）对象的多样性　作为城市规划的对象，城市本身就是一个非常复杂的"巨系统"。城市规划必须面对多样的城市活动，并力图按照各种城市活动本身的规律，在空间上为各种活动做出较为合理妥善的安排，并解决好各种活动之间的矛盾。

（2）研究、解决问题的综合性　在上述过程中，城市规划必然涉及诸多领域的问题，并在解决这些问题时借用相关学科的知识、理论和技术。例如：对某个城市的建设用地发展做出评价时，涉及测量、气象、水文、工程地质、水文地质等领域中的知识以及农田保护等国家土地利用政策；研究确定某个城市的发展规模与发展战略时，不可避免地涉及人口发展预测、社会经济发展预测等有关社会、经济领域中的问题与技术手段；各项城市基础设施的规划设计又包含大量相关工程技术的内容；城市风貌、城市景观、旧城保护等又与美学、艺术、历史等学科密切相关。

（3）实施过程的多面性　城市规划的多学科综合性还表现在实施过程中包含建设性内容与控制性内容。前者涉及工程技术、财政与经营等领域，而后者则与政治、法律、公共管理等领域密不可分。

由此可以看出，严格界定城市规划所包含的学科领域并不是一件容易的事情，而且随着时代的发展，城市规划越来越多地借用了相关学科的理论、知识和方法，并逐渐形成相对核心和稳定的内容。在此我们可以借用系统工程中的概念，将城市规划称为一个"开放的巨系统"，但必须指出的是，城市规划的多学科综合性并不等于其没有侧重和在学科领域上的分工。城市规划仍侧重于物质空间环境领域。

2. 政策性、法规性

前文讨论城市规划语义要素时就已强调过，城市规划包含政策性因素和社会价值判断，因此，城市规划的各个层面中均体现了不同的政策性因素，大到国家的基本政策（如保护耕地的政策），小到技术性政策（如各类城市用地的面积、比例指标），甚至对于城市规划中某些问题的某些倾向，如大广场、宽马路的规划建设也会依据政府颁布的技术性政策方针加以纠正。事实上，城市规划作为政府行政的一种工具，其本身就是政策的直接体现。城市规划的一个特征就是在政策明确的前提下，采用具有强制性的手段来贯彻实施各项既定政策，即按照事先的约定（按照一定程序确定的城市规划内容），对与城市建设相关的具体行为做出明确的界定，保护合法行为的权益，限制或处罚非法行为。事实上，在市场经济与法制化的现代社会中，城市规划已成为城市建设相关领域中的一项重要的规则。

3. 长期性、经常性

城市规划的长期性与经常性是矛盾统一的关系，并反映在城市规划与城市发展建设的全过程中。一方面，城市规划具有长期性。首先，长期性反映在规划目标期限的周期上。通常一个城市整体的宏观战略性规划具有10~20年的规划目标年限。其次，城市规划是一个根据城市社会经济发展状况以及城市建设情况不断反馈、调整、完善的动态过程，一个战略目标的实现（如工业城市、港口城市的建成），往往需要长时期的多轮次的城市规划与实践，反复反馈，反复修改调整。从某种意义上来说，城市规划是永无止境的，只要城市存在、发展、变化，城市规划就会存在。另一方面，城市规划与城市现实的互动，除为数不多的突发情况外（例如城址迁移，大型体育、博览活动的举办等），而更多地体现在日常的较小规模的城市建设活动与规划管理工作中，因此城市规划又是一项经常性的工作。这种经常性体现在：城市规划为日常的城市建设、规划管理工作提供了依据；规划管理部门对城市变化状况的监测与反馈，又成为对城市规划做出合理修订的必要依据。城市规划的长期性与经常性是城市规划技术与管理实践中常常遇到的一对矛盾：规划的长期性要求规划必须具有相对的稳定性，而规划的经常性则要求城市规划要适应不断变化的城市发展建设现状。

4. 实践性、地方性

城市规划具有很强的实践性和地方性，这表现在以下两方面：

（1）城市规划的目的是实践　编制城市规划的根本目的就是要以此来指导城市发展与建设，作为城市规划管理工作的依据。通常我们所说的"三分规划，七分管理"，通俗地表达了城市规划以实践为目的的本质。因此，城市规划不但要以先进的理论和思想作为指导，而且必须注重可操作性，使理论可以指导实践，真正做到理论与实践相结合。

（2）城市规划的效能依靠实践检验　城市规划的优劣主要取决于其是否符合实际要求，是否能够解决问题，是否适用，这些都必须在实践中加以检验。城市规划与其他工程技术类学科具有共同的特点：许多规律与理论必须通过大量的实验、实践才能得出；而理论与方法的正确与否又必须回到实践中去加以检验。如果说城市规划与其他工程技术类的学科有什么不同，那就是城市规划以现实中的城市作为其"实验室"。正是由于城市规划这种实践性，不同国家、地区乃至具体城市的自然条件、社会经济发展水平、城市规划所面临的问题等有诸多的差异，因此城市规划必须因地制宜，与各个地方的特点密切结合。除国家所执行的统一的政策、法规、标准外，城市规划应更多地反映地方政府的意志。因此，城市规划也是一项地方性很强的工作。

3.2.4　城市规划的职能

上文介绍了城市规划的定义、性质和特点等，那么在现代社会中，城市规划究竟应该起到什么作用，即其所应该承担的不可取代的职能是什么？

1. 城市规划的基本职能

现代城市的复杂性要求我们必须预先做出各种安排和计划，用以描绘城市未来的发展目标和状况、引导和控制各项城市活动的发展趋势。这些安排和计划可以是文字性描述，诸如城市宪章、纲领（例如"打好黄山牌"）、口号（例如"为把某市建设成北方工业基地而奋斗"）、象征（例如"建成小上海"）以及具体描述，也可以是更为具体的数字目标值。但是，这些方式与手段都不足以表达城市发展目标在空间上的体现。城市规划才是唯一通过具体、准确的图形，在空间上描绘城市或地区社会经济发展蓝图的手段。例如，发展工业以促进城市经济增长的政策通过城市规划落实为各类工业用地，以及道路、铁路专用线、供电、排水等相关配套设施；又如城市社会发展计划提出的人均住宅面积、人均公园绿地面积等总量指标，通过城市规划落实为具有具体面积规模的各种类型的居住用地、公园绿地，以及这些用地在城市中的具体分布。这种在空间上形象地描绘城市或地区社会发展蓝图的职能，是城市规划最基本的职能，其他相关的职能都是由此派生而来的。

2. 城市规划的实施职能

城市规划通过准确的平面图形，对城市或地区未来发展蓝图进行描绘，为城市建设提供了不可取代的依据，使抽象的或总量上的政策、方针、目标具有了具体的形象和在空间上的分布。不同空间层次上的城市规划相互配合，为城市建设和城市管理提供了可操作的依据。例如，对形成城市骨架的道路系统而言，在城市总体规划等宏观层次的规划中确定其大致的走向、线形和断面形式，确保其用地不被占用；而在微观层次上的详细规划或工程设计中，则进一步明确断面尺寸、路面标高、车道划分、转弯半径、出入相邻地块的开口位置等。此外，区划（zoning）等适用于市场经济环境的规划制度及内容，更是直接为城市规划管理部门判断所有城市开发建设活动的合法性提供了明断、准确的依据。

3. 城市规划的宣传职能

城市规划的派生职能还体现在，以形象来体现的城市发展蓝图易于被广大市民所认知与理解。这种对城市发展未来状态以及现代社会规则的形象描绘，使得抽象的政策、规则与枯燥的数字变得更为生动、形象，更容易被大众接受，从而起到对规划内容的宣传作用，进而为人们自觉遵守政策和规则建立了基础。可以说，城市规划目标、内容等相关信息的广泛传播，是公众关注并逐步参与的必要条件。而城市规划作为维护空间秩序的意志体现，在较大范围内达成共识是其得到执行的必要基础。此外，城市规划在调查、分析过程中所掌握和制作的有关城市物质空间形态方面的成果，也为城市发展过程留下形象的记录，并成为反映城市变迁状况的信息载体，城市综合现状图就是其中的代表。

4．作为政府行政工具的城市规划

城市规划是各级政府机构，尤其是城市政府实施城市发展政策的有力工具。城市规划的综合性和其形象描绘城市空间发展蓝图的基本职能，使得政府必须通过城市规划将各个部门的政策与计划，具体落实到城市物质空间中去。例如：发展城市经济需要安排工业、商务、商业、服务等用地，需要改善道路、机场等各类交通设施的水平；提高社会教育水平需要安排各类学校等教育用地。因此，在西方工业化国家的二元城市规划结构体系中，总体规划（宏观规划）用来指导、协调乃至约束各个政府部门与城市开发建设相关的行为与活动，如教育主管部门负责的公立学校建设，公共卫生部门负责的公立医疗设施建设等；而详细规划（微观规划，多为法定城市规划）则用来引导和控制民间的各种开发行为，如商品住宅的开发、办公建筑的开发等。

3.3　城市规划理论与城市公共设施规划关注点

3.3.1　西方近现代城市规划理论

在西方伴随工业化的城市化过程中，针对所出现的城市问题，除资产阶级政府所采取的种种实际应对措施外，还出现了大量试图从社会、经济、工程技术、建筑、城市规划等各个角度解决城市问题或适应城市发展新形势的解决方案。尽管其中有些得到了实施或部分实施，有些仅仅停留在理论层面，有些甚至失败了，但有一点是共同的，即面对社会所发生的变革以及变革所带来的问题，社会各界都提出积极的应对措施，以顺应时代发展的方向。在评判这些近代城市规划理论时并不能简单地以是否实现为标准，而应看到其对问题实质与发展方向的把握是否准确，是否有作为思想而存在的价值。西方近现代城市规划的思想流派、理论、规划实践、代表人物众多，在此不可能一一列举，仅选取其中的主要思想和事件简述如下：

1．第一阶段（19世纪与20世纪之交）：田园城市理论

大多数学者都认为现代城市规划理论的起源是多元和复杂的，但有的学者认为霍华德的"田园城市（garden city）"、柯布西埃的"当代城市"和赖特的"广亩城市"三者是现代城市规划理论的起源。而现代城市规划的思想还可追溯到更早的欧文（Owen）、圣西门（Saint-Simon）、傅里叶（Fourier）、戈丁（Godin）和卡贝（Cabet）等。

"田园城市"肯定是那个时期最具影响力的词汇。1898年英国人霍华德（E. Howard）提出了"田园城市"理论。他经过调查后写了一本书——《明日：一条迈向真正改革的和平道路》。他在书中指出"城市应与乡村结合"，他认为当城市发展到规定人口时，便可在离它不远的地方另建一个相同的城市。他强调要在城市周围永久保留一定绿地的原则。霍华德的理论把城市当成一个整体来研究，联系城乡的关系，指出适应现代工业的城市规划问题，对人口密度、城市经济、城市绿化的重要性问题等都提出了自己的见解，对城市规划学科的建立起了重要作用，今天的城市规划界一般都把霍华德的"田园城市"方案的提出作为现代城市规划的开端。

2．第二阶段（20世纪初—第二次世界大战）：城市发展空间理论

20世纪初，大城市"恶性膨胀"，如何控制及疏散大城市人口成为突出的问题。霍华德

的"田园城市"理论由恩威（Unwin）进一步发展成为在大城市的外围建立卫星城市，以疏散人口、控制大城市规模的理论，并在 1922 年提出一种理论方案。同时期，美国规划建筑师惠依顿也提出在大城市周围用绿地围起来，限制其发展，在绿地之外建立卫星城镇，设有工业企业，并和大城市保持一定联系——这就是卫星城镇规划的理论。

20 世纪 30 年代，在美国和欧洲出现一种"邻里单位"（neighborhood unit）的居住区规划思想，"邻里单位"思想要求在较大的范围内统一规划居住区，使每一个"邻里单位"都成为组成居住区的"细胞"。"邻里单位"内要设置小学，以此决定并控制"邻里单位"的规模，并在内部设置一些为居民服务的、日常使用的公共建筑及设施，使"邻里单位"内部和外部的道路有一定的分工，防止外部交通在内部穿越。这种思想由于适应了现代城市因机动交通发展而带来的规划结构上的变化，把居住的安静、朝向、卫生、安全放在重要的地位，因此对以后居住区规划影响很大。

3. 第三阶段（20 世纪 40 年代后期—20 世纪 50 年代）：**战后重建与城市扩展**

第二次世界大战后，刘易斯·凯博（Lewis Keeble）在 1952 年出版的《城乡规划的原则与实践》中全面阐述了理性主义的规划理论。该理论认为，规划方案是对城市现状问题的理性分析和推导的必然结果。尤其是城市规划中系统工程的导入和数理分析的应用，使得大量调查数据的处理成为可能，城市规划工作中运用了大量的数理模型，包括用纯粹数理公式表达的城市发展模型和城市规划控制模型。从此以后城市规划编制的理论程序也就更加理性，理性主义成为主导的规划思想。

这一时期的城市规划理论和实践主要由规范理论主导，重点关注于应该创造什么样的城市环境，以及如何实现相应的城市规划方案两个方面。在价值观方面主要形成了四个广为接受的思想原则：第一，主张应以乌托邦综合的方式去规划和发展城市，应当对历史发展形成的现状城市进行全部或大部分清理，为新的城市发展让路；第二，对未来城市抱有渴望，出现乡村田园景象的反城市美学思想；第三，主张适应现代汽车交通方式的城市分散发展和对道路按交通性质进行分类的原则，以及对城市土地进行简洁明确的功能分区，以"一致认同"的假设为基础；第四，认为城市规划目标是特定的公共利益，城市规划实践是实现规划目标的技术过程，规划蓝图则是实现规划目标的重要方式，城市规划理论为此主要集中在对城市选址、规模与布局、城乡平衡、以及内部结构的研究等方面。

4. 第四阶段（20 世纪 60 年代—20 世纪 70 年代）：**城市规划走向综合**

整个 20 世纪 60 年代至 20 世纪 70 年代的城市规划理论界对规划的社会学问题关系的重视超越了过去任何一个时期，Jane Jacobs 于 1961 年发表的《美国大城市的生与死》是这一时期开始的标志。其中影响较大的有 1965 年 Paul Davidoff 发表的《规划中的倡导与多元主义》，以及 1962 年其与 T. Refiner 合著的《规划选择理论》。Paul Davidoff 的这两篇论文在当时的规划理论界取得了最高的荣誉。他对规划决策过程和文化模式的理论探讨，以及对规划中通过过程机制保证不同社会集团的利益尤其是弱势团体的利益的探索都在规划理论的发展史上留下了重要的一笔。

这一时期，系统方法、理性决策和控制论被引入城市规划中来，这终结了"物质形体设计"理念在城市规划中的主导地位。1969 年，布雷恩·麦柯劳林（Brain Mcloughim）的经典著作《系统方法在城市与区域规划中的应用》的出版成为这个转变的一个重要标志。该书中论述的规划的标准理论已经完全超出了物质形态的设计，强调的是理性的分析、结构的控制和系统的战略。

1977 年，现代建筑国际会议在秘鲁利马（Lima）的玛雅文化遗址地马丘比丘召开，并制定了著名的《马丘比丘宪章》。《马丘比丘宪章》修正了《雅典宪章》的缺陷，树立了城市规划的第二座里程碑。1977 年以后，世界建筑师协会先后召开了多次大会，并制定了多个宪章，包括《北京宪章》等。但至今为止，还没有哪一个宪章能像《雅典宪章》和《马丘比丘宪章》那样，深刻地洞察世界城市化过程中的弊端，并有针对性地提出对策。

5. 第五阶段（20 世纪 80 年代—20 世纪 90 年代）：**规划理论多元化**

20 世纪 80 年代，城市规划理论的发展向人们展示了一个多元的倾向，学者逐步摆脱了 20 世纪 60 年代至 20 世纪 70 年代以批判和总结理性主义为重点的局面，规划理论的发展形成了如下三个主要议题：城市的经济衰退和复苏；超出传统阶级视野并在更广范围内讨论社会不公与公平机会；应对全球生态危机和响应可持续发展要求。

20 世纪 80 年代，以英国的撒切尔主义和美国的里根主义为代表，尽管撒切尔政府并没有根本性地改变城市规划体系，但却要求城市规划更加积极地响应市场的发展要求。在这一时代背景下，城市规划理论的新进展主要有政体理论和规则理论。政体理论既反对经济基础决定论的主张，也反对多元决定论的主张，认为尽管经济关系仍然是核心决定力量，但是政治与经济是相互关系而非从属关系。规则理论认为，20 世纪 70 年代中期以来，资本主义生产逐渐向新的规则模式转变，企业积极努力地降低成本和提高产出以应对所面临的收益率危机，而跨国公司得以大力发展并推动了经济的全球化。由此，一方面，城市经济的发展获得了新的竞争机会；另一方面，固然有胜出者会因此占据一定区域范围内的经济和文化发展主导地位，而大多数城市将在这样的竞争中沦为失败者。

6. 第六阶段（20 世纪 90 年代至今）：**全球化与可持续发展**

进入 20 世纪 90 年代后，规划理论的探讨出现了全新的局面。20 世纪 80 年代讨论的主题迅速隐去，取而代之的是大量对城市发展新趋势的研讨。大城市全球化方面最早的有影响的课题是 J. Firedmann 组织的世界大都市比较，这项研究形成的成果发表于 *Development and Change* 杂志（1986 年第 117 期），题为《世界城的假想》。1994 年，吴志强在德国出版了《论千年纪转折点上的大都市全球化》，它是关于大都市全球化研究方面的最早德文专著，针对当时全球化研究中单核单轨等理论问题，提出了以两元论为基础的大都市全球化理论。20 世纪 90 年代后半期关于大都市全球化的研究成果出现了快速增长。在国际城市规划界出现了大量反映可持续发展思想和理论的文献。1992 年，M. 布雷赫尼（M. Breheny）编著了《可持续发展与城市形态》，1993 年 A. 布劳尔斯（A. Bloowers）编著了《为了可持续发展的环境而规划》等，这些文献从城市的总体空间布局、道路与工程系统规划等各个层面进行了以可持续发展为目标的分析，提出了城市可持续发展模式和操作方法。

3.3.2　五大城市规划宪章

五大城市规划宪章包括 1933 年的《雅典宪章》、1964 年的《国际古迹保护与修复宪章》、1977 年《马丘比丘宪章》、1981 年的《佛罗伦萨宪章》和 1999 年的《北京宪章》。

1.《雅典宪章》

《雅典宪章》是国际现代建筑协会（CIAM）于 1933 年 8 月在雅典会议上制定的一份关于城市规划的纲领性文件——"城市规划大纲"。它集中反映了当时"新建筑"学派，特别是法国勒·柯比西埃（Le Corbusier）的观点。他提出，城市要与其周围影响地区作为一个整体来研究。《雅典宪章》首先指出，城市规划的目的是解决居住、工作、游憩与交通四大功能活动的正常进行。

《雅典宪章》共分成 8 个部分，主要针对其所主张的居住、工作、游憩、交通四大城市功能加以论述，系统地提出了科学制定城市规划的思想和方法论。《雅典宪章》的主要观点和主张有：

1）城市的存在、发展及其规划有赖于所存在的区域（城市规划的区域观）。

2）居住、工作、游憩、交通是城市的四大功能。

3）居住是城市的首要功能，必须改变不良的现状居住环境，采用现代建筑技术，确保所有居民拥有安全、健康、舒适、方便、宁静的居住环境。

4）以工业为主的工作区需依据其特性分门别类布局，与其他城市功能之间避免干扰，且保持便捷的联系。

5）确保各种城市绿地、开放空间及风景地带。

6）依照城市交通（机动车交通）的要求，区分不同功能的道路，确定道路宽度。

7）保护文物建筑与地区。

8）改革土地制度，兼顾私人与公共利益。

9）以人为本，从物质空间形态入手，处理好城市功能之间的关系，这是城市规划者的职责。

《雅典宪章》作为建筑师应对工业化与城市化的方法与策略，集中体现出以下特点：首先，现代建筑运动注重功能、反对形式的主张得到充分的体现，反映在按照城市功能进行分区和依照功能区分道路类别与等级等方面；其次，城市规划的物质空间形态侧面被作为城市规划的主要内容，虽然土地制度以及公与私之间的矛盾被提及，但似乎恰当的城市物质形态规划可以解决城市发展中的大部分问题。此外，《雅典宪章》虽然明确提出以人为本的指向，并以满足广大人民的需求作为城市规划的目标，但现代建筑运动驾驭时代的自信使得其通篇理论建立在"设计决定论"的基础之上，改造现实社会的主观理想和愿望与可以预期的结果被当作同一件事情来论述；作为城市真正主人的广大市民仅仅被当作规划的受众和被拯救的对象。

无论如何，《雅典宪章》虽带有时代认识的局限性，但其中的主要思想和原则对城市化进程中的中国来说至今仍具现实指导意义。

2.《国际古迹保护与修复宪章》

《国际古迹保护与修复宪章》（又称《威尼斯宪章》）是在第二届历史古迹建筑师及技师国际会议1964年5月25日—31日，威尼斯）上通过的。历史古迹饱含着过去岁月的信息留存至今，成为古老的活的见证。人们越来越意识到人类价值的统一性，并把古代遗迹看作共同的遗产，认识到为后代保护这些古迹的共同责任。将它们真实地、完整地传下去是我们的职责。古代建筑的保护与修复指导原则应得到国际公认并做出规定，这一点至关重要。各国在各自的文化和传统范畴内负责实施古迹保护与修复。

3.《马丘比丘宪章》

1977年12月，一些城市规划设计师聚集于利马（Lima），以《雅典宪章》为出发点进行了讨论，提出了包含有若干要求和宣言的《马丘比丘宪章》。《马丘比丘宪章》申明：《雅典宪章》仍然是这个时代的一项基本文件，它提出的一些原理今天仍然有效，但随着时代的进步，城市发展面临着新的环境，而且人类认识对城市规划也提出了新的要求，《雅典宪章》的一些指导思想已不能适应当前形势的发展变化，因而需要进行修正。而《马丘比丘宪章》所提出的"都是理性派所没有包含的，单凭逻辑所不能分类的种种一切"。

《马丘比丘宪章》共分成 12 个部分，对《雅典宪章）中所提出的概念和关注领域重新进行了分析，并提出具体的修正观点。首先，《马丘比丘宪章》声明所进行的是对《雅典宪章》的提高和改进，而不是放弃，承认《雅典宪章》中的许多原理当前依然有效。在此基础之上《马丘比丘宪章》主要在以下几个方面提出了需要修正和改进的观点：

1）不应机械地分区，城市规划应努力创造综合的多功能。

2）人的相互作用与交往是城市存在的基本依据，在安排城市居住功能时应注重环境。

3）改变以私人汽车交通为前提的城市交通系统规划，优先考虑公共交通；社会阶层应融合，而不是隔离。

4）注意节制对自然资源的过度开发、减少环境污染，保护包括文化传统在内的历史遗产。

5）技术是手段而不是目的，应认识到其双刃剑的特点。

6）区域与城市规划是一个动态的过程，同时包含规划的制定与实施。

7）建筑设计的任务是创造连续的生活空间，建筑、城市与园林绿化是不可分割的整体。

此外，《马丘比丘宪章》还针对世界范围内的城市化问题，将非西方文化以及发展中国家所面临的城市规划问题纳入考虑。

4.《佛罗伦萨宪章》

国际古迹遗址理事会与国际历史园林委员会于 1981 年 5 月 21 日在佛罗伦萨召开会议，决定起草一份将以该城市命名的历史园林保护宪章，即《佛罗伦萨宪章》。《佛罗伦萨宪章》由国际古迹遗址理事会于 1982 年 12 月 15 日登记作为涉及有关具体领域的《威尼斯宪章》的附件。

5.《北京宪章》

国际建筑师协会第 20 届世界建筑大师大会在北京召开，大会一致通过了由吴良镛教授起草的《北京宪章》。《北京宪章》总结了百年来建筑发展的历程，并在剖析和整合 20 世纪的历史与现实、理论与实践、成就与问题以及各种新思路和新观点的基础上，展望了 21 世纪建筑学的前进方向。《北京宪章》被公认为指导 21 世纪建筑发展的重要纲领性文献，标志着吴良镛的广义建筑学与人居环境学说已被全球建筑师普遍接受和推崇，从而扭转了长期以来西方建筑理论占主导地位的局面。

与上述其他宪章不同，《北京宪章》并不是专门针对城市及城市规划问题所提出的，而是继承了自道亚迪斯以来有关人居环境科学的成就，站在人居环境创造的高度，倡导建筑、地景、城市三位一体的规划思想。《北京宪章》主张：在新世纪建筑师要重新审视自身的角色，摆脱传统建筑学的禁锢，而走向更加全面的广义建筑学。《北京宪章》概括地回顾了 20世纪的"大发展"和"大破坏"，对新世纪所面临的机遇与挑战给予了客观的估计和中肯的警告。《北京宪章》通篇贯穿着综合辩证的思想，针对变与不变、整体的融合与个体的特色、全球化与地方化等问题做出了独到、精辟的论述，将景象纷呈的客观世界与建筑学的未来归结为富有东方哲学精神的"一致百虑，殊途同归"。

从上述宪章中可以看出："宪章"是对过去一段时期内建筑与城市规划主流思想与理论的总结和对未来的展望，是对社会经济发展中特定问题和一定范围内共同意识的归纳。宪章可以使我们更明确地认识到我们所面临的问题、未来可能的发展方向以及可以采取的措施。

3.3.3　城市公共设施规划的关注点

1. 环境影响分析

公共设施建设投资项目常需在项目规划阶段进行环境影响分析以符合国家环保的法律法规要求，必须考虑项目对周围社区、水体、湿地、生态系统、空气质量、地表及地表下土壤污染、噪声污染和其他社区等的影响，必须考虑以下 4 种主要类型因素来估计各种公共设施开发的影响：

（1）污染因素　污染因素涉及空气质量、水质量、噪声、施工对地表和地表下土壤的污染，以及废水处理、合理的废弃物处置。

（2）生态因素　生态因素涉及湿地、沿海区、野生动植物和水禽、濒危物种、动物和鸟类栖息地、动物和植物区系、景观和排水、生态系统失调。

（3）社会因素　社会因素涉及居所和商务场所的迁移及重新安置、公共用地和娱乐场地、历史及考古现场、文化和宗教地点、自然和风景、土地开发。

（4）工程因素　工程因素涉及雨水排放、洪涝灾害、能源和自然资源的利用、可选方案的成本和效益。

2. 安全分析

在公共设施的规划、设计和运营过程中，安全是需要考虑的重要因素。安全的目的：①防止由偷窃、故意破坏及纵火等引起的损失；②尽可能地使设施占有人和用户出现安全事故的风险降到最低；③采取符合相关法律法规的措施以避免被索赔。在安全及保安方面的规划主要取决于风险评估，如公共设施是低风险设施还是高风险设施。

我国自 2020 年 3 月开始实施《职业健康安全管理体系　要求及使用指南》（GB/T 45001—2020）。该标准指明了职业健康安全（OH&S）管理体系的要求，并给出了其使用指南，以使组织能够通过防止与工作相关的伤害和健康损害以及主动改进其职业健康安全绩效来提供安全和健康的工作场所。

3. 残疾人关怀

《中华人民共和国宪法》第 2 章第 45 条明确规定：国家和社会帮助安排盲、聋、哑和其他有残疾的公民的劳动、生活和教育。《中华人民共和国残疾人保障法》第 21 至第 29 条规定："国家保障残疾人享有平等接受教育的权利……政府有关部门应当组织和扶持盲文、手语的研究和应用，特殊教育教材的编写和出版，特殊教育教学用具及其他辅助用品的研制、生产和供应。"与发达国家残疾人事业发展水平、我国广大残疾人对公共服务的需求以及我国经济社会协调发展的战略目标相比，我国目前的残疾人公共服务水平还有很大提升空间。

4. 需求预测

准确预测某个公共设施的未来需求，对于选择新建或工程活动的理想方案是很关键的。有许多统计和分析工具可用来建立需求预测模型，如相关分析、区域性市场份额法、回归分析、时间序列模型及神经网络法等。

所有这些方法和模型都要有合理的说明性变量和需求（响应）变量的历史数据，如果不能提供历史数据，则必须使用类似场合的位置数据或模拟数据来建立初步的需求预测模型。如果将年数或用途指标作为单一说明性变量（独立变量），则根据历史数据所绘曲线能看出可能的模型样式。

建立需求预测模型一般有 3 个步骤：①基于历史数据的初始模型；②采用其他数据系列进行模型验证；③用不同条件下的交替性数据进行模型标定。

注意某些非线性模型可以通过变量变换线性化，一旦预测方程经过验证和标定，就可通过代入未来某年的已知或估计的独立变量值来预测未来某年的需求。

需求预测也用于环境影响分析，以及开发项目在上述因素和社区关注的有关区域的效果。例如，任何一个机场或一条公路扩建以及安排施工，都需要对噪声污染及其对周围社区的影响进行研究。

5. 需求评估

对公共设施进行有效管理的关键要素就是，建立在某个规则基础上的网络需求评估和适时安排活动。过去，这项工作一直是按照设施及维护工程师的既往经验和判断来实施的。这种局限性方法因公共设施资产的膨胀、系统的需求变化、各级政府用于建设和维护活动的资金日渐短缺而显得效率低下。

《城市资产管理指南》是一部早期的对 40 个地方政府机构的资产进行规划和预算的综合性研究报告。该报告中推荐了 3 种基本策略，可以用来减少资本投资和设施维护方面的问题。

策略 1：较好地辨识资本需求和优先排序，筛选出边际需求从而有效地使用资金。

策略 2：为设施的维护、修理和再投资建立社会支持体系。

策略 3：寻找新的收入来源，或者重组地方收入体系，以便能提供稳定的收入来源，用于维护和更换基本设施。

大部分机构都是在承受着其他重要公共开支压力而预算有限的条件下运行的，因而，需要有一套合理的公共设施需求评估方法，以方便管理并公平地分配有限的资金。需求的建立并限于指明应该考虑什么样的可选方案和哪个方案是最有成本效益的。

3.4　城市公共设施规划调查研究与基础资料收集

3.4.1　城市公共设施规划调查研究

1. 城市公共设施规划调查研究的重要性

城市公共设施规划是对城市未来发展做出预测、决策和引导，所以，在城市公共设施规划工作中对城市现实状况的把握准确与否，决定了城市公共设施规划能否发现现实中的核心问题、提出切合实际的解决办法，从而真正起到指导城市发展与建设的关键作用。因此，城市公共设施规划与调查研究是所有城市公共设施规划工作的基础，其重要性应得到足够的认识。城市公共设施规划调查研究工作如同医生对病人的诊断或对健康者进行体检，只有通过各种现代化的设备和检测手段找到病人的发病原因，或发现看似健康者的身体中潜在的病理医患，才能够做到"对症下药""药到病除"或"预防疾病的发生"。另外，由于城市公共设施规划涉及的领域宽广、内容繁杂，所以城市公共设施规划从对基础资料的收集到方案构思，再到补充调研、方案修改直至最终定案，是一个工作内容复杂、工作周期较长的过程。而这一过程也正是城市公共设施规划工作人员对一个城市从感性认识至理性认识的过程。因此，对城市的认识贯穿于整个城市公共设施规划工作的全过程。这种认识过程除通过规划人员深入现场进行实地踏勘外，更主要的是依赖于对各种包括统计资料在内的基础资料的收集和分析。

2. 城市公共设施规划科学方法论

对城市公共设施规划调查研究重要性的认识是城市公共设施规划科学方法论的重要体现。近现代城市公共设施规划与传统城市公共设施规划（或者更确切地称为城市设计）的最大区别就在于前者从对客观世界的感性认识中解脱出来，从主观上将城市公共设施规划作为一门客观的、理性的科学，而不是主观色彩浓厚的设计。近现代城市公共设施规划广泛地借鉴了其他学科领域中的研究方法。以前所提倡的调查-分析-规划的科学方法，以及第二次世界大战后西方规划界所盛行的理性主义规划（rational planning）思想和方法，无一不体现出城市公共设施规划理性、科学的方面。因为城市公共设施规划所面对的是一个物质与非物质复合而成的客观现实世界，有着其客观的规律和因地、因时而变的特点，所以任何以往的经验和想当然的观念都不足以充分保障对具体城市的认知。从这个意义上来说，城市公共设施规划最能体现"没有调查就没有发言权"这一真理。任何将所谓城市公共设施规划"权威"凌驾于客观事实之上，甚至将其神化的观念或实践都是极其有害的。

此外，城市公共设施规划的综合性质和作为解决社会经济问题技术工具的特征都决定了城市公共设施规划复杂程度已远远超出人类个体依靠感性认识所能把握的程度，必须借助团体的力量、多学科的知识和方法、定性判断与定量分析相结合的手段来综合处理和解决所面临的问题。所有这一切，都需要建立在准确了解、把握客观世界的现实状况的基础之上，而城市公共设施规划调查研究正是达到这一目的的必经途径。

3. 城市公共设施规划调查研究的种类

城市公共设施规划调查研究按照其对象和工作性质可以大致分为三大类。

（1）对物质空间现状的掌握　任何城市建设都落实在具体的空间上。在更多情况下，城市依托已有的建成区发展。因此，城市公共设施规划首先要掌握城市的物质空间现状，如各类建筑物的分布状况、城市道路等基础设施的状况，或者未来城市发展预定地区的现状（如地形、地貌、河流、公路走向等）。通常，这类工作主要依靠通过地形图测量、航空摄影、航天遥感等专业技术预先获取的信息完成。同时，根据规划类型和内容的需要，在上述信息的基础上，采用现场踏勘、观察记录等手段，进一步补充编制规划所需的各类信息。

（2）对各种文字、数据的收集整理　城市公共设施规划可以利用的另一类既有信息就是有关城市各方面情况的文字记载和历年统计资料。例如：有关城市发展历史的情况，可以通过查阅各种地方志史获取；有关城市人口增长、经济及社会发展的情况，则可以通过对城市历年统计资料的分析汇总而得到。

（3）对市民意识的了解和掌握　城市公共设施规划不仅要规划城市的物质空间形态，还要面对城市的使用者——广大市民，掌握其需求、好恶，为其做好服务，因此需要从总体上掌握广大市民的需求和意愿。对此，城市公共设施规划通常借用社会调查的方法，对包括城市管理者在内的全部市民意识进行较为广泛的调查。访谈法、问卷法、观察法等都是常用的调查方法。事实上，通过各种方法获取与城市公共设施规划相关的信息仅仅是城市公共设施规划调查研究工作的第一步，接下来还要利用各种定性、定量分析的方法，对所获得的信息进行整理、汇总、分析，并通过研究得出可以指导城市公共设施规划方案编制的具体结论。

3.4.2　城市公共设施规划基础资料

由于城市公共设施规划涉及城市社会、经济、人口、自然、历史文化等诸多方面，因此，城市公共设施规划基础资料的收集及相应的调查研究工作也同样必须涉及多方面的内容。这些内容概括起来大致可以分成以下 10 个大类。每一类基础资料的内容都直接或间接地成为编制城市公共设施规划时的依据或参考。

1. 城市自然环境与资源

城市自然环境与资源包括影响城市用地选址和建设条件的地质状况、影响城市用地布局和建设标准的气象条件，涉及城市安全、用水及景观的水文条件，作为城市公共设施规划与建设基础条件的地形、地貌特征，以及影响城市产业发展与生活质量的各种自然资源分布及利用价值等。

2. 城市人口

有关城市人口的现状及变迁动态的统计资料是城市公共设施规划中人口规模预测不可缺少的基础资料，它直接影响到对城市未来发展规模的估计。通常城市公共设施规划所需要掌握的人口统计资料包括：现状及历年城镇常住人口，暂住人口及流动人口的数量；影响教育、医疗卫生设施设置的人口年龄构成；依城市性质而不同的劳动力构成、就业状况以及与住宅用地规划相关的家庭人口构成等。在衡量人口增长或减少变化时通常采用人口自然增长（率）和人口机械增长（率）等指标。此外，在旧城改造规划、详细规划等需要对人口空间分布做出较详细安排的规划中，还需要掌握现状人口在空间上的分布以及单位面积中的人口密度等数据。

3. 城市社会经济发展状况

城市社会经济的发展是城市发展的根本动力。因此，对于城市社会经济发展现状以及发展趋势的预测对城市公共设施规划至关重要。通常，城市公共设施规划基础资料所涉及的城市社会经济发展信息有国内生产总值（GDP）、固定资产投资、财政收入、产业发展水平、文化教育科技发展水平、居民生活水平、环境状况等。这些信息一方面可以通过历年的城市统计年鉴获取，另一方面可以依据城市计划部门（通常被称为"发展与改革委员会"）编制的国民经济和社会发展规划及长远展望等获得。

除此之外，与城市土地利用直接相关的各类工矿企事业单位的现状及其发展计划、城市公共设施的现状及其发展规划也是城市公共设施规划基础资料的重要组成部分。

4. 上位规划及相关规划

任何一个城市都不是孤立存在的，它是存在于区域之中的众多聚居点中的一个。因此，对城市的认识还要从更为广泛的区域角度来看待。通常城市公共设施规划将国土规划、区域规划以及城镇体系规划等具有更广泛空间范围的规划作为研究和确定城市性质、规模等要素的依据之一，有意识地按照广域规划和上级规划中对该城市的预测、规划和定位，实现其在城市群中的职能分工。此外，由各级政府土地管理部门编制的土地利用总体规划也直接影响到城市公共设施规划用地的规模和范围。

5. 城市及城市公共设施规划的历史

除少数完全新建的城市外，城市公共设施规划大多是现有城市的延续与发展。了解城市本身的发展过程，掌握其中的规律，一方面可以更好地规划出城市的未来，另一方面还可以将城市发展的历史文脉有意识地延续下来，并发扬光大。另外，通过对城市发展过程中历次城市公共设施规划资料的收集以及与城市现状的对比、分析，也可以在一定程度上判断以往城市公共设施规划对城市发展建设所起到（或没有起到）的作用，并从中获取有用的经验和教训。

6. 城市土地利用与建筑物现状

城市公共设施规划的主要直接对象之一就是城市的土地利用以及相关的建筑物建设状况。因此，对城市土地利用以及建筑物状况的调查与整理在城市公共设施规划调查研究中占有非常重要的地位。实际上，在相关统计工作不够完备的城市中，有关此类资料的调查、收集和整理的工作量，占据了城市公共设施规划调查研究工作量相当大的比重。通常，城市总体规划更多地关注土地利用的状况，更多地收集和整理与土地利用有关的信息；而详细规划除土地利用外还必须掌握规划对象地区中建筑物的属性。

7. 城市交通设施状况

城市交通设施可大致分为道路、广场、停车场等城市交通设施，以及公路、铁路、机场、车站、码头等对外交通设施。掌握各项城市交通设施的现状，并分析发现其中所存在的问题，是在规划中能否形成或完善合理的城市结构、提高城市运转效率的关键。在基础资料的收集过程中，除对现有交通设施的状况进行调查外，通常还会根据需要对城市内部以及城市与外部联系的节点，进行包括人流和物流在内的专项交通流量调查。这些有关城市交通设施和交通流量的调查资料是编制城市道路交通规划及对外交通规划的重要依据。

8. 城市园林绿化及非城市建设用地

城市中的各类公园、绿地、风景区、水面等开敞空间，以及城市外围的大片农林牧业用地和生态保护绿地构成了城市的绿化及开敞空间系统。这一系统是维持城市生态环境的必要组成部分。城市公共设施规划应在掌握现状的基础上，一方面有意识地、系统地保留和利用自然的绿色空间，另一方面在城市中尤其是城市中心地区努力营造由公园、绿地等组成的人工绿化系统，并使二者有机地结合。

9. 城市工程系统（城市基础设施）

城市工程系统，也称城市基础设施，是维持城市正常运转必不可少的支撑系统，通常包括给水排水、电力电信、燃气供热以及环保环卫等方面。由于城市基础设施大多埋设在地下，且分属各个专业部门管理，所以城市公共设施规划应全面掌握其现状情况，并在规划中协调各方面之间的关系，这项工作非常有挑战。

10. 城市环境状况

与城市公共设施规划相关的城市环境资料主要来自于两个方面：一方面是有关城市环境质量的监测数据，包括大气、水质、噪声等方面，主要反映现状中的城市环境质量水平；另一方面是工矿企业等主要污染源的污染物排放监测数据。随着环境问题受重视程度的不断提高，越来越多的城市单独编制了环境保护专项规划，其中涉及城市用地及环境保护设施布局的内容也应作为城市公共设施规划的依据之一。

应该说明的是，由于现实中统计资料和政府各部门掌握资料的限制，以及规划的种类和目的不同，不是所有相关数据都需要获取或可以获取的，只能尽可能地按照理想的状况努力搜寻。有时也可以采用间接的方法进行推导，例如：城市流动人口虽是一个较难掌握的数据，但可以通过对车站、机场、码头等城市对外交通设施流量的统计间接推算。

3.4.3 城市公共设施规划基础资料收集和调查研究方法

在城市公共设施规划实施中经常采用的基础资料收集和调查研究的方法主要有以下几种：

1. 文献、统计资料的收集利用

在城市公共设施规划调查研究中，对各种已有的相关文献、统计资料进行收集、整理和分析，是相对快速、便捷地从整体上了解和掌握一个城市状况的重要方法之一。通常，这些相关文献和统计资料以公开出版的城市统计年鉴、城市年鉴、各类专业年鉴（如公用事业发展年鉴），不同时期的地方志以及城市政府内部文件的形式存在，可以作为公开出版物而直接获取，从当地图书馆、档案馆借阅或通过城市政府相关部门获取。这些文献及统计资料具有信息量大、覆盖范围广、时间跨度大、在一定程度上具有连续性、可推导出发展趋势等特点。在获取相关文献、统计资料后，一般按照一定的分类对其进行挑选、汇总、整理和加工。例如，对于城市人口发展趋势就可以利用历年统计年鉴中的数据，编制人口发展趋势一览表以及相应的发展趋势图，并从中发现某些规律性的趋势。再如，通过对不同时期地方志中有关城市发展位置、规模的描绘（有时伴有插图）可以大致归纳出城市空间发展的过程，并可以此为据绘制出城市发展变迁图等。此外，在一些统计工作水平较为发达的国家和地区，计算机技术尤其是 GIS 技术的广泛应用，使得统计资料的收集汇总已不仅限于数值，而走向数值、属性、图形相结合，如对城市土地利用状况、建筑物状况的统计。这些统计成果特别适用于城市公共设施规划工作。

2. 各种相关发展计划、规划资料的收集利用

如果说各类文献和统计资料是对城市现状及历史所做出的客观记录，那么由城市政府主导编制的各类发展计划和部门规划则是对城市未来发展状况所做出的预测。这类计划或规划主要有政府发展与改革部门编制的国民经济与社会发展五年规划及其中长期展望、城市发展战略（研究）等。此外，城市政府中的各个职能部门均存在指导本部门发展的各类计划或规划。例如，交通管理、园林绿化、电力、通信、供水、燃气、铁路、公路交通、河流流域防洪与开发利用等专业规划，有关工商业发展的经济类发展计划，有关学校、医院、体育、文化设施等文教卫生体育类的发展计划，以及土地管理部门编制的土地利用总体规划等。通常，这一类计划或规划可以从城市政府及其职能部门中获取。由城市上级政府主导编制的国土规划、区域规划、区域发展战略以及城镇体系规划等也是影响城市公共设施规划的因素之一，在城市公共设施规划调查研究阶段应设法收集。

由于上述各类计划、规划是由政府中的不同职能部门甚至不同级别的政府主导编撰的，因此，各类计划、规划的目标年限通常存在着较大差异，也很难与城市公共设施规划的目标年限相吻合，所以，对各类计划和规划中的目标、数据有时不能直接采用，而必须经过一定的加工和推导。

3. 各类地形图、影像图的收集利用

城市公共设施规划的特点之一就是通过图形手段形象地描绘城市未来的社会经济发展状况。可以说，城市公共设施规划是通过将现实中的三维空间按照一定的比例和规则转化成二维的平面图形的一种表达形式。因此，地形图、影像图等反映现实城市空间状况的图形、图像就成了城市公共设施规划图形必不可少的基础资料。同时，确定后的城市公共设施规划内容也是通过相同的坐标体系返回到现实城市空间中去的。在城市公共设施规划中，根据不同类型和目的，选用不同比例尺的地形图作为基础图形。通常采用以下比例尺：

1）市（县）域城镇体系规划：1：20000～1：10000。

2）城市总体规划：1：25000～1：5000。

3）详细规划：1：2500～1：500。

通常，各类比例尺的地形图可以在测绘部门有偿获取，对于1：50000以下的小比例尺地图，在不违反保密要求的前提下也可以借用军用地图。近年来，随着个人计算机技术突飞猛进的发展，城市公共设施规划图形的制作已进入信息时代。新近完成测量的地形图也相应地步入了电子化时代，大大缩短了基础地形数据的处理时间，而且一部分带有高程数据的地形图可以直接用来生成三维地形模型。但对于一部分尚未电子化绘制于纸、薄膜等介质上的地形图只能采用扫描、矫正乃至矢量化的手段进行预处理。此外，各种利用直接成像技术获得的影像图，如航空照片、卫星遥感影像图等也得到越来越广泛的应用，尤其是近几年卫星遥感技术的进步和向民用领域的开放，使得卫星遥感影像图成为低成本、短周期、大面积获取城市空间信息的重要手段。

4. 踏勘与观测

在城市公共设施规划调查研究工作中，除了尽可能地搜集利用已有的文献、统计资料外，规划人员直接进入现场进行踏勘和观测，也是一种重要的方法。规划人员通过直接的踏勘和观测工作：一方面可以获取有关现状情况，尤其是物质空间方面的第一手资料，弥补文献、统计资料乃至各种图形资料的不足；另一方面，可以在建立起有关城市感性认识的同时，发现现状的特点和其中所存在的问题。具体的踏勘和观测方法可分为以下几种：

1）以全面了解掌握城市现状为目的，对城市公共设施规划范围的全面踏勘。利用已获取的地图、影像资料等，对照实际状况，采用拍摄照片、录像、在地形图上做标注等方法记录踏勘和观测的过程与成果。

2）以特定目的为主的观测记录。例如，在现有图形资料不甚完善的情况下，对特定地区中的土地利用、建筑物、城市设施现状等通过实地观测、访问的方法，进行记录，并事后整理成可利用的城市公共设施规划基础资料。

3）典型地区调查。通常是为掌握整个城市的情况而采取的对城市中具有典型意义的局部地区所进行的调查工作，如对某一城市居住水平及环境状况的调查，类似于社会调查中的抽样调查。调查中一般利用地形图、相关设计图等，采用现场记录、拍照、访问等方法进行调查。与抽样调查相同，典型地区的选择是影响调查结果准确性的关键。

5. 访谈调查

通过文献、统计资料、图形资料的收集、实地踏勘等进行的调查工作主要目的是获取城市的客观状况。而对于城市相关人员的主观意识和愿望，相关人员包括城市公共设施规划的执行者、城市各级行政领导、广大市民，则主要依靠各种形式的社会调查（市民意识调查）

获取。其中，与被调查对象面对面的访谈是最直接的形式。访谈的形式和对象：可以是针对特定人员的专门访谈，如对城市行政领导、城市公共设施规划管理人员、长期在当地从事城市公共设施规划工作的技术人员等的访谈；也可以是针对一定范围人群的座谈会，如政府各行政职能部门的负责人、市民代表等召开的座谈会。访谈调查具有互动性强、可快速了解整体情况、相对省时和省力等优点，但很难将访谈所得到的结果直接作为市民意识和大众意愿的代表，因此在访谈中一定要注意提取针对同一个问题的来自不同人群的观点和意见。

6. 问卷调查

问卷调查是要掌握一定范围内大众意识时最常见的调查形式之一。通过问卷调查可以大致掌握被调查群体的意愿、观点、喜好等，因此该方法被广泛应用于包括城市公共设施规划在内的许多社会相关领域中。问卷调查的具体形式多种多样，如可以向调查对象发放问卷，事后通过邮寄、定点投放、委托居民组织等形式回收，或者通过调查员实时询问、填写、回收（街头、办公室访问等），甚至可以通过电话、电子邮件等形式进行调查。调查对象可以是某个范围内的全体人员，如旧城改造地区中的全体居民（称为全员调查），也可以是部分人员，如城市总人口的 1%（称为抽样调查）。问卷调查的最大优点是能够较为全面、客观、准确地反映群体的观点、意愿、意见等。但随之而来的问题是问卷发放及回收过程需要较多人力和资金的投入。此外，问卷调查中的问卷设计、样本数量确定、抽样方法选择等也需要一定的专业知识和技巧。

在城市公共设施规划工作中，由于时间、人力和物力的限制，通常更多地采用抽样调查而不是全员调查的形式。按照统计学的概念，抽样调查按照随机原则在一定范围内按一定比例选取调查对象（样本），通过汇总调查样本的意识倾向，来推断一定范围内全体人员的意识倾向，即通过对样本状况的统计反映总体的状况。例如：如果希望了解某个城市居民对住房面积的要求，并不需要询问该城市中的每一个家庭，而只需要通过对该城市 1%，甚至更少的家庭进行调查即可。抽样调查能否准确反映整体状况，要注意样本的选取必须是随机的，而且样本的数量要达到一定的要求。

此外，与城市公共设施规划相关的调查还有环境认知调查、环境行为调查等。前者如凯文·林奇所创造的城市环境认知理论与相关调查方法；后者如西方国家所普遍采用的环境行为调查方法，尤其是通过观察、记录来了解调查对象行为规律的方法等。近年来随着互联网普及程度的提高，互联网平台也被广泛应用于与城市公共设施规划相关的市民意愿调查。利用互联网平台进行调查的优点是成本相对低廉，结果统计快捷，但同时在一定程度上受互联网用户的年龄、群体的限制。最后还需要说明的是，城市公共设施规划调查研究工作始终贯穿于规划编制工作的全过程。调查研究工作除集中在城市公共设施规划工作的前期阶段进行外，在规划方案的编制、修改过程中还会根据实际需要反复进行相关的补充调研活动。

3.5 城市公共设施规划的基本内容

3.5.1 社会经济发展目标与城市公共设施规划

1. 物质空间与非物质空间规划

城市公共设施规划是实现社会经济发展目标的技术手段与保障。因此，城市公共设施规划并不是孤立存在的，它与城市社会、经济发展计划等密切相关，共同组成实现社会经济发展目标的体系。事实上，盖迪斯关于城市社会复杂性与活动相互关联性的思想以及对综合规划的倡导，影响到第二次世界大战后西方工业化国家城市公共设施规划的发展趋势。当今的城市公共设施规划，已完成了从注重城市物质空间的规划（physical planning）转向对物质空间规划与非物质空间规划（non-physical planning）并重的过程。具体而言，非物质空间规划是关于各种城市活动（activity）的计划，主要包含城市经济发展计划（如产业发展、劳动力与雇用、收入、金融等方面的内容）和城市社会发展计划（如人口、教育、公共卫生、福利、文化等方面的内容）。物质空间规划则是为这些活动提供场所和所需设施以及保护生态环境和自然资源的规划。而政府按照通过税收等手段所获得的城市运营资金来源和必要开支所编制的财政计划，则是保障物质空间规划得到实施的必要条件。因此，现实的城市运营与发展就是按照非物质空间规划、物质空间规划以及财政计划而展开的。

2. 城市综合规划

如上所述，以城市物质空间为主要对象的城市公共设施规划仅仅是整个城市社会经济发展规划中的一个主要组成部分，而包含物质空间规划与非物质空间规划以及财政计划的城市综合规划才是城市发展的纲领性文件。通常，城市综合规划对城市社会经济的发展目标、内容、实施措施与步骤做出安排，并对相关城市物质空间的未来状况做出相应描述，是有关城市发展的战略性规划。2004年之前的英国的开发规划（development plan）体系中的结构规划（structure plan）、日本的城市综合规划，都可以看作是这一类型的规划。在我国现行的各类规划与计划中还没有这种类型的规划，城市综合规划所应反映的内容分散在不同的规划与计划之中。近年，我国各地政府开始尝试编制独立于现行城市公共设施规划体系之外的"战略规划"，以寻求城市长远发展的途径，但在内容上仍侧重对物质空间形态的关注，致力于回答以往城市公共设施规划中有关"城市性质、规模与空间发展方向"方面的问题。事实上，城市公共设施规划中对"城市性质、规模与空间发展方向"的讨论，是对城市公共设施规划前提的设定与反馈，容易导致物质空间规划"万能论"与"决定论"的倾向。而城市综合规划则打破传统城市公共设施规划的领域限定，从更为广泛的范围和更为科学合理的角度，为城市公共设施规划提供前提和依据。城市综合规划明确体现了包括城市公共设施规划在内的各类规划与计划的不同分工，在分析、确定城市社会经济发展目标（如经济发展规模、速度，产业结构，社会发展水平，生活环境质量等）的基础上，描绘上述目标在空间上的落实情况。在这里，我们可以把城市公共设施规划近似地看成是社会经济发展指标在空间上的分布，认识到城市公共设施规划的这种承上启下的作用。

3. 我国现行规划体系中的两个方面

城市规划内容本身侧重于城市物质空间规划，但在不同的国家与地区以及不同的历史时期，其侧重程度有所不同。城市规划与非物质空间规划内容的关系大致有两种情况。一种是城市规划内包含非物质空间规划的内容，如英国的开发规划；另一种是存在包含非物质空间规划内容的其他规划，并作为城市规划的前提和反馈对象，如日本的综合规划。在我国现行的规划体系中，各级政府编制的"国民经济和社会发展第×个五年规划"以及"××××年国民经济和社会发展远景目标纲要"几乎是唯一专门表述非物质形态规划内容的文件。国民经济和社会发展五年规划除论述城市发展战略目标、重大方针政策外，通常会提出一些城市经济发展重要指标，如人均国内生产总值（GDP）、国民收入工农业总产值、财政收入、社会商品零售额、三种产业比例等，以及城市社会发展重要指标，如平均寿命，义务教育普及率，市民每万人医生数、病床数，科研经费占 GDP 比例等。必须指出的是：在实践中，由于城市总体规划的目标年限（通常为 20 年）远远超过国民经济和社会发展五年规划的目标年限，甚至相关的中长期展望的年限也无法完全覆盖城市总体规划的目标期限，因此城市规划的依据相对不足。此外，随着城市规划中城乡统筹思想的贯彻执行以及国民经济和社会发展规划对空间要素的关注，针对由不同行政部门所主导的城市规划、国民经济和社会发展规划以及土地利用总体规划分头编制并执行的现实状况，"三规合一"开始作为一种规划整合方向被提出。"三规合一"后的新型综合性规划或许可以发展成为城市综合规划。

3.5.2 城市公共设施规划的空间层次

城市规划在内容上侧重物质空间规划并涉及非物质空间规划，在空间上涵盖城市，城市中的地区、街区、地块等不同的空间范围，并涉及国土规划、区域规划以及城市群的规划。

1. 国土及区域规划

国土规划的概念特指在国土范围内对机动车专用道路、住宅等开发建设活动的统一计划。现代的国土规划被定义为"在国土范围内，为改善土地利用状况、决定产业布局、有计划地安置人口而进行的长期的综合性社会基础设施建设规划"，或者被更为明了地表达为"国土规划是对国土资源的开发、利用、治理和保护进行全面规划"。由此可以看出，国土规划一方面对国土范围的资源，包括土地资源、矿产资源、水力资源等的保护、开发与利用进行统筹安排；另一方面则对国土范围内的生产力布局、人口布局等，通过大型区域性基础设施的建设等进行引导。

不同国家的国土规划的内容与形式也存在着较大的差别。例如：美国田纳西河流域管理局所做的流域开发规划常被引为国土规划的经典案例，但事实上美国从来就不存在全国性的规划，甚至在 1943 年国土资源规划委员会（NRPB）被撤销之后，就没有一个负责国土规划的机构，但这并不影响联邦政府通过各种政策与计划影响定居与产业分布的模式。早在 1950 年日本就制定了《国土综合开发法》，并据此 5 次编制了"全国综合开发规划"。该规划主要侧重国土范围内区域性基础设施的建设和重点地区的建设。1974 年日本又制定了《国土利用规划法》，将对国土利用状况的关注以及对包括城市规划在内的相关规划内容的协调，列入国土规划的内容。此外，荷兰也是一个重视国土规划，并较早开展该项工作的国家。

我国自 20 世纪 80 年代起，尝试开展国土规划方面的工作，但至今尚未有正式公布的国土规划，全国城镇体系规划、全国土地利用总体规划纲要以及全国主体功能区分可以看作是国土规划的一种类型。如果说国土规划专指范围覆盖整个国土空间的规划，那么对其中的特定部分所进行的规划则被称为区域规划。

与国土规划相同，我国目前尚缺少严格意义上的综合性区域规划。国民经济和社会发展计划，省域主体功能区规划，对应省、市、县等行政管辖范围的土地利用总体规划以及各种行政范围内的城镇体系规划，如省域城镇体系规划，市域、县域城镇体系规划，跨行政区域的区域规划研究，京津冀地区空间发展战略规划、珠江三角洲经济区城市群规划等都可以看作侧重于区域发展及空间布局研究的区域性规划。

应该指出的是，国土规划以及区域规划本身并不属于城市规划的范畴，但通常作为城市公共设施规划的上级规划存在。在自上而下的规划体系中，城市公共设施规划以这些上级规划为依据，在其框架下细化与落实相关目标。

2. 城市总体规划

城市总体规划是以单独的城市整体为对象，按照未来一定时期内城市活动的要求，对各类城市用地、各项城市设施等所进行的综合布局安排，是城市规划的重要组成部分。按照 GB/T 50280—1998《城市规划基本术语标准》的定义，城市总体规划是：对一定时期内城市性质发展目标、发展规模、土地利用、空间布局以及各项建设的综合部署和实施措施。城市总体规划在不同国家与地区被冠以不同的名称：美国将城市总体规划称为 master plan、comprehensive plan，或者是 general plan（后两者有综合规划的含义）；日本则把城市总体规划称为"城市基本规划"，或者直接借用 master plan 的称谓；而德国则把相当于城市总体规划内容的规划称为"土地利用规划"。但无论称谓如何，城市总体规划所起到的作用是类似的，均是对城市未来的长期发展做出的战略性部署。

在近现代城市规划二元结构中，城市总体规划属于宏观层面的规划，通常只从方针政策、空间布局结构、重要基础设施及重点开发项目等方面对城市发展做出指导性安排，不涉及具体工程技术方面的内容，也不作为判断具体开发建设活动合法性的依据。由于城市总体规划涉及城市发展的战略和基本空间布局框架，因此要求有较长的规划目标期限和较好的稳定性，通常城市总体规划的规划期在 20 年左右。

我国现行的城市总体规划脱胎于计划经济时代，依照"城市规划是国民经济计划工作的继续和具体化"的思路，主要侧重于对城市功能的主观布局以及城市建设工程技术，并将其任务确定为：综合研究和确定城市性质、规模和空间发展形态，统筹安排城市各项建设用地，合理配置城市各项基础设施，处理好远期发展与近期建设的关系。虽然近年来各地政府以及规划院等单位试图改革城市总体规划的编制方法与内容，以适应市场经济下城市建设的需要，但仍在摸索过程中。2000 年，广州市政府率先在国内开展了"城市总体发展概念规划"咨询活动，随之带来了各地政府编制"城市发展概念性规划""城市空间发展战略规划"等宏观战略性规划的热潮。这种"概念性规划"或"战略规划"，对城市发展过程中所遇到的问题以及未来必须突破的发展"瓶颈"进行综合分析，侧重对城市空间发展结构的描述，应属于宏观层次的城市规划，甚至可以归到城市总体规划的类型之中。但目前这类规划尚未纳入我国现行的城市规划体系，属于地方政府编制的意向规划，缺少明确的法律依据。从这种状况也可以看出，我国现行城市总体规划的编制指导思想、方法及内容需要及时做出调整，以适应市场经济环境。此外，2007 年颁布的《中华人民共和国城乡规划法》未将"分区规划"列入法定规划体系，但规划实践中对此有不同的意见和争议。

3. 详细规划

与城市总体规划作为宏观层次的规划相对应，详细规划属于城市微观层次上的规划，主要针对城市中某一地区、街区等局部范围中的未来发展建设，从土地利用、房屋建筑、道路交通、绿化与开敞空间以及基础设施等方面做出统一的安排，并常常伴有保障其实施的措施。由于详细规划着眼于城市局部地区，在空间范围上介于整个城市与单个地块和单体建筑物之间，因此其规划内容通常接受并按照城市总体规划等上一层次规划的要求，对规划范围中的各个地块以及单体建筑物做出具体的规划设计或提出规划上的要求。相对于城市总体规划，详细规划的规划期限一般较短或不设定明确的目标年限，而以该地区的最终建设完成为目标。详细规划从其职能和内容表达形式上可以大致分成两类。一类是以实现规划范围内具体的预定开发建设项目为目标，将各个建筑物的具体用途、体型、外观以及各项城市设计的具体设计作为规划内容，属于详发建设蓝图性的详细规划。该类详细规划多以具体的开发建设项目为导向。我国的修建性详细规划即属于此类性的规划。另一类详细规划并不对规划范围内的任何建筑物做出具体设计，而是对规划范围的土地利用设定较为详细的用途和容量控制，作为该地区建设管理的主要依据，属于开发建设控制性的详细规划。该类详细规划多存在于市场经济环境下的法治社会中，成为协调城市开发建设相关利益矛盾的有力工具，通常被赋予较强的法律地位。德国的建设规划与日本的地区规划可以看作该类规划的典型。

在我国的城市规划体系中，20世纪90年代之前的详细规划属于建设蓝图性规划。在此之后，为适应市场经济的要求，2005年建设部颁布的《城市规划编制办法》首次将详细规划划分为"修建性详细规划"与"控制性详细规划"。后者借鉴了美国等西方国家应用的"区划"的思路，属于开发建设控制性规划。至此，详细规划的两大类型均存在于我国现行城市规划体系中。

4. 场地规划

在北美地区，在相当于详细规划的空间层次上还有一种被称为"场地规划"的规划类型，凯文·林奇将场地规划描述为："在基地上安排建筑、塑造建筑之间空间的艺术，是一门联系着建筑、景园建筑和城市规划的艺术。"虽然场地规划与建设蓝图性的详细规划相似，都着重于对微观空间的规划与设计，但与详细规划又有所不同。首先场地规划通常以单一的土地所有地块为规划对象范围，开发建设主体单一，设计目的明确，建设前景明朗，因此场地规划更像是建筑设计中的总平面设计。其次，场地规划主要关注空间美学、绿化环境、工程技术和设计意图的落实等，不涉及多元化开发建设主体之间的协调，因此场地规划可以看成是开发建设蓝图性详细规划的一种特殊情况——单一业主在其拥有的用地范围内所进行的详细规划。工厂厂区内的规划、商品住宅社区的规划等均属于此类型的规划。在这一点上，场地规划又与开发建设蓝图性详细规划类似。

5. 各个规划层次之间的关系与反馈

虽然各个规划层次之间处于一种相对独立、自成体系的状态，但无论在"自上而下"的规划体系中，还是在"自下而上"的规划体系中，各个层次的规划都存在着以另一层次规划为前提或向另一规划层次反馈的关系。尤其是在"自上而下"的规划体系中，具有更大规划空间范围的上级规划往往作为所覆盖空间范围内下级规划的依据。例如，详细规划为城市总体规划提供依据，而城市总体规划又进一步为详细规划提供依据；反之，详细规划在编制过程中所发现的城市总体规划中所存在的、仅通过详细规划无法解决的问题，又为下一轮城市总体规划的修订提供反馈信息，即下级规划的编制与执行过程中所暴露出的属于上级规划范围的问题，可以为上级规划的新一轮修订提供必要的反馈信息。同样，城市公共设施规划的编制与实施也存在着这样的互动关系。

3.5.3　城市公共设施规划的主要组成部分

以上我们分析了城市规划所涉及的学科领域和空间层次，那么城市规划在落实到物质空间规划时究竟涉及哪些方面和具体内容呢？虽然不同国家和地区中城市规划对规划内容划分的方式、称谓各不相同，但仍可以归纳为土地利用、道路交通、公园绿地及开放空间、城市基础设施 4 个方面。此外，还有一些从其他角度着手所开展的规划，如城市环境规划、城市减灾规划、历史文化名城或街区保护规划、城市景观风貌规划、城市设计等，但这些规划的内容在落实到物质空间方面时，仍与以上 4 个方面发生密切的联系，甚至与此重叠，仅仅是出发点不同而已。例如：城市减灾规划中的避难场所，多利用公园绿地等开放空间；紧急避难与救援通道的规划与道路规划密切相关等。

1. 土地利用规划

可以说，所有的城市活动最终落实到城市空间上的时候，都体现为某种形式的土地利用。居住、生产、游憩等城市功能相应地体现为居住用地，工业用地，商务、商业用地，公园绿地等。而为满足上述功能而必备的各种城市公共设施，如道路、广场、水厂、污水处理厂、高压输电设施、变电站等同样也要占用土地，从而表现为某种形式的土地利用。

因此，土地利用规划是城市规划中最为基本、最为重要的内容，土地利用规划从各种城市功能之间关系的合理性入手，对不同种类的土地在城市中的比例、布局、相互关系做出综合的安排。事实上，根据城市功能各自的特点而划分为不同种类的用地，并依据它们之间的亲和与排斥关系进行分门别类的布局安排是近现代城市规划中"功能分区"理论的基础，《雅典宪章》对此做出了精辟的概括。虽然后来的"功能分区"理论中机械、死板与教条主义的侧面逐渐暴露出来，并出现强调城市功能适度混合的观点，但是"功能分区"依然是现代城市规划的基本原则之一。在组成城市规划的这 4 个基本方面中，土地利用规划与所在国家和地区的政治制度与经济体制关系最为密切，其中不但包含规划技术上的规律，而且还随土地所有制、行政管理形式的不同，表现为不同的形式与内容，因此也最具变化和复杂性。此外，土地利用规划中不仅包含土地利用的目标，还常常包含实现这些目标的手段。在讨论某个国家或地区的城市规划时，甚至可以将土地利用规划作为城市规划的代名词。

2. 道路交通规划

城市内各种城市活动的开展伴随着人员、物品从一个地点向另一个地点的移动；一个城市为了维持正常的运转，同样必须保持人员和物品与外部的交流。这些人员和物品的移动就构成了城市交通与城市对外交通。虽然在现代社会中，相当一部分的信息移动已由电子通信技术完成，不再伴随物质的移动，但人员的面对面交往与物品的交换仍是维持社会运转的必要条件。因此，按照城市中或城市与外部人员和物品移动的需求，对包括道路在内的各项交通设施做出顶先的安排，使城市社会更加便捷、高效地运转，就是道路交通规划所要达到的目的，也是城市规划的重要内容之一。实际上，这里所说的道路交通规划包含两部分的主要内容，即交通规划与道路规划设计。前者侧重对人员、物品移动规律的观测、分析、预测和计划，通常作为交通工程规划，具有相对的独立性；后者则是按照前者的分析、预测及计划的结果，为满足人员与物品的移动需求而在城市空间上所做出的统一安排，是城市规划关注的重点。此外，城市道路系统除满足城市交通的需求外，还为城市基础设施建设提供地下、地上的空间。

3. 公园绿地及开放空间规划

城市是一个人工营造的依赖人工技术存在的人类聚居地区，城市的建设伴随着人类对自然原始生态系统的改造。一方面，人类改造自然能力的不断增强，也就意味着对自然生态破坏程度的加深。另一方面，处于自身所创造的钢筋混凝土、钢铁与玻璃的人工环境中的人类，无论在心理上还是在生理上都比以往更加热爱和向往自然的环境。因此，城市规划就担负起双重的任务，即：一方面尽可能地减少城市这种人工环境的建设对原有生态系统平衡的破坏，尤其是避开一些难以复原或敏感的地区；另一方面将自然的因素有意识地保留或引入城市的人工环境中，或者用人工的方法营造绿色环境，作为对丧失自然环境的一种弥补。在讨论城市绿色空间时，人们往往将关注点集中在大型城市公园、绿地等公共绿地上，但城市的绿色空间是一个完整的体系，各种类型的绿色空间，无论它是否向公众开放、是否为多数人所利用，均是这个系统的有机组成部分，在构成绿色空间体系上均起着重要的作用。各种专属使用的绿色空间，如居住区中的集中绿地、校园中的绿地等就是具有代表性的实例。同时，相对于传统的"园林绿化"的概念，开放空间（open space）是一个更能体现城市中建设与非建设状况的概念。按照这一概念，城市中除道路等交通专属空间外，非建设空间（注意，不是未建设的空间）均可看作开放空间的组成部分。如果说城市建筑构成了城市空间中作为"图"的实体部分，那么由绿色空间为主体所形成的城市开放空间就是城市空间中的"底"。当我们将城市开放空间作为关注对象时，这种"图""底"关系发生逆转。城市开放空间系统是城市规划所关注的重要内容之一。

4. 城市基础设施规划

现代城市是一个高度人工化的环境，这个环境必须依靠人工的手段才能维持正常运转。很难设想，现代城市离开电力供应和污水排放会是一个什么样的状况。电力、电信、给水、排水、燃气、供热等城市基础设施是一个维持现代城市正常运转的支撑系统。由于城市基础设施大多埋设在地面以下，很少给人以视觉印象，甚至有时会被忽略，但它们每时每刻都在影响着千千万万的市民生活和城市活动的开展。因此，可以说城市基础设施是城市中的幕后英雄。相对于城市规划中的其他要素而言，城市基础设施规划（又称城市工程规划）中，属于纯工程技术的内容较多，与其他工程技术相同，在不同国家或地区之间相对容易借鉴。但城市基础设施的规划与建设涉及城市经济发展水平与财政能力，同时规划中设施类型的选择与建设顺序的确定与社会价值判断相关。在城市规划中，城市基础设施的规划通常会受到其他规划要素（如土地利用规划、道路交通规划）的影响和左右，具有相对被动的特点。

3.6 城市公共设施规划的编制与实施

3.6.1 城市规划的编制程序

城市规划从收集编制所需要的相关基础资料，编制、确定具体的规划方案，到规划的实施以及实施过程中对规划内容的反馈，是一个完整的过程。从广义上来说，这是一个不间断的循环往复的过程。但从城市规划所体现的具体内容和形式来看，城市规划工作又相对集中在规划方案的编制与确定阶段，呈现出较明显的阶段性特征。

虽然不同国家与地区的城市规划，以及不同类型的城市规划，其编制与实施程序均存在着较大的差异，但仍可以发现其中的某些规律。例如：利维将美国总体规划的编制过程归纳为5个阶段，即研究阶段、社区目标和目的阐述阶段、规划编制阶段、规划实施阶段、规划评价与修订阶段；日本的宏观层次的城市规划编制也依次分为区域划定、目标设定、调查分析、规划立案、实施进度计划和城市规划法规化等阶段；我国的城市规划编制工作可以大致分为基础资料收集与分析、规划方案编制、规划方案审批等阶段。以宏观层次的城市总体规划工作为例，规划的编制与实施大致可以分为以下 5 个阶段，其中 1～3 阶段属于城市规划编制所遵循的程序。微观层次的详细规划也基本上遵循相应步骤，但所涉及的方面及空间领域相对较小。

（1）城市规划调查及基础资料收集　城市规划必须从对一个城市社会、经济、空间状况的了解和把握入手，了解与把握程度直接影响到城市规划方案的质量。因此，城市规划相关基础资料的收集以及对城市状况的直观感受，是开展城市规划时首先需要进行的工作。有关具体的资料收集与调查方法将在第 5 章中详细论述。

（2）城市发展目标的确立　在获得相应的基础资料后，所要进行的就是对城市目前状况的客观分析，并在分析的基础上对城市在未来一段时期内（通常为 20 年）的性质、人口规模、城市空间发展战略等做出切合实际的合理决策，作为城市发展的目标，为下一步将城市功能具体落实到空间中提供依据。

（3）城市规划方案的编制与确定　在城市发展目标大致确定后，城市规划的编制人员需要结合城市现状将城市发展所必需的各项功能和设施落实到具体的城市空间中去，并以此描绘未来城市的状况。这个过程通常是城市规划工作的核心，是城市规划目标从具体的规划内容、抽象的指标向有形的空间转换的过程。城市规划的相关理论，以及土地利用、道路交通、绿化系统和基础设施等诸方面的规划理论与方法，都将较为集中地得到运用。由于城市规划在空间布局方面的多解的特点，从不同角度出发或者侧重不同方面的规划方案的可能大量存在，最终需要通过选优和妥协的途径收敛为单一的选择。在编制、比较，尤其是选择规划方案的过程中，不可避免地在不同程度上涉及社会价值判断，因此城市规划的编制与确定在程序上的公平、公正和市民阶层的广泛参与。

（4）城市规划方案的实施　城市规划一经确定就成为现代社会的行为准则和政府依法行政的依据之一，具有较强的权威性和严肃性。

（5）城市规划方案的评估与反馈　对城市规划方案实施效果的评估实际上是一项非常困难的工作，其难度甚至超出当初该规划的编制工作，况且规划在实施过程中会受大量的非规划因素影响，甚至有些非规划因素左右着规划实施的结果。不过无论如何，抛开对规划本身的评价不谈，规划是否被执行、在什么程度上被执行还是可以大致判断的。一次规划编制工作的完成实际上就是下次规划编制工作的开始，每次规划编制工作都是对现行规划内容的继承和修订。对城市规划方案在实践中效果的评估与反馈正是这种永无终止的规划过程的一个重要环节。

3.6.2　城市公共设施规划的编制与确定

与城市规划一样，在整个城市公共设施规划编制与实施的过程中，城市公共设施规划的方针、政策以及具体的内容都在城市公共设施规划方案的编制过程中成形，并通过一定的程序确立为社会行为的准则。因此，城市公共设施规划编制与确定的主体（或称主导者）以及参与其中的团体或个人至关重要。社会试图为各阶层的意愿表达提供合适的途径和手段，因此，城市公共设施规划的编制与确定过程就是社会各阶层不同观点、利益相互制约和相互妥协的过程。

1. 城市公共设施规划编制的主体

城市公共设施规划应该由谁来编制，或者说谁有资格编制城市公共设施规划，看上去好像是一个不言自明的问题。答案也很简单，就是政府。但是，政府（或者广义解释为城市的统治者）是否是城市公共设施规划的天然主导者？我们知道许多城市公共设施规划的思想、设想甚至是具体的规划方案不一定体现了当时政府的意愿。勒·柯布西耶的"明日城市"、霍华德的"田园城市"乃至伯纳姆的"芝加哥规划"就是最好的实例。但是，城市政府作为城市社会的管理者，在按计划实施建设方案这个意义上，作为编制城市公共设施规划的主体具有普遍意义。

事实上，现代社会中的城市公共设施规划作为社会生活行为准则的一部分，其内容只在法律规定的框架与授权范围内起作用，因此城市公共设施规划编制主体的行为也要受到法律的约束。

城市公共设施规划编制工作通常由以下三类人员参与：

（1）政府部门　通常由政府部门提出编制城市公共设施规划的计划、组织技术力量、提供必要经费等，政府部门是规划编制的主体。

（2）市民团体及个人　市民团体及个人代表社会各阶层以及各利益集团的要求，对规划内容实施影响。在公众参与意识发达的社会中，市民团体及个人通常是影响城市公共设施规划内容的重要力量。

（3）城市公共设施规划专业人员　城市公共设施规划专业人员为城市公共设施规划方案的提出与选择提供专业知识、技术咨询的专业人士。

按照现行《中华人民共和国城乡规划法》（以下简称《城乡规划法》），我国的城市公共设施规划由相应城市人民政府负责组织编制，即城市政府是编制城市公共设施规划的法定主体。由城市政府部门组织、城市公共设施规划专业人员具体编制城市公共设施规划方案。

2. 城市公共设施规划确定的主体及方式

最初的城市公共设施规划方案仅仅为相关各方审视、权衡各自的利益提供了一个可视化平台。因此，城市公共设施规划只有通过特定的途径获得相关利益团体的认可之后，才开始具有对社会成员行为的制约力。城市公共设施规划的确定必须按照预先确定的程序（通常是由相关法律所制定的程序）进行，并在这一过程中直接或间接地体现社会各利益团体的意愿。影响城市公共设施规划的决定因素，或者说是确定城市公共设施规划的主体首先是城市中的一般市民或代表特定利益群体的非政府组织。在西方工业化国家中，城市公共设施规划在编制或决定阶段主要通过听证、公示等手段，直接广泛地听取各个利益团体及普通市民对规划方案的意见，同时城市议会对规划方案的审议、通过也可以看作一种间接反映市民意见的方式。例如：德国的建设规划在规划方案编制的早期阶段和议会审查批准后都需要与市民沟通，听取市民的意见，并对是否采纳这些意见做出明确的答复，上级政府的监察部门还会对整个程序的合法性进行检查。我国2007年颁布的《城乡规划法》中，特别设置了大量与公众参与相关的条款，体现出城市公共设施规划立法过程中对这一问题的重视。

决定城市公共设施规划的一个因素就是政府部门的行政审批制度。事实上，对于城市公共设施规划究竟由谁来决定这一问题，不同的国家与地区基于不同的历史、文化和政治背景，以及对城市公共设施规划职能的不同理解，所采取的态度大相径庭。在西方工业化国家，城市公共设施规划通常被视为地方政府的事务，上级政府仅对涉及地方政府之间协调的区域性的问题做出判断。例如：英国的开发规划将城市公共设施规划完全作为地方的自治权利，通过市议会进行城市公共设施规划的实质性立法。按照现行《城乡规划法》，我国实行城市公共设施规划的分级审批制度。

由于各种类型的城市公共设施规划在城市管理中所起到的作用不同，确定其内容所必须通过的程序就有较大的差别，最终所形成的规划文件在管理职能上的地位也就不同。也就是说，城市公共设施规划的不同确定方式，决定了规划本身的地位和控制范围。一般来说，越是经过较复杂的法定程序审议通过，获得社会广泛认知和认可的规划，其强制性功能越强；反之亦然。在西方工业化国家的城市公共设施规划体系中，凡涉及具体开发利益的规划，其决定过程通常相对复杂，而城市的宏观战略性规划等则相对简洁。

3. 城市公共设施规划的公众参与

从理论上说，现代城市是市民的城市，即城市由市民组成，城市的发展计划应按照市民的价值判断，由市民进行，为市民服务。但是由于城市的复杂性以及历史与现实的原因，城市公共设施规划往往与大部分市民保持相当的距离，而由少部分政府官员和专业技术人员操作。第二次世界大战后，西方国家中城市公共设施规划的公众参与成为城市规划领域中备受关注的焦点之一。那么，城市公共设施规划为什么要公众参与呢？主要有以下两个原因：

1）城市是市民的城市。城市的主人理应对其生活载体的未来发展发表意见，进行决策。

2）城市公共设施规划具有强制力。城市公共设施规划是现代城市社会的重要行为准则之一，需要城市社会的组成者自觉遵守或慑于其强制力而遵守。由于城市公共设施规划的内容有可能涉及城市中的每一个市民的切身利益，因此，每一个市民都有权关注其内容并发表自己的意见。

城市公共设施规划实际上还涉及城市公共设施规划合法性与有效性的问题，即如何在保证相对公平和公正的前提下，获得城市社会成员——市民的广泛理解、尊重、支持和遵守。只有为市民提供充分反映意见的渠道，合理地吸收其意见，并反映到规划方案中去，同时遵照法定程序，在协调各方利益之后通过的城市公共设施规划才有可能获得广大市民最大限度地支持和自觉遵守，这样的方案才能得到更好地落实和实施。同样，现代社会对个体而言也是一个权利与义务相对平衡的社会，城市公共设施规划作为现代社会的行为准则之一，其相关者的权利与义务是相对平衡的，即只有广大市民通过公众参与的形式，充分表达反映自己的意见，才能更加自觉地遵守城市公共设施规划，遵守应尽的义务。

在现代社会中，公众参与主要有以下几种方式：

1）通过议会代表、市民代表、专业人员参加的听证活动实现公众参与。主要通过议会反映市民意见。

2）以市民为对象的各种社会舆论调查实现公众参与，如问卷、访谈、意见征集等。

3）在规划编制、审批的不同阶段公示规划方案，以及通过相应的听证会、地区市民说明会、座谈会等实现公众参与。

4）对确定后的城市公共设施规划文件进行公示、宣传等。

4. 规划师的角色

在城市公共设施规划的编制过程中，除作为编制主体的政府行政部门和市民之外，城市公共设施规划师的作用也是举足轻重的。现代城市社会的复杂性，使得城市公共设施规划的编制通常需要有专家的参与。利维在《现代城市公共设施规划》中，将规划师概括为以下几种类型，并指出现实中的某个规划师可能是几种类型的复合。

1）作为中立公仆（neutral public servant）的规划师。

2）作为促成社区共同意识者（builder of community consensus）的规划师。

3）作为企业家（entrepreneur）的规划师。

4）作为代言人（advocate）的规划师。

5）作为激进改革代理人（agent of radical change）的规划师。

在保罗·戴维多夫（Paul Davidoff）于 20 世纪 60 年代提出代言规划之前，西方国家中的规划师通常标榜自己的中立性、非政治性和为公众利益服务的角色，相当于上述"中立公仆"类型。但戴维多夫对此提出了质疑，他认为规划师所代表的不是抽象的一般公众利益，而是具体的某个团体（通常是弱势团体）的利益，因此规划师具有了类似于辩护律师的角色。他同时还倡导规划的多元化，认为可以有从不同角度出发、代表不同观点的规划存在。虽然，戴维多夫的主张在实践中难以操作，甚至还引起了有关规划师道德上的争论，但他所倡导的代言规划和规划中的多元主义，为我们思考规划师的角色留下了深刻的启示。

无论如何，规划师不是一个独立存在的主体，他必须以某种价值观为前提，按照规划任务的要求，在限定的范围内，努力协调（或主张、代言）社会利益中的矛盾，依靠所掌握的专业知识，提出解决问题与矛盾的方案，作为决策依据。

3.6.3　城市公共设施规划与建筑设计

1. 建筑与城市

当一个人访问一座陌生的城市，他对这个城市的印象多来自两方面：一方面来自城市中的建筑形象，另一方面来自道路、绿化等非建筑实体以及与建筑实体所组合形成的空间形象。由于城市建筑构成了城市空间中的实体部分，所以建筑物是构成城市的重要因素之一。众多的建筑单体集合而构成了城市，形成了城市空间和城市形象。相反，城市中的建筑群体，以及道路、绿化等开放空间形成了具体建筑个体的既存环境。通常我们评价一个单体建筑设计得成功与否，很重要的一点就是看其与周围环境的关系处理得是否恰当。因此，建筑与城市之间存在相互影响、相互作用的辩证关系。

虽然试图探讨究竟建筑与城市谁先存在——是建筑影响城市形象，还是城市环境影响建筑设计的命题，看上去有些像鸡与蛋哪个在先的问题，但这也正说明了两者之间的密切关系。建筑师和规划师有必要清楚地认识到这一点，并将这种建筑与城市的辩证思维运用到实际工作中去。

2. 城市公共设施规划与建筑

近代资本主义制度的诞生，使包括土地所有权等在内的私有权利得到了最大限度的保障。土地私有制，即理论上土地所有者可以按照自己的使用要求和审美标准等在自己所拥有的地块上设计、建造建筑物。但这种大量个体的建筑在城市密集环境中的实现，必定会带来生活环境上的诸多问题。而为了解决这些问题，必须对个体的建筑施加一定的限制。这就是近代城市公共设施规划产生的主要背景。这种对建筑的限制，具体就是指依靠城市公共设施规划，通过相关城市、建筑法规，对建筑的用途、形态所提出的要求。吴良镛院士在其《广义建筑学》中将这种情形形象地比喻为"鸟在笼中飞"。但近代城市公共设施规划中所采用的简单划一的标准一方面只能使城市环境维系在一个最低限度的水平，另一方面也在一定程度上妨碍了建筑的个性发挥，为人诟病。事实上，在现代城市社会中，过分张扬的建筑对城市整体景观的破坏，与划一的城市规划指标对建筑创作的制约是一对矛盾。人们试图通过城市设计等手法，去探求城市与建筑的和谐与统一，但在追求个体利润最大化的社会中这又被认为带有过多的理想主义成分。

此外，从建筑设计与城市公共设施规划学科之间的关系来看，虽然建筑设计与城市公共设施规划均涉及物质空间的设计，且两者在近代之前并没有严格的区分，但近代城市公共设施规划并非脱胎于建筑设计。想当然地认为从建筑设计到城市设计再到城市公共设施规划一脉相承的想法，甚至认为城市公共设施规划是放大了的建筑设计的观念与实际并不相符。由于城市是由各个建筑单体所构成的，在城市规划实施的过程中，单体建筑的建设实际上也是实施城市公共设施规划的重要环节，即城市公共设施规划的内容，尤其是依赖市场开发建设的部分必须依靠大量形形色色建筑物的设计与建设得到落实。

3. 基于城市观的创作

如上所述，城市为单体建筑的创作提供了一个既存环境，以及历史、文化与社会的大背景。建筑史上无数的创作实例表明，城市可以为建筑创作提供环境的、空间的和思想的源泉。在一个既有的城市环境中，任何一个单体建筑的兴建必然会涉及与相邻建筑关系的问题。无论是对比还是协调，其特点的体现均有赖于现有城市的状况和特性，有人将这种建筑物之间的关系称为"建筑物之间的对话"。这实际上是建筑物作为物质实体和空间之间的"对话"。城市的历史、文化、社会甚至是某些重大历史事件，都可以成为建筑设计借以表达的对象，丹尼尔·里勃斯金德（Daniel Libskind）设计的柏林犹太人博物馆很好地诠释了这一点。

此外，建筑师也屡屡从物质空间形态方面提出其对城市以及城市公共设施规划的主张。勒·柯布西耶的巴黎中心区改造方案、日本建筑师丹下健三提出的"东京规划1960"以及20世纪90年代后风行美国的"新城市主义"，都是其中的代表。

3.7　城市公共设施规划案例

案例一　波士顿的罗斯·肯尼迪绿道

罗斯·肯尼迪绿道以废弃城市基础设施改造过程中城市历史性保护与更新为启示，它不仅是一个废弃城市基础设施的改造工程，而且是在一个历史性保护基础上的更新项目，对受损的生态系统进行恢复、重建和改进。

罗期·肯尼迪绿道在历史性保护为规划原则的基础上，提取传统文化的"精髓"，如北端公园早期的移民文化、码头区公园的海港文化、中国城公园的中华民族文化等，罗斯·肯尼迪绿道采用有机更新及生态修复的措施改造已有的城市道路，再生为城市绿道，使其发展成一种世界领先的自然保护、文化遗产保护和绿地建设理念。

罗斯·肯尼迪绿道有自己独有的管理机制——罗斯·肯尼迪绿道管理协会（The Rose Fitzgerald Kennedy Greenway Conservancy），旨在指导新兴公园系统，并为捐赠和运营筹集资金。

我们将罗斯·肯尼迪绿道管理维护的成功之处总结为5点：

1）国家层面的立法是绿道发展的基石。从国家立法的高度将绿道开发和管理纳入国家法案中以获得支持和保障。其中联邦政府推动的项目法案包括 GAP 分析项目、美国遗产河流协议、千禧道议案等，这些法案为绿道的建设提供了资金与法律上的支持，有效促进了国家绿道体系的规范化、规模化和快速化发展。

2）科学高效的管理体制是公共产品绿道发展的关键。作为公共产品的绿道，具有技术性强、关联性强、涉及面广的特点。建立综合统一的管理体制，并采取行政、法律和经济等多种手段对绿道建设进行宏观调控和管理，是绿道发展的制度保障。

3）多元化的融资渠道，是国家绿道体系规范、健康和持续发展的重要保障。国家绿道体系建设是一项公共事业。美国的绿道建设资金充足，其中政府稳定而数量可观的财政资助是绿道开发和管理的主要资金来源。绿道建设资金主要来源：一是直接利用政府财政拨款，二是将绿道建设与政府专项基金相结合，三是鼓励社会捐赠资金，四是发行绿道建设债券和福利彩票，五是建立"绿道基金"。

4）技术规范在绿道的发展中起到了很好的引导和规范作用。从国家宏观层面出台技术指南和规范，以规范和引导全国各地的绿道开发和管理是非常重要的。各类技术标准在推动、指导和规范美国绿道开发和管理中发挥着重要的作用。

5）制度化的公众参与机制为绿道开发利用多样化和管理模式多元化提供了可能。美国绿道从一开始就发动、吸引和鼓励社会团体和组织、民众的广泛参与，有的绿道项目甚至是由民众或民间力量发起的。公众参与不仅体现在绿道开发和管理的每个环节，制度化和规范化更是保障其发挥作用的重要前提。

罗斯·肯尼迪绿道是城市更新改造的成功案例。它解决了城市交通拥堵、环境噪声污染严重、高架路割裂城市生活联系等"城市病"，修复了因城市改造而留下的城市疤痕，还通过绿道重新建立城市与海、城市与人的联系，使步行者在高密度发展的城市中重新享受到生态化的居住环境，提高了城市文化气息，促进了商业和旅游业的发展。其独具特色的管理维护机制为我国绿道规划建设工作提供了许多值得借鉴之处。

案例二　德国公共交通

1. 德国公共交通的优点

德国公共交通设备齐全，有维护良好的无障碍设施。公共洗手间、公共交通以及诸如火车站这样的公共场所（见图 3-1），都有极其友好的无障碍设施。

2. 覆盖广泛，乘坐便捷的公共交通

德国和中国不一样，德国少有大城市，但是小城市出奇多，且密度很大。居住在一个城市、工作在另一个城市是稀松平常的事情，所以德铁不仅包括德国的城际线路，也包括城市内通勤的主要方式——公交车、地铁以及轻轨。以鲁尔区来说，它占据了北威州很大的一个部分，从这里去主要大城市都可以使用电子车票。根据路程确定电子车票售价。在北威州的大学生可以用学期票全州通勤，是非常方便的。

图 3-1　火车站

第 4 章

城市公共设施优化

关于公共设施空间布局方面的理论和实证研究，国外学者从 20 世纪 60 年代就开始关注和探讨，其研究内容和方法的发展大致经历了以下四个阶段：

第一阶段（20 世纪 60 年代），西方学者提出了公共设施区位理论，探讨如何在保证效率与公平的基础上优化城市公共设施布局，包括克里斯泰勒的中心地理论、韦伯的工业区位论和杜能的农业区位论等。

第二阶段（20 世纪 70 年代），在计量影响下，公共设施区位研究进入了理论与数量统计相结合的时代，大量运用创新的统计方法和标准化的假设来研究公共产品的分布布局问题。

第三阶段（20 世纪 80 至 20 世纪 90 年代），公共设施布局引入对于供给与需求的关系、设施可达性、布局公平性等的思考，布局理念更加丰富、综合。

第四阶段（20 世纪 90 年代以来），随着信息技术的变革，模型和大数据研究在设施布局中的应用不断拓展并逐步占据主导地位，如通过建立时空可达性模型和行为空间模型对个体日常潜在路径机会区域内的邻近度、利用效率进行测度等。

总体来看，国外研究视角从关注空间区位的选择逐步向空间布局的可达性、公平性及其设施空间布局引发的社会现象发展，研究方法从构建模型发展到与地理信息系统（GIS）结合等多种方法集成。

我国学者从 20 世纪 90 年代末开始系统关注公共设施的配置问题，围绕公共设施的布局选址、配建标准、服务评价等方面进行研究，同时也从城市、乡村等不同层面、不同地域进行实证研究与探讨。在研究方法方面，也有学者开始利用信息技术手段和模型研究方法来支撑公共设施的建设布局、空间可达性、服务设施效率评估等方面的研究。随着信息技术及智慧城市建设的纵深推进，尤其是基于位置的服务（LBS）技术的互联网服务产品的普及应用，为城市公共设施规划建设和效益评估带来新的思维模式和技术手段，有助于改变过往以静态均值作为指标的计算和评价模式，能够及时、直观、动态显现人群对设施实际供应需求的变化，为准确地评估、规划、建设和管理城市公共生活设施系统提供了有力的支撑。

4.1 可持续的城市公共设施优化原则

若要把城市公共设施当作打破城市增长和可持续发展之间负面关系的一种手段，我们需要对城市公共设施的作用有新的认识。可持续的城市公共设施必须在不产生环境损害的前提下来满足它所服务的人的需要。可能的话，它甚至要通过恢复被破坏的自然环境来超越这一目标，实现环境效益。然而，在基本服务有限的城市，无法获得这些服务的人群的需求和声音不容忽视。因此，可持续的城市公共设施应兼顾环境利益与人类利益，特别是弱势群体的利益。这可以用两个核心理念来概括：生态效率和社会包容性。

4.1.1　生态效率

生态效率是指为提供有价格竞争力的产品或服务以满足人类需要并提高生活质量，同时尽可能地减少资源依赖和对环境的负面影响，即以较小的影响，获取更多的价值。它作为商业界的可持续发展解决方案，是在20世纪90年代初由世界可持续发展工商理事会提出的。生态效率着重于判别和把握那些通过减少资源消耗和废物产生（即生态效益），来提升盈利能力（即经济利益）的机会。它鼓励企业去识别能够产生经济效益的环境改善机会，由此促进创新和竞争，并在这个过程中提高环境对消费者的价值。

由于所谓的"反弹效应"，效率的提高可能并不总是会实现资源使用的净减少。这描述了效率提高会鼓励更多消费所节省的资源的倾向，从而抵消了环境效益。反弹效应在需求未被满足的发展中国家中体现得尤其明显。然而，在这种背景之下，资源使用量的整体提高所带来的负面影响，可能会被社会发展以比当前资源消耗更低的方式来促进可持续性的整体提高的正面影响所平衡，如高能效电器所节省的电力可用于晚上学习的加设照明。

将生态效率的原则应用于城市的运作，可以让市民从他们上缴的费用和税收贡献中获得更大的利益，同时减少所需的资源和污染物排放的数量。它使得生活质量、竞争力和环境可持续性同时达到最大化，并且在有限的财政预算下，由于其经济逻辑和吸引私人投资的能力，而对政府的城市公共设施投资决策具有重要的意义。

生态效率包含减少资源消耗，降低对环境的影响，增加服务价值三个目标。

1. 减少资源消耗

这个目标涉及在实现给定的产出量的条件下，减少所需投入量的一系列方法。它的重点是提高资源生产率，即自然资源的单位投入量所获得的有用的产出量。根据考虑问题的范围，这可以从家用电器到城市乃至区域等多个不同层次尺度上实现。由于从投入中获得的更多好处具有其经济利益，提高资源生产率经常被建议为资源可持续利用的"第一步"。就城市公共设施而言，关于这个原则的例子包括：维修泄漏的配水管道，以减少收入损失；将路灯更换为高效节能的LED灯泡，以节省电力；使用高燃油效率的公共汽车，以节省化石燃料。

这一目标也涵盖了资源的回收和再利用，使它们可以作为一种投入重新进入城市系统中，从而减少对新资源的净需求。典型的现代城市的新陈代谢可被描述为"线性"的，因为它从城市之外提取资源，在城市内部利用它们，然后经常将产生的固体废弃物以危险的浓度堆放在外部环境中。通过将废弃物作为投入重新使用或"闭合废物环"，城市能够转向一个更加"循环"的新陈代谢。有可能成为有价值的新资源替代品的废弃物包括：运送到垃圾填埋场的包装和其他材料、人类和动物所产生的固体和液体废物、有机质分解产生的甲烷以及发电和工业生产过程生成的废热。

如果城市要拥有应对气候变化和其他外部冲击的适应力，走向循环代谢是必要的。这是因为把废弃物、污染和资源枯竭看作需要避免的系统效率低下的问题，为了追求"零废"社会，城市可以被重组以有效地利用它们可处置的所有资源（包括那些曾经被视为废弃物的资源）。传统上，城市将向其赖以生存的腹地扩大边界以支持增长，但是当前出现了越来越明显的重新本地化的趋势，一些世界领先的城市开始尝试创建自我支持的循环代谢模式。将废弃物重新纳入经济，而不是将其倾倒在自然生态环境中的努力，使它们能够在城市内流通更长的时间，提供更多的价值，并降低所需资源的总吞吐量。

案例一　南非德班市闭路循环垃圾填埋场

南非德班 (Durban) 市的马力安希尔 (Mariannhill) 垃圾填埋场，是将废物再利用的原则运用于垃圾填埋场以节省资源并将其运营的环境影响降至最低的一个典型例子。液体径流被围合起来并利用天然芦苇丛就地"洁净"，用做灌溉和固尘，从而消除了对新鲜水的需求。废物释放的甲烷气被捕获并作为燃料使用，以产生可再生电力并销售给电网。从填埋场中移出的本地植物被种植在当地的苗圃里，为其他市政工程提供植物，并确保垃圾填埋场关闭后生态系统能够被重新建立起来。

案例二　瑞典林雪平市 100% 以沼气为燃料的公交系统

在 20 世纪 70 年代，瑞典林雪平市受到了以柴油为燃料的公交车排放造成的空气污染。富含甲烷的沼气作为清洁替代燃料，能够降低公交系统对昂贵的进口石油的依赖，从而节省城市资金。城市污水与地方农业活动、肉类加工行业和餐厅的残余物相结合，所产生的甲烷被收集起来并用作公交车的燃料。除了减轻空气污染外，这一过程已经削减了林雪平市每年大约 3400t 本应焚化的废物，而且固体残渣可以重新用作生物肥料，以有用的形式让营养回归土壤中，而不是被埋在垃圾填埋场中。

2. 降低对环境的影响

这是指避免或减少污染以及它们向空气、水和土壤中的排放，同时促进可再生资源持续利用，使资源不会枯竭。这可具体应用到基础设施服务的能量产生方式（使用风力涡轮机代替燃煤发电厂）、城市固体废弃物的管理方法（如废弃物最少化而不是直接焚烧），或者把"绿色基础设施"（如流域、森林和耕地）作为有价值的生态系统服务供应者加以管理的方式，以减轻对人工基础设施网络的压力。

3. 增加服务价值

在某些情况下，使用不同的基础设施实现方法可能比常规方案会向终端用户提供更多的效益。对市民需求进行全面的了解，而不是将基础设施的解决方案限制在几个预定的结果中，可以创造通过单项投资获取多重效益的更多机会。例如：采用天然水渠取代不美观的水泥渠道管理雨水，既可提供优美的休闲空间，又可免费净化水源。再如：通过提供公共交通缓解交通压力、加强社会融合的同时，还可节省时间、资源。

案例三　尼日利亚拉各斯市一个简便的快速公交方案

拉各斯市是一个迅速发展的非洲大城市，它一直在很努力地为其不断增长的人口提供运输服务。收入增长导致了私家车保有量的日益增加以及对缺乏监管的私有运输公司的使用，这与规模不足与维护不善的道路网络一起，造成严重的交通拥堵，增加了通勤时间、工作压力和空气污染。2006 年，该城市政府制定了战略性交通总体规划，旨在解决糟糕的城市交通问题，特别是穷人出行的问题。该市没有增加更多的道路，而是在现有道路网络中纳入了快速公交（BRT）精简系统的设计。该系统的第一阶段在短短 15 个月内开始运营，除提供了一个替代小汽车和管理不善的私营巴士的更安全的选择方案，平均出行时间也大幅度下降。该系统使人们在公共汽车站的候车时间从大约45min减至10min，减少了居民在空气污染中的暴露，降低了乘客患上呼吸道疾病的风险。该系统没有依靠私人交通方式，而是利用现有的道路来构建一个有组织的公共交通系统，为居民提供了多种形式的利益，并有助于使拉各斯成为更适宜居住的城市。

案例四　马拉维利隆圭市非正规住区内社区驱动系统

在马拉维利隆圭市外围的姆坦德利非正规住区内，供水管道和卫生设施的缺乏给业主提出了公共卫生的挑战，他们希望能有一个替代占用空间大并污染地下水的坑式厕所的系统。由于没有基础设施，管道排污没有选择，于是民间社会团体与业主和建筑商合作，制定了因地制宜和响应住户需求与愿望的对策。经过不断尝试，干式厕所"斯盖璐"（Skylon）得到开发应用。它有许多好处，包括：不需要水，地下水不再被污染，废物可以很方便和安全地收集并重新用于农业。虽然这个解决方案的形成很费时，但是社区的参与确保了业主对方案的认可，由于它非常适合当地的条件，因此斯盖璐的使用无须外部干预而正在该地区推广。

4.1.2　社会包容性

社会包容性要求所有的城市居民在获得就业机会和服务，如淡水和交通等方面享有同等的待遇。"包容性"这个术语通常被用来指范围广泛的各种群体在城市决策过程中的参与，将他们的意见融合进来以达成相互的协议。我们经常想当然地认为穷人对环境问题不感兴趣，但是他们居住在易发生洪水、污染和非法倾倒废物的贫瘠土地上，这意味着他们的生活直接受到城市环境管理不善的影响。有时候，环境对穷人的影响比远离污染的社会富裕成员要大得多。

对于发展中的城市，地方政府在竭力应付不断扩大的公共设施服务需求的过程中，往往采取私营模式将它们外包，由此强化了服务质量和价格在不同服务区域之间的差距。这为可负担的人群提供了市场细分的服务，结果却竖立了巨大的障碍，排斥无支付能力的人群，这给社会包容性、社会平等以及可持续性发展带来了消极的后果。让弱势群体参与到公共设施战略的制定中来，可以判别出城市管理者和贫困人口共同关心的领域，由此激发社会创业精神和创新性的解决方案，与政府或开发机构已实施的方案相比，其成本可能更低。

4.2　公共设施的优化促进可持续发展

在世界各地迅速现代化的城市中，采用标准的公共设施模式，会有限制创造性并排斥更多促进城市更可持续发展的创新机会。考虑到这一点，本节将介绍以下有助于形成城市和公共设施系统愿景的主要思想，它们也支持所阐述的可持续发展原则。

4.2.1　被动式设计

虽然建筑物可能不被视为公共设施系统的一部分，但它们是大多数公共设施服务所连通的场所，因此它们的设计和运行对这些服务的资源利用效率有一定的影响。建筑物为人们提供庇护场所，它们最重要的作用是遮挡自然气候元素，并使室内温度保持在一个舒适的范围内。全球近 60% 的电力消耗在商业与住宅建筑中，并因不同的消费模式、气候和地理位置而有所不同。许多现代建筑使用电加热和冷却系统来调节室内温度，将"被动式设计"原则纳入建筑环境设计中可显著减少甚至消除这些能源需求。

被动式设计的目的是最大化地利用基地的自然特征优势（如阳光和空气流通），来提供一个舒适的生活环境，以消除或减少由电力驱动的"主动的"空间加热、冷却、通风或人工照明的需要。被动式设计的原则包括：将窗口面向外部，以充分利用太阳的热量；使用具有较高热质的绝缘材料，以保持所需的热度或凉爽；使用庭院和可开式窗户实现空气对流；进行窗口遮阳，以阻挡炎热的夏季阳光同时允许冬季较低角度的光线照射。

在许多情况下，现代人类住区的规划和设计在不知不觉中忽略了所在地点所具有的优势，这样做就迫使居民支付不必要的昂贵的能源账单。适于当地情况的被动式设计原则常常可从电力普及之前的传统建筑设计和建造方法中发现。虽然国际绿色建筑运动接受被动式设计的原则，并继续发展新的高科技材料与自动化产品，使建筑物更加节能高效，但以使用本地方法来创建被动式建筑，是目前为止最具有成本效益的解决方案——尤其是对发展中国家而言。

案例五　保加利亚索非亚市为提高能效而进行的公寓改造

保加利亚的"集合住宅建筑整修示范工程"于 2007 年开始，以解决其在社会主义时期建造的公寓楼能源效率低下的问题。其能源绩效比推荐最低标准平均高 2.5 倍，国家能源补贴撤销后，居民住宅取暖非常昂贵。这个项目中的公寓是根据居民对各种能耗升级措施的需要而挑选出来的，其中包括安装保温层、更换门窗、密封气隙，并翻新外立面及公共区域。居民被业主协会召集而贡献他们的时间和劳动，并可获得政府提供的贷款和补贴组合，他们能够通过能源支出的节省来偿还房屋改善的费用。至 2011 年 2 月，27 栋集合住宅中 1063 个家庭已经得到改造，估计每年节省 8.5kW·h 的能量，并减少 22t 的 CO_2 排放量。该项目每年创造 219 个工作岗位，并实现了舒适性水平的提高，以及更低的能源支出和更强的社区凝聚力。

在新的建设项目上应用被动式设计，对未来的能源需求将有重大的影响；也可以对现有的建筑进行改建以减少电力需求。在天花板、墙体和楼板中建保温层，使用双层玻璃、屋顶采光、镀膜窗户、可开式窗户和通风口等方式都可以改善现有建筑物的热效率，而针对改进能效的建筑翻新毫无疑问地正在成为一大商机。

被动式设计通常可以用于建筑层面，然而在城市里建筑物可能会剥夺一个基地所拥有的天然好处。例如：高层建筑能阻挡阳光和风，工业活动会污染空气，某个走向的街道使建筑物为了得到最大的可用空间而难以朝向太阳布置。这对城市规划、区划和高度限制皆有影响，应在制定或修订法规时加以考虑。

4.2.2　资源节约的激励机制

生态效益不应该被看作供应方单方面的干预，而是被看作通过经济手段激励最终用户更为明智地消费，由此鼓励他们改变行为以支持资源效率更高的城市发展。公共设施服务供应中所产生的环境成本往往没有在它们的费用中充分反映，使市场向最终用户发出了错误的信号。若要节约资源，使城市能够在环境限制内运行，就需要调整市场向最终用户发出的信号以反映现实的情况，同时满足人类的基本需要。

对于缺水地区的饮用水和管道污水处理服务，水的价格很低或者与消费量无关，难以使居民产生节约的动机，而人口的增加和富裕水平的提高，很可能使得对更昂贵水源的需求不断升级。以下是如何促进水资源更加精明使用的方式。

1）用水表计量使得水费能够反映消耗量大小，从而鼓励居民使用更少的水。定期、准确和清晰的账单是一个吸引居民注意水的消费行为的有用方法，通过与邻居的消费量进行比较来利用社会规范的影响来减少消耗。例如，美国能源公司向每个家庭自动发送相对于邻居的能源消耗的个性化信息，这个举措在 16 个月内取得了家庭能源消耗下降 25% 的成效。可采用预付费或后付费的计量方式，两者均可以为低收入家庭提供一个免费的基本生活用水限额。"智能"水表能传送数据以进行远程分析，而手工读取的"傻瓜"水表可作为一个创造就业岗位和传播节约用水信息的机会。

2）差别费率可以用来鼓励居民保持较低的水使用（上升的分段费率），或者影响一年不同节气条件下的消费行为（季节性费率）。耗水大户的高费率可以作为基本生活用水免费限额的交叉补贴，以帮助穷人满足他们的需求，同时确保计量手段与他们不发生冲突。对不同档次的水收取不同的价格可以鼓励回收非饮用水，替代饮用水用于灌溉、冲厕及工业等。

3）法规条例可用以规定用水效率标准（如水龙头、相关电器或工业）或水的消费行为（如灌溉、洗车），以确保最终用户的用水量在建议范围内。在缺水地区，需要确定新的建筑物的雨水收集和废水回收的具体要求，以最大限度地减少居民饮用水需求量。用水效率标准是激励生态效率的一个有用的例子。激励适当行为的原则也可以应用于电力消费方面，并可在一定程度上应用于其他公共设施服务。智能电表允许实行一天内不同时间的分段费率，由此将一些能源使用转移到非高峰期，以减少高峰期对额外电力供应的需要。这种能源转移结合家庭产生的可再生能源，可以减少能源支出，甚至可以向电网输出电力赚取家庭收入。同样，计测的原理可应用于固体废弃物管理服务，利用"垃圾按量收费"的计费系统，根据每户被送至垃圾填埋场的废弃物重量进行垃圾收集计费，鼓励可回收再利用资源与有机废弃物的家庭分离。

4.2.3　梯级资源利用

梯级资源利用是指将不同等级的资源对应地用于特定的最终用途，从而减少了对其最高质量形式的资源需求（如电力或饮用水）。获取电力和足够纯净的可饮用水经常对环境和资源产生相当大的影响，而使用这些电力和可饮用水完成的许多功能，其实由较低质量的能源和水便可以完成。随着资源质量的下降，将其从一种用途转到另一种用途的梯级资源使用，可以在同样数量的资源中获得更多的效用，相较于为所有用途提供最高级别的资源更节省费用。

梯级资源利用的原则也可应用于能源方面。虽然电力提供了方便、高品质、多功能、可控制、清洁使用的可靠能量来源，但它几乎不是提供如光和热等公共设施服务的最节能的手段。电力通常由低品级能源聚集而成，它的工作电位或"放射本能"高于大多数能源载体。采用燃烧化石燃料进行发电时，电的产生、传输和将电能转换为有用服务的过程十分浪费，90% 以上的原有能量以热和光的形式流失。

城市建成环境需要三种基本形式的能量：用于照明和电器的电能；用于发动机和移动设

备的机械能；用于控制温度的热能。在许多情况下，电力可被用作所有这三种形式的能量供应。由于变配电的能量损失，将较低品位的能源转换为电力，再转换回光、运动或热，会产生极高的能量债务。所以，对于如光与热等较低品级的能量应用，利用除交流电（AC）以外的能源载体将会更加节能高效。

利用较低品级的能源形式并把它们对应到最终用户所需要的能源服务，这种混合能源结构有助于减少能源浪费，对城市温度、气候变化、污染和资源枯竭具有正面效益。发电余热和其他热工过程可用于家庭和工业采暖、烘干、烹饪和水温加热等方面甚至在一些高温地区用于冷却。"热电联产"是指同时生产电力和热能，热电联产工厂逐渐在欧洲的寒冷地区受到欢迎，电力生产过程中产生的热量可以通过管道输送到附近楼房进行供暖。

20 世纪新建的发电、污水处理和固体废弃物管理等的公共设施的规模很大，常布置在人类住区的边缘，以免滋扰居民。这种集中式的由供给驱动的方法持续至今，它依赖于电线、管道、车辆和道路等服务传输网络连接设施及其最终用户。这些服务传输网络的低效率导致大量的资源浪费，而持续的维护费用显著地增加运营成本。此外，超过客户需求的大型集中式设施如果低于产能运行，就会造成过于高昂的维护成本，如在水处理工程中低流速造成的腐蚀。新的公共设施若要具有生态效率，就需要根据消费者的服务需求确定相应的规模和选址。

单以规模经济为依据而设立的大型集中式设备，存在着忽视更大的规模却不经济的风险，规模过大将会提高投资的成本和财务风险。在美国，对这些不经济性的认识已经明显地扭转了自 20 世纪 70 年代起建造越来越大的集中式发电站的趋势。将发电能力与客户的需求更好地匹配，这一方法的经济优势已日渐明显。微型发电机，如太阳能电池、风力涡轮机和燃料电池等，由于其相对快速的安装时间以及对不断变化的能源需求和灾害的迅速反应能力，正被视为风险较低的投资。

技术进步，如太阳能、风力发电、采用膜生物反应器和其他技术的成套水处理装置，使城市可以考虑发展不会冒犯或者危害邻居的集中式公共设施的替代品，提供为当地需求量身定制的服务，无须对分配网络大量投资，并促进梯级资源使用。完全分散的住户级别的公共设施服务可能是较富裕房主的一个选择，但是地区或邻里级别的半集中式设施代表了一个中间立场的方法，这些设施可以在更小块的用地上以更短的时间建成，因此适用于快速发展而公共设施服务不足的城市地区。

位于邻里内的半集中供应和处理中心（STCs）是半集中式公共设施的一个典型。中心分别管理和处理不同类型的管道废物流，可以为灌溉、冲厕或街道清洁之类的用途提供回收或"服务"用水，可以提取养分用作肥料，并能用污泥生成沼气进行发电和供暖。沼气提取所利用的厌氧消化过程可以稳固污泥中可生物降解的组分，送往垃圾填埋场的垃圾减少了约 60%。通过整合各种公共设施服务，半集中式供应和处理中心可以根据当地条件下的独特需求进行定制，由此在服务需求与供应能力的匹配之中节约大量的资源。

虽然食品通常不被认为是一种公共设施服务，但是将城市作为一个需要提供食品和处理废弃物的支持系统，其具有协调公共设施来支持粮食生产这一重要的城市功能。形成有机废弃物循环的最古老的方法之一是将固体和液体有机废弃物用于城市和城郊农场的食品生产。这些废弃物曾经为农作物提供营养，现在它们通常要么被倾倒在空地或水中，要么被运往填埋场，而食品则从其他地方进口。在许多城市，这种长期的做法已经导致粮食价格上涨和垃圾泛滥的双重问题，并会导致污染或者填埋成本上升。当合适的填埋点被填满时，垃圾只得运送到更远的地方。

为了解决这些问题，并形成一个更为循环的经济模式，城市可以鼓励发展本地化的粮食系统，将有机废弃物重新纳入都市农业的投入（肥料、动物饲料、灌溉）之中。都市型现代农业可以笼统地被定义为在城市内部以及周边地区种植农作物（食品、材料和燃料）和饲养动物。这不同于乡村农业，都市农业融入城市经济和生态系统中，雇用城市居民为劳动力，使用有机废弃物灌溉和施肥，并成为城市粮食系统的一部分。

把粮食生产纳入城市的功能之中为有机固体和液态废弃物的重复利用创造了很多机会，而分散化的固体废弃物和废水处理有助于城市的发展。食物调制、园林养护和某些制造过程中产生的固体废弃物可被处理和堆肥，为土壤提供养分，同时改善其保水性能。在干旱地区，水资源的梯级管理可使较低品级的"废"水取代饮用水用于灌溉。当然需要采取审慎的措施，确保这种灌溉用水不含有毒化学物质和其他污染物，不向人类传递病原体。例如，用作建筑材料、燃料、纤维等的种植作物，比粮食作物更适合使用废水灌溉，而如果是种植粮食，树上的果实被病原体污染的风险更小。利用阳光、时间和中间性植物或动物（例如利用废水种植藻类来饲养牲畜）等低成本的方法也可以减少病菌传播的风险。

除了在城市中推进循环资源流动，通过减少化学肥料和杀虫剂以及长途运输和冷藏食品的需要外，都市农业可以帮助提供更加实惠的新鲜食品。这可以显著节省化石燃料消耗和减少温室气体排放量，也可能使城市及其周边地区未充分利用或被认为不适合建设的空间得到更好的利用（如天台和洪泛区）。都市型现代农业对市民健康有正面的影响，能改善生活环境，并能为低收入地区的青少年、老人和儿童看护者提供兼职就业机会。将低资本、高劳动力的都市农业和非正规的食品贸易（如创建菜园和市场）纳入城市规划中，可以创造新的创业机会，刺激地方经济，同时减少对进口食品的依赖，提高适应能力。

4.2.4　全系统思维

"全系统思维"的设计方法需要积极考虑各系统之间的相互联系，并确定一个能够同时解决多个问题的方案。对公共设施系统而言，这涉及把水、能源、废弃物和食物系统之间的交叉点视为契机，以实现对人类与环境的多重效益。全系统思维建立在这样一个认识的基础上，即人类及其建成环境都依赖于运行的自然生态系统以获取水、食品和能源，破坏自然生态系统会对城市的存活力造成严重的负面影响。

案例六　美国波特兰的气候行动计划

作为一个应对气候变化的全面战略的一部分，波特兰已将粮食和农业列为八个关键领域之一，以实现到2050年消减碳排放量达到1990年80%的目标。为了减少食品运输和冷藏所产生的废气，该市积极促进本地粮食生产和本地消费文化。它通过支持城市内及周边地区的农民，提供从事农事活动的土地，教育城市农民和在校学生以及鼓励农贸市场创业和社区支持农业计划来开展工作。有机废弃物不是被倾倒在集中式垃圾填埋场，而是由当地市政设施收集食物残渣并堆肥，为城市花园和农场提供丰富的土壤养分。以堆肥取代化学肥料，可减少农业成本以及人造肥料生产所产生的污染排放，同时减轻垃圾填埋场的压力。

现今的城市形态、公共设施系统以及相关政策法规，存在着陷于受产业发展模式所绑定的特定思维方式影响的风险。其特点是无节制地开发利用可再生能源和不可再生资源——尤其是对化石燃料能源的严重依赖——它无视地球的限制在本质上是不可持续的。尽管目前可用的技术可以帮助减少城市的能源和资源消耗，但若不超越目前的行业范式来扩展思维，以提高整体系统的效率，则干预只会延续现状，而不是去挑战。只考虑眼前环境问题的有限视野之下的工程干预措施，不能达到城市的可持续发展，我们需要在概念阶段便从更广泛和更长远的角度出发，以确保发展项目符合整个系统良性运转的要求，有利于当今与后代的利益。这样的愿景最好通过不同部门内部以及之间的合作来达成，从而允许不同观点的贡献。那样，工程方案就能够支持所创建的愿景。

4.3　可持续的公共设施战略规划

在城市建设和运营公共设施系统时，对资源密集型和破坏环境的一些方法的复制可能会对环境造成危害，并使一个城市无法应对未来的危机。因此，需要一种基于可持续发展的公共设施规划的战略方法，以确保所有市民从公共设施投资中受益。城市运行可持续发展模式后，市民与自然环境的长远利益便可以得到保障。

"战略规划"一词是指优先考虑重要问题并侧重于解决这些问题的一个系统性决策过程。它通过确定优先事项、做出明智选择和进行资源分配（如时间、金钱、技能等），来提供一个总体行动框架，以达到特定的目标。所有的规划——空间、经济、部门、环境或组织机构——如果具有战略性将会更加有效。战略规划已成为地方政府的一个重要工具，以确保政策设计与实施的效率和有效性，它对于符合可持续发展方针的公共设施的合理决策也非常有用。

战略规划有助于摆脱临时和短期决策，而向更好的长期决策发展。鉴于线性规划在规划复杂的技术网络时越来越不适合，战略规划的迭代过程非常适合于公共设施规划，因为它赋予规划者一定程度的灵活性，以应对随着时间的推移而不断变化的情况和需要。

1. 谁应该参与

战略规划将不同利益群体的诉求在一个共同的愿景中结合起来，将愿景转化为目标，进而为选择双赢的解决方案提供标准。此外，它还可以确保在适当的时机最大限度地开展公私合作和公众参与。在战略规划开始前，应成立专门的工作组，保证各种不同利益群体的投入。不同利益群体包括以下的代表：

1）参与公共设施开发和运营的公共部门代表，如供应商、监管者、协调者。

2）专门研究城市可持续发展和公共设施并能够提供本地及国际最新研究的学者。

3）对本地公共设施的实施和融资情况有专业了解的顾问。

4）针对当地边缘化群体的需求和挑战而工作的本地及国际非政府组织的代表。

5）在动员公众和工人支持共同愿景时可能发挥作用的社区组织和工会组织。

一旦核心工作小组被确定，且有关人士对战略规划过程表达了他们的支持，便应指派特定的角色和职责，确保每个人都能发挥作用。

2. 我们现今在何处

要实施可持续的公共设施方案，需要在当地背景下有一个强有力的基础。国际上的"最佳做法"无法保证在任何情况下都能适用，有前途的想法若不适应当地的实际情况，也可能会失败。公共设施的决策，应牢固地植根于对整个城市所面临的挑战以及由其地理位置和可支配资源所体现出来的机会的理解。

作为一个起点，应先总体考察一个城市以确定其居民的需求，以及它所拥有的能满足这些需求的资源。在这个过程中应该审视以下五个方面：

（1）人的基本需求　为了确保公共设施能够促进人的尊严和社会包容性，要了解那些最需要获得的基本服务的规模和位置。这项工作的重点应该置于人的基本需要上，如保暖、照明、卫生和交通，而不应该在这项工作中制定解决方案，如电网供电、管道污水处理系统或高速公路等。在计算人的基本需求的大小时，应注意考虑由于提供服务时生态效率的提高而使平均资源消耗水平下降的可能性。

（2）本地资源　若要充分利用城市的地理位置，应识别和评估可再生的自然资源，如阳光、风、新鲜水源和森林，以建立一个对这些资源所拥有的发展机会的认识。除了新的资源外，审视本地资源亦须包括目前被认为是废弃物的固体、液体和气体物质，以发掘闭环废弃物循环的机会，有利于城市向循环代谢发展。

（3）资源使用的模式　测度城市所消耗的资源和产生的废弃物是生态效率分析的一个重要组成部分。随着时间的推移，相关数据可以用来跟踪资源使用情况。一旦数据被收集，生态效率通过将资源使用与人类效用进行关联计算而得出。例如，计算一辆公共汽车每升燃料的乘客里程数，或者一盏路灯每瓦电力所提供照明的小时数。同样，生态强度（eco-intensity）可以将污染物造成的环境负担与从中获得的效用相联系，来衡量提供产品或服务所造成的损失。

在这些测度中，根据部门或位置对资源消耗和废弃物产生进行分类，可使城市形成一个更为详细的资源流向的画面。这有助于确定资源回路可以闭合和废弃物可以减少的领域，以便改善整个系统的运行。

（4）现有的技术公共设施　实现向可持续的公共设施的转变过程很少是从一个技术转换到另一个技术的问题，城市在任何时间都可能共存着几个相互兼容的技术。这意味着能通过多种途径的公共设施建设来实现可持续的资源管理，最佳的解决方案可能需要在转变中将那些过时的技术纳入进来，而不是将其彻底放弃。因此，从透彻理解现有的设施和网络入手极其重要，如水处理、运输和电力系统等，以使它们能够被最大限度地利用。在审视现有的技术公共设施时，应考虑现有运行设施和网络的剩余使用寿命以及有潜力被重新投入服务的闲置公共设施。

（5）公共设施的社会组织　因为公共设施是服务社会的，绘制公共设施的社会组织流程图非常关键。由于新技术、商业压力和体制安排所带来的基础设施管理的快速变化，很可能不断需要对公共设施社会组织领域的新的研究。新的技术让消费者越来越多地参与到管理和获得服务中，专业化、定制化的服务网络存在着为负担不起的人树立障碍而加深社会不平等性的风险，这已经或可能对社会包容性造成了影响。

总之，这些分析可以帮助人们深刻理解城市发展的背景。然后，从环境、社会、经济和体制的角度，分析城市的优势、劣势、机会和威胁，以处理收集到的信息并确定行动领域。

3. 我们希望去哪里

让不同的利益群体建立一个"他们希望城市未来像什么样子"的共同愿景，是用全系统思维来对综合性公共设施网络进行战略性规划的重要出发点。愿景表述阐明了城市未来的状况，其中包括界定共同愿景的最重要的价值和原则，由此提供一个各利益群体参考的共同点，而无论利益群体自己的议程如何。未来的共同愿景与现状情形之间的冲突有助于发起行动以缩小差距，用来实现共同愿景的期限大约是 20 年。

愿景的制定应该有广泛的利益群体的参与，以确保他们对愿景的支持和归属权。为了避免愿景单纯由经济和社会的需要所决定，在利益群体中加入那些愿意为环境说话、能向其他群体充分解释可持续发展概念的个人和团体，是至关重要的。为了促进创新，让城市可持续发展领域的先进思想家加入进来也是值得做的，他们能提供有启发性的案例研究和激发创造性思维的愿景。一旦愿景形成，就应该广泛地共享，从而使尽可能多的利益群体认可和接受它。

将城市愿景转化为现实的公共设施干预措施，要求愿景的陈述与当地条件所具有的机遇和挑战相一致。愿景进而通过明确的目标的形式体现出来。例如，瑞典林雪平市的居民想让空气更加清洁的愿望（愿景）受到城市柴油公交车污染（挑战）的抑制，而城市的污水处理厂和固体废弃物则向大气中排放甲烷（机会）。这些挑战和机会被转变成以下目标：用本地生产的沼气为动力的公共汽车来替代使用柴油的车队。

这些措辞谨慎的目标使得愿景陈述中的雄心可以被施加到决策上，应采用一种有助于将实际行动与战略选择方案进行比较的方式来表述目标。因此，目标应被设计成行动清单的形式，以体现愿景形成过程中涌现出来的价值观并涵盖所有认识到的重要因素，以避免出现折中。

4. 我们如何到达那里

新加坡在 2008 年成立了一个部际间可持续发展委员会，以起草一个确保其可持续发展的战略。这个包含来自政府、私营部门、媒体和学术界代表的广泛参与性团体，形成了《新加坡可持续发展蓝图》（Sustainable Singapore Blueprint）文件。此文件勾勒出了一个资源约束背景下的经济增长计划，并制定了 2030 年要实现的积极目标。其中包括：相对 2005 年的水平，能源效率水平提高 35%，循环利用比例达到 70%；改善行人和自行车骑行者的交通可达性；将生活用水量减少到每人每天 140L。新加坡每隔 5 年将对目标进行审核，以适应科技进步和国际发展趋势，同时将监控其进展情况并告知公众。

一旦确定了目标，便需要将它们转化为可以结合到战略之中的行动。以目标为出发点，通过头脑风暴和其他工具可以提出一系列针对目标的行动。这些行动必须能够按照一致的方式进行相互比较，以此来评估它们的潜在后果。在上述过程中，最好将行动归类为：共同的行动（所有参与者都可以发挥作用的行动），"易采摘的果子"（花最少的精力就能轻易实现目标的行动，即容易取得成效的行动），遗憾的选项（那些直接响应重大目标以及可能已是城市战略一部分的行动），实现起来有更大难度的多赢行动，伴有权衡取舍的高回报政策。

根据行动所落入的类别来确定它们的优先顺序，这有利于早期行动能够充分利用可获得的资源和机会。现在便可以制定战略，将跨多个部门和地点的所选行动形成紧密联系的一个序列。一旦主要的机会被确定下来，就可将它们"主流化"到现有的规划、方案或政策措施中。这要求利益群体将他们所参与或了解的优先行动与倡议关联起来，以避免重复工作。

战略一经制定，实施工作便可以开始了。缺乏政治意愿、合作和组织，以及思维短浅、保守而非长远眼光的情况，都能导致规划的实施不力。在从愿景到行动的过程中，应由来自于不同领域的专家（工程师、生态学家、社区代表、城市设计师、可持续发展专家等）组成综合性的规划和设计团队，以促进跨学科的全系统思维。在这些团队中，必须确定带头的机构和个人，并需要一份详细的文档用于指定每个参与者的工作内容、方法以及时限（即必须由谁在什么时间如何做什么事），以确保所有各方都明白自己在实现城市愿景中的作用。

与提供公共设施服务相关的社会结构，对于确保技术系统能够满足可持续发展的目标十分关键。在绘制社会组织流程图过程中所发现的体制和管理差距应该得到解决。在某些情况下，可能需要新的治理结构（如允许私人公司向电网提供可再生能源、电力的上网电价模式）以促进更加可持续的成果。

长期的规划需要一定程度的灵活性，以应付复杂城市中迅速变化的现实。一个设计良好的监控和评估过程能够至少每5年对愿景、目标和规划做一次定期检讨。例如，波特兰的气候行动规划每3年进行一次评估，每10年进行重新编写。如果需要调整，新的信息、知识和创新可以在调整时被纳入发展规划，以确保规划的适用性。

第 5 章

城市公共设施投资与融资

对投资与融资工具的研究兴起于 20 世纪 70 年代国外的金融创新活动。金融创新活动的理论发展出了一门专门研究金融工具的学科，即金融工程。金融工程作为新兴工程型学科，它将工程思维引入金融领域，综合地采用各种工程技术方法（主要有数学建模、数值计算、网络图解、仿真模型等）设计、开发和实施新型的金融产品，创造性地解决各种金融问题。哈利·M. 马科维茨（Harry M. Markowitz，1952，1959）阐述了风险-收益协调均衡条件下的最佳投资组合选择理论，该理论是"现代投资组合理论"（MPT）的前身。关于最优投资组合分配的早期观点早就已经在凯恩斯（Keynes）、希克斯（Hicks）、卡尔多（Kaldor）等人的货币理论中被提及和考虑到，因而托宾（Tobin，1958）将货币因素加入马科维茨的理论中并得到了著名的"两基金分离定理"。威廉·F. 夏普（William F. Sharpe，1961，1964）和约翰·林特纳（John Lintner，1965）给出了资产定价模型（CAPM），从此以后最优投资组合选择具备了计算上的可行性。CAPM 后来受到了洛尔（Roll，1977，1978）一系列实证上的批判，可以对其改良的理论之一为罗伯特·K. 默顿（Robert K. Merton，1973）的跨期资产定价模型，另一个是斯蒂芬·A. 罗斯（Stephen A. Ross，1976）的"套利定价理论"（APT）。费雪·布莱克（Fisher Black）和迈伦·斯克尔斯（Myron Scholes，1973）的期权定价理论及罗伯特·K. 默顿（1973）的理论在很大程度上依赖于对套利的逻辑推导。由弗兰克·莫迪利安尼（Franco Modigliani）和默顿·H. 米勒（Merton H. Miller，1958，1963）创立的关于公司金融结构与公司价值无关性的 Modigliani-Miller 定理（简称"MM"定理）也应用了套利的基本逻辑。

随后，对期货、期权等为主的金融衍生工具的研究文献日益增多，十几本以金融工程为名的著作出版，其中两本比较重要的著作是 J. F. 马歇尔（J. F. Marshall，1992）等编写的《金融工程》和洛伦兹·格利茨（Lawrence Galitz，1995）著的《金融工程学》。前者将金融工程作为一门完整的新兴学科进行了较为系统和全面的介绍；后者对金融工程的理解基于金融工程的狭义定义，集中介绍了衍生工具的定价和风险管理技术，内容相当深入地涉及资金的时间价值、资产定价和风险管理。

国外研究也带动了国内研究，国内对投融资工具或方式的理论研究更多地沿袭了国外研究框架，在应用方面，又多局限于金融学领域，而将这些理论成果用于公共设施领域的应用研究较少。可以设想，如果将关于融资工具的理论成果本土化并用于城市公共设施领域，就可能开发出更多实用的融资工具，并对现有的投融资模式进行改造，使之满足不同收益风险偏好的投资者，从而为实际部门提供更多更好的投融资方案，促进社会资本更快更安全地进入公共设施领域，这将是一项颇富现实意义和战略价值的工作。

5.1 城市公共设施投资

5.1.1 城市公共设施投资主体

投资主体一般是指具有独立投资决策权的经济主体，不同投资主体的投资动机、投资激励和约束因素不尽相同，筹集和运作投资要素的方式及各种主客观条件也不尽相同。

从城市公共设施出现的早期阶段以来，城市公共设施的投资一直以公共产品和相关理论为基础，城市公共设施的投资主体一直都是政府。近年来，随着技术的进步和人们认识的深化，人们逐渐认识到，不同的城市公共设施工程，其生产技术要求和经济学特征各不相同，因此城市公共设施的投资主体也应该可以是多元的。

目前世界各国城市公共设施的投资主体主要有：政府、公有企业、私营企业、个人投资者和专业投资机构。在城市公共设施的投资中，投资主体既相互独立，又相互作用。不同的投资主体可以单独投资，也可以多个投资主体结合，采取联合投资，构成多元化投资主体结构。

就我国目前的情况，各类投资主体在城市公共设施投资中的地位、投资的动机和作用分别如下：

1. 政府作为投资主体

各级政府仍是当前城市公共设施最主要的投资主体。

政府的投资动机从根本上讲是为了实现其政治、经济、文化各方面的统治职能，其投资更多地考虑维护政治秩序和社会秩序，促进经济增长，实现社会公平，体现国家的长远发展利益。在投资方向上主要是依据国民经济和社会发展计划安排，在资金来源上主要由国家财力安排，更多地追求较好的社会效益、宏观效益和长期效益。中央政府长期以来对地方政府投资安排的一些城市公共设施项目给予补助。

地方政府的投资则更多地考虑维护本地区的经济利益和社会利益，促进本地区的经济增长和社会发展，体现本地区的发展利益。在投资方向上主要是根据地方国民经济和社会发展计划安排，在资金来源上主要依靠地方财力。

在传统计划经济条件下，政府成为主要的甚至是唯一的投资主体，投资运作严格按照政府计划执行，资源配置缺乏有效的竞争，难以保证理想的投资效益。在目前市场经济条件下，政府仍是起主导作用的投资主体，其行为缺陷同样存在。首先是政府所有者主体缺位，国有资产运营呈现出多元分散管理格局，各部门难以协调配合，没有人对国有资产的投资效益负责。其次是缺乏对政府投资行为的约束机制，以致出现只注意控制其他投资主体的投资行为而忽视或放松约束政府自身投资行为的问题。

2. 公有企业作为投资主体

企业投资以利润为导向，投资动机在于追求项目本身的利润，投资激励来自预付资本预期收益最大化的投资目标。企业投资要受到自身财力和未来市场容量因素的影响，投资行为是围绕项目的近期直接经济效益进行的，而容易忽视项目的社会效益、宏观效益和长远效益。为保障城市基础设施的发展能够适应城市建设和发展的需要，世界各国都设立有一定数量的公有企业从事城市基础设施的建设和运营。它们以财政资金为资本，在特定的领域和行业按照企业的原则进行经营、从事投资。

我国的公有企业主要是国有企业，包括国有独资企业、国有控股或参股企业。但是我国的国有企业还不是真正独立的投资主体，其主体地位不明确，需要更强有力有效的约束和激励。一方面，如果投资缺乏风险约束，则一些企业就敢于不计成本大量借款搞投资，从而助长了盲目投资之风，投资效益受到忽视；另一方面，如果企业投资很多时候不是从经济方面的实际需要出发，而是隐含扩大规模等多种错综复杂的目的，则会表现出强烈的投资饥渴与冲动，自然不会有好的投资效益。

国有独资企业是指由国家授权投资的机构或部门单独投资设立的企业。目前，国有独资企业在城市公共设施建设领域中，占有很大比例，处于主导地位。国有独资企业作为我国当前经济中最强大的一个企业群体，具有参与城市公共设施建设的资金实力，也具有追求长期稳定收益的热情，因而能够向城市公共设施行业提供资金支持。再从经营管理水平看，虽然国有独资企业依然是由国家控制所有权的，但是其在经营管理上完全具有市场化企业的特点，即以利润最大化为追求目标，以市场化的形象和行为成为市场中的自然组成部分。国有独资企业参与城市公共设施建设，更能满足公共设施经营管理方面的要求。

3. 混合所有制企业作为投资主体

混合所有制企业是指由国家授权的投资机构或部门与私营部门共同投资设立的企业。

在我国，随着我国企业所有制改革的不断推进，混合所有制企业的实力已经变得比较强。与私营企业相比，混合所有制企业往往具有更为强大的资金实力；而与国有独资企业相比，其在经营机制上又显得更加灵活，一般而言更具有竞争力和活力。它们自主经营，按照市场规律进行投资和运营的自主性更强。但相应地，它们追求利润的目标也更为突出，承担社会性义务的意愿和能力相对较弱。

4. 私营企业作为投资主体

私营企业是指由私人独资或私人集资而投资设立的企业，它们是市场经济体制下的企业主体，以利润最大化为企业存在和发展的主要目标。一般而言，私营企业很少主动进入非经营性城市基础设施领域。

随着我国社会主义市场经济的发展，私营企业的数量和规模不断壮大，在经济中的地位也日渐提高。目前，私营企业已经成为国民经济中非常富有活力的单位。私营企业积累起来的资本已经具有十分庞大的规模，其市场意识和市场经营能力有了很大提高。随着经济体制改革的深入，特别是投资体制改革的深入，它们对进入可经营性城市公共设施的愿望不断增强。吸引私营企业进入城市公共设施建设，可以将其在经营管理方面的优势带入城市基础设施领域。随着私营企业资金实力的进一步提升，私营企业必将在管理权和所有权上实现对城市基础设施建设的更大规模和更深层次的参与。

5. 个人作为投资主体

个人作为投资主体往往通过间接投资的方式，即通过资本市场使其私有资本进入城市基础设施投资当中，比如购买市政债券、购买股票、购买基金等，这在国际上是比较通行的做法。

随着经济的发展，个人资金在我国是一股庞大的力量，但是如何加以合理利用却一直是一个未能很好解决的问题。实际中，个人几乎不能将资金直接投资到城市公共设施，只能通过中介机构或投资于与城市基础设施相关的金融产品，来实现对城市公共设施的投资。例如：通过组成投资基金或直接购买城市基础设施企业债券。虽然这种方式不如直接参与显得方便，但实际上却是一种相当市场化的参与方式，并且同样能够为城市公共设施筹集大量的建设资金。

6. 专业投资机构

专业投资机构是指专门通过投资金融产品或进行产业投资获取收益的机构。专业投资机构将社会各部门的资金集合在一起，并依照一定的投资策略由专业人员进行投资。由于城市基础设施建设具有收益的长期性和稳定性，因而在国内外都是专业投资机构的重点投资方向。在我国，专业投资机构目前主要包括商业银行、各类型投资基金和专业投资公司。专业投资机构的资金较为雄厚，充分利用专业投资机构投资城市基础设施将会对城市基础设施长期稳定发展提供更大的保证。但是，专业投资机构追求的是资本利润最大化，其经营的主要对象是资本而不是资产。因此，在城市基础设施投资领域，专业机构所能提供的只能是资本，而很少有经营。

5.1.2　城市公共设施投资决策

投资决策在投资活动中具有先导性作用，直接决定投资实施和回收的方式以及效果，城市公共设施的投资决策也是如此。

1. 城市公共设施投资的决策依据

一般的投资决策依据主要是投资机会可能带来的预期回报，而城市公共设施投资的直接依据是城市发展的总体规划和城市阶段性经济社会发展规划，虽然城市发展的需要是城市基础设施投资的根本依据，但这种需要是通过政府的规划来规范的，而不是通过市场价格调节的。因此，规划性或者计划性是城市基础设施投资决策依据上的最大特点。

城市基础设施可以分成公共产品、准公共产品和私人产品，或者分成经营设施和非经营性设施。按照市场规律，经营性资产和私人产品的投资决策主要依据市场需求。而在城市基础设施的投资决策中，无论其是公共产品还是私人产品，也无论其是否为经营性设施，其投资决策的直接依据并不直接来自市场的需求，而主要来自城市的发展规划，即依据城市总体规划、城市阶段性经济社会发展规划的总体要求和发展目标而进行投资决策。即便是经营性私人产品的城市基础设施投资决策，也要在规划或者计划的指导下做出。这是因为城市基础设施的投资虽然在各个不同的系统或者领域中进行，但其服务的对象却是城市整体。只有服从整体的需要，城市各个基础设施的独立运转才能保证城市整体运转的协调。因此，服务城市整体发展的需要是城市基础设施各个系统投资决策的最直接依据。也正因为这个原因，有人提出在城市基础设施建设中"投资占三分、管理占七分、经营占十分，而规划则占十二分"。

城市总体规划和阶段性社会经济发展规划的制定依据则是城市发展不同阶段在空间布局、结构调整、经济发展、社会进步、对外交往等方面的特定需要，也是国家整体宏观政治经济形势发展在特定阶段的需要。但是从根本上讲，它们都是满足城市人民生产、生活不断发展进步的需要，都是城市能够可持续、稳定、和谐发展的需要。所以，在城市基础设施投资决策上，比起市场调节的作用，政府的作用更直接、更明显。

虽然随着市场机制在城市建设领域的引入，城市基础设施建设已打破了完全由政府包办的体制，有收益的基础设施的具体投资和运营可以交给企业运作，政府只需对公益性基础设施承担投资责任，但实际上，不论是企业投资还是政府投资，具体建什么项目、项目规模的大小、项目的服务范围等规划决策还都是由政府做出的，这也是政府在市场经济环境下主导作用的体现和要求。

2. 城市公共设施投资的决策程序

不同的投资主体，在城市基础设施投资决策中采取的程序不尽相同，但大体上都要经过选择、评估、审批的过程。选择主要是投资机会的选择，投资机会就是城市基础设施需求的变化，包括市场需求的变化和城市建设发展需要的变化所产生的投资需要。和一般投资者一样，城市基础设施投资主体首先要对产生的城市基础设施投资机会进行初步的选择和辨别，决定是否利用投资机会或者是否满足投资要求。然后，城市基础设施投资主体对投资项目进行可行性研究，并由企业内部或者独立的、有资质的研究部门做出相应的可行性研究报告。在形成可行性研究报告之后，由独立的、有资质的和权威的单位或者专家对可行性研究报告进行评估。最后，决策部门对可行性研究报告进行审批。

在投资制度安排上，政府作为城市基础设施的投资者，其投资决策程序在各国也不一样，但一般都按照一定的法律程序进行。大体上讲，各国政府在进行城市基础设施投资建设的时候，都和政府进行其他公共投资一样，先由负责城市基础设施管理和运营的职能部门或者委员会提出建议，经市政府讨论决策后，由行政主管或代理人（一般是城市基础设施管理部门的负责人）向市立法机关（如议会）进行预算报告，经议会讨论批准后，再由政府组织实施。

而企业的投资决策程序则分为两部分。企业进行公共设施投资的内部决策程序和外部程序。企业的内部决策程序完全按照市场规律要求，根据企业的章程要求，由投资决策部门进行投资评估之后，经过董事会的讨论进行投资决策。外部程序，则按照各地的政府管理制度，通过法律规定的招标投标程序和（或）申报程序完成投资的决策。

在我国，政府作为城市基础设施的投资者，其投资决策和政府的一般建设投资决策大体相同，主要是：主管职能部门根据实际需求提出项目建议，组织编写项目可行性研究报告，报建设主管和（或）宏观综合经济管理部门（现在一般为各个城市的发展改革部门）审批立项；城市基础设施主管职能部门组织项目的实施；发展改革部门在每年一次的人民代表大会上把相关建设项目统一向人民代表大会汇报，审议之后实施。我国的投资决策程序中还有一项重要内容就是审批权限的设置与投资项目的规模直接联系，即城市基础设施的投资决策权限同时受到建设规模和行政级别的限制。对于超过一定投资规模的投资决策需要报上一级政府审批。

在我国，企业作为投资者，其决策程序和一般市场国家的企业投资决策程序一样，都是首先经过市场调研，然后编制可行性研究报告，经过企业内部的董事会讨论通过，报政府建设主管部门和（或）宏观综合经济管理部门审批立项之后，由企业组织投资实施。

国务院 2004 年 7 月 16 日做出的《关于投资体制改革的决定》提出：要简化和规范政府投资项目审批程序，合理划分审批权限。按照项目性质、资金来源和事权划分，合理确定中央政府与地方政府之间、国务院投资主管部门与有关部门之间的项目审批权限。对于政府投资项目，采用直接投资和资本金注入方式的，从投资决策角度只审批项目建议书和可行性研究报告，除特殊情况外不再审批开工报告，同时应严格政府投资项目的初步设计、概算审批工作；采用投资补助、转贷和贷款贴息方式的，只审批资金申请报告。具体的权限划分和审批程序由国务院投资主管部门会同有关方面研究制定，报国务院批准后颁布实施。

十八大以来，我国对全面深化改革、加快转变政府职能提出了要求。国务院把简政放权作为全面深化改革的"先手棋"和转变政府职能的"当头炮"，采取了一系列重大改革措施，有效释放了市场活力，激发了社会创造力，扩大了就业，促进了对外开放，推动了政府管理创新，取得了积极成效。深入推进行政审批改革，全面清理和取消国务院部门非行政许可审批事项，不再保留"非行政许可审批"这一类别。严格落实规范行政审批行为的有关法规、文件要求，逐项公开审批流程，压缩并明确审批时限，以标准化促进规范化。深入推进投资审批改革，进一步取消下放投资审批权限。制定并公开企业投资项目核准及强制性中介服务事项目录清单，简化投资项目报建手续，大幅减少申报材料，压缩前置审批环节并公开审批时限，制定《政府核准和备案投资项目管理条例》。

3. 城市公共设施投资的决策内容

城市公共设施投资的决策内容和一般投资决策内容大体相同，都要对投资环境、需求和建设规模、经济、融资方案、不确定性和风险等进行评估和分析。但是对于城市基础设施中一些公共产品性较强的投资项目，在决策内容上会略有调整。例如：在投资回报和市场风险分析上，对纯公共产品的公用设施的投资，就无法进行市场价格的敏感性分析，也不再强调投资的财务回报。

（1）投资环境分析　和一般投资项目的投资环境分析一样，城市基础设施的投资环境分析，也要考虑政治环境、宏观经济、社会人文、技术条件等几方面环境条件的影响。

政治环境对城市基础设施投资的影响要比对一般投资项目的影响大些，因为城市基础设施项目投资与政府行为密切相关，特别是基础设施项目的招商人一般都是政府或国有公司，政治氛围及相关的政府信用度直接影响投资者的信心和判断。投资者需要特别考虑国家以及投资项目所在地的政治环境变动趋势，以及政府运作机制的变化趋势。

宏观经济因素直接影响城市基础设施项目的投资成本和投资收益，主要通过项目产品或服务的市场需求变化、经济增长率、社会基准折现率和融资成本等来影响城市基础设施项目的投资决策。

社会人文因素主要是指当地社会公众的消费心理和文化习惯对城市基础设施项目选择的影响，主要包括公众对基础设施项目服务、方式途径以及价格组合的偏好等因素。社会人文因素一般通过市场需求的变化来影响城市基础设施投资项目的选择。

技术条件主要考虑项目拟采用技术的成熟度、新技术应用的可行性和竞争性。对城市基础设施而言，由于其使用周期的要求，一般要尽可能地选择有一定超前性的先进技术；但并不是最先进的技术就是投资中优先考虑选择的技术。为保证稳定性和安全性，尽量降低投资风险，城市基础设施项目还是要以较为成熟的技术为基础。

（2）需求和建设规模分析　需求和建设规模分析主要包括：对需求现状的评估和预测，如对现有设施规模、能力的评估和需求量预测；现有供给预测，如在建的规模和能力预测，由此判断供需差额，以及市场的变动影响。在此基础上进行投资建设规模的分析和决定，包括建设规模和方案比较以及建设规模的确定。

（3）经济分析　城市基础设施投资的经济分析一般包括财务分析和国民经济分析两大类。

1）财务分析主要包括收入测算、成本估算、税费估算，资金筹措方案和成本分析，以及在项目财务现金流测算基础上，对项目盈利能力、清偿能力所进行的分析。

财务盈利能力一般分别采用全部投资内部收益率、自有资金内部收益率和资本金利润率三个指标来衡量，分别从项目本身、不同资金来源等角度进行盈利能力评估。

① 全部投资内部收益率。全部投资内部收益率主要衡量项目本身的盈利能力，反映的是各类资金组成的项目总投资盈利能力。计算指标是计算期内各年累计净现金流现值等于零时的折现率。将该折现率与行业基准收益率进行比较，如果内部收益率大于行业基准折现率，则该项目在财务上是可以接受的。

② 自有资金内部收益率。自有资金内部收益率，反映的是项目投资者投入的资本金的盈利能力。如果自有资金内部收益率大于投资者其他风险水平相当的项目收益率，则该项目对投资者是有吸引力的。自有资金内部收益率实际上反映的是自有资金的机会成本。

③ 资本金利润率。这个指标主要衡量项目资本金的可能收益情况。它是一个静态盈利指标，计算方法等于年利润除以资本金。

另外，财务盈利能力的指标还有静态和动态的投资回收期、总投资利润率等，根据需要选择应用。

财务清偿能力分析是经过财务盈利能力分析之后，对资金来源与运用平衡、资产负债情况、债务清偿能力指标进行的计算和分析，考察项目能否按照筹资安排及时、足额偿还债务融资资金。

财务清偿能力是融资方或其他债权人非常关心的财务因素，投资者为了能够顺利实现融资，并且对项目的盈利水平有确切的把握，自身也要对项目的财务清偿能力进行测算。

一般来讲，如果贷款偿还期或债权保障系数等财务指标不能满足债权人的要求，项目投资者就要在资本金结构、利润分配等方面进行调整。

2）国民经济分析是城市公共设施投资经济分析的另外一项内容。国民经济分析不同于财务分析之处在于，它是按照资源合理配置原则，即以微观经济学的边际成本和资源配置的帕累托最优为理论基础，从国民经济整体、从全社会整体或者从整个城市整体的角度考察项目效益和费用。计算主要采用影子价格、影子工资、影子汇率和社会折现率等经济参数，评价项目对国民经济的净贡献，评价项目的国民经济合理性。

由于城市公共设施所具有的公益性，通过国民经济分析可以更全面和准确地评价城市基础设施投资项目的经济效益，了解项目可能的正效益外溢现象。如果财务指标不理想，投资者通过国民经济分析可以为自己向政府寻求补贴。但对非政府投资者而言，国民经济分析一般仅仅起参考作用，项目财务分析结果才是决定其投资决策的最根本的依据。

（4）不确定性和风险分析　由于建设期和投产生产期间各种不确定性因素的存在，无论是需求预测、成本测算还是资金筹措，都存在不确定性。因此相对准确的投资决策分析还必须考虑这些不确定性的影响。不确定性财务分析方法主要包括盈亏平衡分析、敏感性分析和概率分析等。

城市公共设施项目投资分析常用的主要是敏感性分析，即选取建设投资、运营成本、产品/服务价格、客流量/车流量等作为自变量，考察这些变量的变动方向以及变动程度对项目投资经济分析结果可能的影响程度，评估经济分析结果随变量变化而发生的变动是否在可接受的程度以内。

项目投资的风险分析是对项目整体面临的风险所做的评估和预防措施设计。根据风险管理的一般要求，对项目投资可能遭遇的各种风险进行必要的分析，找出在项目计算期内可能影响项目生产和发展的关键性风险因素。在对这些因素进行专项分析之后，设计出规避风险的具体方法。风险分析通常包括风险识别、风险属性分析、风险值估算以及风险规避措施设计等。

（5）融资方案的分析比较　融资方案的分析比较包括融资组织形式选择（既有项目法人融资形式或者新设项目法人融资形式）、资金来源选择（自有资金、财政资金、信贷资金、资本市场资金、专业机构资金、个人或者国外资金等）、资金的筹措方式（资本金或者债务资金）以及各类融资方案的比较分析。

5.1.3　城市公共设施投资实施

1. 城市公共设施投资实施的过程

与一般固定资产投资实施过程一样，城市公共设施的投资实施一般经历项目前期、项目实施、项目验收与交付运营三个主要阶段。

（1）项目前期　项目前期阶段也就是项目的决策阶段。项目前期阶段主要完成项目的可行性研究及相关决策程序，成立项目法人，开始转入投资项目的具体建设实施。这个阶段的关键是投资者正确确定项目的投资规模和资金筹措方式。这个阶段决策的正确程度直接影响投资形成的最终效果。

（2）项目实施　在城市基础设施投资的具体形成中，也就是在项目实施阶段，主要完成工程勘察设计、材料设备采购和项目施工管理。这个阶段的关键是建设者的建设施工，监理者对建设质量、建设进程以及预算的监理。合理控制建设质量和进程、严格控制投资规模是城市基础设施投资实施取得良好效果的关键。在这个阶段，投资主体的主要责任是资金筹措保障。由于项目本身在这个阶段的现金流为负值，因此保障投资形成的关键是确保有充足的能满足投资进程需要的资金流入。

（3）项目验收与交付运营　城市基础设施工程项目建设完成之后，项目建设者要依照一定的程序向投资者提出验收申请。投资者按照一定的验收程序、验收标准和验收方法组织验收。建设项目通过验收之后，基础设施工程交付运营管理者投入运营使用。如果项目具有可销售性，则运营者在提供基础设施产品和服务的同时负责投资的回收。对投资者而言，这一阶段的关键是运营者的组织形式以及运营管理方式。不同的运营管理方式对项目正常运转产生直接的影响，也对投资的回收产生直接的影响。从投资管理角度看，这个阶段的另一项重要工作是对项目的后评估。通过项目后评估为类似投资积累投资经验，防范投资风险。

2. 城市公共设施投资实施的组织

不同投资主体和不同投资项目，其组织形式各有特点。但总体来讲，城市基础设施的投资实施都分别以投资者、建设者和监督者之间的相互关系而形成不同的实施组织形式。一般来讲，当城市基础设施投资决策形成之后，投资的具体实施主要由建设者承担完成，投资者和建设者之间以合同形式形成委托代理关系。城市基础设施投资一旦进入实施阶段，投资者和建设者之间契约关系的安排方式就是决定投资成效的关键。

在我国，传统上投资者和建设者之间往往并不是合同委托关系，而是一体化的关系，即投资者和建设者之间实际上是同级政府的不同职能部门。投资者、建设者和运营管理者往往混为一体，其结果是投资风险责任根本无法落实到具体的责任主体上。改革开放后，这种局面发生了较大变化，现在投资主体、建设主体之间已经开始通过市场化的招投标来形成用法律约束的委托代理关系，而且随着市场化进程的加快，投资者和建设者之间，投资者和运营管理者之间也都开始出现新的委托代理关系，比如投资者和建设者之间的代建制，投资者和运营管理者之间的信托管理等。

另外，在投资者和建设者之间形成委托代理关系的同时，投资者往往还要委托有资质的独立的第三方来负责投资实施的监督，即通过监理公司对建设者的投资形成就质量、进程和预算进行监督管理。在城市固定资产投资形成的实施中，无论投资者、建设者还是监督者，都要求是具有一定资本金的独立法人实体。

对于投资者，即便是完全由政府出资实施基础设施投资的，其主体也都以法人实体的组织形式、以业主的身份完成投资的具体实施。这个法人既可以由既有项目法人担当，也可以由新成立的项目法人担当。

目前，在我国城市基础设施的投资实施中普遍推行了项目法人责任制。除极少数以设施规模扩大和技术改造为主的非经营性公用设施的投资实施依靠现有法人单位承担以外，经营性城市基础设施建设项目都要按规定组建项目法人，项目法人对项目的策划、资金筹措、建设实施、生产经营、债务偿还和资产的保值增值实行全过程负责。在投资实施过程中全面推行招标投标制。

3. 城市公共设施投资实施的管理

城市公共设施投资实施的管理主要包括宏观管理、行业管理和项目管理三个层次，不同的相关主体根据不同的职责、采用不同的管理手段对城市公共设施的投资进行不同内容的管理。

城市公共设施的宏观管理主要由政府承担，管理的主要目标是根据一定时期城市总体经济社会发展的综合平衡原则，以及城市基础设施各个系统的协调与综合平衡原则，在宏观投资规模、投资结构和投资实施的时机上进行管理。管理的主要内容包括宏观投资规模、结构和投资效益的控制，而管理的手段主要是行政手段、财税手段和一定的法律手段。宏观投资管理是全社会固定资产投资制度的集中反映，世界各国都会对投资进行宏观管理，以控制投资对国民经济宏观运行的影响，避免产生通货膨胀，稳定宏观经济运行。在城市基础设施投资的宏观管理上，政府的作用主要体现在规划制定和市场准入方面，主要控制城市基础设施投资的宏观规模、结构和社会效益，以保证城市协调发展。

城市基础设施投资的行业管理一般由行业协会和（或）政府行业管理部门承担，管理的主要目标是城市基础设施所属各行业发展的各种技术标准、技术规范，包括各种定额的确定、各种经济技术指标的设置以及各种操作规范的确定等。城市基础设施行业管理是政府城市基础设施宏观管理的具体化，也可以被认为是政府城市基础设施投资宏观管理的细化。通过行业管理保证城市基础设施投资在投资决策、工程建设以及运营管理等方面的有效性和可靠性。

城市基础设施投资的企业管理一般也就是投资的项目管理，其目标是保证投资项目按照预定计划顺利实施，主要由具体的投资者、建设者以及监理者根据投资实施的各个阶段的内容和要求分别承担相应的管理任务。在项目管理上，政府的作用相对较弱，而主要由企业或者建设者完成管理工作。项目管理水平的高低直接影响投资实施的进程、质量和投资预算。

科学有效的项目管理，可以在严格的预算约束下，在合理的工期内优质高效地完成投资形成过程，尽早投入运营使用，提高投资效率。

5.1.4　常用投资方式

1. 政府直接投资

一直以来，公共设施项目的建设都是政府职能范围中的重点工作之一，也是国家税收投入最主要的方向之一。因此，大多数国家与地区的公共设施建设都以政府直接投资作为资金的主要来源。当然，在有预算且合理安排的情况下，政府直接投资对资金的到位保障也是最强的。另外，由于财政资金的投入是不计回报的，因而对于不具备收费机制的公益性公共设施项目，重点安排财政资金投资进行建设。

2. 地方政府债券

地方政府债券，又称地方债、市政债券（municipal bond），是发达国家普遍采用的负债融资管理方式之一，它具有双重创新特性，既是财政管理与债务管理制度的创新，也是金融市场与金融工具的创新。地方政府通过制度创新，逐步完善债务管理方法和债务流转机制，有利于规范运作地方政府债务，深化财政管理制度改革。

我国金融市场内在的结构缺陷是货币资金市场相对发达而资本市场不发达，而且在资本市场中，股票市场发展迅猛、债券市场发展相对滞后。在发达国家作为重要金融工具的地方债券，在我国尚不成熟。因此，地方债务的证券化，是地方政府完善地方经济管理与服务职能的举措，也是财税体制改革和金融市场发展的客观趋势。

目前我国各地方政府要求开放地方政府债券的呼声很高，广东省 2004 年出台的《关于大力发展广东资本市场的实施意见》（粤府〔2004〕66 号）中就明确提出要积极培育和发展债券市场，争取国家有关部门的支持，在珠江三角洲进行市政建设债券和地方政府债券发行试点，为加快珠江三角洲地区城市群公共设施建设开拓新的融资渠道。

3. 银行贷款

通过银行信用的渠道，以贷款的形式从商业银行筹措资金是市场经济条件下一种最基本的融资方式。采用银行贷款进行融资的好处是资金来源充裕，在满足贷款条件的情况下获得贷款的保障性较高，贷款周期可以根据项目的实际需要或长或短，还款方式相对比较灵活，有一定的弹性，且总体来说融资成本不高。使用此方式融资须解决的关键问题是贷款的担保条件，如果项目自身的盈利能力不强，采取项目融资的可行性很小，则必须提供额外担保的方式作为还款保证。

在我国，政府机构不能直接向银行贷款，只能通过成立国有公司向银行贷款，但由于国有投融资公司的资产基本以无盈利能力或盈利能力较差的市政公共设施类资产为主，资产可抵押性不强，偿还贷款的主要资金来源还是政府财政拨款。在国内银行逐步上市、商业化，银行对贷款的审批条件逐步规范的情况下，国有投融资公司从商业银行获得贷款的能力正逐渐变弱。

4. 保险资金

公共设施项目的经济特性是投资额大、投资周期长、收益稳定，这与保险资金特别是寿险资金、养老基金等的投资需要相匹配。在发达国家，由于保险市场起步早，积累时间长，保险资金总量庞大，因此保值增值的需求很强烈。保险资金的投资应符合安全性、流动性、收益性这三个原则，在遵循安全性原则的前提下以求取更多的收益，同时应保持一定的流动性以应付日常开支和保险赔付。投资证券市场风险较高且很难找到与保险资金负债特点较为匹配的长期的投资产品，保险资金再投资的压力和风险较高。在这种情况下，采用多元化的投资组合策略成为保险业增加收益、规避风险的重要手段之一，分配一部分资产、选择投资公共设施项目成为不错的选择。

随着我国保险业的快速发展和保险市场的逐步放开，保险资产总规模在不断扩大，但从目前国内保险资金可购买的投资产品来看，除银行存款和债券外，其他品种的期限都较短，寿险资金很难找到与负债性质相匹配的投资产品。因此，保险业内对于允许保险资金间接投资公共设施项目的呼声由来已久。

经过多次业内征求意见，保监会于 2006 年 6 月 14 日正式颁布了《保险资金间接投资公共设施项目试点管理办法》（简称《办法》）。《办法》规定，保险资金投资公共设施项目，须通过委托人将其保险资金委托给受托人，由受托人按委托人意愿以自己的名义设立投资计划进行投资。

5. 信托资金

信托资金投资公共设施项目是指单个或多个投资者通过信托公司发行的信托计划将其资金以贷款或股权投资的方式投入公共设施项目中去。

利用信托方式投资公共设施项目的优势有以下两点：

1）投资形式灵活。信托公司是能够同时投资资本市场和实业项目的金融机构，因此能够以股权投资的形式参与公共设施项目，这满足了投资者对不同风险等级的投资产品的需要。

2）风险隔离机制。信托资产独立于信托公司资产而存在，能够实现信托资产与信托公司的破产隔离。

在国外的发达市场中信托因为其灵活性而被广泛地使用在公共设施项目建设投资中，但在我国，由于信托法律法规制度建设的相对滞后，利用信托方式投资公共设施项目还存着以下一些障碍：

1）单个投资计划金额过高，发行规模受限。《信托投资公司资金信托管理暂行办法》第六条规定，信托投资公司集合管理、运用、处分信托资金时，接受自然人委托的数量不得超过 50 人，且对自然人的资金实力有很高的要求，这样就人为地制造了投资门槛，使得信托计划的发行规模受到限制。

2）缺乏有效的流通机制。目前国内信托投资规模正在不断扩大，但是依然缺少稳定的二级流通市场和有效的交易促成机制，投资者购买的信托投资计划变现能力较差。二级市场发展速度的滞后也在一定程度上影响了一级市场的进一步扩张。

3）融资成本高。信托贷款的利率须按照中国人民银行规定的基准贷款利率准则执行，且通常情况下较同期银行贷款利率更高，信托贷款在融资成本上没有优势。

5.2　城市公共设施融资

5.2.1　城市公共设施融资渠道

总体上看，城市公共设施的融资渠道主要包括财政融资和市场融资两大类。

1. 财政融资

传统上，建立在公共产品理论之上的城市公共设施投资融资理论认为，所有的城市公共设施都是公共产品，所有的城市公共设施行业都是不可经营的行业，所有城市公共设施提供的产品都是不可销售的。因此，在传统观念指导下，政府成为城市公共设施的唯一投资者，而财政资金则是城市公共设施融资的唯一渠道。

现在，世界各国城市公共设施的融资渠道都随着投资主体的多元化而大大扩展，表现出多样化特点。但是，由于城市公共设施中仍然有纯粹的公共产品，仍然有不可销售的公共设施，仍然需要政府这样能够通过自身力量迅速筹措大规模资金的投资者以满足城市公共设施建设需要。所以，财政融资仍然是城市公共设施融资渠道的重要组成部分。

财政融资渠道的资金来源包括各级政府预算内收入、预算外收入、政府间转移支付和其他收入。在我国，政府预算内收入的主要来源是本级财政的各种税收收入、国有企业收入、债务收入以及部分纳入预算管理的非税收收入。

预算外收入主要包括地方财政部门的预算外收入以及行政事业单位经营的各项预算外收入。

政府间转移支付主要是指对地方政府的补助、各类专项拨款税收返还、增量规范转移支付部分等。其中最常见的是国家预算内投资，即国家发展和改革委员会等部委安排的财政预算内基本建设资金。

在我国，财政融资渠道的资金经历了数量由少到多，渠道由单一到多样化，以及来源由不稳定到逐步稳定并以税收形式确定下来的过程。但是，相对于城市公共设施的融资需要而言，财政融资渠道的资金筹措能力依然无法解决城市发展和城市公共设施建设中巨大的资金缺口问题，而且城市公共设施财政融资渠道的稳定性还大大受制于国家财税体制的变化。不过，到目前为止，财政融资依然是城市公共设施最基本的融资渠道。

2. 市场融资

相对于财政融资，城市公共设施的市场融资渠道相对较宽。从广义上讲，除了财政融资和投资者自有资金以外，任何通过市场方式获得资金的渠道都是市场融资渠道。但实际上，城市公共设施的市场融资主要包括银行信贷资金和资本市场资金两大类，还可以利用外资。

（1）银行信贷资金　在我国，银行信贷资金包括各政策性银行及商业银行对城市公共设施项目建设的贷款。大量地利用银行贷款进行城市公共设施建设是各地普遍采取的措施。由于城市公共设施大多并没有完全走向商业化和市场化，因此有些项目可以享受国家开发银行的政策性优惠贷款，政策性优惠贷款通常作为城市建设项目申请银行贷款的首选。

国家开发银行正式成立于1994年，成立时是国务院直接领导的政策性金融机构，重点向国家公共设施、基础产业和支柱产业项目以及重大技术改造和高新技术产业化项目提供货款，为我国城市公共设施建设提供了资金支持。2008年，国家开发银行正式改为股份有限公司，坚持开发性金融发展方向，通过开展中长期信贷与投资等金融业务，为国民经济重大中长期发展战略服务。其主要任务是筹集和引导社会资金，以融资推动市场建设和规划先行，支持国家公共设施、基础产业、支柱产业以及战略性新产业等领域发展和国家重点项目建设，促进区域协调发展和城镇化建设。

商业银行贷款就是从商业银行获得的短期或中长期贷款，主要有信用货款和担保贷款两种贷款方式。在城市公共设施融资中，当投资项目规模较大时，融资方还可以从由数家银行联合组成的银团获得贷款资金。

银行贷款是城市公共设施建设资金的重要来源之一，而城市基础设施项目贷款往往又在银行的贷款总量中占据重要比例。相对而言，大中城市，特别是具有国际或区域经济中心地位的大型城市往往比较容易得到银行的贷款。

（2）资本市场资金　一般把期限超过 1 年的资金融通活动总称为资本市场融资，其中也包括 1 年期以上的银行贷款。资本市场的融资就是通过资本市场发行股票或者债券进行权益融资和债务融资。在城市公共设施的融资中，一般用较为狭义的资本市场概念，即主要涉及股票市场和债券市场。

资本市场最重要的功能是实现社会资本资源的优化配置。资本市场通过价格信号机制，把资本引向最能发挥资本效益的地方。同时资本市场也促进了资本的社会化和公众化，通过资本市场可以在很短时间内集聚大量的投资资金满足建设的需要，而且在市场机制下，通过分散化决策，资本市场还大大分散了大规模投资可能带来的风险。此外，资本市场能够为融资者提供多种多样灵活的融资方式。从城市公共设施投资项目的性质看，可经营性公共设施行业以及销售性较强的公共设施项目，一般比较容易在资本市场上获取资金。因此，完善健全的资本市场是城市公共设施融资的稳定渠道。

在我国，近年来资本市场也得到了快速发展，已经初步形成了涵盖股票、债券、期货的市场体系，资本市场已经开始成为我国城市公共设施融资的重要渠道，已经为城市公共设施的建设提供了大规模建设资金。

（3）利用外资　利用国外资本，如利用国际金融机构的资金，是城市公共设施的另一个重要融资渠道。一方面，一些国际金融组织本身就是以帮助发展中国家完善公共设施、摆脱贫困为宗旨的，还有一些政府间贷款是以国际政治的需要而对发展中国家进行的资助性金融支持；另一方面，由于发达国家市场规模的限制，目前世界上存在大量寻求获利机会的资本。因此积极利用国外资金是城市公共设施融资中一个重要的渠道。

利用外资主要包括权益融资和债务融资，从形式上讲，它们也可以归于市场融资的范畴。利用国外资金的渠道主要包括外商投资、利用国外贷款和利用国外资本市场三种方式。其中外商投资主要是外商直接投资（FDI）。利用国外贷款主要包括外国政府贷款、国际金融组织贷款和国际商业贷款等。利用国外资本市场就是在国外股票市场对外发行股票和在国外债券市场对外发行债券。

1）外商直接投资。外商直接投资主要是指外商以全部或部分取得经营管理权的方式而直接投资于城市公共设施建设。在我国，外商直接投资的组织形式包括中外合资经营企业、中外合作经营企业和外商独资经营企业。在我国，随着改革开放的不断深入，城市公共设施领域的投资也经历了从禁止外商进入到逐步对外商开放的过程。目前，随着我国加入世界贸易组织，城市公共设施领域项目大多数都已经对外开放。

2）外国政府贷款。外国政府贷款是指外国政府向我国政府提供的长期优惠贷款，又称政府信贷，其性质属于政府间的开发援助。政府贷款政治性强。我国目前利用的外国政府贷款主要有日本能源贷款、美国国际开发署和加拿大国际开发署提供的政府贷款，以及法国、德国等国的贷款。此类贷款一般投入借款国非营利的开发项目，如交通、能源等项目，或者是贷款国的优势行业，有利于该国出口设备。

3）国际金融组织贷款。国际金融组织贷款主要是国际货币基金组织、世界银行、亚洲开发银行贷款，但国际货币基金组织贷款只用于弥补国际收支逆差，而不用于项目建设，因此城市公共设施建设利用国际金融组织贷款主要是来自世界银行和亚洲开发银行。世界银行贷款一般对项目放贷。对于贷款项目的实施，世界银行要求实行国际竞争性招标，对项目的评审也比较严格，其目的是使发放的贷款对借款国真正发挥作用，促进发展中国家经济的平衡发展。世界银行贷款的主要对象为：农业和农村发展、环境保护、交通、能源、基础工业及社会事业。亚洲开发银行贷款的使用及条件与世界银行贷款类似，只是偿还期和利率稍有差别。

4）国际商业贷款。国际商业贷款是指我国在国际金融市场上以借款方式筹集的资金，主要指国外商业银行和除国际金融组织以外的其他国外金融机构贷款。这类贷款方式灵活、手续简便，使用不受限制。贷款利率完全由国际金融市场资金供求关系决定，不能享受前述各种非商业贷款的优惠条件。由于利率高，还款期短，故风险比较大。若项目经济效益不高、偿债能力不强，就会发生债务危机。我国通常是在项目使用政府贷款和国际金融组织贷款仍不能满足项目的外汇需要时，再借入一部分国际商业贷款，或者在项目的短期资金缺乏时借入国外银行的短期贷款以弥补资金的不足。

5）对外发行股票和对外发行债券。发行股票的资金成本较高，同时当股份达到一定比重后，会影响到我国公共设施企业的权益，因而它的发展受到一定的限制。发行债券的初期，组建机构复杂、信誉评级低、债券利率较高，并且债券有固定的到期日，还要定期支付利息，当债券发行到一定程度、负债比率超过一定限度后，会带来很大风险。

在我国，在经济发展和腾飞的初期阶段，积极引进、合理利用外资是弥补国内资本不足的重要途径。当经济发展到一定阶段之后，国民储蓄达到足够水平，资本短缺已经不是吸引外资的唯一原因。但和其他领域一样，在城市公共设施领域积极吸引国外资金不仅可以补充国内建设资金的不足，而且有利于引进先进的技术和管理方法，提高城市公共设施建设和管理的水平。

5.2.2　城市公共设施融资方式

一般要通过具体的融资方式或者融资工具才能从可能的渠道获得资金。目前，可用于城市公共设施的融资方式主要包括以下几种：

1. 自有资金

对于城市公共设施融资，以既有项目法人为投资主体进行投资时，自有资金是其融资方式之一，自有资金是投资者的非债务性资金，在投资宏观管理中，也是对项目资本金的要求内容。

这种融资方式对既有项目法人而言比较简单，自有资金主要是企业包括资本公积金在内的各种税后未分配利润或待分配利润，对新增项目而言主要是指资本金。

对于政府投资者，自有资金主要包括本级财政所取得的非债务性收入。在我国可直接用于城市建设的政府自有资金来源主要有以下几种：

1）城市建设维护税。从增值税、营业税和消费税中按一定税率征收。目前，纳税人在市区的按7%，在县城、镇的按5%，在市区、城镇之外的按1%。

2）公用事业附加费。地方政府按水、电、公共交通、煤气和市内电信等营业额的5%征收。

3）城市国有土地出让收入。国有土地有偿使用收入包括土地出让金和土地收益金，主要用于城市建设和土地开发。

4）财政专项拨款。由中央政府定额拨付地方政府用于城市公共设施建设的专款，其中包括国家预算内用于城市公共设施的基本建设投资。

5）地方可支配财力中的专项资金。

6）地方政府的一些收费，包括各种配套费、使用费和排放费等。

2. 银行借款

银行借款是负债融资方式。银行借款方便迅速，具有很大的灵活性。不同的利率、偿还方式和期限提供了众多不同的借款组合。在税收方面，由于利息可以从纳税基数中扣除，再加上其自身的杠杆效应，所以对企业有很大的吸引力。但过多借款会使企业过分依赖于银行，在信贷条件上还有许多的附加限制性条款，使企业受银行的控制。

银行借款包括借款期在 1 年以下的短期借款，1~5 年的中期借款和 5 年以上的长期借款。在城市公共设施的融资中，各种期限的借款都可能发生。一般而言，短期借款主要用于短期流动资金的补充，而中长期借款则以资本形成为主。投资者根据不同的需要和借贷成本综合考虑选择合适的借贷品种。银行借款的偿还可以来自项目收益，也可以来自其他方式。

利用银行借款进行融资手续比较便利，融资成本相对低廉。但是在市场化条件下，借款融资存在利率风险和汇率风险。

3. 发行债券

（1）债券市场　债券市场是资本市场中发债者向债券购买者进行债券发行和转让的地方。城市公共设施利用债券市场融资就是城市公共设施的投资者通过债券市场发行债券而筹措投资资金。债券是发行人向持有人按票面利率支付利息，到期无条件偿付的凭证。债券融资的主要成本是发行费用和按债券票面利率、期限支付的资金使用成本。

按照流通方式，债券市场包括一级市场和二级市场。投资者直接发行债券的市场称作一级市场，债券持有人进行债券转让交易的市场称作二级市场。按照债券发行主体的不同，债券分作政府债券和企业债券，其中政府债券又分国债和市政债券；按照债券购买者的不同，债券发行又分为面向机构发行的债券和面向个人发行的债券。

城市公共设施可以利用债券市场发行债券进行城市公共设施融资。这种融资方式的优点：

1）可以降低资金融入的成本。由于城市公共设施属于公共产品，具有收益稳定但收益率较低的特点，因此融入的资金必须成本低廉。而相对于股票融资而言，债券融资的成本较低，因此依靠发行债券进行融资能满足城市公共设施建设的低成本要求。

2）可以保持政府对城市公共设施的有力控制。无论是为了防止私人机构利用城市公共设施行业的自然特性损害消费者利益，还是为了保持政府在公共产品供给中的控制地位，都要求政府作为城市公共设施的主要投资者，而利用发行债券进行融资无疑是一个既可以获得所需资金，又保持了政府控制权的好办法。

3）可以使资金运用效率得到提高。利用债券市场为城市公共设施建设融资之后，可以使公共设施的建设、运营、管理受到更多的监督，具有更高的透明度。所筹资金的运用将比较公开，因此会增加资金使用者的压力，从而促使资金得到更有效的利用。

4）可以吸引更多的投资者和新的投资阶层。对于投资者而言，他们需要各种风险和收益水平的投资品来满足自己多样的偏好。债券投资具有风险低、收益稳定的特点，适合低风险偏好的投资者进行投资。

在国外，尤其是在债券市场发达的美国和欧洲，债券投资者大量存在。在我国，经过改革开放以来几十年的积累，很多居民已经具备了个人投资能力，但同时居民的投资观念比较保守，多数人不愿意为高收益而冒高风险，以政府信用为基础的债券为他们提供了一个方便的选择。

（2）政府债券　目前，国外以城市公共设施建设投资为主要目的而发行的政府债券主要是市政债券（municipal bond）。市政债券也称地方政府债券，它是指由有财政收入能力的地方政府或其他地方公共机构发行的债券，是政府债券的一种形式。

在美国，市政债券大致分为一般责任债券（general obligation bond）和收入债券（revenue bond）两大类。二者的区别之处在于：前者通常以发行人的无限征税能力为保证，后者的发行人以经营所融资的项目取得的收入作为对债券持有人的抵押；同时，一般责任债券并不与特定项目相联系，其还本付息得到发行政府的信誉和税收支持，而收入债券与特定项目相联系，其还本付息来自投资项目的收入，因此风险要高于一般责任债券。收入债券的类型有许多，如机场债券、专科学校和大学债券、医院债券、独户抵押债券、多户债券、行业债券、公用电力债券、资源回收债券、海港债券、学生贷款债券、收费公路和汽油税债券、自来水债券等。

与其他金融工具相比，市政债券一般具有以下几个特点：

1）安全性高。一般认为，市政债券的安全性仅次于国债。在普通投资者心中，市政债券的发行者（即地方政府）的信誉往往高于一般公司。地方政府有税收作为保障，同时也容易获得保险公司的保险。

2）流动性强。由于信誉良好、安全可靠，市政债券在场内和场外的交易都比较活跃。市政债券持有人在需要的时候比较容易找到买卖的机会。

3）早赎特征。早赎即允许市政债券发行人提前赎回部分或全部债券，以减少利息支出。早赎通常有三种情况：一是选择权早赎，即允许发行人按照债券合同的规定选择是否在到期日之前偿还部分或全部原始借款；二是因强制性偿债基金而被赎回；三是在发生意外的情况下提前赎回债券；四是期限的系列性。系列性是指发行的一种债券要分为几种不同的期限，它实际是政府分期还债的一种方式，这种做法与大多数公司债券和国债不同。市政债券大部分都是系列债券，这主要考虑到发行时和使用中都会产生资金沉淀，而沉淀的资金存在被贪污挪用等风险；五是可以免交所得税。在很多国家，投资于市政债券的利息收入都不必缴纳所得税。因此，在票面利率相同的情况下，市政债券的实际收益率大于其他债券。这使得债券对那些投资大户的吸引力很大，也使公共设施建设的融资成本降低。

市政债券作为筹措城市公共设施建设资金（地方政府融资）的工具之一，其有效性在美国、日本、加拿大以及许多欧洲国家已经得到了充分验证并为越来越多的国家所认可。2013 年，中央城镇化工作会议提出，建立健全地方券发行管理制度。目前，我国的市政债券已在上海、广东、浙江等地区选行试点，但尚未大规模铺开。

（3）公司债券　城市公共设施建设的融资单位是以公司形式出现时，还可以利用对外发行公司债券的方式进行融资。当地方政府没有权利发行市政债券时，发行公司债券是一个可行选择。公司债券是公司发行的一种债务契约，公司承诺在未来的特定日期，偿还本金并按事先规定的利率支付利息。公司债券可分为记名公司债券和不记名公司债券，参加公司债券和非参加公司债券，可提前赎回公司债券和不可提前赎回公司债券，普通公司债券、改组公司债券、利息公司债券（也称为调整公司债券）和延期公司债券，等等。按发行人是否给予持有人选择权分为附有选择权的公司债券和未附选择权的公司债券。

与其他类型的公司债券相比，为城市公共设施建设融资而发行的公司债券也有它的特殊之处。一方面，它的发行主体多为城市公共设施建设部门组成的公司，所融资金主要用于城市交通、供电供水、文化教育、医疗保障等方面。另一方面，这种公司债券的收益十分稳定，收益率适中，适合风险偏好较低的投资者。此外，这种公司债券除了可以用公司资产作为抵押外，还可以寻求担保。在国外，有时地方政府甚至可以用自己的税收作为担保。城市公共设施项目利用公司债券融资的发行程序与普通公司债券差异不大。对于新增项目法人，首先以政府出资或联合出资的方式，为需要筹资的城市公共设施建设部门或项目成立专门的公司，公司资产由具体的城市公共设施建设部门的资产或项目组成。然后，再以公司的名义申请发行债券，并以公司资产作为抵押或寻找担保。筹资后，发行公司按约使用资金，并履行到期还本付息的义务。

（4）国外城市公共设施利用债券市场进行融资概况　市政债券和公司债券这两种公共设施建设融资方式在发达国家都曾经得到广泛运用。以美国为例，美国拥有世界上规模最大、最发达的债券市场。在第二次世界大战后美国市政债券规模迅速扩张，可以说，美国成功的公共设施融资是依赖于其发达的市政债券市场而实现的。至 2014 年底，美国市政债券的存量为 37 万亿美元，占美国债券市场总规模的 9% 左右。

和发达国家相比，发展中国家由于经济发展水平低、债券市场不完善、法律制度框架不完整、中介机构发展不规范等原因，其地方政府利用债券进行公共设施建设融资受到限制。尽管印度尼西亚、菲律宾、南非等发展中国家也在效仿美国的经验对此进行尝试，但发达国家和发展中国家的差距一时间是难以消除的。例如：发达国家发行债券的品种丰富，主要目的是满足地方政府事业发展的需要，有少量是用于弥补地方财政赤字；而发展中国家主要是发行收益债券，用途仅限于道路等一般公共设施的建设。

4. 发行股票

发行股票也是各国城市公共设施建设的一个重要融资渠道。在发达国家，股票市场是资本市场中最活跃的组成部分。在发展中国家，资本市场虽然还不是十分健全，但股票市场也已经是城市公共设施融资的重要渠道。

利用股票市场进行城市公共设施建设融资主要有两种方式：一是发行普通股；二是发行优先股。

（1）普通股　普通股是企业为了筹措长期资金而发行的没有固定股息和任何优先权的有价证券，它包括无投票权的普通股、创始人股、递延普通股、无面额股和有面额股。

发行普通股的优点有：可以通过增加股东来分散风险；可以调动更多人参与经营活动的积极性；不必支付固定利息；发生亏损时，普通股必须首先用于补偿亏损，故可以提高发行者的信誉，增强从银行取得贷款的能力。

发行普通股的缺点有：分散了资产的部分所有权；丧失了对重大经营问题的部分控制权；发行费用较高，增加了融资成本；普通股是权益资本，不是债务资本，所以股息不能作为企业费用而享受税收优惠。

（2）优先股　利用股票市场融资都会面临控制权流失的问题。而对于地方政府而言，掌握城市公共设施的控制权是至关重要的事情。在不丧失对公共设施的控制权的前提下，满足城市公共设施建设巨大的资金需求，优先股是一个较好的选择。

优先股是指优先于普通股股东分取收益和剩余资产的股票，是一种兼有股票和债券双重属性的混合性证券。它可以分为资产优先股和股息优先股、可调换优先股和不可调换优先股、参与优先股和非参与优先股、有表决权优先股和无表决权优先股、有保证优先股和无保证优先股等。

与普通股相比，优先股的具体特征表现为：

1）股息确定（一般高于公司债券利率），收益性相对稳定，具有调节股东之间利益分配的杠杆作用。

2）公司在利润分配时优先获得股息，公司破产清偿时优先分配剩余财产。优先股持有人可以先于普通股股东获得破产清偿。

3）无期限的相对性。大量优先股发行时都附有收回条款，它使得公司的资本结构具有弹性。公司收回优先股的方式包括直接收回优先股、设立偿债基金收回优先股、按既定条件转换为公司普通股或债券等。

4）股东的决策参与权受限制。优先股股东一般情况下没有表决权，虽然有些优先股持有人也会被赋予公司的决策参与权，但有一个数量限制问题。

5）在长期的优先股融资实践中，演化出了很多类型，为公共设施项目根据具体情况设计灵活的融资方案提供了可能。其中累积优先股是发行量最大、最普遍、最典型的优先股类型，它是指在某个营业年度内，如果公司所获的盈利不足以分派规定的股利，日后优先股的股东对累计未付的股息有权要求如数补给。当公共设施采用这种方式融资时，建设期间的股息可以积欠下来，在项目建成盈利后再补发。

由于优先股融资的最大优点是较普通股收益稳定、风险小，因此比较适合风险偏好低的投资者，有广泛的市场基础。采用优先股，有利于拓宽普通居民投资者和公共设施项目之间的直接投资渠道。

5. 设立基金

投资基金（以下简称基金）是本着利益共享、风险共担原则，通过信托、契约或公司的形式，通过发行基金证券将众多分散的、不确定的个人或机构投资者的资金募集起来形成一定规模的信托资产，由专业投资管理者进行投资运作的财产法人。

基金可分作产业基金和证券基金两大类。产业基金通过对项目的直接资金投入而进行直接投资，但通常并不取得项目的经营权。证券基金主要通过对有价证券的投资而取得投资回报，对城市公共设施融资而言属于间接融资。

与城市公共设施建设有着紧密联系的基金有以下几种：股票收入型基金、公用事业基金和免税债券基金。

股票收入型基金主要向高等产业、公用事业和自然资源业等行业的股票投资。多数情况下，尤其是整个市场处于萧条状态时，股票收入型基金仍能提供高于通常水平的收益。由于股票收入型基金更多关注的是股息而非资本增值，而城市公共设施建设又恰好具有收益长期稳定以及高股息回报率的特点，因此城市公共设施建设领域的投资非常适合采用这种方式。

公用事业基金必须将其至少 65% 的资产投资于诸如市政公共设施等公用事业类股票，

另外的 35% 则可以投资于其他行业的股票。城市公共设施建设类公司发行的股票是一种典型的公用事业股票。公用事业股票一般有较高的收入，而且股息往往会随着时间而增长，同时受经济运行的影响比较弱，总体来看，这类股票的波动幅度只有日常整体水平的一半。不过在过去的几十年里，很多公用事业股票的投资安全性已经大大降低，有些股票甚至因遇到了严重的困难而不得不减少股息，因此人们偏好于用混合基金来减少投资单一公用事业股票带来的风险。

6. 公共设施信托融资

公共设施信托就是委托人将自己合法拥有的财产委托给信托公司，由信托公司以自己的名义按委托人的意愿或按双方的约定进行公共设施建设和经营方面的投资。常见的公共设施信托有公共设施建设抵押贷款信托、公共设施项目建设担保贷款信托、融资租赁和公共设施收益权信托。各类城市公共设施几乎都可采取这种融资方式。对经营性公共设施，信托公司的回报来自这些公共设施的收费收益；而对于非经营性公共设施，信托公司的回报主要来自政府的补贴。

5.2.3　城市公共设施融资方式选择

随着城市公共设施投资市场化的不断深入，城市公共设施的投资主体越来越多元化，融资方式也越来越多样化。这一方面大大拓展了城市公共设施建设的资金渠道，也更加稳定了城市公共设施的资金来源，但同时也对投资者选择适当的投融资方式提出了更高要求。因此，如何根据城市公共设施各系统自身的技术经济特征，在多种多样的融资方式中选择合适的融资方式，确定合理的融资方案，成为投资决策重点考虑的问题。

1. 行业属性对融资方式的要求

从行业经济学特性上，可以把城市公共设施所属行业分为可经营性公共设施和不可经营性公共设施。这种分类的理论基础是城市公共设施所提供产品的公共产品特性以及相应的可销售性。城市公共设施产品的可销售性决定了城市公共设施是否适合市场化，能够实现多大程度市场化。相应地，市场化程度的高低则决定了城市公共设施进行市场化融资可能性的大小。

城市公共设施可销售性是指产品或服务能够进入市场进行买卖的潜力和可能性，也是公共设施能够由私人部门通过市场机制提供的可行性。城市公共设施可销售性评估的理论基础是新古典经济学关于市场失灵的相关理论，包括公共产品理论和外部性等。

克里斯蒂·凯西德（Christine Kessides）在《公共设施提供的制度选择》中首先提出了可销售性理论，他根据判别公共产品的两个特性，即非竞争性和非排他性，判别行业的规模经济、沉淀成本和协调性三个指标，并把外部性和社会目标作为一个指标，一共提出六个指标，按照高中低三个分值进行城市公共设施可销售性评判。

按照这个评判标准对城市公共设施的可销售性进行评估，按照类似的理论和方法，世界银行在《1994 年世界发展报告》中，也对公共设施的可销售性进行了评估。世界银行所使用的指标包括：竞争潜力、货物和服务的特征、用使用费弥补成本的潜力、公共服务义务和环境的外部性。

按最高 3 分，最低 1 分，世界银行认为，得分在 1.8 以上的都可以采用市场化的方式进行运作。结果：城市的垃圾收集市场化程度最高，得 2.8 分；污水分散处理得 2.4 分；污水集中处理得 2 分；公共汽车获得 2.2 分。除了城市道路是 1.2 分外，绝大部分公用设施都在 1.8 分以上，都可以用市场化来推进。电信和能源类大多数都有很高的可销售性，而由于定价困难，私人部门参与市内道路经营的可能性最小。这个结论和克里斯蒂·凯西德的研究结果十分接近。

同时，世界银行还对公共设施的改革按不同的分类提出了改革建议，因此，不同行业的技术经济特征对行业自身的融资方式将产生直接的影响。首先，公共产品特性、可销售性以及外部性的强度直接决定了投资主体的产生。对于公共产品程度高、可销售性差、具有较强外部性的公共设施，显然政府是主要的甚至是唯一的投资主体。而政府作为城市公共设施的投资主体，其融资方式将主要受制于政府本身的政治约束、行政约束和财政约束。相反，公共产品程度低、可销售性好而外部性弱的城市基础设施完全可以按照市场机制产生相应的市场投资主体，其相应的融资方式则完全遵循市场规律的约束。对于介于二者之间的城市公共设施则以政府和其他投资者合作的方式比较适宜，而相应的融资方式也将主要受市场规律的约束。

2. 内源融资与外源融资

从本质上讲，所谓投资是投资者为了获取未来预期收益而将当前可以用作其他消费的资源转化为资本的行为，而融资则是把可转化为资本的各种资源引入投资项目的过程。从投资主体来讲，融资方式只有两种：一是投资者自身拥有所有权和使用权的各类资本，或者可以资本化的各类资源；二是投资者可以使用但不具有所有权的各类资本。前者可称为内源融资，而后者则可称作外源融资。内源融资是经济主体（公共设施项目中往往是政府或项目公司）通过一定的方式在自身内部配置各种资本或者资金的过程。对于企业是各种形式的未分配利润，而对于政府则主要是各种自有资金的分配。外源融资是筹资者向自身以外的不同资金持有者进行资金融通的行为，它指向社会筹集资金，主要方式有银行借款、股票、债券、商业信用融资等。

按照筹资者与投资者之间的经济关系，融资可分为直接融资与间接融资。

直接融资是指资金短缺单位（最终借款人）直接向盈余单位（最终贷款人）发行（出卖）自身的金融要求权，其间不需要经过任何金融中介机构。或虽有中介机构，但有直接契约关系的仍是资金短缺单位和盈余单位，双方是对立当事人。

间接融资是指盈余单位和资金短缺单位无直接契约关系，双方各以金融中介机构为对立当事人，即金融机构以发行间接证券的方式发行（卖出）自身的金融要求权，从盈余单位吸收资金，并利用所得的资金以贷款、贴现等形式，或通过购买资金短缺单位发行的直接证券，来取得（买进）对资金短缺单位的金融要求权。

内源融资、外源融资对不同的投资项目有不同的要求。对于新项目和大型扩建、改造项目而言，单纯依靠内源融资不可能满足投资规模的需要，大多数情况下都是内源和外源融资的结合，而且外源融资往往占据重要比例。对于有稳定回收的城市公共设施投资项目，外源融资相对容易一些。相反，对于回收不容易的，或者可销售性较差的城市公共设施，就项目本身而言，其外源融资相对较为困难。

但是，相对于不同的投资主体，内源融资和外源融资的选择也不相同。对于信用评价较高、有稳定和足够规模收益的投资主体，内源融资相对容易，而外源融资也很便利。相反，对于信用等级较差、自身资本规模和经营收入都不稳定的投资主体，在取得外源融资上将会比较困难，其内源融资将不得不占较高比例。

3. 城市公共设施融资方式的选择

城市公共设施融资方式的选择主要按照两个步骤进行，首先是项目区分，其次是根据具体融资方案进行财务分析。

（1）项目区分　传统上，城市公共设施融资方式的选择完全局限在财政融资之中，这不仅加大了政府的财政负担，而且也很难满足城市发展对公共设施的需要。随着城市公共设施投融资的市场化发展，投资主体不断增多，融资方式也不断增加。无论是政府作为投资主体，还是其他投资主体，其融资的渠道和方式都更加多样，可选择的空间更大。但总体上而言，政府依然在多元化城市公共设施投融资体系中占主导地位，不过这种主导地位的实现方式却在发生着变化。政府的主导性将更多体现在城市公共设施规划的主导性，城市公共设施产品和服务的价格、收费和许可证的主导性，以及城市公共设施建设经营的管制性权力上。因此，在城市公共设施融资方式的选择上，应该首先确定建设项目的投资主体，根据不同的投资主体和投资项目确定相应的融资方案。

项目区分的原则是基于产品或服务的分类理论及投资行为的分类理论。根据项目的可销售性或者说可收费性，包括市场化收费以及政府相应补贴等，可以把投资项目分为可经营性项目和不可经营性项目两大类。根据这两大类确定相应的投资主体。原则上，经营性城市公共设施都应该由市场化主体承担投资者的角色，而相应的融资方式则由投资者根据市场规律进行选择，可以综合采用各种权益性融资和债务性融资工具。而对于非经营性城市公共设施，其投资主体依然是政府，相应的融资方式将主要以财政融资为主，并辅以银行借贷或者发行债券的方式。

但是，随着技术条件的变化和制度演进，城市公共设施的可经营性也在发生变化。新增城市公共设施进行投资决策时，首先应该评估其可经营性程度，并同时研究可经营性实现的机制和方式。对于能够设计出可收费机制的项目，原则上都应该采取市场化的投资主体，并以市场化方式进行融资。但是，对于需要在短时间内迅速筹集投资资金进行大规模投资的城市公共设施，特别是在某些紧急状态下需要进行投资建设的项目，无论其是否可经营，政府都应责无旁贷地投资，从而使财政资金将成为主要的融资方式。

（2）项目融资方案的财务分析　既有项目和新设项目法人不同，融资方式也不相同。前者的融资责任和风险由既有项目法人承担，在既有法人资产和信用的基础上进行，投资产生增量资产，因此既有项目法人的财务整体情况是融资重点考虑的内容。而后者则由新设立的法人承担融资责任和风险，从项目投资完成、投产后的效益情况考虑，按照项目融资方案的比较标准进行。

项目融资方案的财务分析，主要进行资金来源可靠性分析、融资结构分析、融资成本分析以及融资风险分析。

1）资金来源的可靠性分析要求判断融入资金是否能与投资时序、建设进度和投资计划稳定匹配。

2）融资结构主要包括资本金与债务的比例、股本的结构和债务结构。实际上资金结构可分为项目法人内部的资金结构和外部资金结构两大类。不同的融资结构直接影响项目未来的收益水平。

3）融资成本主要包括融资筹集费和资金占用使用费两大类。前者发生在资金筹措的过程当中，主要包括为实现融资而发生的各种费用；而后者发生在资金使用的过程中，一般是指借款利息和债券利息。

4）融资风险包括资金供应风险、利率风险和汇率风险。资金供应风险分析主要用来判断融资计划中的资金供应是否稳定，是否会发生中断；利率风险分析则是判断在还款期内利率的变动对资金使用成本的影响。一般来讲，银行利率会随着通货膨胀的变化而发生相应的调整，因此需要充分考虑利率的变动可能带来的还款成本的变动。汇率风险主要是借用外资的时候，对于借用可兑换的货币，在还款时可能发生的因汇率变化产生还款成本的变动。

5.3　BOT 模式与 PPP 模式

5.3.1　BOT 模式

1. BOT 模式概述

（1）BOT 定义　　BOT（Build-Operate-Transfer）直译为"建设-经营-转让"，是作为私营机构参与国家基础设施建设的一种形式而出现的。我国所称的外商投资特许权项目，就是指BOT 投资项目，其含义界定为：政府部门通过特许权协议，在规定的时间内，将项目授予外商为特许权项目成立的项目公司，由项目公司负责该项目的投融资、建设、运营和维护；特许期满，项目公司将特许权项目无偿交给政府部门。

国际上对这种模式也有定义，如联合国工业发展组织（UNIDO）把 BOT 定义为：在一定时期内对基础设施进行筹资、建设、维护及运营的私有组织，此后所有权移交为公有。

世界银行的《1994 年世界发展报告》把 BOT 定义为：政府给予某些公司新项目建设的特许权时，私人合伙人或某些国际财团愿意自己融资、建设某些基础设施，并在一定时期内经营该设施，然后将此设施移交给政府部门或其他公共机构。

亚洲开发银行（ADB）把 BOT 定义为：项目公司计划、筹资和建设基础设施项目，经所在国政府特许在一定时期经营项目，特许权到期时，项目的资产所有权移交给国家。

由此可见，BOT 实质上是一种债务与股权相混合的产权。它以项目构成的有关单位，包括项目发起人、私人投资者、运营商等组成项目公司，项目公司对项目的设计、咨询、融资和施工进行一揽子承包，当项目竣工后在特许期内进行运营，向用户收取服务费，以收回投资、偿还债务、赚取利润，最终将项目交给政府。

（2）BOT 的产生和发展　　BOT 模式创造性地将政府和外国私人投资者通过大型基础设施建设联系在一起，为跨国资本在东道国政府传统的公共职能领域寻求利润最大化提供了较好的制度衔接，体现了当今跨国资本流动的态势。1984 年，当时的土耳其总理厄扎尔首先提出了 BOT 这一术语，想利用 BOT 模式建造一座电厂。这个想法立即引起了世界的注意，尤其在发展中国家，如马来西亚和泰国，它们把 BOT 看成是减少公共部门借款的一种方式，同时也推动国家吸引国外直接投资。英法海底隧道项目的建设，则进一步促进了 BOT 模式在世界范围内的应用。

20 世纪 80 年代以来，BOT 模式被一些发展中国家用来进行基础设施建设并取得了一定的成功，在我国也被当成新型投资方式进行宣传。事实上，这种引入私营机构参与公共基础设施建设的方式早已有之。早在 17 世纪和 18 世纪的欧洲，在一些运河、桥梁的修建中就出现了私人投资的成分。17 世纪英国政府允许私人建造灯塔，经政府批准，私人向政府租用建造灯塔必须占用的土地，在特许期内管理灯塔并向过往船只收取过路费，特许期满后政府将灯塔收回并交给政府所属的领港公会管理和继续收费。到 1820 年，英国的全部 46 座灯塔中，有 34 座是私人投资建造的。可见，当时这种具有 BOT 性质的投资方式效率很高。

在 18 世纪后期和 19 世纪的欧洲国家，政府已经广泛利用私营机构的力量进行公路、铁路和运河等公共基础设施的投资开发和运营管理，尤其是在欧洲城市供水设施的建设和运营中，私营机构起到了重要作用。伦敦和巴黎的供水就由私营公司承担。19 世纪后期，北美在交通运输中，也曾允许北方工业财阀投资建筑铁路和一级公路，北方工业财阀在铁路和一级公路建成后定期定点收取营运费用，投资收回并获得必要的利润后，以无偿或低于市价的价格转让给政府公共机构。后来这一方式逐渐被推广应用于美国的港口码头、桥梁隧道、电厂地铁等公共工程。直到第一次世界大战以前，许多基础设施建设项目（如铁路、公路、桥梁、电站、港口）都在利用私人投资，这些私人投资者为了赚取巨额利润而甘愿承担所有风险。两次世界大战后，基础设施建设主要由政府机构来承担，这种模式给政府带来了沉重的负担，尤其是在那些缺乏资金的发展中国家，更是难以提供基础设施建设所需的资金。

20 世纪 70 年代末至 80 年代初，世界经济形势逐渐发生变化。由于经济发展的需要，BOT 模式正式出现在经济舞台上。BOT 模式产生和发展的原因是复杂的，除了其本身具有的优势外，一系列社会经济变革是推动 BOT 模式发展的重要原因。这些原因主要有：

1）减少债务和赤字是发达国家采用 BOT 融资方式的财政原因。在 20 世纪 70 年代末 80 年代初，世界经济高速发展、人口增长、城市化等导致对交通、能源、供水等基础设施的需求急剧膨胀，经济危机和巨额财政赤字、沉重的债务负担使许多国家实行紧缩财政的政策，政府投资能力锐减，无力承担众多急需的公共基础设施建设。政府只得转向寻求私人资本，以加快基础设施的建设和发展。

2）解决国内资金短缺和国有部门效率低下问题是发展中国家采用 BOT 投融资方式的动因。发展中国家长期以来存在严重的资金短缺问题，同时国有部门效率低下，公共基础设施管理不善，为此许多发展中国家制定了采用私人资本和国外资金缓解公共财政困难和提高服务效率的战略。BOT 项目融资恰恰成为进行大型基础设施项目建设并引进国外工业技术和管理方法的一种较为新颖而有效的国际经济技术合作方式，同时也成为利用外资的新形式。

3）国际私人剩余资本寻求出路是推动 BOT 项目融资方式发展的动力。在 20 世纪 80 年代初，国际上开始出现了一些私人剩余资本，这些资本不断需要新的投资机会，BOT 模式引起了拥有剩余资本的投资商的极大兴趣。他们通过和政府合作，通过特许权方式的安排，促进私人拥有和经营以无追索权方式供应资金的基础设施项目。

4）各国政府观念的转变为 BOT 模式的发展创造了良好条件。长期以来，各国政府都认为基础设施的建设应由国家来承担，政府是基础设施的拥有者和经营者，这种设施是无偿使用的，其费用由财政税收进行支付，任何私人资本都不能涉足国家基础设施的建设。最近二三十年来，这种长期制约基础设施建设发展的观念发生了根本性变化，许多国家开始允许私人资本进入基础设施建设领域，并开始采用有偿使用公共基础设施的措施，以减轻政府财政负担。同时，非国有化浪潮使一些西方国家放弃了政府对大部分基础设施项目的建设，改由私人机构来建设和经营。政府观念的改变，为 BOT 模式在各国的发展提供了良好的条件。

2. BOT 的基本形式及其演变

BOT 模式从产生、发展到现在，其内涵不断得到扩充和完善，并在其基本形式的基础上，根据时间、地点、外部条件、政府的要求以及有关规定不同出现了各种派生形式。以下是 BOT 的基本形式及其演变形式。

（1）BOT 的基本形式

1）BOT（Build-Operate-Transfer），即"建设-经营-转让"，是最典型的形式。它是指特许商被授权为东道国政府设计、建设工程并在特许期内经营管理项目以取得收益并得到投资补偿，在特许期满后将项目的资产无偿转让给政府。

2）BOOT（Build-Own-Operate-Transfer），即"建设-拥有-经营-转让"。BOOT 与 BOT 的区别在于：BOT 在项目建成后，特许商只拥有项目的经营权而无所有权，而 BOOT 项目的特许商在特许期内既有经营权也有所有权，而且采用 BOOT 方式的时间一般比 BOT 方式的要长。

3）BOO（Build-Own-Operate），即"建设-拥有-经营"。这种方式是特许商根据政府赋予的特许权，建设并经营某项基础设施，但特许期满后并不转让给政府而是继续经营。

（2）BOT 的演变形式

1）BT（Build-Transfer），即"建设-转让"。发展商在项目建成后以一定的价格将项目资产转让给政府，由政府负责项目的经营和管理。

2）BOOST（Build-Own-Operate-Subsidy-Transfer），即"建设-拥有-经营-补贴-转让"。发展商在项目建成后，在特许期内既拥有项目资产也经营管理项目，但风险高或经济效益差，政府提供一定的补贴，特许期满后将项目资产转让给政府。

3）ROT（Rehabilitate-Operate-Transfer），即"修复-经营-转让"。政府授权发展商把项目修复好，并在授权期内进行经营和管理，获取收益，期满后将项目资产转让给政府。

4）BLT（Build-Lease-Transfer），即"建设-租赁-转让"。发展商在项目建成后并不直接经营，而是以一定的租金出租给政府，由政府经营，授权期满后，将项目资产转让给政府。

5）ROMT（Rehabilitate-Operate-Maintain-Transfer），即"修复-经营-维修-转让"。发展商修复项目，负责经营和维修，在授权期满后，发展商将项目资产转让给政府。

6）ROO（Rehabilitate-Own-Operate），即"修复-拥有-经营"。发展商在政府授权下修复项目后，拥有项目所有权，对项目进行经营和管理。

7）TOT（Transfer-Operate-Transfer），即"转让-经营-转让"。政府将项目转让给发展商，发展商负责经营和管理，授权期满后转让给政府。

此外，BOT 融资方式还有 DBOT（Design-Build-Operate-Transfer，即"设计-建设-经营-转让"）、DOT（Develop-Operate-Transfer，即"开发-经营-转让"）、OT（Operate-Transfer，即"经营-转让"）、OMT（Operate-Management-Transfer，即"经营-管理-转让"）、SOT（Sold-Operate-Transfer，即"售出-经营-转让"）等形式。这些形式在具体运作方式和转换方式上各不相同，但其基本原则和基本思路实际上和 BOT 是一样的，因此都被称作 BOT 项目融资方式。

为适应现代经济的飞速发展，各国十分重视公共基础设施建设，但是单靠政府资金已不能满足需求。随着政府财政在公共基础设施建设中地位的下降，私人企业在公共基础设施的建设中开始发挥越来越重要的作用。世界各国在利用国际及国内民间私人资本进行公共基础设施建设时，BOT 模式是目前比较成熟和应用最广的项目融资模式。但是，这种模式也存在着几个方面的缺点：公共部门和私人企业往往都需要经过一个长期的调查了解、谈判和磋商过程，以致项目前期过长，投标费用过高；投资方和贷款人风险过大，没有退路，融资举步维艰；参与项目投资各方利益冲突大，对融资造成障碍；机制不灵活，降低私人企业引进先进技术和管理经验积极性；在特许期内，政府对项目失去控制权；等等。

5.3.2　PPP 模式

1. PPP 模式的定义

PPP（Public-Private-Partnership），通常译为"公共私营合作制"，是指政府与私人组织之间，为了合作建设城市基础设施项目，或是为了提供某种公共物品和服务，以特许权协议为基础，彼此之间形成一种伙伴式的合作关系，并通过签署合同来明确双方的权利和义务，以确保合作的顺利完成，最终使合作各方达到比预期单独行动更为有利的结果。

2. PPP 模式的发展

为了弥补 BOT 模式的不足，近年来，出现了一种新的融资模式——PPP 模式，即公共政府部门与民营企业合作模式。PPP 模式是在公共基础设施建设中发展起来的一种优化的项目融资与实施模式，是一种以各参与方的"双赢"或"多赢"为合作理念的现代融资模式。其典型的结构为：政府部门或地方政府通过政府采购的形式与中标单位组成的特殊目的公司签订特许合同（特殊目的公司一般是由中标的建筑公司、服务经营公司或对项目进行投资的第三方组成的股份有限公司），由特殊目的公司负责筹资、建设及经营。政府通常与提供贷款的金融机构达成一个直接协议。这个协议不是对项目进行担保的协议，而是一个向借贷机构承诺将按与特殊目的公司签订的合同支付有关费用的协定，这个协议使特殊目的公司能比较顺利地获得金融机构的贷款。采用这种融资形式的实质是：政府通过给予私营公司长期的特许经营权和收益权来换取基础设施加快建设及有效运营。

PPP 模式虽然是近几年才发展起来的，但在国外已经得到了普遍的应用。1992 年英国最早应用 PPP 模式。英国 75% 的政府管理者认为 PPP 模式下的工程达到和超过价格与质量关系的要求，可节省 17% 的资金。80% 的工程项目按规定工期完成，常规招标项目按期完成的只有 30%，20% 未按期完成的，其拖延时间最长没有超过 4 个月。同时，80% 的工程耗资均在预算之内，一般传统招标方式只能达到 25%，20% 超过预算的是因为政府提出调整工程方案。按照英国的经验，适于 PPP 模式的工程包括：交通（公路、铁路、机场、港口）、卫生（医院）、公共安全（监狱）、国防、教育（学校）、公共不动产管理。在国家为了平衡基础设施投资和公用事业急需改善的背景下，智利于 1994 年引进 PPP 模式，结果是提高了其基础设施现代化程度，并将获得的充足资金投资到社会的发展计划。至今，其已完成 36个项目，投资额 60 亿美元，其中有 24 个交通领域工程、9 个机场、2 个监狱、1 个水库。其年投资规模由 PPP 模式实施以前的 3 亿美元增加到 17 亿美元。葡萄牙自 1997 年启动 PPP 模式，将其首先应用在公路网的建设上，至 2006 年公路里程比原来增加一倍，其实施 PPP 模式的工程还包括建设和运营医院、修建铁路和城市地铁。巴西于 2004 年 12 月通过 "公私合营（PPP）模式"法案，该法案对国家管理部门执行 PPP 模式下的工程招标投标和签订工程合同做出具体的规定，列入 2004 年—2007 年巴西四年发展规划中的 23 项公路、铁路、港口和灌溉工程作为 PPP 模式的首批招标项目，总投资达 130.67 亿雷亚尔。

在我国社会主义市场经济的当前阶段，过度依靠政府来独立运作公共基础设施建设项目，不可避免地会遇到国外政府早已碰到过的种种问题。因此，促进我国基础设施建设项目的民营化，在我国基础设施建设领域引入 PPP 模式，具有极其重要的现实价值。我国政府也开始认识到这些重要价值，并为 PPP 模式在我国的发展提供了一定的国家政策层面的支持和法律法规层面的支持。

3. PPP 模式的内涵

PPP 模式的内涵主要包括以下四个方面：

第一，PPP 是一种新型的项目融资模式。项目 PPP 融资是以项目为主体的融资活动，是项目融资的一种实现形式，主要根据项目的预期收益、资产以及政府扶持措施的力度而不是项目投资人或发起人的资信来安排融资。项目经营的直接收益和通过政府扶持所转化的效益是偿还贷款的资金来源，项目公司的资产和政府给予的有限承诺是贷款的安全保障。

第二，PPP 融资模式可以使民营资本更多地参与到项目中，以提高效率和降低风险。这也正是一些其他项目融资模式所欠缺的。政府的公共部门与民营企业以特许权协议为基础全程合作，双方共同对项目运行的整个周期负责。例如 PPP 模式的操作规则使民营企业参与到城市轨道交通项目的确认、设计和可行性研究等前期工作中来，这不仅降低了民营企业的投资风险，而且能将民营企业在投资建设中更有效率的管理方法与技术引入项目中来，还能有效地实现对项目建设与运行的控制，从而有利于降低项目建设投资的风险，较好地保障国家与民营企业各方的利益。这对缩短项目建设周期、降低项目运作成本甚至资产负债率都有值得肯定的现实意义。

第三，PPP 模式可以在一定程度上保证民营资本有利可图。民营资本的投资目标是寻求既能够保证本金又有投资回报的项目。通常无利可图的基础设施项目是吸引不到民营资本的投入的；采取 PPP 模式，政府可以给予私人投资者相应的政策扶持作为补偿，如税收优惠、贷款担保、给予民营企业沿线土地优先开发权等，从而很好地解决了这个问题。通过实施扶持政策可提高民营资本投资基础设施项目的积极性。

第四，PPP 模式在减轻政府初期建设投资负担和风险的前提下，提高基础设施服务质量。在 PPP 模式下，公共部门和民营企业共同参与的建设和运营，由民营企业负责项目融资，有可能增加项目的资本金数量，进而降低资产负债率。这不但能节省政府的投资，还可以将项目的一部分风险转移给民营企业，从而减轻政府的风险。同时，双方可以形成互利的长期目标，更好地为社会和公众提供服务。

4. PPP 模式的目标

PPP 模式的目标有两种：一是低层次目标，是指特定项目的短期目标；二是高层次目标，是指引入私人机构参与基础设施建设的综合的长期合作的目标。

PPP 模式的组织形式非常复杂，既可能包括私人营利性企业、私人非营利性组织，还可能包括公共非营利性组织（如政府）。合作各方之间不可避免地会产生不同层次、类型的利益和责任的分歧。只有政府与私人机构形成相互合作的机制，才能使得合作各方的分歧模糊化，在求同存异的前提下完成项目的目标。

PPP 模式的机构层次就像金字塔一样，金字塔顶部是项目所在国的政府，也是引入私人机构参与基础设施建设项目的有关政策的制定者。项目所在国政府对基础设施建设项目有一个完整的政策框架、目标和实施策略，对项目的建设和运营过程的参与各方进行指导和约束。金字塔中部是项目所在国政府有关机构，其负责对政府政策指导方针进行解释和运用，形成具体的项目目标。金字塔的底部是项目私人参与者，通过与项目所在国政府的有关部门签署长期的协议或合同，协调本机构的目标、项目所在国政府的政策目标和项目所在国政府有关机构的具体目标之间的关系，尽可能地使参与各方达到预定的目标。这种模式的一个最显著的特点就是项目所在国政府或者所属机构与项目的投资者和经营者之间的相互协调及其在项目建设中发挥的作用。

PPP 模式是一个完整的项目融资概念，但并不是对项目融资的彻底更改，而是对项目生命周期过程中的组织机构设置提出了一个新的模型。它是政府、营利性企业和其他企业基于某个项目而形成的以"双赢"或"多赢"为理念的相互合作形式，参与各方可以达到与预期单独行动相比更为有利的结果。

5. PPP 模式的优点

PPP 模式使政府部门和民营企业能够充分利用各自的优势，即把政府部门的社会责任、远景规划、协调能力与民营企业的创业精神、民间资金和管理效率结合到一起。PPP 模式的优点如下：

1）消除费用的超支。公共部门和民营企业在初始阶段共同参与项目的识别、可行性研究、融资等项目建设过程，保证了项目在技术和经济上的可行性，缩短了前期工作周期，使项目费用降低。PPP 模式下只有当项目已经完成并得到政府批准使用后，私营机构才能开始获得收益，因此 PPP 模式有利于提高效率和降低工程造成价，能够消除项目完工风险和资金风险。研究表明，与传统的融资模式相比，PPP 项目平均为政府部门节约 17% 的费用，并且建设工期都能按时完成。

2）有利于转换政府职能，减轻财政负担。政府可以从繁重的事务中，脱身出来，从过去的基础设施公共服务的提供者变成一个监管者，从而保证质量。PPP 模式也可以在财政预算方面减轻政府压力。

3）促进了投资主体的多元化。利用私营机构来提供资产和服务能为政府部门提供更多的资金和技能，促进了投融资体制改革。同时，私营机构参与项目还能推动项目设计、施工、设施管理过程等方面的革新，提高办事效率，传播最佳管理理念和经验。

4）政府部门和私营机构可以取长补短，发挥政府公共机构和私营机构各自的优势，弥补对方身上的不足。双方可以形成互利的长期目标，可以以最有效的成本为公众提供高质量的服务。

5）使项目参与各方整合组成战略联盟，对协调各方不同的利益目标起关键作用。

6）风险分配合理。与 BOT 等模式不同，PPP 在项目初期就可以实现风险分配，同时由于政府分担了一部分风险，使风险分配更合理，减少了承建商与投资商风险，从而降低了融资难度，提高了项目融资成功的可能性。政府在分担风险的同时也拥有一定的控制权。

7）应用范围广泛。PPP 模式突破了目前的引入民营机构参与公共基础设施项目组织机构的多种限制，可适用于城市供热等各类市政公用事业以及道路、铁路、机场、医院、学校等。

6. PPP 模式的必要条件

从国外近年来的经验看，以下几个因素是成功运作 PPP 模式的必要条件：

1）政府部门的有力支持。在 PPP 模式中公共民营合作双方的角色和责任会随项目的不同而有所差异，但政府的总体角色和责任——为大众提供最优质的公共设施和服务——是始终不变的。PPP 模式是提供公共设施或服务的一种比较有效的方式，但并不是对政府有效治理和决策的替代。在任何情况下，政府均应从保护和促进公共利益的立场出发，负责项目的总体策划，组织招标，理顺各参与机构之间的权限和关系，降低项目总体风险等。

2）健全的法律法规制度。PPP 项目的运作需要在法律层面上，对政府部门与民营机构在项目中需要承担的责任、义务和风险进行明确界定，保护双方利益。在 PPP 模式下，项目设计、融资、运营、管理和维护等各个阶段都可以公共民营合作，通过完善的法律法规对参与双方进行有效约束。这些都是最大限度发挥优势和弥补不足的有力保证。

3）专业化机构和人才的支持。PPP 模式的运作广泛采用项目特许经营权的方式，进行结构融资，这需要比较复杂的法律、金融和财务等方面的知识。一方面要求政策制定参与方制定规范化、标准化的 PPP 交易流程，对项目的运作提供技术指导和相关政策支持；另一方面需要专业化的中介机构提供具体专业化的服务。

5.4 投融资常用的评价方法

5.4.1 德尔菲法

1. 定义

德尔菲法（Delphi Method），又称专家规定程序调查法。该方法主要是由调查者拟定调查表，按照既定程序，以函件的方式分别向专家组成员进行征询，专家组成员又以匿名的方式（函件）提交意见。经过几次反复征询和反馈，专家组成员的意见逐步趋于集中，最后获得具有很高准确率的集体判断结果。

2. 基本特点

德尔菲法本质上是一种反馈匿名函询法。其大致流程是：在对所要预测的问题征得专家的意见之后，进行整理、归纳、统计，再匿名反馈给各专家，再次征求意见，再集中，再反馈，直至得到一致的意见。

由此可见，德尔菲法是一种利用函询形式进行的集体匿名思想交流过程。它有三个明显区别于其他专家预测方法的特点，即匿名性、反馈性、统计性。

（1）匿名性 因为采用这种方法时所有专家组成员不直接见面，只是通过函件交流，所以可以消除权威的影响。这是该方法的主要特征。匿名性是德尔菲法的极其重要的特点，从事预测的专家不知道有哪些其他人参加预测，他们是在完全匿名的情况下交流思想的。改进的德尔菲法允许专家开会进行专题讨论。

（2）反馈性 该方法需要经过 3~4 轮的信息反馈，在每次反馈中调查组和专家组都可以进行深入研究，使得最终结果基本能够反映专家的基本想法和对信息的认识，所以结果较为客观、可信。小组成员的交流是通过回答调查表的问题来实现的，一般要经过若干轮反馈才能完成预测。

（3）统计性 最典型的小组预测结果是反映多数人的观点，少数人的观点至多概括地提及一下，但这并没有表示出小组的不同意见的状况。统计回答却不是这样，它报告 1 个中位数和 2 个四分点，其中一半落在 2 个四分点之内，一半落在 2 个四分点之外。这样，每种观点都包括在这样的统计中，避免了专家会议法只反映多数人观点的缺点。

3. 工作流程

在德尔菲法的实施过程中，始终有两方面的人在活动，是预测的组织者（即调查者），二是被选出来的专家（被调查者）。首先应注意的是德尔菲法中的调查表与通常的调查表有所不同，它除了有通常调查表向被调查者提出问题并要求回答的内容外，还兼有向被调查者提供信息的责任，它是被调查者交流思想的工具。德尔菲法的工作流程大致可以分为四个步骤，在每一步中，组织者与专家都有各自不同的任务。

（1）开放式的首轮调研

1）由组织者发给专家的第一轮调查表是开放式的，不带任何限制，只提出预测问题，请专家围绕预测问题提出预测事件。这是因为，如果限制太多，就会漏掉一些重要事件。

2）组织者汇总整理专家调查表，归并同类事件，排除次要事件，用准确术语提出一个预测事件一览表，并作为第二步的调查表发给专家。

（2）评价式的第二轮调研

1）专家对第二步调查表所列的每个事件做出评价。例如：说明事件发生的时间、争论问题和事件或迟或早发生的理由。

2）组织者统计处理第二步的专家意见，整理出第三张调查表。第三张调查表包括事件、事件发生的中位数和上下四分点，以及事件发生时间在四分点外的理由。

（3）重审式的第三轮调研

1）组织者发放第三张调查表，请专家重审争论。

2）请专家对上下四分点外的对立意见做出评价。

3）请专家给出自己新的评价（尤其是评价落在上下四分点外的专家，应重述自己的理由）。

4）专家如果修正自己的观点，也应叙述改变理由。

5）组织者回收专家们的新评论和新争论，与第二步类似地统计中位数和上下四分点。

6）组织者总结专家观点，形成第四张调查表。其重点在争论双方的意见。

（4）复核式的第四轮调研

1）组织者发放第四张调查表，专家再次评价和权衡，做出新的预测。是否要求做出新的论证与评价，取决于组织者的要求。

2）回收第四张调查表，计算每个事件的中位数和上下四分点，归纳总结各种意见的理由以及争论点。值得注意的是，并不是所有被预测的事件都要经过四步。有的事件可能在第二步就完成预测，而不必在第三步中出现；有的事件可能在第四步结束后，专家对其预测仍不能达到统一。不统一也可以用中位数与上下四分点来做结论。事实上，总会有许多事件的预测结果是不统一的。

4. 优点

德尔菲法的如下特点使它成为一种最为有效的判断预测法：

1）资源利用的充分性：吸收不同专家的预测，充分利用了专家的经验和学识。

2）最终结论的可靠性：采用匿名或背靠背的方式，能使每一位专家独立地做出自己的判断，不会受到其他繁杂因素的影响。

3）最终结论的趋同性：预测过程必须经过几轮的反馈，专家的意见逐渐趋同。

德尔菲法具有的这些特点，使它在诸多判断预测或决策手段中脱颖而出。这种方法的优点主要是简便易行，具有一定的科学性和实用性，可以避免会议讨论时产生的害怕权威的随声附和、固执己见和因顾虑情面不愿与他人意见冲突等弊病，同时也可以较快收集意见，参与者也易接受结论，其综合意见具有一定程度的客观性。

德尔菲法可以避免群体决策的一些缺点，如避免声音最大或地位最高的人控制群体意志，每个参与者的观点都会被收集。另外，组织者可以保证在征集意见以便决策时没有忽视重要观点。

5. 原则

1）挑选的专家应有一定的代表性、权威性。

2）在进行预测之前，首先应取得专家的支持，确保他们能认真地进行每一次预测，以提高预测的有效性。同时，也要向组织高层说明预测的意义和作用，取得决策层和其他高级管理人员的支持。

3）调查表设计应该措辞准确，不能引起歧义，征询的问题一次不宜太多，不要问那些与预测目的无关的问题，列入征询的问题不应相互包含。所提的问题应是所有专家都能答复的问题，而且应尽可能地保证所有专家都能从同一角度去理解。

4）进行统计分析时，应该区别对待不同的问题，对于不同专家的权威性应给予不同权重而不是一概而论。

5）提供给专家的信息应该尽量充分，以便其做出判断。

6）只要求专家做出粗略的数字估计，而不要求十分精确。

7）问题要集中，要有针对性，不要过分分散，以便使各个事件构成一个有机整体。问题要按等级排队，先简单后复杂、先综合后局部。这样易激发专家回答问题的兴趣。

8）调查单位或领导小组意见不应强加于调查意见之中，要防止出现诱导现象，避免专家意见向领导小组靠拢，以至得出专家迎合领导小组观点的预测结果。

9）避免组合事件。如果一个事件包括专家同意的和专家不同意的两个方面，专家将难以做出回答。

6. 实施步骤

德尔菲法的具体实施步骤如下：

1）组成专家小组。按照课题所需要的知识范围，确定专家。专家人数的多少，可根据预测课题的大小和涉及面的宽窄而定，一般不超过20人。

2）向所有专家提出所要预测的问题及有关要求，并附上有关这个问题的所有背景材料，同时请专家提出还需要什么材料，由专家做书面答复。

3）各个专家根据他们所收到的材料，提出自己的预测意见，并说明自己是怎样利用这些材料并提出预测值的。

4）汇总各位专家第一次判断意见，列成图表，进行对比，再分发给各位专家，让专家比较自己同他人的不同意见，修改自己的意见和判断。也可以把各位专家的意见加以整理，或请身份更高的其他专家加以评论，然后把这些意见再分送给各位专家，以便他们参考后修改自己的意见。

5）将所有专家的修改意见收集起来，汇总，再次分发给各位专家，以便做第二次修改。逐轮收集意见并向专家反馈信息是德尔菲法的主要环节。收集意见和信息反馈一般要经过三四轮。在向专家进行反馈的时候，只给出各种意见，但并不说出发表各种意见的专家的具体姓名。这一过程重复进行，直到每一位专家不再改变自己的意见为止。

6）对专家的意见进行综合处理。

5.4.2 模糊综合评价法

1. 定义

在对某一对象进行评价时常会遇到这样一类问题，由于评价对象是由多方面的因素所决定的，因而要对每一因素进行评价，而在每一因素有一个单独评语的基础上如何考虑所有因素而得出一个综合评语，这就是一个综合评价问题。

模糊综合评价法是一种基于模糊数学的综合评价方法。模糊综合评价法根据模糊数学的隶属度理论把定性评价转化为定量评价，即用模糊数学对受到多种因素制约的事物或对象做出一个总体的评价。它具有结果清晰，系统性强的特点，能较好地解决模糊的、难以量化的问题，适合各种非确定性问题的解决。

2. 基本思想

许多事情的边界并不十分明显，评价时很难将其归于某个类别，于是我们先对单个因素进行评价，然后对所有因素进行模糊综合评价，防止遗漏任何统计信息和信息的中途损失，这有助于解决用"是"或"否"这样的确定性评价带来的偏离客观真实的问题。

3. 优缺点

（1）模糊综合评价法的优点　模糊评价通过精确的数字手段处理模糊的评价对象，能对蕴藏信息呈现模糊性的资料做出比较科学、合理、贴近实际的量化评价；评价结果是一个矢量，而不是一个点值，包含的信息比较丰富，既可以比较准确地刻画评价对象，又可以进一步加工，得到参考信息。

（2）模糊综合评价法的缺点　计算复杂，对指标权重矢量的确定主观性较强；当指标集 U 较大，即指标集个数较多时，在权向量和为 1 的条件约束下，相对隶属度权系数往往偏小，权向量与模糊矩阵 $\boldsymbol{R}$ 不匹配，结果会出现模糊现象，分辨率很差，无法区分谁的隶属度更高，甚至造成评判失败，此时可用分层模糊评估法加以改进。

4. 一般步骤

模糊综合评价法的基本步骤可以归纳如下。

（1）首先确定评价对象的因素论域　可以设 N 个评价指标，$X = (X_1, X_2, \cdots, X_n)$。

（2）确定评语等级论域　设 $A = (W_1, W_2, \cdots, W_n)$，每一个等级可对应一个模糊子集，即等级模糊子集。

（3）建立模糊关系矩阵　在构造了等级模糊子集后，要逐个对评价对象从每个因素 X_i（$i = 1, 2, \cdots, n$）上进行量化，即确定从单因素来看评价对象对等级模糊子集的隶属度

$(\boldsymbol{R} | X_i)$，进而得到模糊关系矩阵 $\boldsymbol{R} = \begin{pmatrix} (\boldsymbol{R} | X_1) \\ (\boldsymbol{R} | X_2) \\ \vdots \\ (\boldsymbol{R} | X_n) \end{pmatrix} = \begin{pmatrix} r_{11} & r_{12} & \cdots & r_{1m} \\ r_{21} & r_{22} & \cdots & r_{2m} \\ \vdots & \vdots & & \vdots \\ r_{n1} & r_{n2} & \cdots & r_{nm} \end{pmatrix}_{nm}$，其中，第 i 行第 j

列元素，表示某个评价对象 X_i 从因素来看对 W_j 等级模糊子集的隶属度。

（4）确定评价因素的权向量　　在模糊综合评价中，确定评价因素的权向量：$U = (u_1, u_2, \cdots u_n)$。一般采用层次分析法确定评价指标间的相对重要性次序，从而确定权系数，并且在合成之前归一化。

（5）合成模糊综合评价结果向量　　利用合适的算子将 U 与各评价对象的 $\boldsymbol{R}$ 进行合成，得到各评价对象的模糊综合评价结果向量 $\boldsymbol{B}$，即

$$U\boldsymbol{R} = (u_1, u_2, \cdots, u_n) \begin{pmatrix} r_{11} & r_{12} & \cdots & r_{1m} \\ r_{21} & r_{22} & \cdots & r_{2m} \\ \vdots & \vdots & & \vdots \\ r_{n1} & r_{n2} & \cdots & r_{nm} \end{pmatrix}_{nm} = (b_1, b_2, \cdots, b_m) = \boldsymbol{B}$$

式中，b_j 表示评价对象从整体上看对 W_j 等级模糊子集的隶属程度。

（6）对模糊综合评价结果向量进行分析　　实际中最常用的原则是最大隶属度原则，但在某些情况下使用最大隶属度原则会有些很勉强，损失信息很多，甚至得出不合理的评价结果。加权平均的方法适用于多个评价对象并可以依据其等级位置排序。

5.4.3　层次分析法

1. 定义

美国运筹学家 T. L. Saaty 于 20 世纪 70 年代提出的层次分析法（Analytic Hierarchy Process，AHP），是对方案的多指标系统进行分析的一种层次化、结构化决策方法。它将决策者对复杂系统的决策思维过程模型化、数量化。应用这种方法，决策者通过将复杂问题分解为若干层次和若干因素，在各层次和各因素之间进行简单的比较和计算，就可以得出不同方案的权重，为最佳方案的选择提供依据。

可见层次分析法是指将一个复杂的多目标决策问题作为一个系统，将目标分解为多个目标或准则，进而分解为多指标（或准则、约束）的若干层次，通过定性指标模糊量化方法算出层次单排序（权重）和总排序，以作为目标（多指标）、多方案优化决策的系统方法。

层次分析法是将决策问题按总目标、各层子目标、评价准则直至具体的备择方案的顺序分解为不同的层次结构，然后用求解判断矩阵特征向量的办法，求得每一层次的各元素对上一层次某元素的优先权重，最后再加权的方法递阶归并各备择方案对总目标的最终权重，此最终权重最大者即为最优方案。这里所谓"优先权重"是一种相对的量度，它表明各备择方案在某特点的评价准则或子目标下优越程度的相对量度，以及各子目标对上一层目标而言重要程度的相对量度。层次分析法比较适合于具有分层交错评价指标的目标系统和目标值难于定量描述的决策问题。其用法是构造判断矩阵，求出其最大特征值及其所对应的特征向量 $\boldsymbol{W}$，归一化后即为某一层次指标对于上一层次相关指标的相对重要性权值。

2. 优缺点

（1）优点

1）系统性的分析方法。层次分析法把研究对象作为一个系统，按照分解、比较判断、综合的思维方式进行决策，成为继机理分析、统计分析之后发展起来的系统分析的重要工具。系统的思想在于不割断各个因素对结果的影响，而层次分析法中每层的权重设置最后都会直接或间接影响到结果，而且在每个层次中的每个因素对结果的影响程度都是量化的，非

常清晰、明确。这种方法尤其可用于对无结构特性的系统评价以及多目标、多准则、多时期等的系统评价。

2）简洁实用的决策方法。这种方法既不单纯追求高深数学，又不片面地注重行为、逻辑、推理，而是把定性方法与定量方法有机地结合起来，使复杂的系统分解，能将人们的思维过程数学化、系统化，便于人们接受，且能把多目标、多准则又难以全部量化处理的决策问题化为多层次单目标问题，通过两两比较确定同一层次元素相对上一层次元素的数量关系后，最后进行简单的数学运算。即使是具有中等文化程度的人也可了解层次分析法的基本原理和掌握它的基本步骤，计算也很简便，并且所得结果简单明确，容易为决策者所了解和掌握。

3）所需定量数据信息较少。层次分析法主要是从评价者对评价问题的本质、要素的理解出发的，比一般的定量方法更讲求定性的分析和判断。由于层次分析法是一种模拟人们决策过程思维方式的方法，因此层次分析法把判断各要素相对重要性的步骤留给了人脑，只保留人脑对要素的印象，化为简单的权重进行计算。层次分析法能处理许多用传统的最优化技术无法着手的实际问题。

（2）缺点

1）不能为决策提供新方案。层次分析法的作用是从备选方案中选择较优者。这个作用正好说明了层次分析法只能从原有方案中进行选取，而不能为决策者提供解决问题的新方案。这样，我们在应用层次分析法的时候，可能就会有这样一个情况：我们自身的创造能力不够，尽管我们从众多方案里选出来一个最好的，但其效果仍然不如其他企业所做出来的效果好。对于大部分决策者来说，如果一种分析工具能替其分析出在其已知的方案里的最优者，然后指出方案的不足，甚至再提出改进方案，那么这种分析工具就是比较完美的。显然，层次分析法还不是。

2）定量数据较少，定性成分多，不易令人信服。一门科学需要有比较严格的数学论证和完善的定量方法。然而，现实世界的问题和人脑考虑问题的过程，很多时候并不能简单地用数字来说明一切。层次分析法是一种模拟人脑决策方式的方法，因此必然带有较多的定性色彩。这样，当一个人应用层次分析法来做决策时，其他人就会说：为什么会是这样？能不能用数学方法来解释？如果不可以的话，你凭什么认为你的这个结果是对的？你说你在这个问题上认识比较深，但我认为我的认识也比较深，可我和你的认识是不一致的，以我的认识得出来的结果也和你的不一致，这个时候该怎么办呢？例如：对于一件衣服，男士们认为评价指标是舒适度和耐用度，这样的指标对于女士们来说，估计是比较难接受的，因为女士们对衣服的评价指标一般首先是美观度，对耐用度的要求比较低，甚至可以忽略不计。这样，对于一个"购买衣服时的选择方法"的题目而言，它可能实际上只是"男士购买衣服的选择方法"了。也就是说，定性成分较多的时候，这个研究最后能解决的问题可能就比较少了。

3）指标过多时数据统计量大，且权重难以确定。当我们希望能解决较普遍的问题时，指标的数量很可能也就随之增加。这就像系统结构理论里，我们要分析一般系统的结构时，要搞清楚关系环节，就要分析到基层次，而要分析到基层次上的相互关系时，我们要确定的关系就非常多了。指标的增加就意味着我们要构造层次更深、数量更多和规模更庞大的判断矩阵。那么我们就需要对许多的指标进行两两比较。由于一般情况下我们对层次分析法的两两比较是用 1~9 来说明其相对重要性的，如果指标太多，我们对每两个指标之间的重要程度的判断可能就出现困难了，甚至会对层次单排序和总排序的一致性产生影响，使一致性检验不能通过。也就是说，由于客观事物的复杂性或对事物认识的片面性，通过所构造的判断矩阵求出的特征向量（权值）不一定是合理的。一致性检验不能通过，就需要调整，在指标数很多的时候这就是一个很痛苦的过程，因为根据人的思维定式，你觉得这个指标应该比那个重要，那么就比较难调整过来，同时也不容易发现指标的相对重要性的取值到底是哪个有问题，哪个没问题。这就可能花了很多时间仍然不能通过一致性检验，而糟糕的是根本不知道哪里出现了问题。也就是说，层次分析法里面没有办法指出我们的判断矩阵里哪个元素出了问题。

4）特征值和特征向量的精确求法比较复杂。层次分析法在求判断矩阵的特征值和特征向量时，所用的方法和多元统计所用的方法是一样的。在二阶、三阶的时候，还比较容易处理，但随着指标的增加，阶数也随之增加，在计算上也变得越来越困难。幸运的是这个缺点比较好解决，有三种比较常用的近似计算方法：第一种是和法，第二种是幂法，第三种是根法。

3. 基本步骤

利用层次分析法的基本步骤如下：

1）建立层次结构模型。在深入分析实际问题的基础上，将有关的各个因素按照不同属性自上而下地分解成若干层次。同一层的诸因素从属于上一层的因素或对上层因素有影响，同时又支配下一层的因素或受到下层因素的作用。最上层为目标层，通常只有 1 个因素，最下层通常为方案或对象层，中间可以有一个或几个层次，通常为准则或指标层。当准则过多时（例如多于 9 个）应进一步分解出子准则层。

2）构造成对比较矩阵。从层次结构模型的第 2 层开始，对于从属于（或影响）上一层每个因素的同层诸因素，用成对比较法和 1~9 比较尺度构造成对比较矩阵，直到最下层。

3）计算权向量并做一致性检验。对每一个成对比较矩阵计算最大特征根及对应特征向量。若检验通过，特征向量（归一化后）即为权向量。若通不过，需重新构造成对比较矩阵。

4）计算组合权向量并做组合一致性检验。计算最下层对目标的组合权向量，并根据公式做组合一致性检验。若检验通过，则可按照组合权向量表示的结果进行决策，否则需要重新考虑模型或重新构造那些一致性比率较大的成对比较矩阵。

运用层次分析法的步骤也可以简化如下：

1）分析系统中各因素间的关系，对同一层次各元素关于上一层次中某一准则的重要性进行两两比较，构造两两比较的判断矩阵。

2）由判断矩阵计算被比较元素对于该准则的相对权重，并进行判断矩阵的一致性检验。

3）计算各层次对于系统的总排序权重，并进行排序。最后，得到各方案对于总目标的安排。

第 6 章

城市公共设施建设工程管理

6.1 城市公共设施建设目标与基本程序

6.1.1 城市公共设施建设目标

1. 目标管理方法

目标是对预期结果的描述。要取得项目的成功，必须有明确的目标。工程项目采用严格的目标管理方法，主要体现在如下几个方面：

1）在项目实施前就必须确定明确的目标，精心论证，详细设计、优化和计划，不允许在项目实施中仍存在项目的不确定性和对项目目标进行过多的修改。当然在实际工程中，调整、修改，甚至放弃项目目标的情况也是有可能出现的，但那常常预示着项目的失败。

2）在项目目标系统的设计中首先设立项目总目标，其次采用系统的方法将总目标分解成子目标和可执行的目标。目标系统必须包括项目实施和运行的所有主要方面。项目目标设计必须按系统工作方法有步骤地进行，通常在项目前期进行项目目标总体设计，建立项目目标系统的总体框架，更具体、详细、完整的目标设计在可行性研究阶段以及在设计和计划阶段进行。

3）项目目标落实到各责任人，将目标管理同职能管理高度地结合起来，使目标与组织任务、组织结构相联系，建立由上而下、由整体到部分的目标控制体系，并加强对目标责任人的业绩评价，鼓励人们竭尽全力圆满完成任务。所以采用目标管理方法能使项目目标顺利实现，促进良好的管理。

4）将项目目标落实到项目的各个实施阶段。项目目标经过论证和批准后作为项目技术设计、计划、实施控制的依据，以及在最后阶段作为项目后评价的标准，保证计划和控制工作的有效性。

5）在现代项目中人们强调全寿命周期集成管理，它的重点在于项目的一体化，在于以项目全寿命周期为对象建立项目的目标系统，再分解到各个阶段，进而保证项目在全寿命周期中目标、组织、过程、责任体系的连续性和整体性。

2. 问题的定义

从项目情况的分析中可以认识和引导出上层系统的问题，并对问题进行界定和说明（定义），而进一步研究可以弄清问题的原因、背景和界限。问题定义是目标设计的诊断阶段，从问题的定义中确定项目的任务。

对问题的定义必须从上层系统全局的角度出发，抓住问题的核心。问题定义的基本步骤为：

1）对上层系统问题进行结构化整理，即上层系统有几个大问题，每个大问题又有可能由几个小问题构成。

2）对原因进行分析，将问题与背景、起因联系在一起。分析时可用因果关系分析法。

3）分析这些问题将来发展的可能性和对上层系统的影响。有些问题会随着时间的推移逐渐减轻或消除，相反有的却会逐渐严重。由于工程项目在建成后才有效用，因此必须分析和预测工程项目投入运行后的状况。

3. 目标体系的内容

城市公共设施建设工程管理目标体系包括丰富的内容，一般可归纳为四大控制，即工期控制、成本控制、质量控制、安全控制，这是由项目管理的三大目标引导出的。这四大控制包括了工程管理最主要的工作，此外还有一些重要的管理工作：

（1）合同管理　现代工程项目参加单位通常都用合同相联系，以确定其在项目中的地位职责和权利之间的关系。合同定义着工程的目标、工期、质量和价格，具有综合的特点。它还定义着各方的责任、义务、权利、工作，所以与合同有关的工作也应受到合同条款的制约。

（2）风险管理　项目实施过程存在诸多不确定因素，一旦发生极不利事件将会导致项目损失极大甚至彻底失败，因此项目风险管理极其重要。许多专家学者对此做了大量研究。由此可见，它是项目管理的一个热点问题。

（3）项目变更管理以及项目的形象管理　项目管理经常要采取调控措施，而这些措施必然会造成项目目标、对象系统、实施过程和计划的变更，造成项目形象的变化。

6.1.2　城市公共设施建设基本程序

1. 项目的前期策划和确立阶段

城市公共设施建设工程项目的确立是一个复杂而十分重要的过程。要取得项目的成功，必须在项目前期策划阶段就进行严格的项目管理。这个阶段的工作重点是对项目的目标进行研究、论证、决策。其主要内容阐述如下：

（1）项目构思的产生和选择　任何项目都起源于项目的构思。而项目构思产生于为了解决上层系统（如国家、地方、企业、部门）问题的期望，或为了满足上层系统的需要，或为了实现上层系统的战略目标和计划等。

（2）项目的目标设计和项目定义　这一阶段主要是通过进一步研究上层系统情况和存在的问题，提出项目的目标因素，进而形成项目目标系统，通过对目标的书面说明形成项目定义。

这个阶段包括如下工作：

1）情况的分析和问题的研究，即对上层系统情况和问题进行调查，对其中的问题进行全面罗列、分析、研究，弄清问题的原因。

2）项目的目标设计。针对情况和问题提出目标因素，对目标因素进行优化，建立目标系统。

3）项目的定义，即划定项目的构成和界限，对项目的目标做出说明。

4）项目的审查，包括对目标系统的评价、目标决策、提出项目建议书。

（3）可行性研究　可行性研究即提出项目实施方案，并对实施方案进行全面的技术经济论证，看能否实现目标，它的结果将作为项目决策的依据。

2. 项目的设计与计划阶段

这个阶段的工作包括设计、计划、招标投标和各种施工前的准备工作。在项目的总目标确定后，通过计划可以分析研究总目标能否实现，总目标确定的费用、工期、功能要求是否得到保证，是否平衡。如果发现不能实现或不平衡，则必须修改目标，修改技术设计，甚至可能取消项目。计划是对构思、项目目标、技术设计的更为详细的论证。

3. 项目的实施阶段

项目实施阶段的总任务是保证按预定的计划实施项目，保证项目总目标的圆满实现，这是项目决策实施、建成投产、发挥投资效益的关键环节。实施阶段应按设计要求、合同条款、预算投资、施工程序和顺序、施工组织设计，在保证质量、工期、成本计划等目标的前提下进行，达到竣工标准要求，经过验收后，移交给建设单位。

4. 项目的竣工验收交付使用阶段

当项目按照设计文件的规定内容全部施工完成以后，便可组织验收。它是建设全过程的最后一道程序，是投资成果转入生产或使用的标志，是建设单位、设计单位和施工单位向国家汇报建设项目的能力、质量、成本、收益等全面情况及交付新增固定资产的过程。竣工验收对促进建设项目及时投产、发挥投资效益及总结建设经验都有重要作用。通过竣工验收，可以检查建设项目实际形成的生产能力或效益，也可避免项目建成后继续消耗建设费用。

6.2　城市公共设施建设工程招标投标

6.2.1　工程招标投标概述

1. 招标投标的定义

招标，是指招标人应用技术经济的评价方法和受市场竞争机制的作用，通过有组织地开展择优成交的一种成熟、规范和科学的交易方式。在这种方式下，由招标人或招标人委托的招标代理机构通过招标公告或招标信息，发布招标采购的信息与条件要求，邀请潜在投标人参加平等竞争，按照规定的程序和办法，通过对投标竞争者的报价和其他条件进行科学比较和综合分析，从中择优选定中标人，并与其签订合同，以实现节约投资、保证质量和工期、达到资源优化配置的一种特殊的交易方式。工程招标，是指工程项目业主作为招标人，就拟建的工程用法定方式吸引承包商参加竞争，进而通过法定程序从中选择条件优越者来完成工程施工任务的一种法律行为。

工程投标，是指经过特定审查而获得投标资格的工程承包商，按照招标文件的要求在规定的时间内向招标单位填报投标书，争取中标的法律行为。

2. 招标投标的目的及特点

工程招标投标的目的是在工程建设中引入竞争机制，择优选定勘察、设计、设备安装、施工、材料设备供应、监理和工程总承包单位，以保证缩短工期、提高工程质量和节约建设资金。一般来说，工程招标投标的特点有三个：通过竞争机制，实行交易公开；鼓励竞争，优胜劣汰，实现投资效益；通过科学合理和规范化的监管机制与运作程序，有效杜绝不正之风，保证交易的公正和公平。

3. 招标投标活动应遵循的原则

《中华人民共和国招标投标法》（以下简称《招标投标法》）第五条规定：招标投标活动应当遵循公开、公平、公正和诚实信用的原则。法律要求招标投标活动具有高度透明性，实行招标信息、招标程序公开，即发布招标通告，公开开标，公开中标结果，使每一个投标人都获得同等的信息，知悉招标的一切条件和要求。

（1）公平原则　招标投标属于民事法律行为，公平是指民事主体的平等，因此应当杜绝一方把自己的意志强加于对方。招标压价、签订合同前无理压价、投标人恶意串标、提高标价损害对方利益等都是违反平等原则的行为。

（2）公正原则　公正原则是指按照招标文件中规定的统一标准，实事求是地进行评标和定标，不偏袒任何一方。

（3）诚实信用原则　诚实信用原则也称诚信原则，是民事活动的基本原则之一。在当事人之间的利益关系中，诚信原则要求重视他人利益，以对待自己事务的态度对待他人事务，保证彼此都能得到应得的利益。在当事人与社会利益关系中，诚信原则要求当事人不得因为自己的活动损害第三人和社会的利益，必须在法律范围内以符合社会经济要求的方式行使自己的权利。从这一原则出发，《招标投标法》中规定了不得规避招标、串通投标、泄露标底、骗取中标、非法转包合同等诸多义务，要求当事人遵守，并规定了相应的罚则。

6.2.2　工程招标与投标

1. 招标组织形式

（1）自行招标　《招标投标法》规定，工程项目建设单位作为招标人应具有编制招标文件和组织评标能力，可以自行办理招标事宜。自行招标应具备的条件包括：有与招标工程相应管理和法律人员；有审查投标单位资质的能力；有组织开标、评标、定标的能力；招标单位自行组织招标，必须符合上述条件，并设立专门的招标机构，经招标投标行政管理机构审查合格后发给招标组织资格证书。

（2）招标代理　当招标单位不具备自行招标条件时，根据《招标投标法》的规定，招标人有权自行选择招标代理机构，委托其办理招标事宜。工程招标代理机构及其特征；工程招标代理机构是接受被代理人的委托，为其办理工程的勘察、设计、施工、监理以及与工程建设有关的重要设备、材料采购等招标或投标事宜的社会组织。其中，被代理人一般是指工程项目的所有者或经营者，即建设单位或承包单位。工程招标代理机构负责提供代理服务，它属于社会中介组织，而且其选择应当是一种自愿行为。工程招标代理在法律上属于委托代理，其行为必须符合委托代理的授权范围，否则属于无权代理。因此，签订代理协议并详细规定授权范围及代理人的权利、义务是代理机构进行代理行为的前提和依据。综上所述，工程招标代理机构具有如下特征：第一，工程招标代理机构必须具有独立办理招标实务的能力；第二，招标人的行为必符合委托授权规范；第三，工程招标代理行为的后果由被代理人承担。

2. 工程项目招标应具备的条件

（1）工程项目计划已经批准　这是基本建设程序的重要内容和环节。按照有关规定，没有列入国家计划或地区计划的建设工程，是不能组织招标的，即使是外资和融资的建设工程，也必须有立项审批的程序。

（2）设计文件已经批准　工程项目的设计文件包括初步设计和费用概算、技术设计和修正概算或施工图设计和概算，视项目的规模和等级的不同而定。我国许多项目的实践表明，只要时间允许，招标时应尽量采用施工图设计和概算，有利于项目业主单位编写招标文件和准备标底。因此在招标的有关办法中规定，"初步设计和概算文件已经批准"是实行施工招标的必备文件之一，这也是编写招标文件的基本文件。

（3）建设资金已经落实　建设资金（含自筹资金）已按规定存入银行。对于世界银行的项目而言：一是指世界银行贷款已经取得承诺，完成了项目评估，将要签订协议；二是指国内配套资金已经落实，或基本落实。两者缺一不可。资金没有落实，不能进行招标，也不能进行资格审查。

（4）招标文件已经编写完成并经批准　招标文件编制质量的优劣，直接影响到招标的进度和效果，其重要性体现为招标文件是：招标者招标承建工程项目或采购货物及服务的法律文件；投标人准备投标文件及投标的依据；评标的依据；签订合同所遵循的文件、技术规范或规格的编写原则。招标文件是进行施工招标的前提条件。

（5）施工准备工作已就绪　施工准备工作，包括征地拆迁、移民安置、环保措施、临时道路、公用设施、通信设施等现场条件的准备工作已经就绪，以及已经取得当地的施工许可证。

3．工程招标方式

建设工程的招标要实现投资少、施工期合理、质量良好、社会效益明显的目的，就必须要选择合理的招标方式。不同的招标方式有着各自不同的特点，按《招标投标法》规定，招标方式有公开招标和邀请招标。

（1）公开招标　公布招标通告，使得对该招标项目感兴趣的投标人，不受地域和行业的限制均可参加投标。经过资格预审程序后，合格的单位方可购买招标文件，进行投标竞争。这种招标方式最适合市场经济，它给予人们以平等竞争的机会，招标人有较大的余地从众多的投标竞争者当中选择中标人，实现降低工程造价、提高工程质量和缩短工期的期望。但是，由于公开招标时，往往参加投标的单位众多，招标工作量大，组织工作复杂，所需投入的人力、物力较多，招标过程所需时间较长，花费很高，所以这类招标方式适用于投资额度大，工艺、结构复杂的较大型工程建设项目。

（2）邀请招标　邀请招标又称为有限竞争性招标。这种招标方式不发布通告，招标人根据自己的经验和掌握的各种信息资料、过去与承包人合作的经验或咨询机构提供的情况等，有选择地邀请数目有限的承包商参加投标，通常以 5～7 家为宜，但不得少于 3 家。被邀请人同意参加投标后，从招标人处获取招标文件，按规定要求进行投标报价。未受到邀请的单位，不能参加投标。邀请招标的优点包括：一是经过选择邀请的投标人，在施工经验、技术力量、财务能力和信誉等方面都获得了认可，减少了合同履行的违约风险；二是一般不需要对投标人进行资格预审且投标人的数量相对较少，因而招标时间相对缩短，招标费用也较少。其缺点主要表现为，经常会将一些有竞争实力的潜在投标人被排斥在邀请名单之外，因而使投标的竞争程度减弱，中标的合同价格相对较高。

4．工程招标范围

（1）必须进行招标的项目范围　《招标投标法》第三条规定，在中华人民共和国境内进行下列工程建设项目包括项目的勘察、设计、施工、监理以及与工程建设有关的重要设备、材料等的采购，必须进行招标：大型基础设施、公共事业等关系社会公共利益、公共安全的项目；全部或者部分使用国有资金投资或者国家融资的项目；使用国际组织或者外国政府贷款、援助资金的项目。

（2）可以不进行招标的项目范围　依据《招标投标法》第六十六条和 2013 年 4 月修订的国家发改委、建设部等七部发布的《工程建设项目施工招标投标办法》第十二条的规定，需要审批的工程项目，有下列情形之一的，由审批部门批准，可以不进行施工招标：涉及国家安全、国家秘密或者抢险救灾而不适宜招标的；属于利用扶贫资金实行以工代赈需要使用农民工的；施工主要技术采用特定的专利或者专有技术的。

招标过程工作的主要内容包括：组成评标委员会、投标资格审查、评标、写出评标报告。评标方法包括经评审的最低投标价法、综合评议法或者法律、行政法规允许的其他评标方法，具体评标方法由招标单位决定，并在招标文件中写明。对于大型或者技术复杂的工程，可以采用技术标和商务标两阶段评标法。

常见的评标方法如下：

（1）最低投标价法　经评审的最低投标价法能够满足招标文件的实质性要求，并且经评审的最低投标价的投标，应当推荐为中标候选人。这种评标方法是按照评审程序，经初审后，以合理的低标价作为中标的主要条件。合理的低标价必须是经过终审，但不保证最低的投标价中标，因为这种评标方法在比较价格时必须考虑一些修正因素，因此也有一个评标的过程。世界银行、亚洲开发银行等都以这种方法作为主要的评标方法。按照《评标委员会和评标方法暂行规定》，经评审的最低投标价法一般适用于具有运用技术、性能标准或者招标人对其技术、性能没有特殊要求的招标项目。采用经评审的最低投标价法的，评标委员会应当根据招标文件中规定的评标价格调整方法，对所有投标人的投标报价以及投标文件的商务部分做必要的价格调整。在这种评标方法中，需要考虑的修正因素包括：一定条件下的优惠（如世界银行贷款项目对借款国国内投标人有 7.5% 的评标优惠）；工期提前的效益对报价的修正；同时投多个标段的评标修正等。所有的这些修正因素都应当在招标文件中有明确的规定。对同时投多个标段的评标修正，一般的做法是：如果投标人的某一个标段已被确定为中标，则在其他标段的评标中按照招标文件规定的百分比（通常为 4%）报价后在评标价中扣减此值。

（2）综合评议法　综合评议法是对价格、施工方案（或施工组织设计）、项目经理的资历与业绩、质量、工期、企业信誉和业绩等因素进行综合评价以确定中标人的评标定标方法之一。它是国内应用最广泛的评标方法之一。采用此方法时，需要先确定评审因素，国内一般采用标价、施工方案（或施工组织设计）、工程质量、工期、信誉和业绩等作为评审因素。综合评议法又依据其分析方法不同分为定性和定量综合评议法两种。

1）定性综合评议法。一般做法是评标小组对各投标书依据既定评审因素，分项进行定性比较和综合评审。评议后可用记名或无记名投票表决方式确定各方面都优越的投标人为中标人。此法的优点在于评标小组成员之间可直接对话与交流，交换意见和讨论比较深入，简便易行，但当小组成员之间评标意见歧义过大时，则定标较困难。

2）定量综合评议法。定量综合评议法又称打分法或百分法，其做法是先在评标办法中确定若干评价因素，并确定各评价因素所占比例和评分标准。开标后每位评标小组成员根据评分标准，采用无记名打分方式打分，最后统计各投标人的得分，总分最高者为中标人。

5. 定标

定标，就是招标人根据评标委员会的评标报告，在推荐的中标候选人（1~3 名）中最后核定中标人的过程。招标人也可以授权评标委员会直接确定中标人。使用国有资金投资或者国家融资的项目，招标人应确定排名第一的中标候选人为中标人。只有当第一名放弃中标、因不可抗力提出不能履行合同或在规定期限内未能交结履约保证金的，招标人方可确定第二名中标，以此类推。

招标人将向中标人发出中标通知书，同时将招标结果通知所有来投标的投标人。自中标通知书发出之日起 30 日内，招标人与中标人按照合同文件和中标人的投标文件签订合同。投标人与中标人不得再行订立背离合同实质性内容的其他协议。

6. 签订工程合同

招标人按上述规定与中标人签订合同。招标人和中标人签订背离合同实质性内容的协议则应改正，并对当事人处以罚款。中标通知书对招标人和中标人具有法律约束力，中标通知书发出后，招标人改变中标结果或中标人放弃中标的，应当承担法律责任。

中标人如不按前述规定与招标人订立合同，则招标人将废除中标，投标担保不予退还，给招标人造成的损失如超过投标担保数，中标人应对超过部分予以赔偿，同时依法承担相应的法律责任。中标人应当按合同约定履行义务，完成中标项目的施工、竣工和修补其中所有缺陷。中标人与招标人签订合同时，应当按照招标文件的要求，向招标人提供履约保证，履约保证可以采用银行履约保函（一般为合同价的 5%~10%）或者其他担保方式（一般为合同价的 10%~20%）。招标人应当向中标人提供工程款支付担保。

7. 工程投标

参加工程投标的承包企业作为投标人，必须具备以下条件：

1）根据我国现行的外贸管理体制，我国投标单位参加国际竞争性招标向国外投标时，对方一般要求我国投标单位有投标公证书（或由驻外使馆公证），同时，应分析标书的特别规定及其对产品是否有特殊限制。

2）参加国内招标的投标人，必须是具有独立法人资格的企业，同时还应看招标书对资历及业绩是否有特殊要求。

3）参加投标的产品必须是成熟的产品，即已有制造经验且具备一定成功运行记录的产品。不成熟的新产品、试制品不能参加投标。

6.3 城市公共设施建设项目组织协调

6.3.1 概述

1. 组织协调的概念

组织协调就是联结、联合、调和所有的活动和力量。组织协调工作应贯穿于施工项目管理的全过程，以排除障碍，解决矛盾，保证项目目标的顺利实现。协调或协调管理在美国的项目管理中被称为"界面管理"，是指主动协调相互作用的子系统之间的能量、物质、信息交流，以实现系统目标的活动。

施工项目管理的组织协调一般包括三大类：一是"人员/人员界面"；二是"系统/系统界面"；三是"系统/环境界面"。

2. 组织协调的范围和层次

根据系统的观点，协调的范围和层次可以分为系统（承包企业及项目经理部）内部关系协调和系统外部关系协调，系统外部关系协调又可分为近外层关系协调和远外层关系协调。近外层关系协调是指承包企业及项目经理部与同发包单位签有合同的单位之间的关系协调；远外层关系协调是指承包企业及项目经理部与同项目管理工作有关但没有合同约束的单位之间的关系协调。

3. 组织协调的工作内容

组织协调应坚持动态工作原则，根据施工项目运行的不同阶段所出现的主要矛盾做动态调整。例如：项目进行的初期主要是供求关系的协调，项目进行的后期主要是合同和法律、法规约束关系的协调。一般来讲，组织协调的常见内容有：

（1）人际关系 人际关系协调包括施工项目组织内部、施工项目组织与关联单位人际关系的协调，以及处理相关工作结合部中人与人之间在管理工作中的联系和矛盾。

（2）组织机构关系 组织机构关系协调包括协调项目经理部、企业管理层及劳务作业层之间的关系，以实现合理分工、有效协作。

（3）供求关系 供求关系协调包括协调企业物资供应部门与项目经理部及生产要素供需单位之间的关系，以保证人力、材料、机械设备、技术、资金等各项生产要素供应的优质、优价、适时、适量。

（4）协作配合关系 协作配合关系的协调包括近外层关系的配合，以及内部各部门、上下级、管理层与劳务作业层之间关系的协调。

（5）约束关系 约束关系包括法律法规约束关系、合同约束关系，主要通过提示、教育、监督、检查等手段防范矛盾，并及时、有效地解决矛盾。

4. 组织协调的方法

项目经理及其他管理人员实施组织协调的常用方法有：

1）会议协调法，包括召开工地例会、专题会议等。

2）交谈协调法，包括面对面交谈、电话交谈等。

3）书面协调法，包括信函、数据电文等。

4）访问协调法，包括走访、邀请，主要用于系统外部协调。

5）情况介绍法，通常结合其他方法，共同使用。

6.3.2 内部与外层关系的组织协调

1. 内部关系的组织协调

企业内部关系的组织协调，一般应包括以下内容：

1）内部人际关系协调，主要依据各项规章制度，通过做好思想工作、加强教育培训、提高人员素质等方法实现。

2）项目经理部与企业管理层关系协调，主要依靠严格执行"项目管理目标责任书"等方法实现。

3）项目经理部与劳务作业层关系协调，主要依靠履行劳务合同，以及执行"施工项目管理实施规划"等方法实现。

4）内部供求关系协调。内部供求关系涉及面广、协调工作量大，并存在相当的随机性。因此，项目经理部认真做好供需计划的编制、评审、执行工作，并充分发挥调度系统和调度人员的作用，排除障碍。

2. 外层关系的组织协调

外层关系属于对法人的关系。因此，项目经理部进行近外层关系和远外层关系的组织协调时，必须在企业法定代表人的授权范围内实施，项目经理部无权处理对外事务。项目经理部与建设单位之间的关系协调，应贯穿于施工项目管理的全过程。

（1）项目经理部与建设单位的关系　协调的目的是做好协作，协调的有效方法是执行合同，协调的重点是资金、质量和进度问题。项目经理部要求建设单位在施工准备阶段，按规定的时间承担合同约定的责任。为了保证工程顺利开工，建设单位一般应完成以下工作：

1）取得政府主管部门对该建设项目的批准文件。

2）取得地质勘探资料及施工许可证。

3）取得施工用地范围及施工用地许可证。

4）取得施工现场附近的铁路支线可供使用的许可证。

5）取得施工区域内地上、地下既有建筑物及管线的资料。

6）取得在施工区域内进行爆破的许可证。

7）施工区域内征地、青苗补偿及居民迁移工作。

8）施工区域内地面、地下既有建筑物及管线、坟基、树木、杂物等障碍的拆迁、清理、平整工作。

9）将水源、电源、道路接通至施工区域。

10）向所在地区市容办公室申请办理施工临时占地手续，负责缴纳应由建设单位承担的费用。

11）确定建筑物标高和坐标控制点，以及道路、管线的定位标识。

12）对国外提供的设计图，应组织相关人员按本地区的施工图标准及使用习惯进行翻译、放样及绘制。

13）向项目经理部交送全部施工图及有关技术资料，并组织有关单位进行技术交底。

14）向项目经理部提供应由建设单位供应的设备、材料、成品、半成品加工订货单。

15）会审、签认项目经理部提出的施工项目管理实施规划或施工组织设计。

16）向建设银行提交开户、拨款所需文件。

17）指派工地代表并明确负责人，书面通知项目经理部。

18）负责将双方签订的"施工准备合同"交送合同管理机关签证。

项目经理部应在规定时间内承担合同约定的责任，为开工后连续施工创造条件。在施工准备阶段，项目经理部应完成的工作包括：

1）编制项目管理实施计划。

2）根据施工平面图的设计，搭建施工用临时设施。

3）组织有关人员学习、会审施工图和有关技术文件，参加由建设单位、监理单位、设计单位和施工单位参加的施工图设计交底与会审会议。

4）根据出图情况，组织有关人员及时编制预算。

5）向建设单位提交应由建设单位采购、加工、供应的材料、设备、成品、半成品的数量和规格清单，并确定进场时间。

6）负责办理属于项目经理部供应的材料、成品、半成品的加工订货手续。

7）特殊工程需由建设单位在开工前按资金和钢材指标预算时，将钢材规格、数量、金额按时间、抵扣办法等在合同中加以明确。

项目经理部应及时向建设单位提供有关的生产计划、统计资料、工程事故报告等。而建设单位应按规定时间向项目经理部提供以下技术资料：

1）单位工程施工图。

2）设备的技术资料。

3）承担外商设计的工程时，应提供原文图及有关技术资料。

4）如要求按外商设计规范工时，建设单位应向项目经理部提供译成中文的国外施工规范。

5）与项目有关的生产计划、统计资料、工程事故报告等。

（2）项目经理部与监理单位的关系　项目经理部提供的是工程产品，而监理单位（项目监理机构）则是针对工程项目提供监理服务。两者地位平等，只是分工不同而已。项目经理部应按《建设工程项目管理规范》（GB/T 50326—2017）、《建设工程监理规范》（GB/T 50319—2013）的规定和施工合同的要求，接受项目监理机构的监督和管理，并按照相互信任、相互支持、相互尊重、共同负责的原则，做好协作配合、确保项目实施质量。例如：项目经理部有义务向项目监理机构报送有关方案、文件，应当接受项目监理机构的指令等。

（3）项目经理部与设计单位的关系　承包单位与设计单位的工作联系原则上应通过建设单位进行，并须按图施工。项目经理部要领会设计文件的意图，取得设计单位的理解和支持。设计单位要对设计文件进行技术交底。项目经理部应在设计交底、图纸会审、设计变更、地基处理、隐藏工程验收和交工验收等环节中与设计单位密切配合，同时接受建设单位和项目监理机构对于双方进行的协调。

（4）项目经理部与材料供应单位的关系　项目经理部与材料供应单位应依据供应合同，充分运用市场的价格机制、竞争机制和供求机制做好协作配合。

（5）项目经理部与公用部门的关系　公用部门是指与项目施工有直接关系的社会公用性单位。例如：供水、供电、供气等单位。项目经理部与公用部门有关单位的关系，应通过加强计划性，以及通过建设单位或项目监理机构进行协调。

（6）项目经理部与分包单位的关系　项目经理部与分包单位关系的协调应严格执行分包合同，正确处理技术关系、经济关系。坐标成果通知单、施工许可证、供水方案批准文件等资料，以及由其他设计人员进行的自来水工程施工图设计，应由自来水管理部门审查批准。

6.4　城市公共设施建设工程进度管理与质量控制

6.4.1　城市公共设施建设工程进度管理

工程进度是一个综合的概念，除工期外，还包括工作量、资源的消耗量等因素，所以对进度状况的分析必须是综合的、多角度的。工程进度拖延的产生原因常常也是多方面的，对工程进度拖延也必须采取综合措施。

1. 进度管理的概念

进度通常是指工程实施结果的进展情况。在城市公共设施建设工程实施过程中要消耗时间（工期）、劳动力、材料、成本等。在现代工程项目管理中，已经赋予进度以综合的含义，它将工程任务、工期、成本有机地结合起来，形成一个综合的指标体系，能全面反映工程实施状况。进度管理不仅包括传统的工期控制，而且要将工程工期与工程实物、成本、劳动消耗、资源等有效地统一起来。

工程进度管理的程序是：确定进度管理目标→编制工程进度计划→申请开工并按指令日期开工→实施工程进度计划→进度管理总结→编写工程进度管理报告。

2. 进度计划系统

（1）进度计划系统的概念　建设工程进度计划系统是由多个相互关联的进度计划所组成的系统，它是工程进度管理的依据。由于编制各种进度计划所需要的资料是在工程进展过程中逐步形成的，因此工程进度计划系统的建立和完善也有一个过程，它是逐步形成的。

进度计划系统是业主、设计单位、施工单位、材料供应单位等各参与方按建设项目的设计准备阶段、设计阶段、施工阶段、物资采购阶段，以及项目开工建设前准备阶段编制的供各阶段控制、指导和实施的总进度计划、子项目进度计划、单位工程进度计划、分部分项工程进度计划组成的。

（2）进度计划系统的分类　根据工程进度管理角度的不同，可以构建多个不同的工程进度计划系统。

1）由不同深度的计划构成的进度计划系统，包括：总进度规划（计划）；项目子系统进度规划（计划）；项目子系统中的单项工程进度计划等。

2）由不同功能的计划构成的进度计划系统，包括：控制性进度规划（计划）；指导性进度规划（计划）；实施性（操作性）进度计划等。

3）由不同项目参与方的计划构成的进度计划系统，包括：业主方编制的整个工程实施的进度计划；设计进度计划；施工和设备安装进度计划；采购和供货进度计划等。

4）由不同周期的计划构成的进度计划系统，包括：跨年度建设进度计划；年度、季度、月度和旬计划等。

在建设工程进度计划系统中，各进度计划或各子系统进度计划编制和调整时必须注意其相互间的联系和协调。

1）总进度规划（计划）、项目子系统进度规划（计划）与项目子系统中的单项工程进度计划之间的联系和协调。

2）控制性进度规划（计划）、指导性进度规划（计划）与实施性（操作性）进度计划之间的联系和协调。

3）业主方编制的整个项目实施的进度计划、设计方编制的进度计划、施工和设备安装方编制的进度计划与采购和供货方编制的进度计划之间的联系和协调等。

6.4.2 城市公共设施建设工程质量控制

1. 工程质量控制的含义

质量控制是《质量管理体系 基础和术语》（GB/T 19000—2016）中的一个术语。质量控制是质量管理的一部分，是致力于满足质量要求的一系列相关活动。

质量控制包括采取的作业技术和管理活动。作业技术是直接产生产品或服务质量的条件；但并不是具备相关作业技术能力的，都能产生合格的质量，在社会化大生产的条件下，还必须通过科学的管理，来组织和协调作业技术活动的过程。按照《质量管理体系 基础和术语》中的定义，质量管理是指确立质量方针及实施质量方针的全部职能及工作内容，并对其工作效果进行评价和改进的一系列工作。因此，质量控制和质量管理的区别在于质量控制是在明确的质量目标条件下通过行动方案和资源配置的计划、实施、检查和监督来实现预期目标的过程。

城市公共设施工程本质上是一项拟建的建筑产品，它和一般产品具有同样的质量内涵，即满足明确和隐含需要的特性总和。其中明确的需要是指法律法规技术标准和合同等所规定的要求。隐含的需要是指法律法规或技术标准尚未做出明确规定，然而随着经济发展、科技进步及人们消费观念的变化，客观上已存在的某些需求。因此，建筑产品的质量需要通过市场和营销活动加以识别，以不断进行质量的持续改进。其社会需求是否得到满足或满足的程度如何，必须用一系列定量或定性的特性指标来描述和评价，这就是通常意义上的产品适用性、可靠性、安全性、经济性以及环境的适宜性等。

由于工程项目首先由业主（或投资者、项目法人）提出明确的需求，然后再通过一次性承发包生产，即在特定的地点建造特定的项目，因此工程项目的质量总目标是业主建设意图通过项目策划（包括项目的定义及建设规模、系统构成、使用功能和价值、规格档次标准等的定位策划和目标决策）来提出的。工程项目质量控制，包括勘察设计、招标投标、施工安装、竣工验收各阶段，各项质量控制活动均应围绕着致力于满足业主要求的质量总目标而展开。

2. 工程质量的影响因素

（1）人的因素 人的因素是指人的质量意识和质量能力。人是质量活动的主体，对工程项目而言人泛指与工程有关的单位、组织及个人，包括建设单位、勘察设计单位、承包单位、监理及咨询服务单位、政府主管及工程质量监督部门、监测单位、计划者、设计者、作业者、管理者等。建筑业实行企业资质管理、市场准入制度、个人执业资格制度、持证上岗及质量责任制度等，按资质等承包工程任务，不得越级，不得挂靠，不得无证设计、无证施工，获得各类执业资格的人员须在一个单位注册后才能执业。

（2）项目因素 没有经过可行性论证、市场需求预测的，项目建设，重复建设，所形成的合格而无用途的建筑产品，从根本上讲是对社会资源的极大浪费，不具备质量的适用性特征。高标准而缺乏质量经济性考虑的决策也将对工程质量的形成产生不利的影响。

（3）工程项目总体规划和设计因素 总体规划关系到土地的合理利用，以及功能组织和平面布局、竖向设计、总体运输及交通组织的合理性；工程设计具体确定建筑产品或工程项目的物的质量目标值，直接将建设意图变成工程蓝图，将适用性、经济性、美观性融为一体，为建设施工提供质量标准和依据。建筑构造与结构的设计应合理、可靠以及可施工。

（4）建筑材料、构配件及相关工程用品因素　它们是建筑生产的劳动对象。建筑质量直接影响工程质量，因此材料选择是否合理，控制材料、构配件及工程用品的质量规格、性能特性是否符合设计规定标准，直接关系到工程项目的质量形成。

（5）工程施工方案因素　它包括施工技术方案和施工组织方案。施工技术方案是指施工的技术、工艺、方法以及机械、设备、模具等施工手段的配置；显然如果施工技术落后，方法不当，机械具有缺陷，则工程质量必然受到影响。施工组织方案是指施工程序、工艺顺序、施工流向、劳动组织方面的决定和安排。通常的施工程序是先准备后施工，先场外后场内，先地下后地上，先深后浅，先主体后装修，先土建后安装等，这些内容都应在施工方案中予以明确，并编制相应的施工组织设计。这些都是对工程项目质量产生影响的重要因素。

（6）工程施工环境因素　它包括地质、水文、气候等自然环境，施工现场的通风、照明、安全、卫生、防护设施等劳动作业环境，以及由工程承发包合同结构所派生的多单位、多专业共同施工的管理关系。组织协调方式及现场施工质量控制系统等构成的管理环境对工程项目的质量产生相当的影响。

3. 工程质量的特点

城市公共设施工程项目的特点是工程分项多、规模庞大、条件多变、原材料有多样性以及生产周期长，其实施过程具有程序繁多、涉及面广和协作关系复杂等技术经济特征。所以，城市公共设施工程项目有以下特点：

1）公共设施项目建设过程就是项目质量的形成过程。设计、施工和施工验收，对工程项目质量的形成都有着重要作用和影响。

2）影响工程质量的因素多。由于工程项目建设周期长，必然要受到多种因素影响，如设计、材料、设备、工艺方法、管理、工人技术水平等诸多因素。

3）影响工程项目质量的隐患多，在工程项目施工过程中，由于工序交接多、中间产品多，因此，只有严格控制每个工序和中间产品的质量，才能保证其最终产品。

4）工程质量评定难度大。工程项目建成后，不能像某些工业产品那样可以拆开检查其内在质量，如若在项目完工之后再来检查，则只能看其表面，这很难正确判断其质量的好坏。因此项目质量评定和检查，必须贯穿于工程项目施工的全过程。

6.5　城市公共设施建设工程环境管理

城市公共设施建设工程施工现场环境复杂，材料的任意堆放会对施工现场造成污染，此外，施工作业时产生的各种粉尘、噪声、废水以及废弃物等还会对施工现场周围环境造成危害。施工现场使用的机械会产生振动和噪声，建筑原材料会产生粉尘等。长期在这样的环境中工作，作业人员易患上各种职业性疾病，身体健康受到影响。环境污染也会给安全施工带来隐患，降低作业人员的工作效率。因此必须要像对待施工安全一样对施工现场的环境进行管理。施工现场的环境污染主要包括大气污染、水污染、固体废弃物污染和噪声污染等。

1. 大气污染的防治

大气污染物的种类有数千种，其中大部分是有机物质。大气污染物通常以气体状态和粒子状态存在于空气中。其中，气体状态污染物是指在常温常压下，以分子和蒸气状态存在的大气污染物。气体污染物具有运动速度较大、扩散较快、在周围大气中分布比较均匀的特点。常见的气体状态污染物包括燃料燃烧过程中产生的二氧化硫（SO_2）、氮氧化物（NO_X）、一氧化碳（CO），使用机械时排出的尾气，沥青烟中含有的碳氢化合物、苯并芘，有机溶剂挥发气体，挖掘作业时产生的瓦斯气体等。粒子状态污染物又称固体颗粒污染物，是分散在大气中的微小液滴和固体颗粒，粒径在 0.01~100pm，是一个复杂的非均匀体。通常，粒子状态污染物根据在重力作用下的沉降特性分为降尘和飘尘。常见的粒子状态污染物有锅炉、熔化炉、厨房烧煤产生的烟尘，建材破碎、筛分、加料、装卸、运输以及挖掘过程中产生的粉尘等。大气污染的防治措施主要针对上述粒子状态污染物和气体状态污染物进行治理。

在施工时，还应做到以下几点：

1）施工现场的垃圾流土要及时清理出现场。

2）清理高大建筑物施工垃圾时，要使用封闭式的容器或者采取其他措施处理高空废物，严禁凌空随意抛撒。

3）施工现场道路应指定专人定期洒水清扫，形成制度，防止道路扬尘。

4）对于细颗粒散体材料（如水泥、粉煤灰、白灰等）的运输、储存要注意遮盖、密封，减少飞扬。

5）车辆开出工地要做到不带泥沙，基本做到不扬尘，减少对周围环境的污染。

6）除设有符合规定的装置外，禁止在施工现场焚烧油毡、橡胶、塑料、皮革、树叶、各种包装物等废弃物品，以及其他会产生有毒、有害烟尘和恶臭气体的物质。

7）机动车都要安装减少尾气排放的装置，确保符合国家标准。

8）工地茶炉应尽量采用电热水器。若只能使用烧煤茶炉和锅炉时，应选用消烟除尘的茶炉和锅炉，大灶应选用消烟节能回风炉灶，使烟尘降至允许排放的范围。

9）设置搅拌站的工地，应将搅拌站封闭严密，并在进料仓上方安装除尘装置，采取有效措施控制工地粉尘污染。

10）拆除旧建筑物时，应适当洒水，防止扬尘。

2. 水污染的防治

（1）水污染物的主要来源　施工现场水污染的主要来源包括工业污染源、生活污染源。工业污染源是指各种工业生产过程中间环境排放有害物质或对环境产生有害影响的生产场所、设备和装置。

生活污染源主要有食物废渣、食油、粪便、合成洗涤剂、病原微生物等。除以上两种污染源外，水污染物还包括施工现场废水和固体废弃物随水流流入水体部分，如泥浆、水泥、油漆及各种油类、混凝土外加剂、重金属、酸碱盐、非金属无机毒物等。

（2）废水的处理技术　废水处理的目的是把废水中所含的有害物质清理分离出来。废水处理可分为化学方法、物理方法、物理化学方法和生物法。

3. 固体废弃物处理

（1）施工现场常见的固体废弃物　固体废弃物是生产、建设、日常生活和其他活动中产生的固态、半固态废弃物质。固体废弃物是一个极其复杂的废弃物体系，按照其化学组成可分为有机废弃物和无机废弃物，按照其对环境和人类健康的危害程度可以分为一般废弃物和危险废弃物。

施工现场常见的固体废弃物，如建筑渣土（包括砖瓦、碎石、渣土、混凝土碎块、废钢铁、废玻璃、废屑、废弃装饰材料等）、废弃的散装建筑材料（包括散装水泥、石灰等）、生活垃圾（包括厨房废物、丢弃食品、废纸、生活用具、玻璃、陶瓷碎片、废电池、废旧日用品、废塑料品、煤灰渣等）、设备和材料等的废弃包装材料、粪便以及其他废弃物。

（2）固体废弃物对环境的危害　固体废弃物对环境的危害是全方位的，主要表现在以下几个方面：

1）侵占土地。固体废弃物可直接破坏土地和植被。

2）污染土壤。固体废弃物的有害成分易污染土壤，并在土壤中发生积累，给作物生长带来危害；部分有害物质还能杀死土壤中的微生物，使土壤丧失化解能力。

3）污染水体。固体废弃物遇水浸泡、溶解后，其有害成分随地表径流或土壤渗流污染地下水和地表水；此外，固体废弃物还会随风飘迁进入水体造成污染。

4）污染大气。以细颗粒状存在的废渣垃圾和建筑材料在堆放和运输过程中，会随风扩散，使大气中悬浮的灰尘废弃物增多。此外，固体废弃物在焚烧等处理过程中，可能产生有害气体造成大气污染。

5）影响环境卫生。固体废弃物的大量堆放，会招致蚊蝇滋生，臭味四溢，严重影响工地以及周围环境卫生，对员工和工地附近居民的健康造成危害。

（3）固体废弃物的处理　采取资源化、减量化和无害化的处理方式对固体废弃物产生的全过程进行控制。固体废弃物的主要处理方法包括回收利用、固体废弃物减量化处理、焚烧处理、废弃物的稳定和固化技术、填埋等。

第 7 章

城市公共设施运营管理

城市公共设施运营管理的改革与创新是世界各国政府面临的新问题，也是我国改革和发展中亟待解决的现实问题。目前，各国都在建立公共服务体制与运营模式方面进行有益的探索和改革。从当代发达国家政府公共服务管理与运营的经验与教训来看，探索和建立适合我国国情的公共设施管理运营体系，已经成为现阶段我国经济社会发展必须优先解决的现实问题。由于各国都有自己的历史背景，有不同的经济、社会环境，特别是各自体制上和文化的差异，因此各国政府公共服务范围、标准与供给方式不同，形成了具有不同特色的公共设施运营管理模式。目前理论界比较认可的主要模式有以美国为代表的"效率与公平并重型"模式，以北欧国家为代表的"全面公平型"模式，以新加坡和智利为代表的"效率主导型"模式等。

7.1 城市公共设施运营管理概述

7.1.1 城市公共设施运营管理理念的演化

从世界各国城市发展来看，城市化深刻地影响着城市管理方式的变革。城市化主要是一种物质集聚的变换过程，集中型城市化过程要求城市管理着重于供水、供电等城市公共设施的公用服务，从而形成中心城市的经济功能，这决定了集中型城市化时期的城市管理理念是以城市公共设施管理为中心的市政（municipality）管理理念。当城市化走向扩散型时，要素在空间流动扩散的范围增大，使得跨行政区域的经济活动广泛出现。中心城市产业升级或更新，把旧产业向周边扩散，使得区域贸易、国际贸易及区域环境等问题要在更大的区域内协调解决，于是以城市环境和区际关系协调为中心的城市治理（governance）理念出现。第二次世界大战后新兴的发展中国家由于普遍致力于国家经济基础建设的发展目标，因此产生了以经济增长为核心宗旨的新兴城市化过程，从而形成了发展中国家城市管理的"经济增长"理念。20 世纪 80 年代由发达市场经济国家掀起的"新公共管理"运动，使城市行销（cited marketing）、城市竞争（cited competition）、城市经营（deal in city）等城市管理理念出现并广泛传播，城市管理的着重点趋向于文化方向，原来的福利型城市治理模式向经济发展型治理模式转变。进入 21 世纪以来，城市经济逐渐地相对独立于国家经济，与国民经济各行其道，甚至有时城市比国家做得更好，这使得城市的独特精神文化成为影响人们进行社会经济决策的重要因素，出现了"城市中心""城市精神"等理念，同时，世界各地的城市已经通过跨界合作和跨界网络，从国内社会走向国际舞台，城市的国际性活动十分活跃，形成了"国际城市""全球城市"等跨国发展理念。这些变化，无不显现出伴随着城市社会经济发展的城市精神和文化的发展，文化越来越成为城市发展的核心力量和动力所在。

城市管理理念的发展对我国城市公共设施管理产生了重大影响。在加速的城市化进程中，很多城市政府对于城市化理论和城市管理的政策思想十分关注，吸取了国际上一些热门的城市管理理念，也取得了很多成绩。例如：有的城市提出"绿色城市""生态城市""智能型城市""学习型城市"等理念，有的获得"最佳旅游城市"等称号，但是也有一些城市政府提出诸如"率先城市化""国际性城市""建设城市 CBD"等城市化目标，其实并没有弄清楚这些理念的内涵，也还都没有建立和形成相应的具体城市公共设施管理理念，这些城市化目标给人的感觉是一种比较空泛的目标。而有的城市提出的公共设施运营管理理念，诸如"经营城市公共设施"等提法，也没有深刻地理解其相对性内涵和其产生的背景，仅仅从字面上理解，单纯关注城市资源和资产的现有价值利益，或者仅仅是一种跟风行为，而没有认识到它涉及的还是一种概念，这种概念还是不十分清楚的城市公共设施运营管理理念，这样就难免出现城市资源利用的损失、浪费和运营效率低下的现象。因此，应深刻理解城市化规律和相应的城市管理理论，根据城市化聚集的实际内容和发展趋势，正确确定和选择城市公共设施运营管理理念。

7.1.2　城市公共设施运营管理理念

城市公共设施运营管理理念是城市政府及其社会管理机构管理城市事务时的基本精神、宗旨、价值观和管理哲学等标志的抽象，它依存于"城市深化"的过程。随着城市化水平的逐渐提高和城市功能的不断完善，城市公共设施运营管理理念也与时俱进，不断地根据城市发展的要求发生转变。

我国加入 WTO 以后，市场体制进一步得到完善。城市公共设施管理应当向城市公共运营管理（urban public administration）转变。城市公共管理是指主要由城市政府提供城市公共运营产品的活动。城市政府为了促进城市整体的协调发展，采取各种措施对城市的公共物品（实物产品和服务）、准公共物品、公共资源及公共环境的供给和维护进行决策、组织、协调、指挥和控制。它以城市运行的公共需要为准则：在城市社会经济运行中，城市的市场主体如企业、居民、社会团体能够办好的事情，城市政府就不必介入，而私人活动不能、不愿和不宜完成的城市事务则要由城市公共管理来完成。根据这种界定，城市公共设施运营管理理念应当是服务理念、竞争理念、法制理念，它与我国历史上的各种城市管理理念及国外发达市场经济体制下的城市管理理念都不同，存在着根本性差异。

1）我国改革开放前的生产型和执行型城市管理只关注城市的生产效果，就形成了"重建设，轻管理"等管理理念。这种理念现在虽然不再直接出现，但是在城市建设和发展的管理上经常出现的"政绩工程"，却和模糊了生产目的的旧"生产理念"有着大同小异之嫌，因为它们本质上都没有考虑城市公共设施建设的目的性，从而在根本上区别于公共管理主导的、为生产服务和增进居民福利的管理理念。

2）我国改革开放之后，城市政府接过了中央政府下放的权力，然而，接过中央政府下放的权力容易，转换职能放掉一些权力却不是很容易的，全面管理现象时不时地在一些城市出现，如某些城市政府部门兼办经营性单位、政府机构对市场主体超越法规的干预、某些行政事业机构的乱收费等，都是滥用政府和公共部门职权的表现。有些时候，无论是构成城市组件的公用设施建设，还是构成城市经济运行主体的直接生产过程，或是独立于城市经济的城市政治文化等，都成为城市管理的直接对象，这样，城市管理的理念还往往是"全面统中发展"等。因此，城市公共设施管理与市场体制下的公共管理还有着很大的差距。为此，树立公共管理理念，破除城市公共设施管理上的"大而全"思想，是提高我国城市公共设施管理效率的重要任务。

3）发达市场经济国家根据市场经济对城市政府的职能要求，实行的是比较纯粹的公共管理。普遍设立的市政机构，一方面通过设置市政总经理，借用企业化经营办法对城市供水、供电、公交等市政产业实行管理，另一方面通过专职的城市管理部门采用公益服务或福利办法为市民提供科教文卫和公共行政的服务。由于这种管理模式是在发达市场经济基础上形成的，城市政府作为税收主体通过行政手段履行社会性管理职能，因而其管理理念往往是"为纳税人负责""服务至上，以人为本"等，这是一种典型的市场型城市公共设施管理理念。由于我国的市场经济发育程度还比较低，这种较高程度的城市公共设施管理在我国还不能完全实现，我国在市场运行、市场制度方面的社会条件和规范仍需进一步完善，因而我国目前的城市公共设施管理与典型的公共管理相比还有层次上的重大差别。

可见，目前我国城市公共设施运营管理仍属于对发展中的市场经济体制的管理，与发达国家相比，公共管理还处于初级状态，城市公共设施管理理念也还是初级形态。也就是说，我国当前城市政府实施的公共设施管理，既与我国历史上已有的城市管理理念不同，也有别于发达国家的城市管理理念。它是一种服务于有中国特色的市场经济体制下的城市公共设施管理，其突出特征主要表现如下两个方面：

1）我国城市公共设施运营管理突出地表现为政府的主导作用。这是由于我国市场体制发展时间较短，类似于发达国家的第三部门组织还没有完全形成。所谓第三部门组织，是指非政府、非企业的公益性社会组织，其公益性程度由预算拨款、接受捐赠、志愿者服务和部分服务收费及服务全额收费等形式由高到低排列。城市公共设施管理主体原本的内涵，包括城市政府和第三部门组织的管理主体，由于后者在我国发育很不完全，对城市管理所起的作用也较小，因而城市政府是城市管理的主体。为此，我国城市政府转换职能、树立全方位的公共服务理念极其重要。

2）我国城市公共设施管理职责特殊地包含了培育市场和完善市场建设的任务。发达国家的市场经济已经有几百年历史，政府规范市场经济行为只是"公共规制"，并不需要为市场主体如何参与市场活动操心。但是，我国的市场主体还比较弱，无论是生产性主体的竞争力、决策力和规模程度，还是消费者主体的辨识力、决策力和维权力，或是市场中介组织的诚信力、公益理念和服务意识，都处于发展中的状态。很多社会经济问题单靠市场主体的力量还不能得到解决，为此，城市管理还必须要培育市场。这一方面要补充国家法律，具体规范城市企业与居民的市场行为；另一方面要分别针对生产者、消费者及中介组织设立专门的市场服务机构，帮助市场主体提高其市场分析力、决策力和发展力。

总之，要深入总结我国和国外城市公共设施运营管理的经验教训，既要彻底改变过去的全面管制行为，也不能无所作为、任由一些"城市病"现象出现。城市政府要全面树立起公共管理理念，做到该管的一定管好、不该管的坚决放开；而在该管的城市事务中，要时时以增进市民福利为原则，体现效用和服务理念，以及可持续发展理念，实现有效的公共管理。要在不断提高城市公共设施运营管理水平的进程中，使城市公共设施运营管理为建设和谐社会做出贡献。

7.1.3　城市公共设施运营管理目标

城市公共设施运营管理是一项复杂而艰巨的系统工程，需要科学合理的目标以及清晰的思路，以保证城市公共设施运营管理的顺利进行。城市公共设施运营管理目标主要包括以下 5 点。

1. 制定一系列全国性城市公共设施管理法律法规

城市公共设施通常由地方政府投资，但为了规范政府管理主体行为，我国需要制定一系列全国性城市公共设施管理法律法规，包括城市公共交通、公共设施投融资等方面的法律法规。通过这些法律法规明确城市公共设施管理体制的基本框架。在执法层面，由于城市公共设施具有专业技术性强等特点，因此可在各地单独建立精干、高效的管理部门作为专门执法机构以取代目前的工商行政管理部门。这些执法机构可从原有公用事业厅政部门中招聘一批懂技术、善管理的人才并向社会引进经济、法律等方面的专家，组成专业化、高素质的执法队伍。为了提高执法的公正性，了解公众的意见，还可在城市公用事业各产业建立专门的消费者协会之类的组织等。

2. 建立城市公共设施投融资机制

（1）城市公共设施股票上市直接融资　从国际经验来看，城市公共设施市场稳定，行业风险小，收益较为稳定，利润增长性好，具有很高的长期投资价值。同时，由于城市公共设施具有公共属性，因此不宜多家企业分别投资。组织股份制企业并上市，有助于协调各投资企业利益关系并广泛吸收社会资金，提高公共设施资产的资本化和市场化程度。

（2）地方政府发行城市公共设施建设债券筹资　首先，城市公共设施与一般全国或地区整体性公共设施产业不同，其市场有地域性，其投资指向具体目标城市的公共设施产业，客观上使得地方政府通过发行债券筹集资金用于本地公共设施建设，拉动当地民间投资需求成为必要。其次，发行城市公共设施建设债券，是在防范、化解潜在的财政风险的同时发挥地方扩张需求作用的客观需要。再次，鼓励地方政府发行城市公共设施建设债券，有利于强化地方财政的债务意识和偿债压力，提高政府债务资金的使用效益。最后，这方面的努力将有利于探索建立我国地方政府的融资体制，从根本上规范地方政府的融资行为。

（3）大力推进 BOT 方式引进资金　在 BOT 项目中，政府将某项公共设施项目交由商业公司或私人公司进行投资、建设和经营，私人公司在一定的特许经营期限内收回成本并获取利润，然后无偿地将该公共设施移交给政府。在城市公共设施资金匮乏、供应不足、设施与管理均比较落后的我国，大力推广 BOT 方式引进资金对有效地开辟投资渠道、加速城市公共设施现代化更加具有重大意义。

（4）吸引国内民间资本进入城市公共设施领域　首先，引入民间资本有利于建立竞争机制。事实证明，如果某一行业政企分开、引入竞争后，没有大量的民间资本进入，只有少数几个国有企业经营，其结果要么是行业的竞争格局难以真正形成，要么是进入竞争的企业缺乏持久竞争力并形成新的寡头格局。这种情况比单一行政管理更加损害国家和消费者的利益。其次，引入民间资本有助于建立投资风险约束机制。民间资本具有很强的自我约束能力，投资比较谨慎和理性，能够充分论证项目可行性。民间资本一旦投资后，为维护切身利益，也会更加关注项目，加强管理，降低成本，提高投资回报率，从而降低投资风险。根据国际经验，城市公共设施引入民间资本的方式多种多样，建议各地公共设施部门从本地情况出发，在市场化的不同阶段，慎重选择，尽量趋利避害，降低风险。

3. 实现城市公共设施资产所有权与经营权的分离，将建设和运营权交给市场

将政府对城市公共设施产品的供应和服务，逐步从直接组织保障供给转变到引导市场供应，改革投资、建设和经营管理体制，逐步从依靠政府投资转变到依靠企业融资，从"项目管理"转变到"资本市场"管理。按照"多元化投资、市场化运作、产业化发展、企业化经营"的方向，逐步将城市公共设施的建设、管理和经营推向社会，完善"政府引导、社会参与、市场运作"的投入运行机制，通过开放市场吸引社会资金投入，实现投资主体多元化，改变主要由政府投资的格局，逐步将部分一直由政府财政投资的城市道路、污水处理和垃圾处理等非经营性项目转变为经营性项目，推动企业按照市场规则运营，自我良性发展。对政府财政投资的项目，按照"投资与项目建设分开，项目建设与运营管理分开，运营管理与政府行政管理分开"的原则，建立新的管理模式。对市政设施、园林绿化、环境卫生等非经营性的市政设施的建设和维护逐步实行社会化运作。形成开放式、多元化的建设经营格局，实现城市公共设施资产所有权与经营权的分离。

4. 建立符合市场规律的城市公共设施产品及服务价格形成机制

目前我国城市公共设施产品和服务的价格主要由国家和地方政府统一确定，缺乏科学合理的价格确定和调整机制。市场因素对价格调节的作用十分有限，城市公共设施产品和服务整体价格水平还比较低。我们应当按照市场规则要求，重视供求关系决定公共产品和服务价格的功能，逐步理顺价格关系，逐步将政府财政的"暗补"转变成为市场运行的"明补"，建立符合市场经济要求，有利于促进企业加强成本控制、改善经营的价格形成机制，建立科学的价格体系。

政府的责任是保障社会的公共需求，企业投资的动机在于利润，目标是利润最大化。城市公共设施作为"公共产品"和"准公共产品"，必须将政府定价与市场调节结合起来，以保持社会和谐稳定为前提，在满足公共需求与促进市场竞争之间寻求合理的平衡点。城市公共设施产品和服务价格的确定应当把握这样的原则：对自然属性领域的产品和服务，应以政府定价为主，参考社会平均价格和市民承受能力；对市场竞争领域的产品应以市场定价为主。政府要在科学核定成本、合理制定价格政策的基础上，逐步减少财政补贴，理顺公共产品和服务的价格，使之逐步回归市场。城市公共设施产品和服务价格的确定，要充分考虑以下几个方面的因素：

1）比较准确地反映产品和服务的成本及合理的利润，使企业具有扩大再生产的能力，能够依靠自身的积累实现持续发展。

2）基本反映供求关系，有利于环境和资源的利用和保护，节约资源，避免滥采滥用和破坏生态环境。

3）充分考虑不同阶层居民的生活水平和经济承受能力，使之与城市居民收入水平的提高相适应，维护社会的和谐稳定。

5. 强化政府对城市公共设施管理市场的监管和服务

城市公共设施是公共产品、准公共产品和私人产品综合和交叉的领域，大部分可以通过市场实现有效供给。政府要逐步从"全能政府"向"有限政府"转变，从根本上转变城市公共设施管理职能。转变产品的供给方式，实现政企分开、政事分开。转变管理方式，从直接经营管理转变为委托经营管理，将原来由政府直接投资经营的项目，通过理顺价格机制，公开招标投标，交给社会投资者去建设和经营；政府从行业的经营者转变为行业监督管理者，逐步退出市政公用事业的生产、供给、经营和管理各个环节。对"市场失灵"范围之外的所有领域，政府都应该退出，交给市场去做。

要进一步强化政府的监管职能，建立健全监管体制，明确监管责任，完善监管机制，从根本上改变城市公共设施存在的管理缺位、职能交叉、管理分散、政出多门等问题。建立公开透明的行业管理体系和相应的法律法规体系框架，完善城市水务、污水处理、公交等方面的管理法规，推动政府的监管方式从以行政审批为主向依照法律法规办事为主转变。完善市场监管体系和监管标准体系，确定分行业市场准入条件，制定产品质量和服务标准，并逐步完善市场准入和清出制度、信息披露制度、招标投标制度，在安全运行、产品价格、服务质量和市场秩序等方面对城市公共设施市场实现有效监管。

7.2　城市公共设施运营管理面临的问题及原因分析

7.2.1　城市公共设施运营管理存在的问题

城市公共设施运营管理问题的出现，是由于在我国快速的城市化进程中，产生了一些城市管理问题。一般来说，城市公共设施运营管理是为了实现既定的目标，由城市政府对城市公共设施事务进行计划、组织、指挥、协调、控制等管理活动，但是由于对于城市管理概念中的管理主体和管理客体（城市公共设施）有各种不同的理解，城市管理实践上的做法也各有千秋，因此城市公共设施运营管理效果也千差万别。

这里所说的城市公共设施运营管理效果的差异，不是一般的因管理措施不同而带来的差异，而是由于对城市公共设施运营管理概念本质内涵的理解不同而导致的差异。这些根本性的理解差异，使我国目前的城市公共设施运营管理成绩与问题同在、发展与阻滞并存。既有根据非农产业的集聚性共享要求进行城市公共设施全面建设的，也有模仿西方城市景观大搞"洋、精、尖"的城市水泥建筑物的；既有整合多条系统建设统一的城市突发事件信息管理系统和处理系统以确保城市安全的，也有着眼于"创收"实行交通、酒店、文化等方面的公安管理而罚款的，种种现象，不一一列举，具体体现如下。

1. 政企不分并由此导致低效亏损

我国目前城市公共设施运营管理实行的是政企合一的管理体制，其必然结果是以行政区划为界限，把公用企业划分到市场范围，由行政区划界限内的运营者经营。这种方式虽然便于政府对所属企业的直接管理，但往往有悖于经济合理和规模经济的原则，造成经济上的低效率和社会资源的浪费。由于政企合一，地方政府既是唯一的投资者，又是经营者，往往直接干预企业的经营行为。公用企业的生产经营活动，特别是较大的投资活动一般均由政府安排，企业没有实质性的经营决策权。实证研究数据表明，我国城市公共设施运营管理的低效率带来了普遍亏损的问题。

2. 投资能力不足，供求矛盾突出

我国的政府管理模式，决定了地方政府既是城市公共设施的唯一投资主体，同时又是管理者，要承受进行投资和实施财政补贴的双重负担。其结果往往是投资不足，甚至补贴也难以到位。由于城市公共设施经营企业属于亏损或低利企业，企业的进入和运营又受到政府有关部门的严格管制，故很难吸引到其他产业的资本。一方面，由于城市公共设施投资具有专

用性和沉淀性强、投资回收期长等特点，投资者还面临着投资管制的可信性问题，而且目前我国缺乏相应的法律保障机制，进一步影响了投资者的热情。另一方面，有限的城市公共设施投资却存在效率低下、浪费严重的情况，表现为短期行为，造成盲目投资、重复建设、工程质量低下等问题。

3. 价格管理混乱，缺乏科学依据

目前，各级政府物价部门确定城市公共设施产品或服务价格水平的依据主要是被管制企业上报的成本，但这种成本是在特定行政区域内经营企业的个别成本，而非合理的社会平均成本。按企业的个别成本定价，成本越大价格越高，不仅使企业失去降低成本的压力和动力，而且会诱使企业虚报成本。而物价管理部门虽然对企业上报的成本资料进行审核，但由于信息的不对称，没有像企业那样了解真实成本，故只得主要审核其合法性，难以审核其合理性。在实际操作中，往往容易凭主观判断对企业的调价幅度"砍一刀"，具有较强的主观随意性，价格调整在一定程度上取决于政府与企业之间讨价还价的能力和各利益集团之间的利益协调程度。

4. 存在垂直经营及各种限制行为

由于我国城市公共设施管理长期采用区域性垂直一体化结构，地方公共设施管理部门管理本地区公共设施产品或服务的生产、输送、销售等所有环节。近年来各地的改革不仅没有削弱这种垂直，而且出现了越来越多的公共设施企业凭借优势限制竞争、损害消费者利益的问题。这些行为的主要表现有：设置障碍，控制终端产品，利用审查申报，控制设计施工，捆绑交易，滥收费用。

7.2.2 问题的原因分析

1. 城市公共设施的自然垄断性

城市公共设施中的水、气，甚至公交系统，均以全覆盖、网络性的管线存在。而这种管线具有专用性和沉淀性，不宜重复建设。单个公用企业一般能比多家竞争企业以更低的成本、更高的效率提供产品和服务。其结果必然是由自来水公司、燃气公司或公交公司等一家企业经营管理一个行业，形成政企合一、垄断经营的格局。事实上，造成城市公共设施运营管理高成本、高亏损的重要原因之一，正是垄断经营带来的行业隐性超额利润。

2. "公共利益保护"与"福利事业"的错误观念

首先，城市公共设施产品与服务具有较强的必需性、公益性和外部性等特征，必须有一个统一的管理调度体系，以实现系统的正常运转。在一定程度上，城市公共设施可以说是社会经济的神经中枢，由谁经营事关国计民生，乃至国家主权与安全，非一般性竞争性行业可比。一旦开放市场，允许自由竞争，公用企业有可能被欲行不善者掌握利用，存在损害公共利益和国家安全的危险，因而政企合一、垂直垄断的政府管理模式便应运而生。其次，对公共产品没有清晰的界定，致使城市公共设施产品的范围过广，与城市公共设施有关的行业无一例外地都被列入其中。这种界限模糊的结果是各公用事业单位所属部门多、专业门类齐全，从设计、生产、施工、管理、配套零部件生产及后勤服务全部被列入城市公共设施产品范围，增大了企业运营成本。最后，人们长期以来认为城市公共设施事业是"福利事业"，与之相关的一切经营活动由政府大包大揽正是制度优越性的体现，而作为"福利"部门的公用企业，也具有强烈的优越感和依赖性。

3. 缺乏以人为本的运营策略

以人为本的运营是一种广泛获取、深入理解顾客需求，且产生移情作用的系统整合的创新运营方式。理查德·布坎南教授在 1995 年指出，可将公共服务理解为人们之间相互关联的媒介。人是公共服务的第一要素，只有人参与其中，服务的存在才有价值。关键的操作性问题是：我们如何组织服务？换句话说，我们如何将人带入创造服务和引入服务的流程中？因此，当服务介入公共事务管理及组织时，应坚持"以人为本"的基本原则，采用观察、访谈等方法，进行系统的用户研究，在此基础上，对社会公众的需求行为进行分析和重新定义，洞悉服务的关键接触点。需要注意的是，我们应该分析的不再只是"公众需求"（一种目标的静态表达），而是"公众需求行为"（目标实现过程的动态表达）。比如在医疗服务设计中，不仅需要环境设施的完善，还需要就诊过程中人和物关系的优化设计，这就需要分析患者与医院互动的整个行为过程。

上述现象中的问题和阻滞方面，应当属于社会的不和谐现象。这些行为偏差造成了城市公共设施运营管理的负面形象，也带来了许多不利的影响。就问题产生的原因，很多方面与误解城市公共设施运营管理的含义有关，除了城市管理者个人在主观思想上（公益心的大小、政绩观念、责任理念等）的差异外，在客观上，历史、自然、城市政府行为目标、市民诉求、公共政策等诸多因素都会造成对城市公共设施运营管理内涵理解的偏差。那么，我们应当根据我国国情，在不同历史时期和不同条件下正确理解城市公共设施运营管理的内涵，以选择适应性的城市公共设施运营管理策略，并提高城市公共设施运营管理水平。

7.3　城市公共设施运营战略与计划

7.3.1　服务业的运营战略

对于大多数服务企业来说，提供服务就是企业的全部经营活动，因此，服务运营战略通常与企业总体战略联系在一起。制定服务运营战略的基本思想是以顾客为中心，即顾客是设计服务系统、制定企业战略和运行管理的核心。在此基础上确定竞争重点和目标，这些目标包括：为顾客提供良好的服务、服务的快捷性与方便性、合理的服务价格、服务内容的多样性、在服务中占有重要地位的有形产品的质量、服务技术水平与设施水平等。

值得注意的是，许多有关制造业的运营战略概念也同样适用于服务业。例如：服务企业也可以构建世界级的服务系统，形成竞争优势。迈克尔·波特提出的三种一般竞争战略，不仅适用于制造业，也适用于服务业。许多服务企业运用这些战略，获得了极大的成功。

1. 服务企业的竞争阶段

服务企业的四个竞争阶段见表 7-1。

表 7-1　服务企业竞争阶段

阶段	基本特征	服务质量	新技术	员工素质	现场管理
便利服务	顾客光顾的原因不是服务水平，而是看重便利性和服务速度快	附加费用；质量波动大	当难以生存时被迫采用新技术	流动性强	直接管理员工

（续）

阶段	基本特征	服务质量	新技术	员工素质	现场管理
熟练服务	顾客能接受企业的服务；服务水准中等，缺乏创新	能满足一些顾客要求；一贯坚持几项关键的服务标准	当需要降低成本时采用新技术	有效利用人力资源；训练有素；满足要求	控制服务过程
优势服务	顾客认定企业的声誉；十分强调满足顾客需求	超出顾客的满意程度；坚持全面的质量标准	当需要改善服务时采用新技术	按照岗位要求挑选员工	注意倾听顾客意见；训练和帮助员工
世界级服务	企业名称就是优质服务的象征；服务不仅要满足顾客要求，还要给顾客以竞争对手无法给予的意外满足感；善于学习，勤于创新，使服务内容与方式保持着对竞争对手的明显优势	提高顾客的期望；寻求挑战，不断改进	认为新技术是企业保持领先地位的源泉	具有创造精神	高层管理者把员工的意见看作新思想的源泉；由老师傅帮助训练员工

运营管理者在开发服务战略时要考虑的主要项目包括阶段、基本特征、服务质量、新技术、员工素质、现场管理等。要注意以下三点：

1）确定企业具体到达哪个阶段需要综合考虑，每个服务系统包括一系列特定的服务质量、新技术、员工素质、现场管理等因素，这些特定因素的集合决定了企业所处的阶段。

2）企业有可能很有竞争力（即处于第三阶段甚至第四阶段），但并不是在所有因素上都特别突出，例如它利用优异的服务质量和新技术这两个因素非常出色地完成了某个具体的项目，就可以赢得竞争力。

3）在企业的发展过程中，想要跨越某一个阶段是很困难的，一个企业要获得杰出的竞争优势就必须实现所有的基本职能，只有获得了杰出的竞争优势后才有可能达到世界级的服务水平。

2. 服务企业的运营决策

运营决策分为结构性决策和基础性决策，前者是关于有形的物质设备方面的，后者主要涉及经营中一些无形的方面。具体到服务企业的运营决策，也可以从结构性决策和基础性决策两方面加以分析。

（1）结构性决策　结构性决策包括选址、服务能力、纵向一体化和流程技术等内容。

1）选址。对于需要直接跟顾客打交道的服务而言，顾客的空间分布决定着服务企业的店址。例如：麦当劳公司可能知道所有的食品都由少数几台大型设备生产是经济的，但是大多数顾客不可能为了专门享用麦当劳的午餐而绕过就在他们办公室附近的肯德基，转而驱车几十分钟去较远的麦当劳。对于不需要直接跟顾客打交道的服务，如信用卡呼叫中心，在服务过程中并不需要顾客亲临现场，服务企业就可以选择一个成本低廉的地方作为服务提供地点。通信技术的发展使企业灵活地确定服务地点成为可能。

2）服务能力。由于服务不可储存，因此服务能力的设定就是非常关键的。服务能力的大小、服务设施的位置对于服务企业的获利能力有至关重要的影响。过高的服务能力会白白支出许多固定成本，降低企业利润；反之，过低的服务能力会带来机会损失，导致服务质量低劣，使顾客失望，从而降低忠诚度。

3）纵向一体化。纵向一体化与组织所控制的供应链环节的数量有关。例如：一家咖啡连锁店可能会收购咖啡豆种植商（后向一体化），一家航空公司也可能收购一家旅行社（前向一体化）。随着技术的发展，组织可以通过各种途径实现相互间的密切配合，甚至不需要转让所有权。这种纵向一体化能够使供应链上的各个环节共享信息、共同制订发展计划，形成整体竞争优势。

4）流程技术。对大多数服务企业而言，选择什么样的技术来提供服务也是很重要的。例如：有些餐馆为顾客提供就餐饭桌，而有些只有柜台服务，还有的餐馆为顾客提供自助餐。

（2）基础性决策 基础性决策包括员工队伍、质量管理、方针与程序和组织结构等内容。

1）员工队伍。服务管理者要根据服务企业的定位综合考虑员工的任职技能条件和薪资水平。例如：一家社区诊所可能招聘一些具备处理各种问题能力的全科医生，但他们的薪水可能要比专业医生低得多。有些餐馆雇佣专职的服务人员，有些餐馆则以兼职的大学生作为主要服务人员。

2）质量管理。质量管理是一个动态的、循环的过程（见图 7-1），需要在对现状进行监控的基础上不断地加以改进。目前许多服务企业由于简单套用制造业的质量运营方法而出现了一些新问题。产生这些新问题的一个主要原因就是对于大多数服务企业来说，它们的产品是无形的，不可能在每道工序上均设置相应的生产质量标准来对加工品的加工质量进行检测。

3）方针与程序。服务管理者还应该明确做出决策的方针与程序。方针与程序的不同可能会在服务的一致性和顾客感知服务方式方面产生巨大的差异。例如：麦当劳获得成功的原因之一就是其产品与服务在全世界

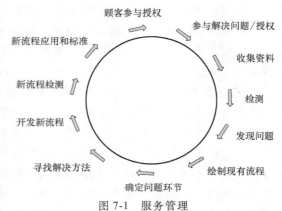

图 7-1 服务管理

具有一致性，而这种一致性很大程度上归因于其建立起的一套清晰完整的操作程序——如何制作汉堡、如何炸薯条、如何为顾客服务。操作程序都有明确的规范，每家麦当劳分店都必须建立规范标准的操作程序并且严格执行，所以麦当劳的顾客可以期望任何一家麦当劳的食物都有同样的质量和味道。

4）组织结构。组织的层次结构决定了组织的信息上传与指令下达的体系，反过来决定了该如何完成工作。例如：医院的组织结构可以按照传统的科室来设置，如内科、外科、护理科、药房等，或者围绕特定的服务类型来设置，如心脏监护部等，这些特定服务类型通常称为服务线。在这种组织结构下，医院的护士和药剂师需要向医生报告，护理主管向护理科

主任报告。与此类似，在职能型组织中，药剂师向值班主管报告，值班主管再向药科主任报告。由此可见，在不同的组织结构中，人员之间的互动方式差别很大。

7.3.2 服务业生产的分类

在一个服务系统中，服务业生产的组成要素包括三类：服务提供者、服务对象、服务设施设备。要素的不同组合以及它们之间的关系构成了不同的服务业生产类型（见图7-2）。

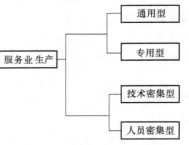

图 7-2　服务业生产类型

1. 按顾客的需求特性可分为通用型服务和专用型服务

通用型服务是针对一般的、日常的社会需求而提供的服务，如零售批发业、学校、运输公司、银行等。学生在接受教育服务时，都是经过由低年级到高年级，不断学习，最终拿到毕业文凭的。除去教师教学的个体差异，教师所教授的内容基本上是相同的，知识点无差异。

专用型服务是针对顾客的特殊要求而提供的服务，如理发店、医院、汽车修理站、咨询公司、会计及律师事务所等。一个人走进理发店后，对理发师有自己的要求，理发师根据顾客不同的要求提供理发服务。

这两种不同类型服务的区别主要在于顾客的参与程度不同。通用型服务的服务过程比较规范，服务系统有较明确的前台、后台之分，顾客只在前台服务中介入，后台则与顾客没有直接联系。它与制造业的生产系统类似，因此通用型服务生产在某种程度上类似于制造业的流水线生产，考虑规模效益。专用型服务的服务过程有较紧密的顾客介入，前台和后台很难区分，服务性更加鲜明，也难以使用统一的服务过程规范。其生产效益的提高必须从规模以外的其他方面去考虑，如时间响应、高素质人员所提供的高质量服务等。这种划分方法在某种程度上与制造业的订货生产与备货生产、大规模生产与单件小批量生产的划分类似。

2. 按运营系统的特性可分为技术密集型服务和人员密集型服务

这种分类方式的区别主要在于人员与设施装备的比例关系。技术密集型服务需要更多的设施装备投入，而在人员密集型服务中人员素质的作用更大。航空公司、运输公司、银行、娱乐业、通信业、医院等都属于前者，百货商店、餐饮业、学校、咨询公司等属于后者。从这样的分类中不难看出，两种类型在运营管理方面的特点：技术密集型服务要求更注重合理的技术装备投资决策，加强技术管理，控制服务交货进度与准确性；人员密集型服务则要求更注重员工的招聘、培训和激励，工作方式的改进，设施选址和布置等问题。

大部分的服务业生产都是以上两种分类方式的结合（见表7-2）。

表 7-2　基于两种分类方式的服务业举例

类型	技术密集型	人员密集型
通用型	航空公司,学校	运输公司
专用型	医院,咨询公司	休闲娱乐中心,餐饮服务业

7.3.3 服务业能力与需求匹配

对服务企业来说，一定时期的服务能力是相对固定和有限的。因此，服务业中形成的思维定式是"有限的服务能力等于拙劣的服务"，但"过度的能力等于高额成本"。这显然是一个极其矛盾的决策问题。如何使服务的产出量（即服务的供给）与服务的需求量相适应，是服务经营中所面临的最大挑战之一，故被形容为"服务能力管理是服务管理者必须走的钢丝绳"。

1. 服务业能力与需求调节的特点

由于服务业与制造业在产品与产品提供方式上的差别，服务业能力与需求的调节和制造业能力与需求的调节存在以下区别：

1）服务的生产与消费是同步的，这意味着不能采用库存这一工具去应对需求的波动和不确定性。

2）诸如旅馆等一些服务的最大供应量不具有弹性。

3）服务的需求往往很难预测。

4）大多数服务受地域的限制。

服务消费需求随时都在变化或呈现周期性变化，这使服务企业的能力决策面临两难境地：一方面，任何投资者都会极力避免因服务能力过大造成能力利用率低，资金占用过多，资金收益率低，投资效果差的现象；另一方面，若服务能力不足，无法有效满足服务需求，则会影响服务质量甚至导致顾客流失，给服务企业带来更大损失。在服务能力相对不足时，服务企业一般不能像制造企业那样通过提高内部效率来扩大生产能力，这样做通常会对顾客感知质量造成负面影响，最终仍将导致顾客离去。这些特点使得平衡供求成为服务管理的难题和必须面对的挑战。

2. 服务业能力与需求调节的方式

服务能力决策的基本问题在于如何应对服务需求的波动性和易逝性。在现有设施、劳动力和时间基本不变的前提下平衡服务需求与服务能力的矛盾主要从两个方面着手：一是调整能力，二是对需求进行管理。

（1）调整能力　调整能力以适应需求主要有调整服务资源、调整劳动力和调整服务时间三种方式。

1）调整服务资源，即合理设计和充分利用现有服务设施，可以对现有服务资源进行微调，以适应增加的暂时性需求。

2）调整劳动力。在条件可能的情况下，在需求高峰期可雇用临时工或兼职员工，在需求低谷期则可安排设备检修、人员轮休或培训，为保持高峰需求的最佳状态做准备。另外还可以培训可在多岗位工作的多面手。

3）调整服务时间。改变服务时间的配置，就可能改变服务能力，如国庆期间的打折促销活动，可提前储备服务人员从而满足活动需求。

（2）管理需求　对需求的管理主要从需求预测着手。虽然服务需求的波动程度很大，单个顾客的需求往往不可预测，但顾客的群体需求具有一定的可预测性。在受到外部环境和消费者习惯行为模式的影响时，服务需求呈现规律性、周期性、季节性的变动，并存在一定的因果关系。可以预先采取一些措施对服务需求进行一定程度的有效疏通和引导。但对于由随机因素引起的服务波动，则难以预见和控制，服务企业应该更多地考虑临时应变能力。服务企业可以从以下方面进行调节：

1）使用服务预订系统预约需求。在相对准确地预知和预测未来服务需求量的基础上，服务企业可以制订更有针对性的服务计划，平衡服务能力负荷。这种方式适用于服务资源相对紧缺的服务项目，如交通、餐饮娱乐、旅游、医疗服务、律师事务所等，其价值相对于顾客来说是显而易见的。

2）开发互补性服务项目扩大和吸引需求。对受季节性等因素影响较大的服务项目，在条件允许的情况下，改变不同时段的服务供给，开发互补性服务，可以吸引更多的需求。如冬季的滑雪胜地可在夏季改造为避暑游览景点，城市酒店可以利用周末或固定的节假日推出针对家庭消费的服务项目。

3）预先告知。预先告知是一种简单的影响服务需求的方法。有时给顾客一个简短的消息就可以降低需求的高峰，包括发布告示、广告或减价的消息等。例如：告知顾客在非高峰期接受公共交通、旅游景点服务可得到低价、不拥挤、更舒适的乘坐和观赏环境等好处，这通常能够让许多顾客改变他们的需求计划。

3. 收益管理

收益管理（yield management），又称收入管理（revenue management），是面向不可存储资产（perishable asset）的收入管理。收益管理的历史可以追溯到 20 世纪 70 年代末 80 年代初，美国政府放弃对机票的定价权，而让航空公司自己去定价。这时，收入管理系统发挥了重大作用。美国航空公司售票系统允许各航空公司根据市场需求情况实时更改各自的票价，变更飞行航线。该系统根据实际的订票量和需求量，实时调整机票价格，使得航空公司能够最大限度地获取利润。20 世纪 90 年代，美国大型航空公司 70%～80% 的利润来自这个系统。

收益管理广泛适用于航空公司、酒店、旅游度假地等不可储存资产的管理，以及易腐商品的管理。广播公司也运用收益管理技术管理广告时段，以决定应该将多大比例预留给高端客户，多大比例留给散户。对于制造能力不可储存的情况，制造商也可以运用收益管理技术进行管理。

总体来说，具备下列五个特征的场合可以应用收益管理技术：①存储过量的资源是昂贵的或不可能的；②需要为未来的不确定需求预留能力；③顾客可以细分，每个细分顾客群具有不同的需求曲线，对价格敏感；④同一单位生产能力可用于交付多种不同的产品或服务；⑤生产商是利润导向的，具有广泛的行动选择。

7.4　城市公共设施的运作管理

7.4.1　服务业的特征

服务业是随着商品生产和商品交换的发展，继商业之后出现的一个行业。商品的生产和交换扩大了人们的经济交往，为解决由此产生的人的食宿、货物的运输和存放等问题，出现了饭店、旅店等服务业。服务业最早主要是为商品流通服务的。随着城市的繁荣，居民的日益增多，服务业在经济活动中越来越重要，同时服务业逐渐转向以为人们的生活服务为主。社会化大生产创造的较高的生产率和发达的社会分工，促使制造企业中的某些为生产服务的劳动逐渐从生产过程中分离出来（如工厂的维修车间逐渐变成修理企业），加入服务业的行列，成了为生产服务的独立行业。

服务业从为流通服务到为生活服务，进一步扩展到为生产服务，经历了一个很长的历史过程。服务业的社会性质也随着历史的发展而变化。在资本主义之前的社会，服务业主要是为奴隶主和封建主服务的，大多由小生产者经营，因而具有小商品经济的性质。资本主义服务业以盈利为目的，资本家和服务劳动者之间的关系是雇佣关系。社会主义服务业以生产资料公有制为基础，以提高人民群众物质文化生活水平为目的，是真正为全社会的生产、流通和消费服务的行业。

与其他产业的产品相比，服务产品具有非实物性、不可存储性、生产与消费统一性等特征。以下是服务业的一些共同特征：

（1）与顾客直接接触　顾客看不到传统制造业的生产过程，他们只能看到放在商店样品陈列室里的成品。服务业则是顾客作为参与者出现在服务过程中的。例如：在美发店理发，在饭店进餐，乘飞机、公交车或火车旅行，或在医院急诊室接受药物治疗，这都需要顾客在场。在某些场合，顾客不参与服务过程，但是服务施加在顾客的财物上。在这种情况下，顾客的财物充当顾客的"代理人"，实施服务时财物必须在场，如衣服干洗、汽车维修等。也有其他一些服务的完成需要使用顾客提供的信息，如通过互联网处理付款单据等。

（2）以提供服务为主　虽然有些服务业也提供直接的产品，但这些产品只是提供服务的伴随物，人们真正需要的是传递过来的服务。例如，患者在医院里出钱要买的是治疗而不是医院的设备（病床、药品等），旅游时要买的是旅行服务而不是飞机以及飞机上的食品。因此，一项服务的好坏并不取决于其附属的物质，而是取决于无形的服务，如治疗的结果、服务态度的好坏等。

（3）生产与消费具有统一性　传统制造业的生产与消费是分离的，企业在自己的工厂生产产品，再通过各种途径销售到顾客的手上，生产企业与消费者在时间与地点上往往都是分离的。服务企业则完全不一样。服务往往在生产出来之后，在同一场地提供给顾客，如电梯的安装与维护、快餐店的快餐服务等，并且很多时候还是一边生产一边消费，在时间和地点上都是统一的，如顾客接受旅行服务、理发店的理发服务等。

（4）具有不可存储性　制造企业生产管理的一个主要手段是生产库存，产品通过库存调节来应对需求的波动。服务的消费往往与生产同时发生，因此服务往往无法存储。例如：理发店的服务是完全不可能储备的；飞机上的空座也不能累计和储存起来，以备在春节和国庆假期这样的需求高峰期使用；避暑胜地在淡季期间空余的客房也不能积存起来，以备在旺季使用；而那些想在周五或周六晚上到一个生意好的餐馆就餐的顾客，也绝不可能改到周一早上去，尽管那时饭店的服务能力比较充裕。

（5）竞争激烈　随着高科技的发展，目前制造业的投资越来越大，越来越趋向于资金密集型发展。服务业则正好相反，很多服务项目的投资并不大，其所需的资金也不多，对场地、设备、技术的要求也不高，因而进入壁垒低。这样竞争就会十分激烈。

（6）劳动密集　服务业一般都属于劳动密集型行业，虽然有些行业正在试图以设备取代人工，但绝大部分都需要人员直接操作，特别是与顾客直接交流，这是服务业的主要特点，它决定了服务业仍然是劳动密集型行业。

（7）具有开放性　开放性体现在两个方面：其一是服务业的前台直接对外，并且前台是服务业的重要部门；其二是服务业受技术进步、政策法规、能源价格等外部因素影响大，这些外部因素往往会改变一个服务企业的服务内容、服务提供方式以及其规模和结构。例如，管制的放宽以及信息技术的飞速发展已经使新型金融服务项目大量涌现。

7.4.2 服务业的运作分类

1. 服务业的类型

根据顾客接触程度以及劳动密集程度对服务业的类型进行划分，构成一个服务特征矩阵（见图7-3），将服务企业分成四大类。

（1）服务工厂 这类服务的资金投入较多，因为劳动密集程度低，顾客接触和顾客化服务的程度也低，航空公司、运输公司、饭店、健康娱乐中心等属于这类服务。

（2）服务车间 当顾客接触程度增加时，服务工厂变成了服务车间（相当于多品种小批量生产的车间），如医院和各种修理业。

（3）大规模服务 劳动密集程度较高，顾客化服务程度较低，如学校、批发业、零售业等。

（4）专业性服务 当顾客接触程度大幅度提高时，大规模服务就变成了专业性服务，如医生、律师、咨询顾问等都针对不同的顾客提供内容完全不同的服务。

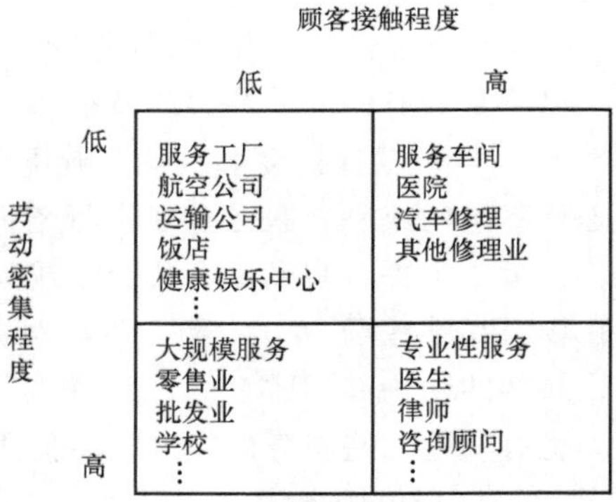

顾客接触程度

	低	高
低	服务工厂 航空公司 运输公司 饭店 健康娱乐中心	服务车间 医院 汽车修理业 其他修理业
高	大规模服务 零售业 批发业 学校	专业性服务 医生 律师 咨询顾问

（劳动密集程度）

图 7-3 服务特征矩阵

服务特征矩阵左半部分的活动顾客接触程度低，需要经过训练或借助一定的投资才能进行，顾客如果缺乏所需的知识、技能和设备，就难以从事矩阵左半部的活动。矩阵右半部分的活动比较简单，一般顾客自己都能做，但要花费一定的时间和精力。矩阵上半部分的活动劳动密集程度低，这些活动能够满足顾客特定的需要。矩阵下半部分的活动劳动密集程度高，这些活动能够满足顾客共同的需要。

2. 不同类型服务的运作管理特点

表7-3给出了不同服务业运作类型的特点和比较。

表 7-3 不同服务业运作类型的特点和比较

	项目	服务工厂	服务车间	大规模服务	专业性服务
服务的特点	服务的种类	有限	多种多样	有限	多种多样
	新服务或特殊服务	不经常	经常	不经常	经常
流程的特点	资金密集程度	高	高	低	低
	流程模式	刚性	弹性	刚性	弹性
	与设备的关联度	设备固化,选择较少	有多种选择	与设备的关联度不强,但与设施及其布置的关联度较强	与设备或设施的关联度都不强
	人、物、设备之间的平衡对均衡流程的重要性	非常重要	不太重要	不重要	可能重要
	富余能力的允许程度	不希望有富余能力	富余能力不是问题	富余能力意味着要调整劳动力	不希望有富余能力

（续）

	项目	服务工厂	服务车间	大规模服务	专业性服务
流程的特点	日程计划的难易	较难,高峰需求难以对应	日程计划容易	日程计划容易	较难,高峰需求难以应对
	规模经济效益	有一些	有一些,但最好充分利用设备	很少,除非使用库存	很少
	能力的度量	比较清楚,有时可用物理单位	模糊,很大程度上取决于需求的组合,只能以货币单位	有时较模糊,能力限制往往取决于设备	模糊
	布置	倾向于采用流水线方式	专业化或固定布置	固定布置但常变	专业化布置
	能力的增强	有多种增强方式,需要考虑人力和资金的平衡	有多种增强方式,能力平衡比较模糊	需要对设施进行较大的改变,有时可以通过增加人员加速流程	意味着增加人员
	瓶颈	偶尔会移动,但通常可预知	移动频繁	可预知	有时可预知,不确定性很强
	流程变化的程度	有时一般,有时剧烈	偶尔剧烈	很少发生,但一旦发生就会较剧烈	通常要增加
	物流对服务提供的重要性	库存和物流都很重要	库存很重要,物流不太重要	库存往往很重要,必须被控制	在部分情况下都不太重要
面向顾客的特点	周围环境吸引力的重要性	非常重要	不太重要	重要	不太重要
	顾客的参与程度	很少	可能很多	有一些	非常多
	顾客化服务	很少	很重要	很少	很重要
	管理高峰和非高峰的难易	通过价格调整可做到	非高峰时间可做促销,但有难度	非高峰时间可做促销,但有难度	难以管理,与价格无关
	流程质量控制	可用标准的方法	可用标准的方法,容易确定检查要点,员工培训对质量控制非常关键	通常难以用标准的方法,员工培训非常关键	通常难以用标准的方法,员工培训非常关键
与员工相关的特点	工资	计时工资	多种多样,可能包括个人酬金或提成	多种多样	固定工资,常常有某种形式的酬金
	技能水平	一般较低	较高	多种多样,但通常较低	非常高
	工作内容的范围	很窄	很宽	中等,但多种多样	非常宽
	提升	需要更多的技能或经验,会相应给予更多的责任	员工往往独立操作,可提升的层次有限	有若干提升的可能性	金字塔形结构,上层对下层有控制权力
管理的特点	职能部门的要求	需要大量职能人员进行流程设计、方法研究、预测,以及能力计划表等。直线监督和问题处理也很重要	职能人员较少,大部分是直线运作	有一些职能人员,主要集中于人力资源管理	职能人员很少,大部分直线管理人员身兼数职
	控制手段	多种多样,有可能是成本中心或利润中心	通常是利润中心	通常是利润中心	通常是利润中心

7.4.3 城市公共设施运营模式

1. 城市公共设施运营的基本模式与特征

目前，各国都在对建立的公共服务体制、公共服务管理和运营模式进行有益的探索和改革。从当代发达国家政府公共服务管理与运营的经验与教训来看，探索和建立适合我国国情的公共服务模式和管理运营体系，已经成为现阶段我国经济社会发展必须优先解决的现实问题。由于各国都有自己的历史背景，有不同的经济、社会环境，特别是各自体制和文化上的差异，因此各国政府公共服务范围、标准与供给方式不同，形成了具有不同特色的公共服务模式。目前理论界比较公认的主要模式有：以美国为代表的"效率与公平并重型"的公共服务模式；以北欧国家为代表的"全面公平型"的公共服务模式；以新加坡和智利为代表的"效率主导型"的公共服务模式；等等。

在这些主要模式中，政府在公共服务中扮演着不同的角色。从政府对公共服务的参与度这一角度，大体可以将城市公共设施运营模式分为以下基本模式：

（1）政府公共服务不参与型　政府公共服务不参与型是指在某些公共服务中，政府不是服务的直接供给者，而是充当"幕后"的管理者或是付费者。政府是公共服务决策的制定者，在执行过程中私营部门、非营利部门通过竞争，从政府获得执行权（如经营权），成为供给服务的主体，承担公共服务的责任。政府在此过程中是公共物品和服务的确认者和购买者，对所购买的公共物品和服务进行监督、检查和评估，征收合理的税赋和结算。

（2）政府公共服务参与型　政府公共服务参与型是指在某些公共服务中，政府直接参与到公共服务中来，政府既是公共服务的安排者，又是公共服务的提供者，直接对公民负责。政府公共服务参与型的社会化模式主要是通过公私合作来实现的。政府以某种优惠政策或其他特许形式来吸引私营部门参与到原本由政府包揽的公共服务中来。私营部门有投资收益权，通过使用者付费的方式收回成本，追求投资回报。

（3）中央人民政府和地方政府职能分权管理模式　中央人民政府和地方政府所管辖的事务分别是由政府组织法和地方自治法所决定的。中央人民政府主管国防、治安等关系国家安危的服务，以及经济事业和社会福利等服务。地方政府主管一般行政、地区社会福利、产业福利、建设、地区开发、环境美化、地区安全、文化、体育等公共服务。值得注意的是，虽然地方公共服务的主体是地方政府，但实际上公共服务的生产在多数情况下是由民间组织代理完成的。特别是在社会福利领域，许多民间福利机构得到地方政府的补助，提供服务。

从国外公共服务管理的基本特征来分析，国外公共服务管理主要有以下基本特征：

（1）政府在公共服务方面提供较为普遍的社会保障。政府在公共服务方面让每个公民在同一标准上实现机会均等的社会保障（或者称为"社会福利"）。在教育、就业、医疗、养老、住房等有关民生领域，每个公民都享受到最基本的保障。例如：加拿大和美国在关系民生的社会保障方面，已经实现一定标准的公共服务均等化。再如：在欧洲特别是在德国，社会保障受益人范围包括：领薪雇员、受培训人员、领救济金者、残疾人、高校学生、农民及其家人、有失业保障的失业者、依靠他人生活者、艺术家、作家，都在医疗保险范围内；所有的产业工人和非产业工人都可以享受养老金；全体雇员都可以享受失业保险。

（2）公共服务立法保障　公共服务和公共管理本身必须遵守法律。依法提供公共服务是所有政府行为的基础和准则。例如：德国的公共管理有一套完善的公共采购体制。公共投标宣布需要什么样的物品和服务，并通过特定的采购机构来购买物品和服务。在很多部门中，国家是市场上物品和服务的重要需求方。然而，政府采购也严格限制在那些被认为"可市场化的"物品和服务，如道路的养护、建筑服务、办公用品的供应等。也就是说，公共服务及其相关活动都是在法律框架内并按照法律规定进行的。政府行政机关被赋予了适用法律的任务，它在与其行为对象或者说公民的交往与冲突中将法律任务加以具体化。在这个过程中，公民的愿望和意志通过法律得以实现。

2. 城市公共设施运营的现代趋势

1）政府有效利用转移支付，强化对公共服务的宏观调控和指导，提高其有效性。转移支付制度是实现基本公共服务均等化、调节收入再分配和实现政府政策目标的重要手段。一般性转移支付是最具有均衡地方财力作用的转移支付形式。从目前我国的情况看，转移支付还不够规范，结构也不完全合理，一般性转移支付比重仍然过低，专项转移支付占据主要地位。这不仅削弱了中央人民政府均衡地方财力的作用，也限制了地方政府在提供地区性公共产品中的自主性。在加拿大和美国，虽然联邦政府不直接负责基本公共服务的管理，但是其通过转移支付，平衡了地方政府的财政能力，提高了个人的支付能力，更重要的是，增强了联邦政府对全国基本公共服务的宏观调控和指导。在美国，联邦政府给予州政府大量的以项目或计划为基础的专项转移支付，以确保为具有全国意义的公共服务提供最低标准。联邦政府转移支付的每一个专项，都附有特别规定，目的是专款专用，提高转移支付的有效性。哪个部门拨出的专项，就由哪个部门进行管理和监督，主要手段为审计和报告。

2）政府把一些科学的企业管理方法引入公共设施管理。为了提高政府在公共服务管理方面的效率和水平，越来越多的国家政府把一些科学的企业管理方法引入公共管理，对公共服务进行标杆管理或者绩效评估。公共部门绩效管理是过去几十年在德国公共部门出现的，同样在地方也是很普遍的提高效率的管理方法。公共部门绩效管理模式不仅是管理主体、管理范围的扩大，与传统的公共服务理念相比，它明显增强了公共生产力的管理和服务理念，突出发展和变革的脉络。公共部门绩效管理以向公民和社会提供优质高效的服务为宗旨，以服务导向、社会取向、结果取向、市场取向作为基本的价值取向。新加坡在公共管理中强调公共管理以市场或顾客为导向来改善行政绩效。新加坡公共管理把一些科学的企业管理方法，如目标管理、绩效评估、成本核算等引入公共行政领域，对提高政府工作效率有很大的促进作用。

3）政府在公共服务管理与运营中趋向专注"核心"业务，脱离"非核心"业务。政府在公共服务管理与运营中专注于符合其职能的"核心"业务，逐渐脱离"非核心"业务，主要提供社会必需且民间无法自行提供的公共服务。民间可以提供某种服务，而无须再由政府来提供时（由公共服务转向市场服务），其相应的法定机构便可以关闭了。

4）政府公共服务信息化、网络化趋势。完善政府公共服务的提供方式主要体现为以下两种服务方式的变革。一是政务信息公开透明。政务信息公开透明有利于各方交流沟通，有利于公众监督。例如：美国国会预算办公室和美国行政管理预算办公室一个年度内分别对联邦预算有三次报告，联邦预算制定后会印成公开的册子，并挂在互联网上以供任意浏览，有利于公众监督。此外，与国民有关的税费和保险均可以在网上缴纳、申报和查询。加拿大"我的网上就业保险信息"系统，使得失业人员和用人单位可以通过网络系统查找就业保险金的缴纳、申领有关信息，非常方便。二是政务信息化。新加坡是全世界最早推行"政务信息化"的国家之一，也是全球公认的电子政府发展最为领先的国家之一。从 1981 年起，新加坡就以综合并且一贯的方式，实施政务电子化，有效地改造了公共服务的提供方式以及政府、公民和商家之间的互动交流方式，以更高水平的便利度、效率及效力提供公共服务，在政策的拟订和审查方面与公民进行大规模的交流，增强凝聚力。

5）公共服务社会化、市场化。公共服务的社会化、市场化是许多国家公共服务改革的一个基本趋向。随着社会的发展，公民在物质生活和精神生活方面的要求也越来越多，工业时代的垄断供给公共服务显然正在逐渐失去民心。公民已经开始认识到管得最少的政府才是最好的政府，同时公民要求直接参与公共服务的供给过程，要求政府赋予其更多的选择权利。追求商业利益的企业也越来越希望政府改变固有的公共服务提供方式，希望政府支出更多地向它们倾斜，为其提供更多的劳动、就业和商业机会。地方政府以及企业和非营利组织的发展，为中央政府公共服务输出模式的变革提供了良好的载体。原来只能由中央政府提供的服务，现在可以由地方政府来提供，同时也可以由企业和非营利组织来提供。通过公共服务的社会化、市场化改革，提高了管理效率，增强了公共服务决策的科学性，同时也降低了公共服务成本，提高了服务水平。

3. 我国城市公共设施运营的对策与建议

1）为了保证经济长期可持续快速发展，公共服务管理必须适度超前发展。在经济发展的过程中，公共服务管理应适度超前发展，这是经济长期可持续快速发展的根本保证。公共服务具有整体性、系统性和基础性，公共服务制度的建立和公共服务的普及需要系统设计、适度超前发展。例如：义务教育制度的普及在许多国家都是率先完成的，这样才能保证为经济结构调整提供人力资源基础；又如 1890 年前后，英国、美国等由于过度迷信市场自我调节的能力与自由竞争机制，没有及时建立以社会保险为主的公共服务制度，经济长期停滞、徘徊并导致了世界经济大危机。1929 年经济大危机后，美国罗斯福政府被迫实施"新政"，于 1935 年颁布《社会保障法》。完善的公共服务制度使美国开始了长达 70 余年的经济增长历程。对于我国来说，为了保证经济长期可持续快速发展，防止由于公共服务滞后而造成经济发展中的大起大落，必须加速公共服务体系的建立和完善。

2）积极吸收西方国家"福利国家"建设的经验与教训。公共服务体系的建立与完善必须与经济发展水平相协调，避免社会福利水平过高而影响经济增长。公共服务特别是社会保障过快发展，超出了现有经济所能承受的范围，会给经济增长和国家的宏观调控能力带来负面影响，导致税收过高、通货膨胀、失业危机显现、财政危机加剧等后果。这也是西方国家于 20 世纪 70 年代"福利国家"的危机后，普遍开展新公共管理改革的根本原因。

3）公共福利增长和经济增长必须保持均衡。公共福利离不开经济发展，经济发展又离不开社会稳定。公共服务的目标是在经济发展过程中实现的，公共服务不仅是一个发展的过程，而且是一个改革的过程。一方面，只有经济发展、经济"蛋糕"做大、政府财力增强，才能更好地实现公共服务均等化，这也是公共服务均等化的物质条件和财力基础。另一方面，基本公共服务是在其特定的体制下供给的，如果没有合理的基本公共服务供给制度及相关体制，那么财力再多也不会有效率，反而会导致资源严重浪费。因此，实现基本公共服务均等化是财力与制度两者相结合的产物，财力必须跟上，制度也要改进。对于公共财政而言，要在构建和谐社会的要求下，以实现基本公共服务均等化为导向，进一步完善公共财政制度。经济发展要通过资源的合理配置提高效益，而且为了社会化再生产而进行必要的积累。强调社会保障而分配过多，就会削弱积累。因此，必须扣除发展经济所需要的积累部分，将剩余部分公平地分配给全体国民。

4）合理划分各级政府事权、财权是实现基本公共服务均等化的重要前提。加拿大和美国三级政府的事权、财权关系非常清晰。以美国为例，联邦政府收入的主要来源是个人所得税，其最大的支出项目是法律规定必保的国民社会福利项目，包括对老年人、儿童、残疾人和收入在贫困线以下者的生活补助与医疗补助等。州政府的收入来源是销售税和所得税，其最大的支出项目是对地方政府的拨款和教育支出。地方政府最大的两项收入来源是房地产税和上级政府的拨款，其支出主要用于地方的公共服务项目，包括中小学教育等。我国地方政府公共服务的能力还比较弱，这与事权、财权定位不清、公共服务投入比重过低有直接关系。

5）从单一的纵向转移模式，向纵向与横向转移相结合的模式转变。财政部门应尽快制定出台科学、合理、规范的财政转移支付资金分配标准和依据。建立健全行之有效的转移支付管理办法。进一步规范转移支付资金的项目、内容和拨款程序，发挥转移支付资金应有的使用效益。上级财政部门应根据各地区经济发展状况，适时调整转移支付政策。世界各国大都实行单一的纵向转移模式，即中央政府对地方政府、上级政府对下级政府的财政转移支付模式。只有德国、瑞典和比利时等少数国家实行纵向和横向混合的转移模式，即在实行纵向转移的同时，还实行富裕地区向贫困地区的横向转移。我国一直实行单一的纵向转移模式，目前应在继续以纵向转移模式为主的同时，探索向纵向与横向转移相结合的模式转变。

7.5　城市公共设施运营的质量管理

7.5.1　全面质量管理

全面质量管理（totalz quality management，TQM）是企业管理的中心环节，是企业管理的纲，它和企业的经营目标是一致的。因此，企业会将生产经营管理与质量管理有机地结合起来。

1. 质量管理的发展历程

按照质量管理在工业发达国家实践中的特点，质量管理的发展一般可分为质量检验阶段，统计质量控制阶段，全面质量管理阶段三个阶段。

质量检验阶段是质量管理的初级阶段，其主要特点是以检验为主。质量检验理论的基础是美国工程师 F. W. 泰勒（F. W. Taylor）提出的科学管理理论。质量检验理论要求按照职能的不同进行合理的分工，将质量检验作为一种管理职能从生产过程中分离出来，建立了专门的质量检验制度，这对保证产品/服务的质量发挥了积极的作用。但质量检验是事后把关，在大规模生产的情况下，由于事后检验信息反馈的不及时所造成的损失很大，故又萌发出了"预防"的思想，从而导致质量控制理论的诞生。

质量控制理论的诞生标志着质量管理从质量检验阶段进入统计质量控制阶段。在生产的推动下，该阶段中统计科学有了很大的发展。20 世纪 20 年代，美国贝尔电话实验室开始研究质量问题，并成立了两个课题研究组，一组为过程控制组，学术负责人是 W. A. 休哈特

（W. A. Shewhart）博士，另一组为产品控制组，学术负责人是 H. F. 道奇（H. F. Dodge）博士。休哈特提出了统计过程控制（statistical process control，SPC）理论，并创造了监控过程的工具——控制图（control chart）。道奇与数学家 H. G. 罗米格（H. G. Romig）则提出了抽样检验理论，它构成了质量检验理论的重要内容。上述两个课题研究组的研究成果有着深远的影响。休哈特与道奇是把数理统计引入质量管理的先驱者，共同为质量管理的进一步科学化奠定了理论基础。

到了 20 世纪四五十年代，质量管理除了定性分析以外，还强调定量分析，这是质量管理科学开始走向成熟的一个标志。统计质量控制阶段为严格的科学管理和全面质量管理奠定了基础。1993 年，日本第 31 届高层经营者质量管理大会明确指出：全面质量管理的基础是统计质量控制，统计质量控制与全面质量管理两者不能偏废，专业技术与管理技术同等重要。

20 世纪 50 年代末，科技突飞猛进，大规模系统开始涌现，并相应出现了强调全局观点的系统科学。国际贸易的竞争加剧，要求进一步提高产品质量，这些都促进了全面质量管理的诞生。提出全面质量管理的代表人物是美国的 A. V. 费根堡姆（A. V. Feigenbaum）等人。全面质量管理就是"三全"的管理，"三全"是指：全面的质量；全过程的质量；全员参与。早在 20 世纪 60 年代，我国数学家华罗庚就将全面质量管理称为质量系统工程。

20 世纪 60 年代以后，全面质量管理的观点在全球范围内得到了广泛的传播，各国都结合本国国情进行了创新。例如：日本结合日本国情提出了"全公司质量控制"（company wide quality control，CWQC）。

全面质量管理虽然起源于美国，但真正取得成效却是在日本等国，其在美国的效果并不理想。20 世纪 80 年代初，在激烈的国际商业竞争中逐渐处于不利地位的美国重新认识到质量管理的重要性，在著名统计学和质量管理专家 W. 爱德华·戴明（W. Edwards Deming）博士的倡导下，大力推行统计过程控制理论和方法，取得显著成效。从 1980 年起，经过 10 多年的努力，美国在民用产品方面已经消除了与日本的差距。

2. 全面质量管理的概念、特点、基本指导思想和工作内容

（1）全面质量管理的概念　全面质量管理是指在全社会的推动下，企业中的所有部门、所有组织、所有人员都以产品质量为核心，把专业技术、管理技术、数理统计技术集合在一起，建立起一套科学、严谨、高效的质量保证体系，控制生产过程中影响质量的因素，以优质的工作、最经济的办法提供满足用户需要的产品的全部活动。

（2）全面质量管理的特点

1）全面质量管理是全面质量的管理。全面质量包括产品质量、过程质量和工作质量。全面质量管理不同于其之前质量管理的特征，就是其工作对象是全面质量，而不局限于产品质量。全面质量管理认为，应从产品质量的保证入手，用优质的工作质量来保证产品质量，这样能有效地改善影响产品质量的因素，达到事半功倍的效果。

2）全面质量管理是全过程质量的管理。全过程是相对于制造过程而言的，就是要求将质量管理活动贯穿产品质量产生、形成的全过程，全面落实预防为主的方针，逐步形成一个包括市场调研、开发设计直至销售使用过程所有环节的质量保证体系，把不合格品消灭在质量形成过程之中，做到防患于未然。

3）全面质量管理是全员参与的质量管理。产品质量的优劣，取决于企业全体人员的工作质量水平，提高产品质量必须依靠企业全体人员的努力。企业中任何人的工作都会在一定范围和一定程度上影响产品的质量。显然，依靠少数人进行质量管理的做法是不全面的。因此，全面质量管理要求，不论是哪个部门，也不论是管理者还是普通工人，都要具备质量意识，都要承担具体的质量职能，积极关心产品质量。

4）全面质量管理是全社会推动的质量管理。全社会推动的质量管理指的是，要使全面质量管理深入持久地开展下去，并取得好的效果，就不能把工作局限于企业内部，而需要全社会的重视，需要质量立法、认证、监督等工作进行宏观上的控制引导，即需要全社会的推动。这主要有两个原因：一方面，一件产品往往是由许多企业共同协作完成的，因此仅靠某一企业内部的质量管理无法完全保证产品质量；另一方面，全社会宏观质量活动所创造的社会环境可以激发企业提高产品质量的积极性，并使企业认识到它的必要性，从而认真对待产品质量问题，使全面质量管理得以深入持久地开展下去。

（3）全面质量管理的基本指导思想和工作内容　全面质量管理的基本指导思想主要有以下几点：质量第一，以质量求生存、以质量求繁荣；用户至上；质量是设计、制造出来的，而不是检验出来的；强调用数据说话；突出人的积极因素。

全面质量管理是生产经营活动全过程的质量管理，要将影响产品质量的一切因素都控制起来，其中主要抓好以下几个环节的工作。

1）市场调查。了解用户对产品质量的要求，以及对本企业产品质量的反馈，为下一步工作指出方向。

2）产品设计。产品设计是产品质量形成的起点，是影响产品质量的重要环节，设计阶段要制定产品的生产技术标准。

3）采购。原材料、协作件、外购件的质量对产品质量的影响是显而易见的，因此要从供应商的产品质量、价格和遵守合同的能力等方面来选择供应商。

4）制造。制造过程是产品实体形成过程。制造过程的质量管理主要通过控制影响产品质量的关键因素，如操作者的技术熟练水平、设备、原材料、操作方法、检测手段和生产环境来保证质量。

5）检验。制造过程与检验过程同时存在。检验在生产过程中起把关、预防和预报的作用，为了更好地起到把关和预防等作用，同时考虑减少检验费用、缩短检验时间，要正确选择检验方式和方法。

6）销售。销售是产品质量实现的重要环节。销售过程中要实事求是地向用户介绍产品的性能、用途、优点等，防止不切实际地夸大产品的质量，影响企业信誉。

7）服务。为用户服务的质量会影响产品的使用质量。所以，企业要抓好服务质量，可以采取为用户提供技术培训、编制好产品说明书、开展咨询活动、解决用户的疑难问题以及及时处理出现的质量事故等手段。

3. 全面质量管理的基本工作方法——PDCA 循环

在质量管理活动中，各项工作要按照制订计划、依计划实施、检查实施效果，然后将成功的纳入标准、不成功的留待下一循环去解决的工作方法进行，这就是质量管理的基本工作方法，实际上也是企业管理各项工作的一般规律。这一工作方法简称 PDCA 循环，其中 P（plan）是计划阶段，D（do）是执行阶段，C（check）是检查阶段，A（action）是处理阶段。PDCA 循环是美国质量管理专家戴明博士最先总结出来的，所以又称戴明循环。

（1）PDCA 循环的四个阶段

1）P——计划，确定方针和目标，确定活动计划。

2）D——执行，实地去做，实现计划中内容的细节。

3）C——检查，总结执行计划的结果，注意效果，找出问题。

4）A——处理，对检查的结果进行处理：对成功的经验加以肯定并适当推广，实现标准化；对失败的教训加以总结，以免重现，未解决的问题放到下一个 PDCA 循环。

处理阶段的内容就是解决存在的问题、总结经验和吸取教训。该阶段的重点又在于修订标准，包括技术标准和管理制度。没有标准化和制度化，就不可能使 PDCA 循环转动向前。

（2）PDCA 循环的特点　PDCA 循环可以使我们的思想、方法和工作步骤更加条理化、系统化、图像化和科学化。它具有如下特点：

1）大环套小环，小环保大环，推动大循环。PDCA 循环作为质量管理的基本方法，不仅适用于整个工程项目，而且适用于整个企业和企业内的科室、工段、班组以至个人。各级部门根据企业的方针目标，都有自己的 PDCA 循环，层层循环，形成大环套小环、小环里面又套更小的环的局面。大环是小环的母体和依据，小环是大环的分解和保证。各级部门的小环都围绕着企业的总目标朝着同一方向转动。通过循环把企业上下或工程项目的各项工作有机地联系起来，彼此协同，互相促进。

2）不断前进，不断提高。PDCA 循环就像爬楼梯一样，一个循环运转结束，生产的质量就会提高一步，然后制定下一个循环，再运转、再提高，不断前进，不断提高。

3）形象化。PDCA 循环是一个科学管理方法的形象化。图 7-4～图 7-6 显示了 PDCA 循环及其上升的过程。

图 7-4　PDCA 循环

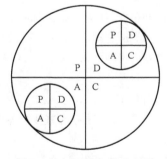

图 7-5　大环套小环示意图

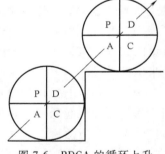

图 7-6　PDCA 的循环上升

7.5.2　六西格玛管理法

1. 六西格玛管理法的基本概念、目标、指标与实施途径

（1）六西格玛的基本概念　六西格玛（six sigma）管理法的概念是在 1987 年由美国摩托罗拉公司通信业务部的乔治·费舍首先提出的。当时的摩托罗拉虽有一些质量方针，但没有统一的质量策略，与很多美国和欧洲的其他公司一样，其业务正被来自日本的竞争对手一步步地蚕食。为了提高产品质量的竞争力，六西格玛这一创新的改进概念在摩托罗拉全公司得到大力推广。采取六西格玛管理模式后，该公司的生产率平均每年提高 12.3 个百分点。到了 20 世纪 90 年代中后期，通用电气公司的总裁杰克·韦尔奇在全公司实施六西格玛管理法并取得辉煌业绩，使得这一管理模式真正名声大振。

六西格玛是一项以数据为基础的质量管理方法。"西格玛"是希腊字母 σ 的中文译音，在统计学上用来表示标准偏差，即数据的分散程度。对连续可计量的质量特性，用西格玛度量质量特性总体上对目标值的偏离程度。几个西格玛是一种表示品质的统计尺度，任何一个工作程序或工艺过程都可用几个西格玛来表示。六个西格玛可解释为每百万个机会中有 3.4 个出错的机会，即合格率是 99.99966%，而三个西格玛的合格率只有 93.32%。六西格玛管理法的重点是将所有的工作作为一种流程，采用量化的方法分析流程中影响质量的因素，找出最关键的因素加以改进，从而达到更高的顾客满意度。

六西格玛自 20 世纪 90 年代中期开始从一种全面质量管理方法演变成为一种高度有效的企业流程设计、改善和优化技术，并提供了一系列适用于设计、生产和服务的新产品开发工具，继而与全球化、产品服务、电子商务等战略齐头并进，成为全世界追求管理卓越性的企业的最为重要的战略举措。

（2）六西格玛管理法的目标　六西格玛管理法是一种管理业务和部门的系统方法。它把顾客放在第一位，利用事实和数据来驱动人们更好地解决问题。六西格玛管理法主要致力于三个方面的改进：提高顾客满意度，缩短工作周期，减少缺陷。这些方面的改善通常意味着业务费用的显著节省。

六西格玛管理法中包含对业务过程的测量和分析，它不仅是一种质量改进方案，还是一种业务改进方案。要达到六西格玛的目标需要的不仅是细微的、逐渐的改善，而且要在各个方面实现突破性进展。

（3）六西格玛管理法的指标

1）单位缺陷数（defects per unit，DPU）。单位缺陷数反映了各种类型的缺陷在抽取的全体样本中所占的平均比率。计算公式为

$$DPU = \frac{缺陷数}{单元产品数} \tag{7-1}$$

2）机会缺陷数（defects per opportunity，DPO）。机会缺陷数即每次机会中出现缺陷的概率，表示每个样本量中缺陷数占全部机会数的比例。计算公式为

$$DPO = \frac{缺陷数}{产品数 \times 机会数} \tag{7-2}$$

3）百万机会缺陷数（defects per million opportunity，DPMO）。百万机会缺陷数常以百万机会的缺陷数表示，即 $DPMO = DPO \times 10^6$。

4）合格率和流通合格率。如果项目团队的主要指标是改进过程在满足顾客需求方面的效率，通常用合格率（yield）和流通合格率（rolled throughput yield，RTY）来反映。

过程最终合格率（process final yield，PFY）通常是指通过检验的最终合格单位数占过程全部生产单位数的比率。但是，该指标不能反映过程的输出在通过最终检验前发生的返工、返修或报废的损失。这里我们把返工等叫作"隐蔽工厂"（hidden factory）。隐蔽工厂不仅出现在制造过程中，还出现在服务过程中。流通合格率就是一种能够找出隐蔽工厂的"地点和数量"的度量方法。

过程最终合格率与流通合格率的区别是，流通合格率充分考虑了过程中子过程的存在，即隐蔽工厂的因素。若过程中有 n 个子过程，而子过程的合格率分别为 y_1，y_2，$\cdots$，y_n，则

$$RTY = y_1 y_2 \cdots y_n = \prod_{i=1}^{n} y_i \, (i = 1, 2, \cdots, n) \tag{7-3}$$

这样，就充分考虑了过程中各子过程的因素，能够比较客观地反映过程运作的实际。

（4）实施六西格玛管理法的实施途径　企业可以根据需要通过业务变革、战略改进和解决问题三个途径来决定实施六西格玛管理法的广度和深度。

1）业务变革。对于那些有实施六西格玛管理法的需要、愿望和动力，并且把它当作一场全方位变革的企业来说，该途径是一条正确的道路。一个企业采取这种激进的方案可能是因为企业正在落后、正在亏损、无力开发新产品、员工变得懒散、企业的快速发展带来的管理混乱等。

2）战略改进。这个途径提供了最多的可能性。战略改进的努力可能被局限在一两个关键的业务需要上，同时团队和培训的目标都是应对主要的机遇和挑战。

3）解决问题。企业可用这种方法来解决那些恼人的长期存在的问题，这些问题在早期就被试图改进，但没有获得成功。那些接受过六西格玛管理法理论和工具综合培训的员工可以在了解事实和真正理解引起问题原因的基础上应用六西格玛管理法来分析和解决问题。例如，一个大型的卫生洁具生产企业可以通过实施六西格玛管理法来解决制造缺陷、成本和生产率等关键问题。

2. 服务业的六西格玛管理法

制造业希望生产的产品在规格公差之内，超过规格公差的归为次品或不良品。服务业虽然没有非常具体的规格公差，但同样存在顾客的要求，实际上也有规格。例如：联邦快递规定的24h之内送达世界各地，24h就是一个顾客要求，公差是有一定规格的，如果没有变异和不确定性都能在24h之内送达，就不会有不良率，也就不会有顾客投诉了。每一种人类行为都存在变异，减少变异是六西格玛管理法的本质，在这一点上，制造业与服务业是相同的，服务业同样可以应用六西格玛管理法在过程中降低产品及流程的缺陷，提升质量。

（1）六西格玛管理法：从制造业到服务业　IBM曾提出了服务科学和服务工程的概念。根据IBM的定义，服务科学是指结合多门学科的研究，整合既有领域的学术成果，包括计算机科学、管理科学、工程学、经济学、社会学、法律、商管策略、会计学以及金融管理等，其基本目标在于研究、服务与创新，通过科技研发让服务变得更有效率，进而以服务标准化为基础，寻求创新的服务形态。服务科学将会改善诸如运输、零售与医疗等服务业的绩效，也能够强化营销、设计和客服等服务业的服务功能。

早期用于制造业的一些科学和系统方法，在第二次世界大战之后得到大规模普及。现在，随着经济全球化、商业自动化以及科技创新的不断发展，服务业发展迅猛，目前服务业就业人员的比重已上升到全体就业人员的50%左右。在西方发达国家（如美国和英国），这一比重更是高达约80%。服务业的空前发展正在改变企业的组织方式，同时也对与这些企业紧密相关的工业及大学产生连锁反应。服务业的版图越来越大，一些先进的国家市场已经逐渐转型，从制造业导向转向人力和收入越来越依赖于服务业。虽然服务业已变得越来越重要，但如何改善和优化却还处于起步阶段。随着经济中心从制造业向服务业的转移，如何将工业及学术研究工具应用到服务业中已成为一个重要的课题。

事实上，现在已经很少有纯粹的制造业了。有学者在福特汽车公司做过调研，通过成本分析发现，造一辆车的成本只占总体成本很小的比例，而汽车销售及售后产生的成本占了

50%以上，包括维修、客服热线、接听和处理客户投诉等。也就是说，客户买车超过50%的费用是付给制造环节之外的。可以说，所有的产业，包括制造业，如果既想让企业提升一个质量层级又想要降低成本，也许可以在非生产的过程，或者广义地说在服务的部门寻求出路。

（2）六西格玛管理法在服务业的应用实例

1）医疗业。美国一家著名制药公司与一家医院合作，解决关于预约做手术的问题。通常，这家医院的手术提前预约到两个月之后，可是经常到手术的前一天医院才通知病人，或者因为床位不够，或者因为手术检验报告不全，手术往往还要再延一个月，这样的问题并不是偶发现象。统计数据显示，所有的手术改期中，25%是在手术前一天确定的。院方一直努力协调把床位腾空，但往往在长达两个月的时间里都不能确定，直到最后一天才发现腾不出来。这个问题给等待手术的病人造成了很大的困扰，因为病人已准备了两个月，却被告知要再等一个月。有时，因没有及时手术，病人的病情可能恶化了。通过利用六西格玛管理法的改进方法——DMAIC分析医院的预约手术流程，可以找到什么地方是瓶颈，怎样改进流程。

2）旅游业。喜来登酒店从2003年开始实施六西格玛管理法，经常使用的六西格玛工具主要有DMAIC、流程图、鱼骨图、帕累托图、假设检验、培训员工，并通过计算"利润与费用的比例"来评价六西格玛管理法的实施成果。其中比较经典的案例是枕头。喜来登酒店通过调查发现，客人并不太在意房间里是否有42英寸的LED大电视，而比较在意枕头是否舒服，于是做了软硬等不同类型的枕头供客人选择。这个项目用很少的花费，让客人感觉更舒适。另外，喜来登餐厅的成本分析发现了碗碟损坏的问题。看起来这个问题并不大，但作为一个高档酒店，碗碟都是成套的，有的损坏一两件之后整套就不能再用，加起来花费就不少。过去发生类似问题时只是对责任人给予口头批评。喜来登酒店照着制造业的六西格玛管理法的改进方法（DMAIC）一步步地分析有了更多的发现。针对碗碟问题，只是做了一些很简单的改善，四个月之后就看到了明显的效果。

3）金融业。港基银行从2002年开始实施六西格玛管理，是中国香港第一家应用六西格玛管理法的银行。通常，在房屋贷款时银行需要检查贷款人的信息，审批的速度有时很快，有时很慢，慢时可能需要等待6个月。6个月之后，港基银行通知贷款人"恭喜你，你的房屋贷款贷到了"，贷款人的反应却是"我不再需要这笔钱，早就已经在其他银行贷下来了"。对银行而言，审批速度慢会损失不少钱，但如果随便放贷，会损失更多的钱。港基银行按DMAIC的步骤，首先采用了卓越流程研究和定义了具体问题和具体范围，其次应用了质量功能展开（QFD）测量最重要的内容。分析后港基银行发现，有时候贷款审批得很快，一次就能通过，第一次没有通过可能只是因为缺少资产证明、信用证明，银行会发出通知并等待材料的回复，通常都是在这个环节出了差错，贷款人回寄的材料不知道转到了哪个部门，项目就此被搁置。通过标杆管理，港基银行以汇丰银行为标杆，找到差距和根本原因，此外，港基银行还做了基本线、鱼骨图等，分析重点的原因是哪里、占百分比多少、答案是什么、对结果造成什么样的影响，并加以改善。港基银行在一个分支机构试行了一个月，对照试行前后，进行成本预算，以确定是否能帮银行省钱。事实上，港基银行的这个六西格玛项目虽然没有赚很多的钱，但是在提高顾客满意度方面成效显著。

从以上案例可以看出，服务业里的不同行业都可以应用制造业的方法论进行改善，而且在制造业里如果想既提高质量水平又降低成本，也可以着力在制造企业的非制造部门或者服务部门进行突破。但是服务业应用六西格玛管理法实际上也面临挑战：企业职能既不以流程定义也不以流程进行管理；度量结果不能恰当地提供流程能力的信息，缺少历史数据，局限于计数数据；传统的成本计算系统不能反映真正的与流程相关的成本；很多流程不与外部顾客价值相一致；实际中业务流程是非常复杂的，而且横跨多个职能部门；等等。这些挑战与制造业的不尽相同，难以量化，服务业的流程不像制造业的那么清晰。但不少服务企业的成功实践表明，服务业应用六西格玛管理法仍是可以不断推进的。

7.5.3 ISO 9000 系列标准

1. ISO 9000 系列标准产生的背景

企业要在竞争激烈的全球市场上占据一席之地，要成为本行业领导者，自身就必须具备强大的实力。在诸多影响企业竞争能力的因素中，产品和服务质量是最基本也是最重要的一个。为了顺应国际竞争市场的需要，国际标准化组织（ISO）于 1987 年发布了 ISO 9000 质量管理和质量保证系列标准，从而使世界质量管理和质量保证活动统一在 ISO 9000 系列标准的基础之上。它标志着质量体系走向规范化、系列化和程序化的世界高度。经验表明，采用 ISO 9000 系列标准是走向世界的通行证，世界级企业都离不开 ISO 9000 系列标准。

ISO 9000 系列标准是在以下三个背景下产生的。

1）组织的需要：组织需要始终稳定，以提供满足顾客要求的产品。

2）市场的需要：采购方/顾客要求供方的质量管理体系满足规定要求。

3）贸易的需要：突破非关税壁垒，走进国际市场，促进国际经贸往来。

2. ISO 9000 系列标准的组成

ISO 9000 系列标准是指导企业建立质量保证体系的标准，是有关质量的标准体系的核心内容。具体包括：ISO 9000《质量管理体系 基础和术语》，ISO 9001《质量管理体系 要求》，ISO 9002《质量管理体系 应用指南》，ISO 9004《质量管理体系业绩改进指南》，ISO 19011《质量和（或）环境管理体系审核指南》。

ISO 9000 常被看作 ISO 9000 系列标准的"导游图"，它帮助生产者和用户理解 ISO 9000 系列标准的真正含义，对主要质量目标和质量职责、受益者及其期望、质量体系要求和产品要求的区别、通用产品类别和质量概念的若干方面等做出了明确的解释，并提供了关于这些标准的选择和使用的说明。

3. 质量管理体系的建立与完善

质量管理体系的建立与完善一般包括质量管理体系的策划和设计、质量管理体系文件的编制、质量管理体系试运行及改进三个阶段。第一阶段的主要任务是确定质量管理体系的结构内容，确保质量管理体系的适宜性；第二阶段的主要任务是将质量管理体系的结构和内容形成文件，确保质量管理体系文件的适用性；第三阶段的主要任务是通过质量管理体系文件的实施以及在试运行过程中开展的内审和管理评审等活动，验证和改进质量管理体系的适宜性、有效性和充分性。

4. 质量认证对企业管理的意义

成功企业的经验表明，推行质量认证制度对于有效促进企业采用先进的技术标准、实现质量保证和安全保证、维护用户利益和消费者权益、提高产品在国内外市场的竞争能力，以及提高企业经济效益，都具有重要的意义。这些意义主要体现在：

　　1）质量认证有利于促进企业建立、完善质量体系。一方面，企业要通过第三方认证机构的质量体系认证，就必须充实、加强质量体系的薄弱环节，提高对产品质量的保证能力。另一方面，第三方认证机构对企业的质量体系进行审核，也可以帮助企业发现影响产品质量的技术问题或管理问题，促使其采取措施加以解决。

　　2）质量认证有利于提高企业的质量信誉，增强企业的竞争能力。企业一旦通过第三方认证机构对其质量体系或产品质量的认证，获得了相应的证书或标注，则相对于其他未通过质量认证的企业有更大的质量信誉优势，从而有利于企业在竞争中取得优先地位。特别是对于世界级企业来说，由于认证制度已经在世界上许多国家尤其是发达国家实行，各国的质量认证机构都在努力通过签订双边的认证合作协议，取得彼此之间的相互认可。因此，企业如果能够通过国际权威的认证机构的产品质量认证或质量体系认证（注册），便能够得到各国的承认，这相当于拿到了进入世界市场的通行证，甚至还可以享受免检、优价等待遇。

　　3）质量认证可减少企业重复向用户证明自己确实有保证产品质量能力的工作，方便企业集中精力抓好产品开发及制造全过程的质量管理工作。

　　5. 2008 版 ISO 9000 族标准介绍及应用实例

　　为了实现质量目标，2008 版 ISO 9000 族标准突出体现了质量管理的八大原则：

　　（1）以顾客为关注焦点　组织应理解顾客当前和未来的需求，满足顾客需求并争取超越顾客期望。顾客的需求是第一位的，组织应调查和研究顾客的需求和期望，并把它转化为质量要求，采取有效措施使其实现。这个指导思想不仅要被领导者所明确，而且要在全体员工中贯彻。

　　（2）领导作用　领导者必须将本组织的宗旨、方向和内部环境统一起来，并创造使员工能充分参与实现组织目标的环境。为此，领导者应建立质量方针和质量目标，确保关注顾客需求，建立和实施一个有效的质量管理体系。

　　（3）全员参与　全体员工是每个组织的基础。组织的质量管理不仅需要领导者的正确领导，还有赖于全员的参与，所以要对员工进行质量意识、职业道德、以顾客为中心的意识和敬业精神的教育，激发他们的积极性和责任感。

　　（4）过程方法　将相关的资源和活动作为过程进行管理。2000 版 ISO 9000 族标准建立了一个过程模式，把管理职责、资源管理、产品实现以及测量、分析和改进作为体系的四大主要过程，描述其相互关系，并以顾客需求为输入、提供给顾客的产品为输出，通过信息反馈来测定顾客满意度，评价质量管理体系的业绩。

　　（5）管理的系统方法　针对设定的目标，识别、理解并管理一个由相互关联的过程组成的体系，有助于提高组织的有效性和效率。管理的系统方法的实施可以为持续改进打好基础，提高顾客满意度。

　　（6）持续改进　持续改进是组织的一个永恒目标。改进是指产品质量、过程及体系有效性和效率的提高。持续改进的内容包括：了解现状、建立目标，以及寻找、评价和实施解决办法；测量、验证和分析结果，把更改纳入文件等。

　　（7）基于事实的决策方法　对数据和信息的逻辑分析或直觉判断是有效决策的基础。以事实为依据做决策，可防止决策失误。在对信息和资料做科学分析时，统计技术是最重要的工具之一，它为持续改进的决策提供依据。

　　（8）互利的供方关系　通过互利的关系，增强组织及其供方创造价值的能力。供方提供的产品将对组织向顾客提供满意的产品产生重要影响，因此要处理好与供方（特别是关键供方）的关系，建立互利关系，这对组织和供方都有利。

7.6　城市公共设施运营管理案例

案例一　日本公共图书馆运营

从 20 世纪 90 年代开始，日本的经济萧条导致其行政经费不断削减，各届首相都以"行政改革"作为竞选纲领。2003 年 6 月，日本对地方自治法做了修改，为吸引民间资本和技术的参与，借鉴西欧公共设施经营的经验，允许地方政府将公共设施外包给私营企业等的组织或者团体，这就是"指定管理者制度"。自 2005 年 4 月起，许多公共图书馆的经营权陆续根据指定管理者制度开始实施外包。对于这种公共图书馆的经营方法，多数日本图书馆专家持否定态度，但又无可奈何。

日本公共图书馆的外包运营基本为三种模式：PFI 方式、NPO 方式和人才公司派遣的合同制方式。目前 PFI 方式引起的争议最大，原因在于让以盈利为目的的企业来管理公益性图书馆，自然是图书馆界最担心的事情。

（1）PFI（Private Finance Initiative）方式　PFI 方式原来是英国政府为国有企业私营化或外包而提出的一种方法，后来进一步使用在财政改革中，在公共服务事业上发挥了很大作用。政府通过引进民间资金的方式来增加公共教育资源，完善教育文化设施。这种方式目前仅有几个比较小的公共图书馆试行。

（2）NPO（Non-profit Organization，或 Not-for-profit Organization）方式　NPO 方式即由非营利民间组织或团体来执行管理职能，公共图书馆以非营利为宗旨，所以 NPO 方式在图书馆界内容易获得认同。

（3）人才公司派遣的合同制方式　各地方主管公共图书馆的行政机构通过与人才公司签订合同的方式引进图书馆需要的员工。这种方式比较普遍，尤其在各大城市的图书馆盛行，如东京的很多大图书馆、横滨图书馆、大阪府图书馆等均采用这一方式。

指定管理者制度能有效应对市民多样化的要求，可以利用民间的资源来管理公共设施，可以提高为市民服务的质量以及节约经费。它与以前的外包和委托的根本不同之处在于政府只在原则上规定需要达到的指标，整个图书馆的运作全部由承包者负责，包括职工的人事权以及运作方式。政府通过竞标选择中标者，在与中标者签订合同后，不再干涉以后具体的管理运作，合同中确定的政府资金在合同期内不会改变。与以往外包或委托管理相比，各级地方政府彻底让渡了最终的管理权。

大阪市管辖的人口约 12 万，其公共图书馆系统由政府图书馆和 5 个分馆组成。在 2003 年"指定管理者制度"前，大阪市图书馆协议会就委托外包做了调研，认定图书馆业务中，文献的订购、接收、处理，以及向当地学校的图书配送、流动图书馆的车辆驾驶等业务可以委托外包，图书馆的文献采选以及提供信息、资料等服务涉及读者的工作，直接关系到读者个人隐私，此类工作则不适宜委托外包。

2005 年 8 月份，大阪市图书馆协议会再次就新制度是否符合公立图书馆的理念，是否符合市民追求的图书馆模式等进行调研。市立图书馆派人考察了采用指定管理者制度的试点图书馆，结论是新制度所标榜的四大优点，尤其是采用私营企业的经验技术开创新事业只是一种空谈，什么具体成果也没有。虽然延长了开馆时间，但读者并没有增多。

大阪市图书馆协议会将研究结果上报，要求上级主管机构在公共图书馆应有管理模式上达成共识。图书馆应该是"城市的公共设施"，表现为：图书馆通过向地区居民提供信息，使他们在文化、教育、生活价值上得到满足和充实；通过向地方政府各部门以及居民团体积极提供图书资料，帮助地方政府和居民建设城市。而公立图书馆引入指定管理者制度，等于否定了市政当局设立公立图书馆的理念和目的。

大阪市图书馆协议会在研究指定管理者制度时发现，该制度虽声称能提供更好的服务，但在运营中唯一的好处就是降低了人力开支。而减少人员费用就直接意味着图书馆员工的待遇水准被降低，高水平馆员流失，会引发以下三个方面的问题：

（1）难保员工专业性　图书馆参考服务需要精通本馆文献收藏，迅速了解把握读者的多样性需求，有能力准确地处理读者的提问以及保护读者个人隐私。这样的专业能力不能在一朝一夕中形成。

（2）影响馆际合作协调　单靠一个图书馆无法满足读者的所有需求，与其他城市图书馆和各种行政机构、市民团体的合作必不可少。推行指定管理者制度后，管理者和图书馆员工成为短期雇佣者。他们与其他图书馆、政府、社团等相互合作将非常困难。

（3）图书馆运营成为双重结构　双重结构表现为：由政府决定图书馆运营方针、策划社会服务；"指定管理者"来实现这些方针和计划，承担实际业务。事实上，政府职员不直接接触市民，也不参与图书馆具体运营，无从了解和反映市民的需求。而没有图书馆运营经验，也就无法准确评价"指定管理者"工作的成效。这样的后果最终将导致城市图书馆发展规划遇到障碍。

日本图书馆协会于 2005 年 8 月，提出了政府行政改革中对公共图书馆运营引入"指定管理者制度"的意见，认为在公共图书馆管理运营形态方面需要从五个方面来思考：

1）必须考虑公共设施是否适宜"制度"，制度是否确实能达到目的、效果并提高对读者的服务水平。

2）公共图书馆不是单一的服务设施，同时还被定位为教育机构，有着独特的专业性。

3）公共图书馆与一般公共服务设施不同，如与其他各类图书馆的协作业务是普通公共服务设施所不存在的。

4）现行公共图书馆的管理体制已经造成了两重性的组织结构，影响了管理效率。

5）公共图书馆服务遵循免费原则，不可能考虑产生经济利益。

案例讨论题：日本公共图书馆"指定管理者制度"存在的问题有哪些？未来公共图书馆实践将向哪些方向发展？

案例二　中国香港公共交通运营管理模式

中国香港推行公共交通优先发展即通常所说的"公交优先"，这一方面可以满足快速增长的交通需求，另一方面也可以压低私车需求以缓解交通拥挤、改善环境。在人口密度高、车辆出行率高的城市，除加大公共设施建设力度外，大力发展公交是提高道路使用效益的好方法，在"公交优先"已经成为共识的大背景下，各界都在努力探索如何实现这一理念。中国香港是世界上公共交通最为发达的地区之一，以国际标准来衡量，其服务都可算快捷、高效、廉价和舒适，下面从几个方面介绍中国香港公共交通运营管理模式。

中国香港公共交通工具每日载客量约 1100 万人次，占交通总量的近 90%。在中国香港各种公共交通运输方式中，专营巴士和地铁的运输量最大，分别占到 37.8% 和 19.9%。

中国香港、新加坡市、伦敦市交通主要指标比较见表 7-4。

表 7-4　中国香港、新加坡市、伦敦市交通主要指标比较

主要指标	中国香港	新加坡市	伦敦市
市区行车速度/(km/h)	25.6	20~30	16.7
使用公共运输服务百分比	89%	70%	45%
每千人拥有私家车的数量(辆)	50	120	350
人口密度/(人/km²)	5637	4820	4367

中国香港的公共交通服务主要由不同公司按商业原则经营，政府并无直接资助，通过监管和适当的竞争，鼓励这些公司持续提高服务水平，为市民提供优良的交通服务。

中国香港公共交通工具情况见表 7-5。

表 7-5　中国香港公共交通工具情况

方式	简介
铁路	地铁有限公司及九广铁路公司
专营巴士	九龙巴士(1933)有限公司、城市巴士有限公司、新世界第一巴士服务有限公司、龙运巴士有限公司、新大屿山巴士(1973)有限公司(约 6400 辆巴士)
公共小巴(小型巴士)	专线小巴及红色小巴(约 4350 辆)
的士(出租车)	市区、新界及大屿山的士(约 18000 辆)
港内渡轮	共 28 条航线
电车	中国香港电车有限公司
缆车	山顶缆车有限公司
非专营巴士	包括居民、雇员、学生、酒店及旅游服务等(约 6000 辆巴士)

每种交通工具都有不同的角色，铁路提供主干服务，专营巴士为铁路提供接驳服务，公共小型巴士、的士、电车及港内渡轮等提供辅助服务。中国香港政府未来将致力于以下几方面：重整公共交通服务，并加强各项服务之间的协调，尽量减少恶性竞争/服务路线重叠，确保资源得到有效利用；在各重要交通枢纽设立方便舒适的交汇设施，改善各类交通接驳的网络；维持各交通机构之间的良性竞争，以确保市民有足够选择。

1. 公共交通的监管制度

中国香港市民能够享受高质量的公共交通服务，得益于其合理的监管制度。中国香港建立了从行政长官到环境运输及工务局直至运输署的一整套政府监管机制，明确了各级职责，确定了监管方法。下文主要介绍对运输量最大的铁路和专营巴士的监管。

中国香港铁路分别由九广铁路公司和中国香港地下铁路有限公司经营。九广铁路公司主要营运三条中国香港本地铁路（东铁、西铁、轻铁），以及三条来往中国内地与九龙的铁路（广九、沪九、京九）。铁路是来往九龙至新界、九龙至中国内地的主要交通工具。九广东铁提供红磡至罗湖边界的集体运输服务；九广西铁提供新界西北至九龙市区的铁路服务；轻

便铁路（轻铁）原是地区性的运输系统，现已成为接驳西铁的主要交通工具。

中国香港的地铁系统由六条行车路线组成，全长约 87.7km，共设有 49 个车站，平均每日载客量约 250 万人次，是中国香港乘坐人数最多的公共交通工具，也是世界上最繁忙的地下铁路之一。中国香港地下铁路列车准时程度高达 99.9%，而且班次频密，在繁忙时段市区线约 2～3min 一班，东涌线约 4～5min 一班。

中国香港的铁路运输涉及多个部门，其职责见表 7-6。

表 7-6　铁路运输相关部门的职责

部门	职责
环境运输及工务局	制定政策 制定法例 监察政策的落实
财经事务及库务局	监察九铁工程的融资事宜
路政署	铁路研究 统筹有关的计划 铁路路线预留参与法定程序 统筹铁路计划的实施
铁路公司（九广铁路公司/中国香港地下铁路有限公司）	负责铁路设计、建造和运营
铁路视察组	负责铁路安全事宜
运输署	负责监察铁路服务水平

中国香港对地铁采用"专营权"的监管机制，专营权由特区行政长官会同行政会议批准，一般专营权从 2000 年起为期 50 年，地铁公司须根据协议提供适当而有效率的服务。政府监管地铁公司的主要措施有：

1）政府代表出席董事局。

2）与公司定期会议。

3）适度监管。内容包括列车服务协议；票价的确定（票价在通过交通咨询委员会和立法会交通事务委员会的咨询程序后由地铁公司完全自主确定，地铁公司可自行确定优惠计划，但需提前七天报告运输署）。

4）监管服务水平。内容包括列车按照编定班次运行（列车服务供应）；乘客车程准时程度；列车服务准时程度；顾客服务承诺。

5）调查乘客满意程度。

6）年终检讨。

当地铁公司未能做到所订协议时，运输署可视情况采取罚款、暂时中止专营权、不延续专营权、取消专营权四种处罚方式。

中国香港政府对九广铁路公司的监管基础是《九广铁路公司条例》，条例中规定了董事局的组合（政府代表，包括环境运输及工务局局长和财经事务及库务局局长）、一般权力、财政结构和政府的监察权力（铁路安全）等内容。中国香港铁路监管框架如图 7-7 所示。其他监管方式类似于地铁的监管方式。

中国香港目前的公交巴士服务分为专营巴士和非专营巴士。专营巴士为主，承担大量乘客的运输任务；非专营巴士只是少量例外，主要是由中国香港法例（《道路交通条例》）批准的，提供一些辅助性服务，通过牌照进行监管。巴士公司必须获批准专营权，否则不得经营公共巴士服务。专营权可授予独有权利，在指明的路线允许经营公共巴士服务，免费使用道路及巴士总站，但是专营巴士公司须根据协议提供适当而有效率的服务。对于专营巴士的管理机制如下：

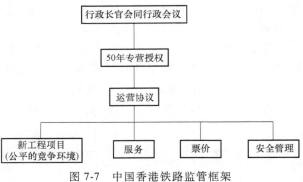

图 7-7　中国香港铁路监管框架

1）专营权由特区行政长官会同行政会议根据公共巴士条例批准，一般专营权最长为 10 年。

2）票价等级表由特区行政长官会同行政会议根据公共巴士服务条例第 13 条制定，票价的最高增长率由运输署确定。

3）由巴士公司在每年 6 月 30 日前提供企业发展远期计划，包括路线发展、巴士数目及类型、更换巴士的计划、厂房的提供、巴士维修及检查计划、财政预算和其他事宜，而运输署须于 9 月 30 日前与其达成协议，最后由环境运输及工务局局长确认。公司经营者有在一定范围内更改路线和授予巴士公司经营临时路线的权力；更改班次和运营时间的权力；更改巴士类型的权力；决定个别路线车费的权力；检察记录、厂房及车辆的权力。

对于专营巴士通过如下途径进行监察：

1）由政府代表出席董事局。

2）每月一次会见专营巴士公司经理（了解乘公交车的人数比例，车辆的增长速度和车速的变化等）。

3）服务调查，由企业负责。

4）乘客满意度调查，由企业出资，运输署委派第三方公司进行。

5）巴士公司定期呈报营运资料。

6）区议会、传媒及市民等的意见和投诉。

当专营巴士公司未能履行所订协议承诺时，运输署可视情况采取罚款、取消个别路线专营权、不延续专营权、取消整个专营权四种处罚方式。

2. 公共交通营运模式

政府将铁路和公交巴士的经营权交给企业或公营机构，由其自主经营，并不进行行政干预和直接补贴。但是政府要实现改善交通和服务公众的目的，就必须保证投资者的财政可行性，以使其有能力和意愿提供妥当而有效率的乘客服务和环境保障。公交的运营至少要满足其运营成本、正常运营并有合理盈利，如果营运公司不能盈利，则无法维持及提高服务、更新设备、降低污染，更达不到公交服务的目的。

铁路投资巨大，目前我国香港铁路建设的投资可分为五部分。我国香港的铁路初建时所有权是由特区政府持有的，目前已有部分上市。然而，一方面铁路建设的投资太高，另一方面铁路票价的制定又受到专营巴士的牵制而不能过高，因此我国香港特区政府在对铁路建设进行慎重的可行性研究的同时，也要帮助经营企业获得效益。我国香港特区政府虽未对公交进行直接补贴，但亦提供了间接补贴，包括：密集开发铁路沿线土地，为铁路提供大量客源；所需特区政府土地由特区政府批予；将铁路沿线的房地产开发权交给铁路经营企业，补充其盈利。

我国香港目前对公交巴士主要采用企业专营的方式进行管理，在授予专营企业经营权时合理搭配盈利线路和亏本线路，以保障在人口稠密和稀少的地方都能够提供基本、可靠的服务。同时，为了保障专营企业能够获取合理的利润，特区政府也从免除燃油税、牌照税等方面给予间接补贴，并积极为专营企业提供降低企业成本的各种建议。

在 2000 年以前，我国香港也曾采用利润管制计划对巴士专营公司的经营进行调控。我国香港从 20 世纪七八十年代开始鼓励私营公司参与公共巴士的专营，专营公司由原来的两家变为五家。为了鼓励企业适当投资，让乘客能够获得妥当而有效率的服务，能使公交公司获得合理的利润，我国香港特区政府提出了利润管制计划，并一直实施至 1997 年。

"利润管制计划"的目的是鼓励经营者加大投资，每一家专营巴士公司获准赚取其平均资产净值的特定百分比。政府给定一个利润的上限值，当企业的利润高于这一上限值时，企业须将多出的收益放入发展基金中。当企业因利润降低而需提高票价时，企业可拨出发展基金，从而避免或减低票价的提升。在 1997 年前采用的利润上限为 15% 或 16%（不同公司有不同上限）。利润上限值的制定，综合考虑企业对员工待遇的保障（工资约占支出的 60%）、对巴士的维修保养、油价和其他经营成本，经营前景和公众承受力等因素。

对于企业利润的审核方式，我国香港特区政府要求上市公司每年要公布财务报表，并接受会计事务所的审评，特区政府也有专门人员进行监控。而对于非上市公司的审核则较为复杂，采用特区政府专门人员（如环境运输及公务局辖下财务监察组）的方式控制。

1997 年，我国香港取消了利润管制计划，特区政府部门采用了其他措施帮助公交公司提供优良的服务及实现其合理利润。这些措施包括：免除燃油税、批准其推行优化线网、取消亏本线路、改用小巴或其他交通模式提供服务，敦促其推行降低企业成本，允许进一步空调化巴士服务、收取较高车资、提供多路线供企业申请营办等。

3. 公交线网的制定

公交线网的制定对于提高交通服务质量，减少路线之间的恶性竞争很重要。城市路网和公交线路的确定，是一个复杂而专业的问题。我国香港通常根据交通模型的分析结果来确定是否需要增设或调整公交路线，另外注意吸收公众、企业的意见，争取最合理的布置。

运输署制定巴士路线规划时遵循如下的指导原则：

1）巴士应该为铁路提供接驳服务，方便乘客换乘。

2）必须有路线连接到铁路不能到达的地方，保证每个地方都能够提供基本、可靠的服务。

3）限制巴士的数目，合理充分利用现有的巴士，既降低企业成本，又避免道路拥挤。

4）不鼓励巴士提供长程服务，以充分利用铁路这一环保高效的方式。

5）鼓励发展巴士转乘计划/巴士铁路转乘计划。

6）应减少繁忙地段的巴士班次。

7）减少"点到点重叠"路线。

8）增加巴士交汇设施。

我国香港五家巴士专营公司根据运输署提供的经济、社会发展规划信息，每年 6 月 30 日前呈交五年经营计划，其中一项内容为路线发展计划，经运输署审查通过后达成协议。当需要时，运输署有权更改路线或授权公司经营两年内的临时路线，可更改班次或运营时间等。

在我国香港不同交通工具之间、同一工具之间存在激烈竞争，但是如果巴士专营公司的数目太多则在路线发展、营运及管理方面难度增加。如果两家公司在同一地点、同一线路运营的话，很可能为争乘客而多投放车辆，这样就增加了交通的拥挤及污染环境。如果有太多车辆与铁路平行，也会引发不良竞争。要实现减少与铁路不必要的竞争，同时避免偏僻地区没有线路，以及防止出现非法经营等目标并不容易。在中国香港运输方式多元化情况下，协调各种交通方式的良性发展，路线发展规划是非常专业和极富挑战性的。

4. 限制私家车

提高公共交通的吸引力和限制私家车是推行"公交优先"的两个方面。我国香港特区政府从拥有量和使用量两方面限制私家车的发展，具体可分为税务措施和停车位供应的政策。我国香港采用首次登记税及车辆每年牌照费，调节私家车的拥有量；采用较高的汽油税、道路通行费、拥挤收费及电子道路收费等调节其使用量。图 7-8 显示自 1977 年以来私家车增长情况。从图 7-8 中可见，我国香港特区政府在 20 世纪 80 年代初期大幅度增加首次登记税及每年牌照费的影响。在 1982 年前后，私家车首次登记税及每年牌照费分别增加 1 倍和 2 倍，其后一直随着通胀率上调，直到 1991 年为止。这两项费用自此以后没有上升。结果私家车数量大幅上升。另外我国香港在有足够公交配套的地方采取停车位供应的政策来调节私家车，以住所泊车位的供应调节自用车的拥有率；以非住所泊车位调节车辆及道路使用率（如工作间，商业及其他活动区）。

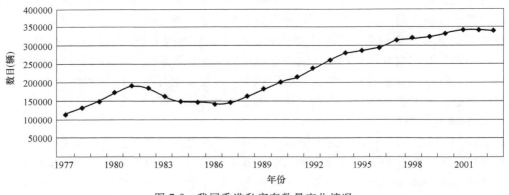

图 7-8　我国香港私家车数量变化情况

政府有责任满足居民的出行需求。国内外的经验和教训表明，大城市出行必须依靠公共交通。要实现公共交通的良性发展，政府必须一方面监督企业的运作，促使其提供妥当而有效的服务，另一方面要协调各种交通工具的发展，使公交企业获得合理的投资回报。我国香港的一些具体做法给我们提供了很好的借鉴，但也需要结合实际寻找适合我们自己的方法。

案例讨论题：我国香港公共交通运营管理存在哪几种模式？有何借鉴意义？

案例三　我国大中型公共体育场馆管理运营模式

我国大中型公共体育场馆经营管理多停留于粗放型经营，具体表现为公共体育场馆是体育行政部下属的事业单位，其所有权与经营权没有完全分离。所有权与经营权不分离可能导致所有权干预经营权，经营权侵蚀所有权，从而可能影响公共体育场馆的正常经营。如果体育场馆的自主经营权受到限制，则难以按市场机制进行经营与管理，必将降低市场效率。

1. 我国大中型公共体育场馆管理运营模式的影响因素

（1）公共体育场馆的管理体制　　公共体育场馆在计划经济体制下大多采用全额预算拨款、统收统支统管运行机制，长年的大锅饭造成"等、靠、要"的思想。那时的公共体育场馆没有与市场接轨，主要承担上级机关分配的体育训练比赛任务，国有资产利用率不高。

要积极引入市场机制，将供求、价格、竞争、风险等因素有机结合，采用自收自支运行机制，推行承包经营、租赁经营等市场化运行机制，打破铁饭碗，将过去单一的计划机制、单一的公有制转变为多种所有制共同发展，建立现代企业制度，将激励机制、风险机制、竞争机制引入公共体育场馆经营，管理方式由行政型向行政-社会结合型转变，由单一的集中型向集中与分散相结合型转变，调动各方面积极性。增强公共体育场馆自我造血功能，促进政府职能转变，加强宏观调控，制定有利于市场化改革方向的政策法规。政事分开，政资分开，管办分离。

（2）公共体育场馆的产权归属　　产权不清晰是公共体育场馆体育产业发展的影响因素之一。我国公共体育场馆基本上由国家投资，由于场馆投资主体具有单一性，因此公共体育场馆是国有资产的一部分，政府拥有资产的所有权，各级体育主管部门（省、市、区体育局）成为公共体育场馆的经营者。所有权与经营权没有分离，政事不分，政资不分，管办合一。公共体育场馆的管理运营模式基本处于福利型和事业型管理经营阶段，场馆的维修养护费用高，经济效益差，管理水平粗放，经营缺乏独立自主性。

（3）公共体育场馆的人力资源　　在现代市场经济中，竞争激烈，企业的效益很大程度上依赖企业的专业管理与市场营销，经营管理人才成了制约公共体育场馆水平提高的重要因素。场馆的工作人员多源自体育系统内部，有的是退役运动员，有的是不能胜任原来工作岗位的人员。这些人员在知识结构上存在明显的体育专业性，但缺乏其他体育管理与营销知识，对体育市场经济政策和理论研究得不够，使得经营管理工作缺乏力度，经营管理办法滞后，管理制度不完善、不先进，有些经营管理制度没有相应的管理法规和实施细则，管理水平、管理效果参差不齐，经营管理与经营开发不能协调发展，场馆经营无法趋向更合理的市场化运作，往往是等任务，按照计划经济的模式操作，管理运营创新不足。

（4）需求消费水平　　体育消费需求是对体育消费有支付能力的需求，没有支付能力的需要仅仅可能是一种欲望，不可能产生实际的需求行为。而支付能力主要体现为拥有一定的货币收入，任何人的行为都需要以一定的收入水平作为预算约束条件。体育场馆产业化经营的要旨主要就是根据体育具有一定的产业属性、体育场馆具有实现体育市场需求主体特殊偏好的效用，在一定的规制条件下运用体育市场的价格机制，按照受益者负担成本原则，在为体育需求者提供体育场馆使用消费的过程中补偿一定的成本，以获得体育场馆一部分自我发展的条件。

2. 我国大中型公共体育场馆管理运营模式的构建

鉴于我国公共体育场馆的资产性质特点，其运营管理模式的构建归纳起来有两大类：国有事业经营型和国有民营经营型。

（1）国有事业经营型场馆运营管理模式的构建　　国有事业经营型的公共体育场馆管理模式实际上是政府体育行政部门通过附属的事业单位，由享有事业编制的行政班子对场馆进行经营的决策，来达到贯彻宏观经济目标和控制场馆经济活动双重目的的一种管理模式。其实质特征满足竞技体育和大众体育最大化需求。国有事业经营型的公共体育管理模式运行机制有三种：

1）全额预算管理。由政府的体育行政部门进行管理，场馆的一切运营费用和维护费用由政府财政经费全额支出。我国经济不发达地区，如西藏、青海、新疆等地区的公共体育场馆采用此种形式。

2）差额预算管理。由政府的体育行政部门进行管理，实行房屋场地设备维修费、设备购置费和人员经费等定项补助的差额预算管理，少数实行以收抵支定额补助的差额预算管理。目前我国大部分公共体育场馆采用此种管理方式，一方面政府每年给予公共体育场馆设备维护费和人员经费等差额补贴；另一方面公共体育场馆作为企业化运作的单位，它能实现较好的经济效益并上交一定的税收。

3）自收自支管理。对有稳定的经营性收入，可以解决场馆的经常性支出，实行自收自支管理的公共体育场馆，国家财政采取核定收支、增收节支留用、减收超支不补的方法加以管理。收大于支较多的单位，在核定其收支数时，还规定其收入一部分应上缴主管体育部门。

该运营管理模式的优点主要表现在公共体育场馆各部门的运作更多地依计划行事。这种机制可以人为地制造一个体育环境，如强制性向公共体育场馆事业单位派遣退役队员，以维持运动训练资源流通渠道的通畅。场馆的建设发展完全依靠国家投入，资源虽然不多，却有稳定的来源。公共体育场馆社会市场化的程度有所提高。公共体育场馆成了稀缺资源，可利用的资源渠道会更加多样化。

（2）国有民营经营型场馆运营管理模式的构建　国有民营的公共体育场馆管理模式实际上是政府投资兴建公共体育场馆，通过招标、谈判、协议签约，将场馆的管理权和经营权在一定时间内移交某一公司、社团或个人全权管理，场馆运作经费自收自支。政府对场馆的承包法人或个人有比较具体的、明确的条件和要求，如体育场馆的资产评估、保养、维修、开放时间、经营年限、租金、政府应提供的保障条件和管理权限，以及承包者应承担的民事责任等。

主要经营形式有：承包经营责任制、租赁制。

1）承包经营责任制。承包经营责任制是在坚持公共体育场馆所有权不变的基础上，按照所有权与经营权分离的原则，以承包经营合同形式，使公共体育场馆做到自主经营、自负盈亏的一种经营方式，有个人承包、合伙承包、企业承包等形式。

2）租赁制。国有资产租赁经营是指在不改变公共体育场馆全民所有制的条件下，实行所有权与占有使用权的转移。由政府部门授权，将公共体育场馆交给承租方占有、使用和经营，承租方向政府交付租金，并依照合同对企业实行自主经营的形式。承租方式有个人租赁、合伙租赁、企业租赁。租赁经营法律机制的引入，使承租人具有较大自主权，实现的两权分离程度比承包等多种经济责任制更大，租赁双方处于平等地位，因行政干预的减少而摆脱了完全依附于政府的状况。

国有民营型管理模式的优点在于：以契约或法律的形式确定了所有者和经营者的关系，体育产业租赁者直接经营和管理公共体育场馆，其个人效应最大化目标与企业效益最大化目标相一致，在自我激励方面有着天然优势；降低了政府的公共体育场馆运营成本，减轻了纳税人的负担；市场经济规则促使租赁者不断改善服务质量，更好地为群众服务，争取更大的社会效益和经济效益。

从以上的分析中，我们可以看到构建公共体育场馆运营管理模式的目的在于增强活力。那么是否有一条路既能使国有资产不流失从而不损害公有制主体地位，同时又能发挥场馆机制灵活最优化和利润最大化，达成社会效益和经济效益统一？公共体育场馆运行的质量好坏不能以运营模式为评价标准，应该以效益高低、竞争力强弱来衡量，以能否发展社会生产力、改善人民的生活为评价标准。国家可以通过法律法规和经济杠杆来宏观调控公共体育场馆。因此，我们主要从以下几个方面入手：一是公共体育场馆产权制度改革的思路是实现所有权与经营权的有效分离，实现途径是政府管理体制改革，促进公共体育场馆资源的流动和优化配置；二是公共体育场馆可采用有效的"政府投资-企业化运营"管理模式，政府职能重新定位，由直接参与体育场馆管理改为宏观调控；三是公共体育场馆管理运营模式逐步摆脱单一的计划机制，将市场机制引入公共体育场馆管理；四是国有民营型的公共体育场馆管理运营模式成为发展趋势，所有权和经营权有效分离，民营化管理有效地降低成本，促进国有资产保值。

案例讨论题：我国大中型公共体育场馆管理运营模式有哪几种？各自的优缺点有哪些？公共体育场馆运行的质量好坏应该以什么为评价标准？

案例四 日本公厕管理成功经验

1. 日本"厕所文化"

"每间厕所里都住着一位美丽的女神，如果每天将厕所打扫干净，长大后就能成为像厕神一样漂亮的女人。" 2010 年，歌曲《厕所女神》登上被誉为日本春节联欢晚会的"红白歌会"。在日本人心中，厕所并非藏污纳垢之所，而是一个"神圣"的地方。如今，厕所文化在日本已成为一种独特的文化，日本人在厕所的功能结构上做了大量高科技开发和人性化设计，所表现出的智慧和细腻给人们带来独特的体验（见图 7-9）。

图 7-9 日本"厕所文化"

2. 人性化的设计

直接连通涩谷车站新区域的超高层复合大楼——涩谷 Hikarie，是一个地下有 4 层、地面有 34 层楼的商业综合体。

这里的厕所不叫作 Toilet 或是 Restroom，特别称作 Switch room（转换室），好像是让大家转换一下心情的意思。公共卫生间成为以切换工作、休息以及日常和非日常为理念所打造的空间（见图 7-10）。

图 7-10　日本公共卫生间

在女性厕所中，近前是化妆专用台，意在分流人群，避免有人洗完手继续化妆而造成洗手池前排队。女性厕所里还有儿童便池，为带孩子的妈妈照顾孩子如厕提供方便。带婴儿的妈妈可以把孩子放到靠墙的小圈椅中固定好，让孩子和妈妈面对面，孩子会有安全感。自动控制的卫生巾放置箱，不用动手便可开合，清洁卫生，防止传染疾病。女性厕所空间见图 7-11。

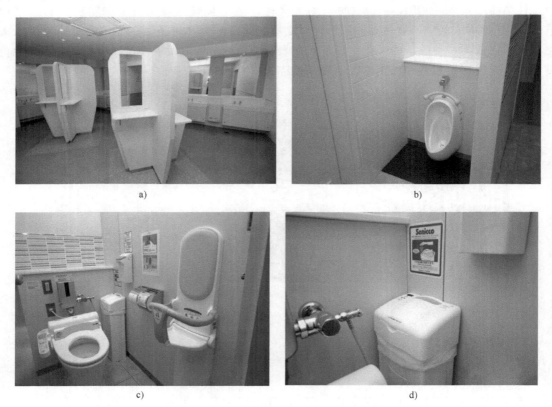

图 7-11　女性厕所空间

换衣台（见图 7-12）是日本厕所的设计进化，不仅孩子能用，大人也能使用。女性想换衣服时非常方便，不会把脚弄脏。

儿童厕所（见图 7-13）不仅便池、洗手池矮小，还带扶手。带孩子的妈妈不会为小孩上成人厕所发愁。

图 7-12　换衣台

图 7-13　儿童厕所

男性厕所洗手池的扶手，可以帮助老年人提高稳定性，防止跌倒。温馨的残疾人洗手间，让人感到关怀和尊重。靠近地面的绿色圆球连接紧急呼叫。若摔伤又无力按紧急按钮，则可以相对容易地拉响呼叫铃。洗手池的高度和设计适合坐轮椅者使用，如图 7-14 所示。

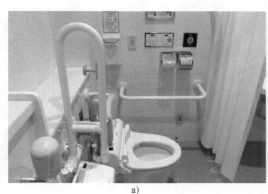
a)

b)

图 7-14　男性厕所

日本给人的印象往往是空间拥挤狭小。但这里的残疾人卫生间却很宽敞，回旋有余。贴在墙边的是折叠床，可用来更换成人尿不湿。它轻轻一拉便可放下展开。放下后可以看到墙上张贴的用法和注意事项。

为了能够提高效率，服务区里有一块厕所利用监视屏（见图 7-15），能够让人立刻看到厕所里哪个隔间是空的。日本座便公厕几乎都使用智能马桶，座便圈无论何时坐上，都是温暖的。

3. 别具一格的管理

现阶段，座便式的抽水马桶在公厕中的普及度越来越高，但它也有明显的缺点——不太

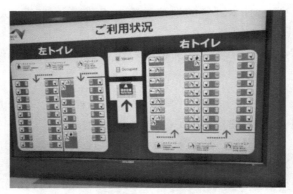

图 7-15　监视屏

卫生。因此，日本人对垫圈卫生十分在意。除打扫者对垫圈细心消毒之外，很多厕所还备有挥发性很强的消毒液，用纸擦在垫圈上，可很快杀死病毒和细菌；许多公厕配有纸垫，成堆地挂在墙壁上，撕一张放在垫圈上，用完后可以冲到下水道。

第 8 章

城市公共设施维护

8.1 城市公共设施属性分析

8.1.1 城市公共设施的技术维属性

城市公共设施的技术维属性分析是从公共设施生产角度进行的。在对公共设施属性一般的理解中，规模性、空间性、超前性、网络性和自然垄断性都是从公共设施的技术维度认识公共设施属性的。实际上，这些属性都是相互关联的，规模性、空间性、超前性和网络性都可以归结为自然垄断性，规模性、空间性、超前性和网络性都是公共设施自然垄断性的表象。

卡恩认为公共设施是"竞争型市场模型明显不能描述甚至无从描述"的，指的就是公共设施的自然垄断性。Richard T. Elly 把自然垄断分为三类：一是依靠独一无二的供应资源（如珍稀矿藏）而形成的自然垄断；二是以秘密和特权（如专利）而形成的自然垄断；三是由于业务上的独特性质而产生的自然垄断。公共设施等的自然垄断属于第三种类型的自然垄断。植草益认为，自然垄断性是指由于存在着资源稀缺性和规模经济效益、范围经济效益（作为包含了这些概念的"成本的叠加性"），因此提供单一物品和服务的企业或联合起来提供多数物品和服务的企业形成一家公司（垄断）或极少数企业（寡头垄断）的概率很高。

公共设施的自然垄断性首先表现为规模性和空间性，这是由范围经济效益所引起的。范围经济效益，是指联合生产比单独生产能节省费用。因此在一定的空间范围内，范围经济的存在使得过多企业的进入可能会导致高成本的重复投资。另外，有些公共设施本身存在技术上的不可分性，因此必须作为一个整体来提供服务。

网络性也是公共设施自然垄断性的表现，这是由网络系统的规模经济所引起的。在网络供应系统中，规模（利用者数和距离）越大，越需要庞大的固定资本投资。在那些固定成本占总成本比重很大的产业，一般来讲，需求量越多，固定成本就越可以分散在每一需求上，因而也越能收到规模经济效益。

公共设施的自然垄断性还表现为超前性，这是由公共设施的沉淀成本所引起的，因为公共设施在生产技术和设备方面并不能像加工工业那样可以较快地实行转产。

虽然公共设施都有一定程度的自然垄断性，但不同的公共设施，其自然垄断性也存在较大的差别。鲍莫尔等认为，在公共设施领域，往往存在着由成本弱增性决定的弱自然垄断，也就是说即使在平均成本已开始上升的情况下，只要由单一企业提供整个产业产量的成本低于多家企业分别生产的成本之和时，该公共设施就是弱自然垄断的。弱自然垄断产业可以根据有效竞争理论引入竞争，由少数几家而不是过去的一家企业共同提供产品。当然，就多产品而言，规模经济和范围经济也不一定必然导致成本弱增性，从而也就不一定必然导致弱自然垄断。但可以这样说，在弱自然垄断或者说自然垄断程度小的公共设施领域是可以进行改革而引入竞争的。其实，不仅如此，即使是强自然垄断的公共设施也可以通过改革而引入竞争。这是因为公共设施的产业环节具有可分性与模块化的特征。产业环节的可分性是决定自然垄断性行业引入竞争的改革能否实现的技术条件，是引入竞争的基础。

综上所述，公共设施自然垄断的基本理由包括规模经济、范围经济、沉淀成本三个方面。这也印证了植草益的观点，他认为自然垄断的基本理由除由于资源短缺外，还有：以网络供应系统的存在为基础的配送阶段的规模经济效益和生产阶段的规模经济效益；范围经济效益；固定成本的沉淀性。

根据公共设施自然垄断性的强弱，我们可以将公共设施按照技术维属性在一条坐标线上划分为：零自然垄断性公共设施、弱自然垄断性公共设施和强自然垄断性公共设施。

8.1.2 公共设施的经济维属性

公共设施的经济维属性分析是从公共设施消费角度进行的，在对公共设施属性的一般理解中，基础性、公共产品属性和外部性都是从公共设施的经济维度认识公共设施的属性。基础性、公共产品属性和外部性可以统一归结为公共产品属性。

公共产品在西方经济学中已经成为一个较为成熟的概念。萨缪尔森将产品分为"私人消消费品"和"集体（公共）消费品"，并进一步给出了公共产品的最优消费状态，即"萨缪尔森条件"。马斯格雷夫将产品分为公共产品、私人产品和有益产品。布坎南从共有产权角度提出了"俱乐部产品"。"俱乐部"是"消费和会员-所有权的制度安排"（consumption ownership-membership arrangements），俱乐部适用于从纯私人产品到纯公共产品的所有情况，即俱乐部会员的最优数量可以从 1 到 ∞，绝大多数产品是介于纯私人产品和纯公共产品之间的情况，具有某种程度的公共性，它们的最优俱乐部会员数量大于 1 而小于 ∞。布坎南的这一"俱乐部"理论，在奥尔森的定义中得到进一步阐发，奥尔森认为大多数公共（集体）产品只有在某一特定的集团中才有意义，公共产品必须是某个集团的产品，对另外一个集团来说则是私人产品。

不管经济学家如何认识公共产品，但对是否属于公共产品的判断都离不开从两个特征角度进行判断，即排他性和竞争性。排他性是指一个人消费了一单位某种产品就排除了其他人来消费同一单位产品；竞争性是指一个人消费了某种产品就减少了这种产品被其他人消费的数量。与排他性和竞争性相对的是非排他性和非竞争性。同时具有非排他性和非竞争性特征的产品是纯公共产品，具有非排他性或非竞争性中的某一个特征的是准公共产品。准公共产品又可以分为俱乐部产品和公共池塘产品。俱乐部产品是具有非竞争性但具有排他性，或排除追加的消费者的交易费用很低的产品；公共池塘产品是指具有非排他性，但它的使用量达到一定水平后又具有竞争性的产品。

公共设施提供的服务既有纯公共产品属性的，也有准公共产品属性和私人产品属性的。但纯公共产品和私人产品属性的公共设施服务非常少，最常见的是准公共产品属性的，包括俱乐部性质的公共设施和公共池塘性质的公共设施。

公共设施的基础性，是指公共设施活动提供的服务有利于或者是其他许多经济活动进行的基础。这说明从消费特征来看，公共设施提供的服务是针对其他产业的，其消费者是其他产业，对于其他产业，公共设施提供的服务具有非排他性和非竞争性，因此可以说，公共设施的公共产品属性是针对其他产业而讲的。外部性：萨缪尔森下的定义是，当生产或消费对其他人产生附带的成本或效益时，外部经济效果便产生了；也就是说，成本或收益附加于他人身上，而产生这种影响的人并没有因此而付出代价或报酬；更为确切地说，外部经济效果是一个经济主体的行为对另一个经济主体的福利所产生的效果，而这种效果并没有从货币或市场交易中反映出来。通俗地理解，外部性就是某个人或者某个产业享受到了公共设施的好处，但并未支付公共设施的成本，这实际上说明，公共设施提供的服务对这个人或者这个产业是非排他性的。这也就是说公共设施的外部性和公共设施的非排他性讲的是同一个问题。

根据公共设施的非排他性和非竞争性特征，我们可以将公共设施按照经济维属性在一条坐标线上划分为：私人产品公共设施、准公共产品公共设施（包括俱乐部产品公共设施和公共池塘资源公共设施）和纯公共产品公共设施。

8.1.3　公共设施的时间维属性

实体公共设施提供的服务是以工程设施为依托的。公共设施要实现提供服务的功能，首先需要经过设计和建造阶段。在建造完成之后，公共设施就进入运营阶段。公共设施运营中存在各种损耗，需要不断地对其维护以延长其服务的寿命。公共设施损耗到再也不能维护时报废。这就是公共设施完整的生命周期过程。一个生命周期结束以后，就需要设计和建造新的公共设施，进入新一轮的公共设施生命周期过程。

拉德纳《铁路经济》中的一段文字，说明了公共设施的生命周期原理和维护对公共设施的重要意义：比较坚固的工程经过时间的缓慢的影响也会引起损耗，但这种损耗在较短时间内几乎是看不见的，然而，经过很长时间以后，例如数百年，甚至那些最坚固的建筑物，也必须进行全部的或局部的更新。这种看不见的损耗和铁路其他部分的较易察觉的损耗相比较，类似天体运动中的长期差和周期差。时间对于桥梁、隧道、高架桥等相当坚固的铁路建筑的影响，可以作为长期损耗的例子。较快的和较为明显的、可以在较短期间内通过修理或替换而恢复的损坏，则与周期差相似。即使相当耐久的建筑物的表面，有时也会遭到偶然的损伤。对这种损伤进行的修补，也包括在常年的修理费用中。但撇开这种修理不说，这些建筑物也不会不受年龄的影响，总有一天，它们的状况会使重建成为必要，尽管这个时间还很遥远。

马克思在《资本论》第二卷中还阐述了固定资本的补偿和修理原理。在同一个投资中，固定资本的各个要素有不同的寿命，从而也有不同的周转时间。例如：铁路上的铁轨、枕木、土建结构物、车站建筑物、桥梁、隧道、机车和车厢，各有不同的执行职能的期间和再生产时间，从而其中预付的资本也有不同的周转时间。马克思将固定资本的磨损分为有形磨损和无形磨损。有形磨损也称物质磨损，是指固定资本的物质要素由于使用及自然力作用而形成的磨损。有形磨损与价值规律无关，而与自然规律有关。磨损首先是由使用本身引起的。一般来说，铁轨的磨损和列车的次数成正比。其次，磨损是由于自然力的影响造成的。例如：枕木不仅有实际的磨损，而且由于腐朽而损坏。无形磨损是指固定资本在其有效使用期内，由于技术进步而引起的价值上的损失，包括由于提高劳动生产率和发明高性能新设备而使原固定资本贬值。固定资本的无形磨损与价值规律有关。和在大工业的各个部门一样，无形损耗也起着作用。马克思还指出：固定资本需要有各种特别的维持费用，固定资本的维持部分地是依靠劳动过程本身；固定资本不在劳动过程内执行职能，就会损坏。

在公共设施的寿命周期过程中，包含两个影响因素：一是环境条件；二是进程。环境条件是指公共设施寿命周期所依赖的经济、社会和自然所能提供的资产和资源，公共设施从中获取诞生、生存和发展的条件，并用这些资源来满足社会经济发展的需求。进程是指在自然条件的作用下产生的与公共设施有关的一系列活动，这些活动贯穿于公共设施寿命周期的各个阶段。进程包括：为了实现某种目标，使用自然和社会资源进行活动的过程，包括公共设施项目构思、决策、建造、运营等；与公共设施相关过程有关的社会、经济和自然环境的演化过程；公共设施存在和发展的驱动力。这种驱动力有推动公共设施发展的正面动力，也有具有阻滞和破坏作用、使公共设施效率下降、功能丧失的反面动力。在时间流上，公共设施的寿命周期可以分为近期、中远期和未来三个阶段，在每个阶段，都存在各自不同的环境条件，这些环境条件对公共设施发生作用，产生了一系列进程，在这一系列进程的影响下，分别对应于近期、中远期和未来这三个阶段的当前状态产生了不同于原有自然状态的新的特点。公共设施在这些进程的影响下，从一种状态发展到另一种状态，或者从无到有、从有到进化，也有可能从有到退化、从退化到无。因此，公共设施的"近期"是公共设施从建设到运营的过程。由于社会政治经济状态的某种需要，而产生了公共设施的要求；然后在自然条件和资源许可的基础上，进行公共设施项目的决策；一旦决定投资建设，就进行了设计和建造，建造完成后开始运营。公共设施的"中远期"是大型公共设施运营一段相当长的时间后的阶段。在这段时间里，公共设施为社会经济提供基础性的服务是为了维持其正常运转，需要对公共设施进行维护。随着时间的延续，社会经济环境逐渐发生变化，由于有形磨损，公共设施自身结构也逐渐损耗。当这种损耗积累到一定程度，会严重影响公共设施的功能。或者由于无形磨损，即随着社会发展，公共设施的功能已不再适应经济发展的需要。在这种情况下，就进入了公共设施的改造或者消亡阶段。如果公共设施经过改造，可以继续发挥应有的效用，那么，公共设施就可以继续步入下一个时期——未来。公共设施的"未来"是指公共设施所处的很长时间以后的未来时期。公共设施经过不断的维护和改造、扩建、技术升级，在功能不断适应将来社会经济环境需求的基础上，寿命得以延续下去。从单个公共设施运行的时间维来看，公共设施的近期、中远期和未来实际上可以简化为设计建造和运营维护两个阶段，而规划和报废是公共设施的起点和终点。

8.2 城市公共设施规划和设计寿命周期

美国、欧洲等地方在20世纪50年代至70年代兴起的公共设施建设热潮造就了大批的项目以及规划和设计领域的许多进步，计算机和通信设施的广泛应用更进一步促进了这些成就，相关设施和服务的运营管理也得到提升。然而，直到近期，大部分公共设施的发展并没有从总体规划及成本预算角度考虑维护、未来修复或更新、替换活动。维护计划通常是根据经验或基于"危机"事态来定的，结果是服务质量因设施老化而下降，甚至在某些情况下，会突发性损毁并导致人员伤亡。由此可见，寿命周期分析及目前正实施的在整个寿命周期范围内有计划地监控是必需的。

如果能适时响应状况的变化来正确安排维护和修复活动，某个设施在整个寿命周期的状况将会得到有效保护。这就要求对整个寿命周期内的状况、破损或性能进行预测。如果一个公共设施的单元或设施能在整个预期寿命周期内达到设计要求，或提供某个可接受的服务水准，那么就可以认为它的性能是良好的。性能差预示着设施会：比预计的损坏要来得快；提供不足的服务水准；一直老化到超过设计寿命，即所谓没有进行任何大型修复、更新或替换的设计寿命期。

以现时服务能力指数（present service-ability index，PSI）表示服务性能的开创性概念，是在美国国有公路管理员协会（AASHO）中涉及公路路面的道路实验中建立的。对于桥梁的鉴定方法和状况评级程序，是在几座伤及人命的结构物垮塌后于 20 世纪 70 年代早期建立的。在路面资产使用寿命期内进行养护和修复的概念是于 20 世纪 70 年代中期建立起来的。建立良好的服务性能模型取决于状况评估方法、荷载及需求数据预估、材料性能预测、对气候及环境条件的较好了解等。

美国建筑研究局（Building Research Board，BRB）在其报告《先付与后付》（*Pay now or pay later*）中将寿命周期成本分析概念描述为：对一座建筑物进行设计、施工、运营及维护方面的决策，要从总体上考虑，使得建筑物在整个寿命周期内性能良好，而且所发生的寿命周期总成本最低。综上所述，公共设施管理的全过程超越了规划和设计阶段，还包括在整个使用期进行的施工及验收测试、定期状况评估、养护及改善安排等。

8.2.1　寿命周期分析的概念

从设计和分析的观点看，某些设计寿命或分析期的有限年数是与公共设施的每个分项内容相关的。实际上，除非发生灾难性的损毁或该区域无人居住，公众和用户都期望公共设施能永久提供某种具体的服务。然而，负责这些的机构管理者和决策者都知道，在某个时候由于下列一个或多个原因，公共设施不可能提供合适的服务：

1）结构性不安全。

2）功能性退化。

3）由于过度使用和超负荷导致用户耽误时间和引起不便。

4）高成本养护和保护。

这就引出了在一个寿命周期内的公共设施的"使用期"概念，它不像设计或分析期，使用期并没有一个典型的单一数值。同一类型的设施（如一座钢桥），由于交通量历史、环境输入及养护实践的不同影响，其初始阶段和总服务期可能会有较大的不同。养护历史对总服务期有显著的影响，一个养护良好的设施与养护差的设施相比，更有可能延长服务期。一个良好的公共设施资产管理系统认识到服务期分析的重要性，包括机构成本（施工、养护、修复、更新或更换）以及用户成本和效益。

使用期概念是以实体服务寿命为基础的，与社会或经济使用寿命的估计可能是不同的。本书将实体使用寿命用于公共设施维护中。一些典型的公共设施服务寿命期望值可见表 8-1。

表 8-1　典型的公共设施服务寿命期望值

公共设施及其组成		预期的使用寿命
机场	建筑物/结构	可达 150 年
	跑道/滑行道/停机坪	可达 50 年

（续）

公共设施及其组成		预期的使用寿命
桥梁	桥面	可达 50 年
	下部结构/上部结构	可达 125 年
隧道	交通、水	可达 200 年
公共建筑和体育设施	混凝土/钢建筑	可达 300 年
电力传输/电话线	—	可达 400 年

8.2.2　寿命周期管理

在公共设施管理的施工后阶段，应该给予实时评估较高的优先权。应该考虑设施的使用、养护和维修来制定一些适用的规则和检测清单。遗憾的是，逾期维护一直是包括公共建筑在内的大部分公共设施的主要惯例。例如，牛津大学校园建筑物的平均年龄是 40 年，其中有 4 座已超过 100 年，大部分建筑物都需要大范围维修和更新以符合现行建筑法规及建筑设计艺术要求。在《建筑经营管理》杂志（1990 年 2 月）中的一篇文章指出，到 1991 年，公共学校设施的逾期维护费用是 140 亿美元，而学院和大学在维护、更新及由于逾期而需新建的工程中的花费超过了 600 亿美元。

寿命周期管理计划应该考虑以下一些活动：

1）正确使用设施的守则。

2）由于正常使用及老化而需进行的日常小型维护条例。

3）应对火灾、事故、自然灾害（龙卷风、洪水、地震等）、武装破坏等的应急管理计划。

4）设备和结构物的维护计划。

5）对于计划的应对状况和需求的维护、修复、更新以及更换、重建活动的框架及方法；该框架应该包括对"不作为"和逾期养护活动的分析。

6）支付运营及寿命周期需求的财务管理计划。

1. 公共设施的使用寿命

寿命周期管理中最重要的内容就是预估设施的使用寿命，公共设施的使用寿命取决于设计和施工方法、用途和环境、实时维护和运行实践。对于任一类别公共设施的具体实例来讲，不同公共设施使用寿命的长短差别很大。

（1）使用寿命　使用寿命是指一座建筑、某个分项或某个子系统提供合格性能的以年计的期间；其技术数取决于设计、施工质量、运营及维护实践、使用、环境因素；与经济寿命不同。

（2）性能　性能是一座建筑或其他设施为其用户服务并实现其建设或拥有该建筑的目标。换句话说，性能就是使用能力的历史，它显示一个设施提供给其用户服务的质量及时间长度。

2. 公共设施使用寿命的评估

使用寿命是以年计的从公共设施完工起到全部设施或其组成达到某个状态时为止的期间，这个状态指的是由于公共设施物理退化、性能不良、功能陈旧或难以承受的高运营成本导致无法提供合格的服务。评估公共设施资产的使用寿命是相当复杂的，因为某个公共设施的不同组成可能会有各不相同的使用寿命范围。主体结构物的使用寿命应该作为代表性的估计值，以便计划新的施工、主要维修及重建工程。充其量也只能根据下面指标估计一个平均使用寿命：可接受的性能水平；按照每个类别或类似公共设施低于合格底线、合格性能或损坏时的使用寿命的平均值。

一般来讲，公共设施或私有建筑的使用寿命是不超过 40 年的。使用寿命可以采用残存技术根据公共设施历史数据库来估计。系统工程方法特别适用于改善性能模型并根据最低状况合格标准预测使用寿命。

使用寿命预测是性能建模一个重要的和基础性的方面，这可能会与设计寿命吻合也可能不吻合。一个公共设施的各个结构部件采用了不同的材料建造，而且承受着变化不定的需求与环境状况，故其使用寿命的预测显得比较复杂。公共设施资产的总体使用寿命评估应以关键结构部件为基础。因此，有必要根据公共设施的功能、材料、施工及运营状况将其分为几个部分或分段。按照功能寿命，对设施逻辑进行分割，有助于预测使用寿命的期望值。利用经验数据库建立功能使用寿命的实例有道路的交通标线与路标、桥梁钢梁及其他钢构件的油漆、住宅建筑的外墙粉刷等，对这些实例是不需要建立性能方程式的。而对于许多广泛使用的材料与施工方法来说，可以根据既往经验估计使用寿命的期望值。然而，估计整个设施的使用寿命仍是一件复杂的事情。使用寿命可以通过如下方法来估计：

（1）残存曲线方法　残存曲线显示某个财产（供水管线的里程、桥梁、原始成本或单位百分比等）在某假定的年限内继续存在并使用的单位数量。财产的残存一般以零年基本成本的百分比表示。任何龄期残存单位的预期概率年限的计算方法是：曲线下整个残余面积除以待计算龄期所包含的残存面积。预期概率年限曲线顶端是按照其数据库设施达到破坏（失效）状态的最大期望期。从预期概率年限曲线顶端向下划一条垂线，与残存曲线的交点即为结构物的期望平均寿命。

（2）参考既往经验　使用寿命也可以根据既往类似设施的经验来估计。这种方法特别适合于大型设施，但是，如果环境不同，可能会导致错误的估计。

（3）性能建模　设施的物理退化速率可以通过某个短时期内的状况监控和实时评估进行估计，而预测的未来退化及损坏作为龄期、荷载或需求及环境因素的函数。

（4）加速试验　使用寿命还可以通过加速试验估计。加速试验是在短期内让设施承受实际需求状态或荷载的作用直到其被破坏。然后，按照同一地区或其他环境在一般条件下设施的数据，通过内插或外推来估计使用寿命。新型建筑材料的耐久性及使用寿命常常可以通过实验室加速试验估算。

表 8-2 列出了公路工程各分项的一般使用寿命。表 8-3 列出了根据日本、加拿大、英国等国家有关资料而得出的建筑物的一般使用寿命的比较表。

表 8-2　公路组成部分的一般使用寿命

公路组成部分	年限
公路用地	75～100 年
用地范围（建议报废期）	10～30 年
将被搬迁和毁坏的用地范围建筑物（建议报废期）	10～30 年

（续）

公路组成部分	年限
土方工程	60~100 年
涵洞和小型排污设施	25~50 年
挡土墙和一般混凝土工程	40~75 年
抛石和其他护岸工程	20~50 年
桥梁和其他主体结构	50~75 年
粒料路面	3~10 年
低级沥青路面	12~20 年
高级刚性和柔性路面	18~30 年
信号和交通拉制设备	5~20 年

表 8-3　不同国家建筑物的一般使用寿命的比较表

建筑物设施类型	加拿大（CSA 94）	英国（BS 92）	日本（AIJ 93）	
工业建筑	25~49 年	最低 30 年	20~40 年或更高	最低 25 年
商业、健康、教育、居住	50~99 年	最低 60 年	60~100 年或更高	最低 60 年
市政、纪念性、国家遗产类	最低 100 年	最低 120 年	60~100 年或更高	最低 60 年

8.3　城市公共设施维护理论

城市公共设施"重建设、轻维护"现象在国内外普遍存在。世界银行发展报告指出，维护不足几乎是发展中国家城市公共设施提供者的普遍性（且代价高昂的）失误。例如：在撒哈拉以南非洲地区，约值 130 亿美元的公路由于缺乏维护而破烂不堪。在拉丁美洲，少在维护方面花费 1 美元，就要为提前重建公路多花费 3~4 美元。

城市公共设施建得好、养不好的情况广泛存在于我国，如城市供水设施、污水处理设施、公共卫生防疫设施设备、文化体育设施、车站、机场、公路等。很多城市公共设施建成之后，由于没有相应的维护制度保障，处于闲置状态。一些城市公共设施在项目建成后无力运营和维护，甚至出现刚建好就闲置的状况。一些建好的城市公共设施往往由于没有维护资金保障机制而难以可持续利用。据调查，我国市级城市的公共供水设施能力闲置达 20% 以上，部分城市超过 50%，有的甚至达到 80%；我国 600 多座城市已建成的 709 座污水处理厂中，正常运行的只有 1/3，低负荷运行的约有 1/3，还有 1/3 开开停停甚至根本就不运行。

发达国家早期在城市公共设施规划和兴建时也不太注重维护与管理，导致政府在设施运营上付出很大代价。例如：美国曾有些社区建设了体育馆等公共设施，但却无力维护和管理，造成资金损失和浪费。即便是现在，美国等发达国家的城市公共设施维护方面也存在较为严重的问题。明尼苏达州大桥的塌陷、美国大量给水总管破裂等情况表明，美国的实体城市公共设施正在经受考验。维修和升级老化的城市公共设施，使其能够安全、有效、可靠地达到当前要求，并扩大其能力来满足日益增长的需求，估计需要数以千亿美元的资金。被飓风"卡特里娜"和"丽塔"袭击过后，人们明白了不合格的水坝设施意味着公共安全、地区经济和环境的风险。水坝老化仍是美国水坝安全方面的关键问题，水坝的年份仍是溃坝的首要指标。据美国土木工程师协会称，存在安全隐患的水坝数量在 2005 年就达到 3500 个，比 1998 年多出 33%，而且存在安全问题的水坝数量比正在维修的水坝数量增长得还快。正是在这种背景下，美国等发达国家政府更为重视城市公共设施的维护，试图探索和建立较为完善的城市公共设施维护制度。

城市公共设施"重建设、轻维护"的现象带来诸多危害。一是产生大量沉没成本，造成资金损失和浪费。城市公共设施普遍投入巨大，有限的资金如果用于某项城市公共设施建设，就不能用于其他城市公共设施投资。城市公共设施建成之后如果由于维护资金缺乏，长期闲置，则用于该城市公共设施的投资就变成了沉没成本，资金的投资效益和使用效益大大下降。二是城市公共设施效能不能有效发挥，难以正常运营，影响相应公共服务的提供。三是加剧城市公共设施恶化，进一步增加运营成本。城市公共设施如果长期闲置，没有正常运营，缺乏维护或维护不当，都会折减服务寿命，加速其损耗。世界银行的研究表明，维护良好的铺设道路路面能使用 10~15 年，但缺少维护却会使它在使用一半的时间后就严重损坏。发达国家城市公共设施维护的某些成功经验也表明，在决策大型城市公共设施投资时，特别是在项目立项及建设前期，充分考虑城市公共设施的运营维护，考虑该项目所隐含的经常性维护费用，有助于提高城市公共设施的运营效率和效益，减少损失和浪费，较好地避免项目建成后面临无力运营和维护的情况。Felix K. Rioja 通过构筑动态平衡模型发现，城市公共设施投资应在新建和维护投资中重新分配。适当增加维护投资，能对国内生产总值产生更为明显的促进效果。

综上而言，完善城市公共设施维护制度具有重要的现实意义。随着我国经济社会的不断发展，城市公共设施的建设需求不断增加，目前城市公共设施建设处于高峰期，正在由城市公共设施以建为主的阶段向以维护为主的阶段过渡，城市公共设施维护制度的作用进一步凸显。随着我国逐步进入城市公共设施供应高峰这一新阶段，城市公共设施的维护和管理工作在未来城市公共设施建设中的作用越来越重要。在这种背景下，城市公共设施维护制度缺失产生的危害会进一步放大。近年来，随着"西部大开发""促进中部地区崛起""东部率先基本实现现代化"、振兴东北老工业基地、社会主义新农村建设等政策的推进，青藏铁路、南水北调、大江大河分蓄洪区等一批关系国民经济全局的重大工程建设完成或开工建设，铁路、轨道交通、公路、机场、水运航道、大型水利工程建设进入高峰期。2007 年长春亚洲冬季运动会、2008 年北京奥运会、2010 年上海世界博览会等重大国际交流事项，要求所在城市公共设施方面的巨大投资。如上海世界博览会 5.28km^2 的土地，场馆及配套公共设施的建设总投资约 180 亿元，而这些还不包括周边的交通等城市公共设施建设。这些设施对当前和未来影响深远，对带动区域经济乃至全国经济的发展、改善公共服务提供、提高人民物质文化生活具有重要的意义。同时，这些城市公共设施当期建设投资巨大，未来维护成本也很高。运营维护的工作量，所需的人力、物力、财力都会非常大。如果没有规范稳定的维护制度安排和经费保障，这些设施的运营就会受到影响，城市公共设施本身的效能就不能充分有效发挥，将造成巨大的损失和浪费。

研究城市公共设施维护制度还具有重大的理论价值。从理论上讲，公共产品不应仅仅被理解为是一个静态的物，其价值在于公共产品功能的不断发挥，即公共产品使用价值的不断实现。公共产品建造完成后，其功能的发挥不是一次性的，而是在一定时间内不断发挥作用，其使用价值也是在其使用过程中不断实现的。公共产品在使用过程中必然存在损坏或损耗，这种损坏或损耗如果不及时进行维护的话，就会影响公共产品的正常使用，甚至危害公共产品的使用安全，公共产品的功能也就不能正常发挥，其使用价值也就不能顺利实现。从这个意义上讲，公共产品的提供不仅包括建造过程，也包括维护过程，两者不可或缺。但是，传统公共产品理论对公共产品的理解是一种静态的理解，即将公共产品理解为一个静态的"物"，进而将公共产品的提供理解为这个"物"的建造，建造的完成意味着此项公共产品提供的完成。城市公共设施建设有资金也有人负责，而维护没有资金也没人负责的"重建设、轻维护"的做法，正是这种传统公共产品理论在现实生活中的体现。因此，对传统公共产品理论引入时间维度进行动态分析，提出"公共产品的需求是对公共产品使用价值的需求，公共产品的供给是对公共产品使用价值的供给"，对分析和解决城市公共设施维护问题、公共产品理论的发展，进而对公共经济学的发展，都十分必要和有意义。

8.3.1 基本概念的界定与阐释

1. 城市公共设施

目前，国内外对"城市公共设施"有多种表述，但从概念的内涵和外延来看并没有一个严格和统一的界定。

姆利达尔·达塔认为，城市公共设施分为狭义和广义两种。狭义的城市公共设施是指公用事业的"硬件"，如运输和通信、电力生产与供应、供水排污等城市公共设施和农业灌溉系统，以及管水工程等农业城市公共设施。广义的城市公共设施除了包括狭义的城市公共设施外，还包括教育、科学研究、环境保护和公共卫生等"软件"。

皮尔斯主编的《现代经济学词典》将城市公共设施定义为：国民经济中那些促进商品与劳务在买方和卖方之间流动的结构要素。这些结构要素有交通和运输（公路、铁路、港口、飞机场、电话等）、房屋、排水系统、电力系统等。这些设施通常（尽管并不一定）由政府提供，而且可以被看作是国民经济中经济增长的先决条件。

艾伯特·赫希曼将资本划分为直接生产资本和社会间接资本，城市公共设施属于社会间接资本。他把城市公共设施定义为那些进行一次、二次及三次产业活动不可缺少的基本服务。他认为：广义上的城市公共设施包括法律、秩序、教育、公共卫生、运输、通信、动力、供水以及农业间接资本（如农业灌溉、排水系统）等所有公共服务；狭义的城市公共设施主要是指港口设备、公路、水力发电等项目的投资。他认为城市公共设施的核心是交通和动力。赫希曼还提出了城市公共设施的四个条件：一是在某种意义上看，城市公共设施活动提供的劳务有利于其他经济活动，或者是其他许多经济活动进行的基础；二是在所有国家，城市公共设施服务都是由公共团体或者私人团体免费提供或者按公共标准收费提供的；三是城市公共设施提供的服务不能从国外进口；四是城市公共设施的投资具有技术上的不可分性和较高的资本产出比。具备前三个条件的是广义的城市公共设施，符合以上四个条件的是狭义的城市公共设施。

舒尔茨和贝尔克认为，城市公共设施包括核心城市公共设施和人文城市公共设施两类。核心城市公共设施是指交通和电力，具有增加物质资本和土地生产力的作用；人文城市公共设施包括卫生保健和教育等，这类城市公共设施是提高劳动力的生产力。

学术界引用最多的是世界银行《1994 年世界发展报告——为发展提供基础设施》给出

的解释，该报告将城市公共设施分为经济城市公共设施（economic infrastructure）和社会城市公共设施（social infrastructure）。经济城市公共设施包括三部分：一是公共设施（public utilities），即电力、通信、自来水、卫生设施、排污、固体废弃物的收集与处理以及管道煤气等；二是公共工程（public works），即公路、大坝、灌溉和排水用的渠道工程等；三是其他交通部门（other transport sectors），即城市与城市间的铁路、城市交通、港口、水路以及机场等。社会城市公共设施包括文教和医疗保健等。经济城市公共设施在有的文献中也被称为实体城市公共设施（ physical infrastructure）。

在中国经济理论界引入"基础结构"也即城市公共设施概念的学者是钱家和毛立本。他们将"基础结构"的概念应用于经济理论的研究，并将"基础结构"定义为向社会上所有商业生产部门提供基本服务的那些部门，如运输、通信、动力、供水，以及教育、科研、卫生等部门，并指出狭义的城市公共设施专指具有有形产出的部门，即运输、动力、通信、供水等部门，广义的城市公共设施则还包括教育、科研和卫生等"产出无形"的部门。在《经济大辞典》中，城市公共设施是指为生产、流通等部门提供服务的各个部门和设施，包括运输、通信、动力、供水、仓库、文化、教育、科研以及公共服务设施。

从上面的文献分析，我们可以概括城市公共设施的以下几个方面的特点：

1）先导性和基础性。城市公共设施所提供的公共服务是所有的商品与服务的生产所必不可少的，若缺少这些公共服务，其他商品与服务（主要指直接生产经营活动）便难以生产或提供。

2）不可贸易性。城市公共设施所提供的服务是不能通过贸易进口的。一个国家可以从国外融资和引进技术设备，但要从国外直接整体引进机场、公路、水厂是难以想象的。

3）公共产品或准公共产品属性。城市公共设施提供的服务具有相对的非竞争性和非排他性。非竞争性是指在一定范围内，城市公共设施生产成本不会随着物品消费的增加而增加，即边际成本为零。非排他性是指当某人使用城市公共设施所提供的服务时，不可能禁止他人使用，或要花费很高的成本后才能禁止，对于这样的服务，实际上任何人都不可能将另外的人排除在外。

4）技术不可分性。城市公共设施只有达到一定规模时才能提供服务或有效地提供服务。例如：电站大坝、机场跑道、连接两城市的轻轨等必须在项目完成后才能提供服务，项目如果只进行一半，就不具有使用价值。

符合上述前三个条件的是广义的城市公共设施，而符合上述四个条件的是狭义的城市公共设施。狭义的城市公共设施通常称为经济城市公共设施或实体城市公共设施，包括交通运输、电力、通信、供水排水、大坝等公共设施和公共工程。广义的城市公共设施除此之外，还包括教育、公共卫生、科学研究和环境保护等内容。

本书的研究对象是狭义的城市公共设施，即经济城市公共设施或实体城市公共设施，内涵上满足以上四个特点，外延上包含了世界银行经济城市公共设施的三部分内容：公共设施、公共工程和其他交通部门。

2. 城市公共设施维护

《现代汉语词典》中对"维护"的解释是"维持保护，使免于遭受破坏"。

世界银行的报告非常明确地提出了城市公共设施维护的重要性，指出维护方面的失误通常因不适当地削减费用而更加严重。从世界银行的报告中可以看出，所谓城市公共设施维护就是指对城市公共设施的维修、护理和保护。

在美国一些城市公共设施的相关制度中，对维护进行了比较细致的分类，维护一般分为预防性维护（preventive maintenance）、矫正性维护（corrective maintenance）和紧急维护（emergency maintenance）。例如：美国内华达州根据公路的年限、类型、承载的交通量、轴负荷以及铺面损坏情况来评估公路，测算各个不同的公路需要的维护策略，制定相应的维护方案，其公路"维护"的内容包括：预防性维护，即在公路发生损坏前采取的保护措施，不必要提高行驶质量；矫正性维护，即对公路采取的保护和平滑措施，不必要增加公路的承载能力；路面层覆盖（overlays），指多于一英寸的路面层覆盖；重建（reconstruction），包括诸如路基修正、整体迁移以及路基层覆盖等。

李维峰等将城市公共设施维护分为三种：一是反应式维护（breakdown maintenance），即工程设施由一般目视检测或通报系统发现可能对使用者产生安全或效率上的影响的破坏，进而采取的维护措施；二是预防式维护，需透过监测数据或设施维护管理的历史信息来分析工程设施产生破坏的时间点，并据以确定维护频率，此种维护方式的作业时机通常定于破坏开始发生的时间点之前；三是积极式维护（proactive maintenance），其维护频率确定与预防式维护相同，但其维护方式需透过监测数据与破坏原因的探讨，而且进行破坏原因的矫正维护。

刘伦武将城市公共设施投资分为城市公共设施新建投资和城市公共设施重置投资。城市公共设施重置投资是指城市公共设施建成后在使用过程中的管理、维修与保养方面的投资。

徐洁认为城市公共设施维护投资是指在城市公共设施使用过程中对城市公共设施进行必要的维护、更新，使城市公共设施能持续正常运行，并能随经济发展需要，相应提高生产力，提供更多有效产出。

陈永祥等提出了公共建设永续经营的概念，强调不能只重视工程的前半段（规划、设计或施工阶段），而是配合整体工程生命周期，将着眼点放在工程后半段的经营管理维护阶段，希望找出具体可行的措施，既能够有效降低公共建设使用过程中对环境造成的污染和冲击，使其达到最少，又能够更经济地经营、更安全地使用、更有效地维护。

从城市公共设施角度出发，城市公共设施维护是对城市公共设施的维修和保护，以利于达到或延长其预期使用年限，发挥其正常使用价值，实现其公益性目的。

3. 城市公共设施维护制度

本书并不打算研究城市公共设施维护管理过程中的具体制度，而是研究保证城市公共设施在必要的时候能得到合理的维护、保证城市公共设施达到或延长其预期使用年限、发挥其正常使用价值、实现其公益性目的的相关法律、投资、财政和金融等制度安排。

城市公共设施维护的法律制度是指从立法和规章制度层面对城市公共设施维护进行规范的制度安排。由于城市公共设施对国民经济发展具有重要的意义，而城市公共设施维护对城市公共设施使用价值的发挥具有重要的意义，因此必须研究如何从立法和规章制度层面保证城市公共设施得到有效合理的维护。

城市公共设施维护的投资制度是指从城市公共设施投资的配置角度看待城市公共设施维护的投资安排。从整体来看，城市公共设施的不同配置方式对城市公共设施的运行效率和效益存在较大的差别。从社会福利最大化的角度看，研究最优的城市公共设施投资配置具有重要的意义。

城市公共设施维护的财政制度是指从财政收入和支出安排以及管理角度研究城市公共设施维护的相关财政与预算管理制度规定。城市公共设施维护涉及非税收入预算制度、财务会计制度等财政相关内容。

城市公共设施维护的金融制度是从融资的角度研究城市公共设施维护过程中的相关金融制度安排。

此外，城市公共设施维护还涉及其他配套制度，如政绩考核等行政管理方面的相关制度。

8.3.2　公共设施维护理论现状

1. 公共经济学基础理论及评价

在公共经济学中，与城市公共设施维护相关的理论有公共产品理论、公共选择理论和公共支出理论。

（1）公共产品理论　公共产品理论从分析公共产品消费的非竞争性和非排他性入手，研究公共产品的需求和供给。

著名的公共产品的需求理论有"庇古均衡""萨缪尔森均衡"和"林达尔均衡"。庇古认为，对于个人而言，当公共产品消费的边际效用等于税收的边际负效用时，个人就达到了预算内公共产品和私人产品的最佳配置。萨缪尔森认为，通过政府对个人的调查和问询，可以获得个人对公共产品的"虚拟需求曲线"，由此可以求得公共产品的局部均衡。通过建立两个物品、两个消费者情况的一般均衡模型，萨缪尔森还分析了在社会生产可能约束条件下的私人产品和公共产品提供的一般均衡。林达尔通过分析个人所付税金比例与个人愿意享受公共产品数量之间的关系，给出了个人的公共产品需求曲线，可以看出，这条需求曲线仍然是一条虚拟的需求曲线。

公共产品的供给理论主要围绕着公共产品的供给方式展开，包括公共产品的私人供给和公共产品的公共供给。

与公共产品的私人供给方式相关的理论主要有：①"布坎南的自愿解"，认为只要公共产品的提供会给每个社会成员都带来利益，那么，自愿提供公共产品就存在达成合作解的基础，但前提假设是，只要有未穷尽的利益，有关各方就会发生自愿的、相互受益的谈判，直到实现各方利益最大化。②"囚徒的困境"描述了一个两难境地，即理性的个体所做的抉择却往往使得双方都受益的活动无法发生，即理性个体之间的合作是不可能的。③"纳什均衡"则显示了这样一种可能，即双方都受益的活动也可以发生，只是达不到足够多的数量。此外，有人提出，如果考虑到动态博弈、利他主义和有约束力的协议，情况会更乐观。有人进一步分析了将公共产品与私人产品联合提供，或者使公共产品具有私人产品那样的排他性的可能性，以及由竞争市场提供公共产品的过程。

与公共产品的公共供给方式相关的理论主要有：①维克塞尔的"全体一致同意原则"认为各种公共产品的提供应当通过个别的税收来筹资，为了确定到底应该提供多少公共产品，需要利用政治的与集体选择的过程，具体办法是让每个人在一开始就明确知道各自可从公共支出项目中得到的好处和需要做出的贡献，然后进行投票，直到有一个全体一致同意的组合被通过为止。②布坎南和图洛克利用成本-收益分析方法，分析了个人自愿接受强制的可能性与条件。他们指出，只有在强制对个人的利大于弊时，个人才会接受它，而在多数情况下的确存在着利大于弊的可能性和条件，所以这恰恰是个人理性的结果。③阿罗认为在满足一系列合理条件的情况下，要想确定无疑地经由已知的各种个人偏好顺序推导出统一的社会偏好顺序，一般是不可能的，即集体决策很可能是要么无法做出，要么就是有什么地方不合理，即"阿罗不可能定理"。

实际上，公共产品理论对公共产品是一种静态的理解，即将公共产品理解为一种静态的"物"，因此公共产品理论及其相关理论的进一步发展，都被这种静态理解禁锢了。这体现为忽视了城市公共设施的维护。从政府利用公众缴纳的税收来提供公共产品这个角度来看，公共产品也可以看作一种商品，而商品必然是价值和使用价值的统一体，二者缺一不可，因此公共产品就不应只是"商品"这个"物"，而必然包括"商品"功能的发挥，即其使用价值的实现，因此，对公共产品的正确和完整理解应该是动态的理解。同时，城市公共设施功能的发挥往往不是一次性的，而是在一定时间内不断发挥的，因此，城市公共设施这一公共产品的提供，就不仅包括建造过程，也必须包括维护过程，二者缺一不可。

（2）公共选择理论　公共选择学派用经济学的方法研究代议制下的过程，并提出了官僚经济理论。在反驳以马克斯·韦伯为代表的传统官僚经济理论关于政府是不偏不倚且代表公众利益的有效组织的基础上，尼斯坎南提出了垄断官僚经济理论，布雷顿与温托布发展了尼斯坎南的理论，提出了竞争官僚经济理论。

尼斯坎南认为，官僚的目的是实现个人效用最大化，如薪水、职务、声誉等，官僚机构处于信息有利地位的同时，也受到需求约束和预算约束，这种条件下，官僚机构的最优产出是预算最大时的产出，这时预算资金必须大于或等于最低成本开支，达到最优产出，这就意味着实现了官僚机构的均衡。

布雷顿与温托布的竞争官僚经济理论认为，官僚同时扮演着上级与下属两种角色，官僚们的行为是不断进行选择的，或是选择高效率的表现，或是选择低效率的表现，这取决于官僚之间达成的交易。官僚行为的核心是交易或交换，而理解交易或交换的关键是理解信任、选择行为与竞争这三个概念。

公共选择学派的官僚经济理论改进了传统官僚经济理论的假设，使之更加贴近现实，更具指导性，能部分解释城市公共设施"重建设、轻维护"的根源，但却没有人沿着这个方向进行深入研究。本书认为，公共选择学派的官僚经济理论忽视了官僚决策的另一方面，即作为"理性经济人"的官僚，不仅会考虑到上下级官僚的影响和作用，也会考虑民众的意见，而民众的意见能够在多大程度上影响官僚的决策，取决于国家的体制以及国民素质。在城市公共设施维护的问题上，多数民众往往缺乏足够的远见，加上城市公共设施的公共产品性质可能使民众觉得城市公共设施和自己的关系并不直接，因此民众更多的还是关心城市公共设施的建造，无法预期或不愿多想城市公共设施的维护问题，这也影响城市公共设施"重建设、轻维护"的现象。

（3）公共支出理论　公共支出理论认为，政府购买性支出中的固定资产投资"是用于建立新的固定资产和更新改造原有固定资产的资金"。这里的"更新改造"是指"新建矿山以替代报废的矿山，恢复被损毁的工厂或其他建筑物，购置车、船以替换报废的车、船等"，确切地说，是"替换"的概念，而不是"维护"的概念。公共支出理论基本上也忽视了城市公共设施的维护问题。

2. 公共设施维护相关制度的研究及评价

（1）国外研究现状　亚当·斯密已经意识到城市公共设施维护的重要性，并提出了一些有价值的论断。亚当·斯密在城市公共设施维护方面的论述可以概括为以下三个方面：

一是城市公共设施维护主体。亚当·斯密认为应坚持两个原则。其一，应根据不同城市公共设施的不同特点来决定城市公共设施维护主体。例如：由于运河的日常维护与运河交通的正常使用密切相关（运河不加修理，就会变得完全不能通航），因而将运河通行税或水闸赠予懂得运河维修管理的人负责运河的维修管理，这些人就会竭力维护运河。但公路维护则不然，因为公路不加以维护，不会完全不能通行，如果将道路通行税赠予个人，个人则不会尽力维护，所以这一类城市公共设施的维护应由政府机构负责。其二，地方性城市公共设施应由地方政府负责建设和维护。"一项城市公共设施，如不能由其自身的收入维持，而其便利又仅限于某特定区域，那么把它放在国家行政当局管理之下，由国家一般收入维持，总不如把它放在地方行政当局管理之下，由地方收入维持来得妥当。"

二是城市公共设施维护资金金额的确定。亚当·斯密认为，城市公共设施的发展应与经济发展相适应。城市公共设施的建造和维持费用在社会各不同发达时期极不相同。公路的建设费和维持费随其土地和劳动的年产物的增加而增加，即公路必随公路上搬运的货物的数量及重量的增加而增加。桥梁的支持力一定要适应可能通过它上面的车辆数和重量。运河的深度及水量一定要适应可能在河上行驶的货船的只数及吨位。港湾的广阔，一定要适应可能在那里停泊的船舶数。同时，亚当·斯密还提出，城市公共设施收费应该完全用于城市公共设施建造和维护，根据需要来确定收费金额，任何多收和少收都不符合效率和公平原则。

三是城市公共设施维护资金的来源。亚当·斯密认为，城市公共设施维护资金可以通过征收通行税等方式获得，而且这是一种非常公平的做法。城市公共设施的费用不必在国家收入项下开支，在大多数场合，公路、桥梁、运河的建筑费和维持费都可以出自对车辆船舶所征收的小额通行税；港湾的建筑费和维护费都可出自对上货卸货船只所收的小额港口税。

亚当·斯密对维护的相关理论进行了开创性的研究。但是，亚当·斯密研究城市公共设施维护的目的是要说明政府的职能和经费支出情况，而没有就城市公共设施维护的机制和制度构建进行进一步深入的说明。

世界银行发展报告中提到，维护不足几乎是发展中国家城市公共设施提供的普遍性（且代价高昂的）失误，并非常明确地提出了城市公共设施维护的重要性。世界银行发展报告中还指出，维护方面的失误通常因不适当的削减费用的建议而更加严重。在预算紧张的时期限制资本支出是有道理的，但削减维护支出是一个不经济的方法。而这种削减不得不在日后用高得多的改建和重建来补偿。由于维护不足会缩短城市公共设施的使用寿命和降低提供服务的现有能力，因此必须有更多的投资才能提供这些服务。例如：在过去的 10 年间，非洲由于没有及时投入 120 亿美元用于道路维护，因此不得不投入 450 亿美元用于道路重建；同样，其在电力输送方面，若花费 100 万美元减少线路能耗损失，则可以在新增发电能力方面节省 1200 亿美元。

世界银行在其另一份报告《畅通的城市：世界银行城市交通战略评估报告》中也指出了"城市通常会对道路系统进行很大的投资，但往往不注重维护"，"维护资金不足的趋势却一直存在"。一些国家通过建立来源于燃油附加税和其他直接的道路使用费的"第二代道路基金"，一定程度上缓解了城际高速公路维护资金紧张状况。但一些国家的实践，如吉尔吉斯斯坦的实践表明实际分配给道路维护的资金比例要远远少于基金应该依法分配给道路维护的比例，"这是因为国家道路网的需求被认为更为紧迫"。对此，世界银行在报告中提出，"明确规定各级政府的责任，保持资金来源的稳定性和持续性，以及在必要情况下给予市政府在当地筹资的更大权限"。

世界银行对城市公共设施维护问题进行了较为权威的阐述，强调了城市公共设施维护的重要性，而且对城市公共设施特别是公路维护的资金来源渠道进行了较为系统的说明，但其对城市公共设施维护问题的研究仅着眼于各国的实践，而没有从理论上进行阐述。

美国联邦会计总署于 2008 年 5 月发布的一份报告，全面、系统地阐述了美国当前航空、公路、运输、铁路、供水、水坝等城市公共设施领域在投资资金方面所面临的挑战，并提出了一些为联邦城市公共设施项目的复审提供指导意见的原则，包括：确立明确的目标，明确界定联邦政府在实现每个目标中的角色，资金分配决策与绩效和责任挂钩，采用有效的工具和方法来确保投资回报，确保资金的持续和稳定。该报告还总结并提出了一系列已经实施或正在筹划的筹资办法和融资机制。

经济合作与发展组织（OECD）1992 年组成的"道路维护资源分配"课题组的报告对 OECD 成员国道路维护方面进行了大量研究，主要探讨了以下三个方面的问题：第一，公路和桥梁管理体系模型能够提供什么样的服务，能否提供一个适用于每个国家独特需要的基本的概念结构；第二，管理人员期望从政策人员那里得到什么样的信息，即需要什么样的政策；第三，管理人员能够并且应该问什么样的问题，并期待得到的满意回答是什么，即管理人员关注什么。

罗宾逊、丹尼尔森和史耐德（Robinson，Danielsson，Snaith，1998）提出，应该运用道路维护管理系统，根据对道路状况所做出的调查，为规定的维护工作做出系统的计划和预算，包括日常维护、定期维护、道路修复以及重建等。

此外，国外针对某一领域的城市公共设施的维护问题也进行了大量研究。以道路为例，美国学术界和实践界对道路维护资金的现状和未来进行了探讨，如燃油税的弊端，其他定价机制、筹资办法、融资机制在政治上和经济上的可行性，实施的时机是否成熟，用生命周期和风险分析方法研究怎样的道路维护更有效，对道路维护进行经济学分析等。

（2）国内研究现状　近年来，城市公共设施维护问题也在一定程度上引起了我国相关领域人士的重视，尤其是直接负责的行政部门、基层政府以及相关专业的研究人员，他们做了一些有益的探讨。

中国台湾研究机构发表的《公共建设永续经营管理维护制度之研究》较为系统全面地分析了城市公共设施维护问题，借鉴欧、美、日等发达国家城市公共设施维护制度和操作经验，将其与中国台湾城市公共设施维护问题进行比较，主要研究了政府组织建制、经营编列与相关工程法规、条文，公共建设管理维护发展的重点、方向、主题策略与机制，管理维护绩效与评估模式，并针对目前中国台湾城市公共设施维护中存在的问题，提出了有针对性的政策建议。

刘伦武认为，按照马克思对社会扩大再生产的划分，社会扩大再生产分为外延扩大再生产和内涵扩大再生产。在我国，前者通常被定义为基本建设投资，后者被定义为更新改造投资。城市公共设施投资的外延和内涵结构是指城市公共设施的基本建设投资和更新改造投资比例关系。他还阐述了城市公共设施重置投资不足将产生的三个后果：一是城市公共设施重置投资不足，城市公共设施缺乏维修导致产出传输损耗增加，城市公共设施投入产出效率降低是城市公共设施重置投资的不足导致的管理效益低下，并会减弱其服务能力；三是城市公共设施重置投资不足导致城市公共设施浪费和效益低下，服务质量差，不可靠，增加用户成本。

秦虹针对城市市政设施维护资金存在的问题，有针对性地提出了政策建议，如加快市政管养单位市场化改革、明确城市维护资金使用方向、修改市政公用事业定额标准、改革城市维护建设税、将燃油税的一定比例用于城市道路维护。

高增平提出：通过确定各级财政部门对不同等级公路养护安排专项资金的比例、各级交通主管部门从养路费中提取或返还一定比例的资金用于农村公路养护、乡村政府以工抵资、个体企业捐助等方式，筹措农村公路养护资金；通过确定不同等级公路的责任主体和执行主体、制定农村公路养护资金管理规定、制定农村公路养护情况的绩效考核制度以奖勤罚懒等，来加强农村公路养护资金管理的制度建设；通过主管部门、社会、村民和出资人的监督，来加强农村公路养护资金的监督管理。

徐迪、苏平借鉴了国外航道建设投资的政策、战略，提出了我国航道建设维护资金筹措的政策建议，包括：加强国家对航道建设和维护的紧迫性和重要性的认识；明确航道建设和维护应以国家投资为主；合理划分航道建设和维护的投资范围；拓展资金渠道；推进航道建设维护的法制化进程；加快航道管理及养护机制改革。

徐洁对当前城市公共设施维护投资失衡的原因进行了制度上的分析，并对维护提出了相应政策建议。城市公共设施维护投资失衡的原因包括：在资金压力下，政府为新建城市公共设施而挤占维护资金；设计初期对需求预测不足，导致对城市公共设施超负荷使用，或是因为质量不过关，将成本转嫁到后期维护上；政府受利益驱动而偏向于新建而不是维护城市公共设施；城市公共设施的社会公益性，如服务价格低、有时必须吸纳失业人员加入机构等，导致维护投入存在实际困难；私人部门受利益驱动，缺乏项目自觉维护意识；发展中国家根据本国公民实际购买力水平制定较低城市公共设施服务价格，无法反映实际成本。相关政策建议包括：积极拓展城市公共设施建设资金来源，防范维护资金被挤占；加强项目预测的准确性；修正政府政绩考核指标；加强政府对城市公共设施的监管力度。

（3）国内外对城市公共设施维护制度研究现状总体评述　从专门研究城市公共设施维护问题的文献资料可以看出，学术界和实践领域已经开始关注某个或某类城市公共设施维护问题，阐述了现状、分析了原因并提出了相应政策建议，但也存在以下不足：一是现有资料的分析局限于某一具体领域或某项具体城市公共设施，而没有进行具备普遍适用性的分析；二是提出的建议多是操作层面的，虽然很有价值，但是缺乏理论支撑；三是提出的工程维护各种筹资渠道和方式，显得随意性较强，规范性、稳定性较差。

国内更侧重于维护资金的监督管理和制度的完善；而国外更侧重于如何开源节流。例如，以"燃油税"为主要来源的公路基金，可以通过哪种税收、收费或者其他方法"开源"，如何通过组织结构的完善、维护方案改进等方式实现"节流"。从国内外研究角度的不同可以看出：我国对于城市公共设施维护资金到底有多少、需要多少、缺口多大尚没有一个系统、权威的统计和测量，自然无法确定如何"开源""节流"，目前仅局限于对现有管理操作中存在的一些具体问题进行讨论；而发达国家由于有过去的教训，而且其财政管理和预算制度比较发达，对于城市公共设施维护已经形成了一系列相对完善的制度安排。我国目前面临的是城市公共设施维护中的制度和管理的缺失和漏洞，在制度和管理完善后，"开源"和"节流"的问题可能就会凸显出来。

8.4 公共设施养护

任何类型的公共设施在建成后，都要面对养护和运营管理。在实际中，关于养护的定义和理解有很大的分歧，特别是在养护和修复的分界线上。例如：公共设施通常用改造、翻修和更新这样的术语而不用修复。

在公路和桥梁领域，养护和修复通常是按设计部门、养护部门和建设部门的组织而划分的，有时则根据资金来源的不同而定。

一些组织和机构最初根据"工作是怎么完成的"来定义养护和修复，由机构内部的力量完成的，就称为"养护"；依据合同外包来完成的，就称为"修复"。然而随着时间的推移这些情况也发生了变化。例如：美国公路和桥梁的养护和修复都可得到联邦资金。除此之外，私营化势头的增长也在模糊养护和修复的分界线。因为公共设施的类型是如此之多，所以本书仅讨论与养护和修复定义相关联的职能或全局性议题，对养护和修复仅提出简明的定义。

一种意义上，养护根据所涉及设施的类型，可以被理解是包含像加油、换灯泡、填补坑洞、修补裂缝等与此相关的日常工作项目。

另一种意义上，养护依然没有被很好地理解。在系统概念和系统方法论中有两个很重要的步骤：①问题的辨识；②问题的定义。为了真正地理解养护并能够利用这种理解去改善公共设施的管理，必须清楚地认识和明确地定义养护。

8.4.1 定义

为了更好地定义养护以利于公共设施的管理，先要去看看别的行业和各种与土木工程公共设施有关的文献，这是非常有用的。实际上很多领域已经做了许多工作，特别是在航天和航空领域。在土木工程类公共设施领域中，诸如供水和污水设施等既涉及养护又涉及运营的设施也有可以利用的经验。在已有文献中，有一个比较成熟的概念就是以可靠度为中心的养护（Reliability Centered Maintenance，RCM）。这种以可靠度为中心的养护概念被用于军用和民用的飞行器和太空活动中（此概念最初也是在这里发展起来的）。在通常失败即意味着死亡的飞行安全中，它起到了至关重要的作用。

在以可靠度为中心的养护概念中，并没有提到修复、养护、修复活动的全部范围，甚至重建和更换都可归入养护的定义。这虽不符合所有公共设施的要求，但是对我们理解其概念和定义还是有用的。

1. 定义养护的术语

术语如日常养护、矫正性养护、预防性养护、主动养护和被动养护等术语在实际中经常被用到。另外还有一些术语也会用到，如定期更换、按状况养护、状况监控、保养任务、返修任务（修补、大修、重建）、更换任务和受时间控制（相对于受状况控制）的活动等。

常规养护活动的需求十分常见。一个例子就是定期给你的汽车换油。如果是定期做的话，这既是预防性养护，也是日常养护。然而，日常养护这一术语也适用于基于时间的养护。例如，一个野外工作队在其负责的养护区域内走过每座桥梁，去填充坑洞、清洗排水管和修补搭板等。

预防性养护就是在问题发生之前采取行动并常常要定期做。然而并不是所有的"日常养护"在本质上都有预防性。

矫正性养护是一种事后行动，它是去补救某处明显的损坏或缺陷，因此也可以称为被动养护。

主动养护常常适用于按照养护人员的意思进行的工作或者是在智能养护系统（IMS）的计划下的工作，以防止即将发生的衰减或损毁。主动养护和预防性养护是相似的。

状况监控引出按状况养护（On Condition Maintenance，OCM）的概念。在按状况养护活动中，要做定期的检查以监控公共设施的状况，而这种检查相当于是状况的一个函数，据此来安排养护活动。在航空航天工业中，换油、换轮胎等工作被作为一种保养任务，按照定期替换（Hard Time Replacement，HTR）的模式去做。返修任务如更换发动机也可作为定期替换。在几个返修循环以后，旧的组件完全被新的组件替代。这些概念通常并不适用于路面或桥梁，仅仅部分适用于供水工程、污水工程和其他公共设施。

我们将定义限定在主动或预防性养护、被动或矫正性养护两个基本部分。

养护通常被定义为"保持有效的状况、工作秩序和修理的活动"。一个更加详细的功能定义提出，养护是在一个具体的使用环境下，为满足可维护性的要求，处理所需的规定程序、任务、指令、人事、资格、设备和资源等。于是我们给出了一个简单明了的定义：养护是为了保持某个组成部分、系统、公共设施资产或者设施能够如其先前所设计和建造的那样去运行，而必须实施的一组活动。

实施预防性养护（主动养护）是为了延缓或防止一个组成部分或系统的恶化或失效。实施矫正性养护（被动养护）是为了修补损坏或使公共设施在失效后恢复到符合运营或使用功能要求的状态。

日常养护是有规则地或按计划安排所做的任何养护工作。它通常是预防性养护，但也可能是矫正性养护。

定期替换是在一定时间长度后，不管这个组成部分是否损毁，都要更换。因此它是日常养护的一种类型，但也可能是矫正性或预防性养护。

按状况养护则是响应状况监控活动指出的即将发生衰减或失效而做的一种养护。它也是一种预防性养护。

紧急养护被一些人定义为必须立即去做的养护，以防止即将来临的倒塌或功能失效。典型例子就是一座桥有一根钢梁断裂，或者一座被一艘经过的轮船撞裂的桥墩。

矫正性养护和预防性养护的一个最主要的区别就是失效或破坏是否已经发生。在许多情况下，没有明显的失效点可以被确定，因此两者之间的分界线并不明确。

2. 历史遗产的养护标准

美国内政部已经制定对待和保护历史遗产的标准，这些标准自 21 世纪 70 年代中期一直被国家公园保养机构采用。根据这些标准，有 4 种处理措施强调保留和修复所有古建筑。

（1）保护　将保护定义为"为了维持一个历史遗产的已有形式、完整性及其材料而采取一些必要措施的行动或过程"。与保护标准有关的主要思想如下所述：

1）按照历史上的使用方式来使用该资产，或者寻求新的用途以最大限度地保留其与众不同的特点。

2）保留历史特色（遗产的历史连续性）。

3）稳固、加强和保全现存历史材料。

4）最小限度地替换必要的结构材料，并采用同样的方法（材料匹配）。

（2）修复　将修复定义为"通过修补、改造和增建使得一个设施资产能与其他财产和谐共存地被使用的行动或过程，与此同时保留了那些传承其历史文化或建筑价值的部分或特征"。与修复标准有关的主要思想如下所述：

1）按照历史上的使用方式来使用该资产，或者寻求新的用途以最大限度地保留其与众不同的特点。

2）保留历史特色（资产的历史连续性），不要做出窜改历史发展的改变。

3）修补已退化的特征。用一个相称的特征替换严重退化的特征（可以用替代材料）。

4）新增建或改造不应该破坏历史材料或特色。新的工作应该与旧的工作有区别，但须仍然与它保持相容。

（3）复原　将复原定义为"精确地描画一个资产的形状、特点和特色，使其如同曾经在一个特定时期出现过的那样的行动或过程"。这是通过去掉它在历史上其他时期的特征并重建其在恢复时期失去的特征来完成的。与复原标准有关的主要思想如下所述：

1）按照历史上的使用方式来使用该资产，或者寻求新的用途以反映资产的恢复时期。

2）稳固、加强和保全来自恢复时期的特征。

3）用一个相称的特征替换严重退化的特征（可以用替代材料）。

4）根据文献和实物证据去替换自从恢复时期就失去的特征。不要做混淆时期和篡改历史的改变。

5）不要实施一个从未建造的设计。

（4）重建　将重建定义为"通过新的建造，描画一个不复存在的遗迹、景致、建筑、结构或物体的形式、特征和细节的行动或过程，目的是在一个特殊的时期并在其历史位置上复制其外貌"。与重建标准有关的主要思想如下所述：

1）不要重建一个资产已消失的部分，除非这种重建被公众认为是必要的。

2）根据文献和实物证据去重建。

3）重建之前进行一个全面的考古调查。

4）保护任何遗留的历史特征。

5）再现资产的外貌（可以使用替代材料）。

6）确认重建的资产有如当代的再创造。

7）不要实施一个从未建造的设计。

3. 可养护性

可养护性在公共设施的管理中已经成为一个重要的概念。例如，城市快速路和桥梁每天通过超过 20 万辆车辆，因此要关闭这样的设施是非常困难的，即使只关闭晚上的某一个短暂时段。理想的公共设施资产管理能够平衡在中断交通养护时期的高用户费用与不中断交通养护时期为了保持设施运营所必需的额外费用。可养护性分析涉及可养护性的成本和效益。

可养护性可以不同的方式定义。基本的定义可简单地陈述为"养护一个设施或一个系统的便利程度"或者"实施养护所必需的平均净时间的倒数"。另一个例子是"在保证修补工作中养护工人的安全并达到一个期望的准确水平的同时，按照简便和开支最小的方法实施养护的能力"。

可养护性也是一个考虑未来养护便利性的设计要素。根据最低成本、最小环境影响和最小资源消耗原则，在设计阶段养护人员和设计者之间直率的交互作用能够明显地提高设计的可养护性。

可养护性常常与可达通道或"可达通道范围"有关。这涉及是否能够到达保养或修理的区域。对于有机械和电力装备的设施来说可达通道或"可达通道范围"是一个重要的因素，如废水和水处理厂、水电站，这些地方各设备单元的间距和位置是很重要的。几年前，康涅狄格桥的嵌板掉下来，原因就在于一根被一块薄板覆盖的连接销钉出现锈蚀，但其位置又不容易被检查、维护或替换。

因此，可养护性是一种内在的设计特征。Blanchard 等以一个更加客观的方式将可养护性定义为：它是设计和安装的一个特征，表示为一个项目在给定的时期内，当按规定的程序和资源实施养护时，将该项目维持在或者复原成一种特定状况的可能性。

（1）可养护性和可用性的度量　可养护性必须考虑以下问题：

1）如果可养护性注定是设计的一种内在特征，那么它必须包含设计者对最终产品的想象力。然而，显而易见的是，建成的最终产品并不完全能被设计者所掌握。因此，可养护性的实际特征与从设计中理解的那些特征可能是不同的。

2）一个基本的问题是可养护性在一个系统的寿命周期内是否与实施养护活动的频率有关。在某种意义上我们或许可以讲，可养护性应该根据平均修理时间（mean time to repair，MTTR）简单地表达。然而，这还是抓不住那些如同 Blanchard 等定义在一个给定时期范围内的可能性问题。

可养护性所依赖的设计特征是多变的，其相互关系是复杂的，以至于没能确定一个涵盖所有因素的单一指标来表示已知系统所期望的可养护性特征。

（2）定性的可养护性　定性的可养护性作为一种要求，是要在一个系统设计过程中具体化的一般性表述，如复杂性最小化、分项和部件的可到达性及内置的自检测特性。这些定性的表述可以作为设计过程的可养护性目标。

（3）定量的可养护性　一个定量的可养护性作为一种要求，就是执行一个给定类型的任务所必需的可用资源或时间的确定性表述。如同本章稍后讨论的那样，可养护性的程度是与其系统执行特定功能的有效性同时发挥作用的。平均修理时间常常被用作衡量可养护性的一种尺度。平均修理时间是在一个给定的时期内修理一个小项或系统所必需的时间的平均值。用在可养护性和有效性中的其他重要参数还有平均停机时间（mean down time，MDT），它是指在一个给定的时期内设备不工作的总时间；平均故障间隔时间（mean time between failures，MTBF），它是指在一个给定的时期内某个部件工作总计时间的平均值。

（4）可养护性分析　可养护性分析准确地定义了一个系统的可养护性要求，并规定设计者和机构要依据及时的信息负责系统的设计和发展，这些信息包括如何有效地达到已建立的修理时间目标。

进行可养护性分析的第一步就是以定性或定量要求的形式建立可养护性控制。要确定每个子系统的可养护性定量要求，就必须要安排好子系统的修理时间，以使其平均值低于整个系统可允许的平均修理时间。

由于系统的平均修理时间就是其基本的可养护性要求，因此有必要在系统中尽早地开发出一种方法来分配和控制每个子系统的平均修理时间。这种分配是通过确定每个子系统的有效停工时间对整个系统的停工时间的影响，并且针对整个系统已建立的平均修理时间来评估这些影响，从而进行操控的。

（5）可用性概念　可用性是一个系统或其组成部分当需要时能够运行的可能性。可用性公式可以表示为

$$可用性 = \frac{MFBF}{MTBF + MTTR}$$

式中，MTBF 是可靠度依据；MTTR 是可养护性依据。

可用性规定是设计过程的一个主要目标。因此，对于一个给定系统的可用性目标，要指明具体的需求。

4. 与养护有关的设计目标权衡法

设计目标权衡法可视为分析过程，在此过程中，一个复杂的设计问题（涉及从几个可能的设计变量中选出一个）被拆分成许多较小的问题。每个问题都按照所有的系统参数来研究，这些参数有可靠度、可用性、安全性、生产和进度。建立一个最佳效果的设计方案总体目标是一个寿命周期程序，它考虑了各种其他的设计要求或数据源，还包括可靠度和可养护性数据。

可用性、可靠度和可养护性之间有一个明确的关系。可靠度和可养护性按变化的比例发挥作用，进而得出一个特定的可用性水平。显然，如果一个确定的系统可用性等级不能够通过强调可靠度而经济性地达到，那么就只能通过把更好的可养护性加入设计中才能实现。

可养护性是最佳备用状态系统的最终解决方案中的最为显著的影响因素。仅仅通过加大设计可靠度来实现系统备用状态的努力，通常被证明在经济上不可行。这种情形下的备选方案极高地强调了可养护性的作用。所有可养护性设计特征的组合，与成本及每个相关的平均修理时间一起，都必须予以考虑，以寻求最佳的满足系统可养护性要求的组合。

以下是进行设计目标权衡法研究时设计目标的优先次序：

第 1 位，系统的有效性。

第 2 位，运行的可用性。

第 3 位，可靠度、可养护性和支持的参数。

8.4.2　修复

与航空航天工业和其他机械相关的活动相反，土木工程类公共设施通常加入修复并作为该 IMS 的一个主要要素。修复的定义是"使某些东西恢复到先前状况或状态的活动"。而养护则被看作是使某些东西连续保持"在一种现有的状态"。这些定义隐含了这两种活动在时间安排上的不同。既然在连续保持和逐步恢复之间划出一条线来是如此困难，那么很明显修复与养护二者之间的分界线将仍是模糊的。实际上，养护和修复之间的划分常常依据政策和法规，影响划分的因素可能与工程规模和投入某个特定活动的资金量相关。例如，美国州际公路计划中联邦资金的前 20 年没有包含养护，但是包含修复。无数的事实证明，因为缺乏资金，在这些政策下一些机构取消对养护的支持，只有到设施衰减到足够依据联邦公路管理局规则判定为功能性缺陷时，才可以投入修复资金使其恢复到标准。"功能性缺陷"的含义

在这种情况下意味着该道路或桥梁需要升级以维持标准。

修复常常像是与一个设施某种功能上的改变有关。一座旧的机场或航空基地或许仅仅只能运行小型飞机或承担轻负荷，但是它可以被修复成一个重型运输飞机机场或轰炸机空军基地。在某些公共设施里，修复被定义为"采取补救措施去解决或纠正因为荷载或自然因素（环境、地震、水灾）引起的缺陷的过程"。因此，修复常常涉及工程性质的改变、现代化改造及在很多情况下规模、范围、功能或几何上的改变。

一些学者指出，当修补或养护不能够解决观察到的问题时才进行修复。对于涉及机械和电力装备的设施确实是这样，如废水和供水工厂。实际上，连续养护不能"维持起初的状况"，而是需要"复原"（或修复）到这种状况。这也意味着在运作大小或规模上的差异。养护得非常好的公共设施也会在功能方面持续衰减，直到最后达到需要修复或恢复的底线。

在实践中有两个主题是很明显的。第一，通常认为修复涉及的工程规模要比养护大。第二，修复涉及改造或升级。为了更清楚地理解，对修复给出简明扼要的定义：修复是使一个构件组合系统或设施恢复到一种改良的或变更的状态所涉及的一组活动。

在这种定义下，填充坑洞、封堵裂缝、粉刷墙壁和更换灯泡仍然是养护。事实上，在这种定义下，任何定位在修理并使某物返回到它的起初状态的活动都应该被称作养护。这个定义很适合飞机制造工业，在那里并没有用到修复这个术语。它也与美国联邦公路管理局的修复定义之一相吻合，在那里通常只有当一条路或一座桥进行结构上或功能上的升级时才可得到资金。由此可以推断，修复将更多地发生在不断升级和改造的公路、桥梁及其他公共设施上，但并没有发生在飞机制造工业上。

前面的定义突出了公共设施资产管理的结果：我们不能只简单地在某种单一状态下养护设施，我们也必须不断地升级、改善和使它们现代化，使其既满足现有需求，又适应不断变化的服务需求。因此，一些设施在它们的整个寿命周期内进化为完全不同的形式或结构。

8.4.3　以可靠度为中心的养护

可靠度通常被定义为"一个组成部分或系统在给定或预期的运营环境下，在规定或要求的时期内，将满意地执行其预定功能的概率"。满意的使用性能会随着时间而变化，它是与材料性质、自然环境和荷载变化相关联的一种概率的状况。

一个复杂的公共设施的可靠度取决于单个组成部分的可靠度。满意的系统使用性能是当所有或大多数组成部分都满意地实现其使用功能时才实现的。组成部分可靠度的一个轻微降低都可能大幅降低整个系统的可靠度。

有关失效率随时间变化的数据通常是公共设施组成部分进行可靠度预测的基础。根据其在寿命周期中所处位置的不同，一个系统可能会经历不同的失效率。弄清楚失效机制的细节及原因很重要，这样的话，正确的设计、养护或运营行动才能够按照规定的可靠度实施。

各种各样的电力和机械装置具有 6 种失效概率与龄期关系的基本趋势。A 型是众所周知的"浴盆曲线"，一开始的失效发生率高，即所谓早期损坏率或强化实验，随后一段是相对稳定的失效率，末端是逐渐耗尽区。其他趋势是在 A 型基本上的变化。一个稳定的失效概率，预示着某物可能在某个时间的失效程度，这种情况更适用电力系统和某些机械系统。

结构性组成部分以及大多数公共设施，一般经受低的或不显著的失效率直到接近它们"结构寿命"的末端，这时失效率开始上升。因此，龄期被视作一个公共设施系统失效概率的主要决定因素。

1. 在设计中与养护相关的可靠度

可靠度是一种设计属性。这意味着系统的可靠度是按照设计过程目标实现得好还是坏来建立的。更广义地讲，设计涵盖了系统必须如何运营和养护，是建立能够实现的固有可靠度的唯一决定因素。良好合理的养护程序对达到"潜在的"可靠度是至关重要的。可养护性是"内置的"，但并非必然就有可靠性——尤其是在一个复杂的系统里，可靠度概念是一些当代的公共设施设计实践的一部分。可靠度因子是在1986年版美国国家公路与运输协会（AASHTO）路面设计指南中引入的。在大多数结构设计规范中的安全系数是一种间接实现设计可靠度的方法。然而，这些安全系数基本上都是主观的，所起的作用就像复杂设计问题中的人为不可预知因素的作用。

可靠度工程学提倡对系统技术要求进行综合复查，以确保所有目标和辅助要求都完全包含在里面。设计过程中应该认识到，一个完整的寿命周期养护计划对实现系统的固有可靠度的重要性。遗憾的是，设计过程的这一方面常常被贬低到次要的位置。

可靠度概念在公共设施的管理中是非常有用的，在那里龄期与使用性能之间存在明显的关系。尽管这样的关系容易变化，但其在建立合理的性能预测模型过程中的益处是怎么估计都不会高的。这些模型告诉我们在特定状况下特定公共设施的运营可靠度。模型知识能够帮助拟定不同的施工和养护备选方案，并允许选择初始设计和未来养护对策最合理的组合。

一旦公共设施建成，随后的管理目标就是运用设计中的可靠度和可养护性水平，在公共设施的整个寿命周期中维持使用功能水平。以可靠度为中心的养护（RCM）提供了一种可靠的方法去实现这个管理目标。

一般，对于一座专门的机场、发电站、水处理厂等，可以运用RCM方法，以一种合理有效的方式，建立一个详细的养护计划。然后就根据这个计划持续实施养护工作，直到要对设施进行改造，或者贯穿整个系统的运营寿命。

RCM的基本目标是根据失效的风险和后果对养护活动进行优先级排序。利用RCM方法建立一个详细的养护进度计划，其首要且最基本的步骤就是做一套破坏模式及影响分析（Failure Mode and Effects Analysis，FMEA）。该方法把设施的一个故障强加到系统和组成部分上达到某预期的水平，接着对每个组成部分的不同破坏模式、这些破坏的概率及其后果进行系统性的评估。这个评估完成后，就可以配置各种养护措施即在权衡经济和实践可行性的同时使产生严重后果的风险降到最低。在极少的情况下，如果发现有致命缺陷又不能将风险降低到可接受的水平那么该方法就要强迫重新设计。这种类型的问题常常被设计中的冗余系统或后备系统解决，这样的话，破坏可以在主要系统中发生及被探测到，并在不必影响总体性能的情况下实施矫正性养护。

详尽地讨论RCM错综复杂的特征并不在本书的范围之内，但是可以感觉到它有相当大的潜力运用于公共设施的管理中。

2. 养护管理

养护管理是一个涉及整个智能管理系统（IMS）的重要领域。从广泛及一般意义上讲，养护管理意味着在公共设施的寿命周期里，确保在恰当的时机采取合适的养护措施。然而在过去的几十年里，这个术语一直有一种更为特别的意义并常常与养护管理系统（Maintenance Management System，MMS）相联系。通常它在概念上与制造业中的生产控制过程相似，建立一个数据库来记录数据，尤其是与各种养护活动相关的工作成本及工作量方面的数据。在 20 世纪六七十年代，美国的公路部门曾经这样做过。这样的 MMS 包括记录成本、工作量、劳动时间及与公路网日常运营相关的主题。

MMS 先于管理系统（MS）出现许多年。特别是早期的 IMS，原型就是路面管理系统（PMS）和桥梁管理系统（BMS）。然而，MMS 并不像 PMS 那样成功。尽管 MMS 需要数据采集、基本信息数据和状况评估，但是并没有把足够的注意力放到基本信息数据的定位和识别细节方面。例如：当试图利用这些数据界定一个更加具体的范围时，如一个特定路段的养护费用，却发现在一条线状的公路上，要把路面养护的费用从割草、排水沟养护及其他养护活动中分离出来几乎是不可能的。要想获得公路的任一给定长度（或单指路面）的足够具体的数据来建立用于寿命周期成本分析的养护费用模型，也是不可能的。

再如：公共设施资产管理系统中的大多数输入和输出值因太宽泛而不具备实用价值，对于特定的公路段，从栅栏线到栅栏线里的所有养护费用都被累积在一起，根本没办法把挖补和填充裂缝的具体费用从割草等费用中分出来。

在定义一个 IMS 时，可以开发一个养护管理子系统（MMSS）并将其连接到 IMS 基本的数据库上。在有规律运行（水处理厂、污水处理厂等）的公共设施类型中，可以应用运营和养护管理子系统（Operations and Maintenance Management Subsystem，QMMSS）。

养护相关的功能至少要涉及状况评估、预防性养护任务、矫正性养护任务和文件资料整理。状况评估任务和基本信息的细节是更宽广意义上的 IMS 的一部分。

矫正性养护需要有一个决策：观察到的缺陷或损坏是否严重到有充分依据可以进入规划-计划-预算（Planning-Programming-Budgeting，PPB）循环，进而申请基本建设预算，或者是否小到足够的程度可以从现场维修预算中划出。在某种程度上，这取决于所涉及成本的高低。如果这个决策是主要的，PPB 循环会整合有关新标准和增长预测的信息，或许会把养护需要归入修复类别中。然后在养护、修复和更换之间形成一个联动关系。因为在预算和规划之间的界面上，同一组职员将会涉及修复和新建设施的规划和预算。

最终，养护管理还涉及一些详细的活动，如工作程序、考勤牌、工程记录、进度表和工作人员分工等。选择养护对策时，对可选方案的系统性识别考虑如下内容：

1）仅做紧急性的维护。

2）首先维护最差的设施。

3）当安排好相关工作后，实施某些反常规的养护（机会性养护）。

4）应用先前规定的养护循环。

5）修补那些高损毁危险的组成部分。

6）采用预防性养护减少对设施的磨损。

7）比较养护对策的经济优势。

8.5　城市维护建设税

城市维护建设税（简称城建税）是我国为了加强城市的维护建设，扩大和稳定城市维护建设资金来源而开征的税种。

8.5.1 城建税的性质

最初的城建税是为了弥补我国城市建设和维护方面的资金不足而于 1985 年开征的，主要目的是为市政建设和维护筹措资金；随着工业化进程的发展，环境污染和环境破坏的加剧，它也被作为地方政府治理环境问题的宏观政策手段而被重新定位。它的性质主要表现在：

（1）附加税、间接税　该税种没有独立的征税对象或税基，而是以增值税、消费税、营业税这三种流转税的实际缴纳的数额之和为计税依据，随这三种税同时附征。因此，其本质上既属于一种附加税，也具有间接税的性质。由于增值税、消费税和营业税在我国现行税制中具有主体地位，城建税作为其附加税也具有了相当广泛的征税范围，具有税源稳定、税收收入可随经济的发展而增加的优点。

（2）地方税、专项税　城建税被用于保证城市的公共事业和公共设施的维护和建设。《中华人民共和国城市维护建设税法》中，按纳税人所在地规定税率，而税人所在地是指纳税人住所地或者与纳税人生产经营活动相关的其他地点，具体地点由省、自治区、直辖市确定。近年来，城市维护建设随着经济的发展而不断发展，城建税在城市建设中发挥了重要的作用。

（3）环境税、受益税　经济迅猛发展在提高人们的物质生活水平的同时也造成了大量的环境问题。例如：资源开发会对环境造成破坏，如地面塌陷、地下水系遭受破坏、空气中的粉尘和扬尘污染、污水排放等，也会殃及私人物品，如矿产的开采造成的地面塌陷，致使开采地农民的房屋开裂、变形、扭曲、塌落。在资源富集地区，由于资源开发规模大，环境污染重，致使城市和地区面临转型问题，城市建设资金缺口普遍较大。因此，改革城建税已经成为增加城市治理资金的有效途径之一。城市公共设施作为公共物品，很少会有人愿意为其付出代价，尤其是那些以盈利为目的的企业。政府按照"受益者负担"原则来征税，为社会提供公共物品，可以避免市政维护上的"公地悲剧"和"免费搭便车"行为。从这方面来说，城建税是一种具有受益税性质的税，充分体现了对受益者课税、权利与义务相一致的原则。

8.5.2 城建税的作用

城建税的开征，在一定程度上缓解了城市市政公用设施的资金紧张状况，对进一步改善城市公共设施建设和促进地方的经济发展产生了积极的影响，发挥了巨大的作用。为了解决城市环境问题，现在大量城建资金被用于改善城市大气和水环境质量，城建税在环境保护中具有不可替代的作用。环境污染具有负外部性，它表现为私人成本与社会成本、私人收益和社会收益的不一致；环境保护却具有正外部性，环境保护是一种为社会提供集体利益的公共物品，它往往被集体消费，它基本上属于社会公益事业。城建税为解决上述"外部性"问题提供了长期而稳定的专项资金，实质上被重新定位为环境税税种之一。

税收作为重要的市场经济手段，应该为增加财政收入和达到环境保护目标而得到运用。因城建税具有环境税性质，故它对促进我国的城市发展以及解决企业之间、企业与居民之间的环境公平问题具有决定意义。我国城市化进程发展迅速，经济与环境之间矛盾较为突出。城市公共设施建设与维护需要政府投入大量的人力、物力和财力。只有保障地方政府的基本收支，才能保证城市公共设施建设的顺利进行。

8.5.3　城建税的内容

《中华人民共和国城市维护建设税法》自 2020 年 9 月 1 日开始施行。其主要内容如下：

第一条　在中华人民共和国境内缴纳增值税、消费税的单位和个人，为城市维护建设税的纳税人，应当依照本法规定缴纳城市维护建设税。

第二条　城市维护建设税以纳税人依法实际缴纳的增值税、消费税税额为计税依据。

城市维护建设税的计税依据应当按照规定扣除期末留抵退税退还的增值税税额。

城市维护建设税计税依据的具体确定办法，由国务院依据本法和有关税收法律、行政法规规定，报全国人民代表大会常务委员会备案。

第三条　对进口货物或者境外单位和个人向境内销售劳务、服务、无形资产缴纳的增值税、消费税税额，不征收城市维护建设税。

第四条　城市维护建设税税率如下：

（一）纳税人所在地在市区的，税率为 7%。

（二）纳税人所在地在县城、镇的，税率为 5%。

（三）纳税人所在地不在市区、县城或者镇的，税率为 1%。

前款所称纳税人所在地，是指纳税人住所地或者与纳税人生产经营活动相关的其他地点，具体地点由省、自治区、直辖市确定。

第五条　城市维护建设税的应纳税额按照计税依据乘以具体适用税率计算。

第六条　根据国民经济和社会发展的需要，国务院对重大公共基础设施建设、特殊产业和群体以及重大突发事件应对等情形可以规定减征或者免征城市维护建设税，报全国人民代表大会常务委员会备案。

第七条　城市维护建设税的纳税义务发生时间与增值税、消费税的纳税义务发生时间一致，分别与增值税、消费税同时缴纳。

第八条　城市维护建设税的扣缴义务人为负有增值税、消费税扣缴义务的单位和个人，在扣缴增值税、消费税的同时扣缴城市维护建设税。

第九条　城市维护建设税由税务机关依照本法和《中华人民共和国税收征收管理法》的规定征收管理。

第十条　纳税人、税务机关及其工作人员违反本法规定的，依照《中华人民共和国税收征收管理法》和有关法律法规的规定追究法律责任。

8.6　我国城市公共设施维护管理存在的问题及设想

8.6.1　公共设施维护制度存在的主要问题

1. 操作层面存在的问题

（1）公共设施的供给模式存在的问题　长期以来，我国公共设施的提供和经营完全由政府包揽，虽然近年来不断引入和增强市场手段和调配能力，但是我国公共设施仍然采用一种政府自上而下式的供给模式，民众显露和表达其需求意愿的机制和途径需进一步完善，公共设施的设计建造难以与民众真实需求相吻合。例如：政府所提供设施的地点、种类、数量、规模等不能与民众真实需求相匹配，导致现有的设施不是民众真正需要的，当设施出现老化、磨损等现象而需要维护时，民众缺乏维护的动力和监督的积极性。

（2）公共设施维护资金存在的问题　公共设施维护的资金问题表现为缺乏足额、稳定的资金来源。

1）公共设施投资决策初期缺乏对后期维护的考虑。在公共设施直接成本中，只依据建造成本而忽略维护成本。例如：《基本建设财务规则》涉及了建设成本管理，是指按照批准的建设内容由项目建设资金安排的各项支出，包括建筑安装工程投资支出、设备投资支出、待摊投资支出和其他投资支出。项目建设单位应当严格控制建设成本的范围、标准和支出责任。

2）公共设施维护资金来源缺乏稳定性和规范性。这与公共设施建造资金有明确、固定来源形成较大反差，也与发达国家在法律制度、预算编制等方面考虑运营维护开支形成鲜明对比。在我国，预算和投资等相关综合性的法律法规中没有明确表明公共设施维护内容，也不注重运用市场机制来保障公共设施的维护。

（3）公共设施维护责任主体存在的问题　《国务院关于投资体制改革的决定》规定，"以资本金注入方式投入的，要确定出资人代表。要针对不同的资金类型和资金运用方式，确定相应的管理办法，逐步实现政府投资的决策程序和资金管理的科学化、制度化和规范化"。但现有法律法规对公共设施维护的责任主体并没有严格的、明确的界定。这可以从两方面看出：一是投资的相关综合性法律法规并没有就公共设施维护的责任主体给予规定；二是行业性法规只是对维护责任主体做了原则性的、模糊的界定，通常只是原则性地确定了政府和部门在公共设施维护中的领导责任，但如何具体落实这些责任，却没有明确的规定。由于相关法律法规没有明确界定公共设施维护的责任主体，而维护工作费时费力又难以有立竿见影的利益，因此维护责任和维护成本方面常常存在推托和转移。

（4）公共设施维护技术、设备和管理存在的问题　维护资金的匮乏，直接导致公共设施维护技术和设备无法及时更新，技术落后、设备老化在全国范围内普遍存在，部分技术上还依靠人工操作和目测的方法，维护缺乏科学性和技术性，不具有系统性、动态性和持续性，随意性较强，规范性较差。公共设施维护相关统计数据信息不完善，缺乏权威、系统、科学、动态的公共设施状况和维护资金收入及支出的数据信息，阻碍了相关研究及决策。管理机构设置上，一些机构之间职责不协调，维护责任不清。

2. 制度层面存在的问题

（1）公共设施维护相关法律法规尚不健全　目前我国尚没有一部专门针对公共设施维护的法律法规和制度规定。在预算和投资等一些综合性的文件规定中，基本没有涉及公共设施维护的内容，预算科目中也没有关于公共设施维护的专门科目，而是隐含在"公共设施建设"和"大型修缮"两个款级科目当中。在非税收入管理的相关法律规定中，也没有涉及公共设施使用者费的相关条款。一些行业性公共设施的法规中对公共设施维护的管理机构、职责、资金来源、资金使用等相关内容有相应规定，但还相当不完善，表现在以下几个方面：第一，只是原则性地规定了公共设施维护的领导部门，而没有规定公共设施维护的具体实施和责任部门，存在转嫁、推托现象。第二，只是原则性地规定了维护资金大致来源，而对这些资金应用于维护的比例、各种类型的维护如何安排和使用资金、现有这些渠道的资金若不足如何弥补和开展工作、对于无法有效征收这些资金的地区如何进行公共设施维护、不同性质的公共设施其维护资金筹措又有何不同规定等，都没有相应确切的规定。第三，只是原则性地规定了维护资金的使用应本着"专款专用"的原则，但并没有相应机制和措施来确保维护资金的专款专用，也没有相应的监督机制和惩罚措施。

健全公共设施维护法律法规会面对以下挑战：第一，公共设施建设压力较大，在思想认识、资金安排、管理监督等方面都偏重建设而忽略维护。我国公共设施底子很薄，财政实力也十分有限，近年来虽然政府财政收入增长显著，但经济快速发展也对公共设施的数量和质量提出了更高的要求，公共设施影响经济发展，公共设施建设的矛盾依然突出。改革开放以来，我国一直处于大规模建设状态，公共设施维护的问题尚不突出。第二，理论层面对公共产品的生命周期和完全成本没有足够的认识，是公共设施"重建设、轻维护"的理论根源。

（2）决策主体与投资主体不一致，投资主体与责任主体不一致　近年来，为了拓宽公共设施供给的资金来源，我国积极学习西方国家经验，许多城市成立了城市建设投资建设公司（城投公司），以财政为担保，代表政府通过向银行贷款、发行市场债券等方式多渠道筹集资金，提供城市公共设施。当然，这是弥补财政资金在提供公共设施方面不足的良好尝试，但由于我国与西方国家在财政体制、银行体系、所有制等体制、制度上的不同，以及城投公司制度和操作上的不健全，因此也面临许多问题：城投公司实际上是政府融资和借债的载体，表面上成为城市公共设施的供给主体，实际上公共设施的计划、项目、规模等仍由地方政府来决策，公共设施所需资金则由城投公司负责筹集和实施，这就导致决策与实施的分离，也造成了权力与责任的分离，再加上金融机构的参与，容易导致公共设施建设举债规模的过度膨胀和供给的低效率，这既给公共设施维护带来了资金和操作上的困难，也给公共设施维护的责任主体的界定和确认带来了难度，而维护责任主体的不明确，会加大维护工作的不规范性和随意性。

（3）我国现行财政制度和财政管理水平影响了公共设施维护制度的建立　在我国财政制度框架下，地方政府尤其是农村基层政权承担着提供本地区公共设施的任务，却缺乏相应资金来源，这是导致公共设施缺乏维护的一个重要方面。另外，一些地区政府在公共设施维护问题上没有承担起应该承担的责任。

我国目前的财政管理水平也影响了公共设施维护制度的建立健全。我国现行的部门预算制度、绩效预算制度、政府采购制度、政府会计制度都还不够完善，影响了准确提供工程维护的成本信息、支出定额标准以及支出绩效考核等工作。一是部门预算、政府采购、绩效预算等相关制度近年来进行了较为全面的改革，但是公共设施维护制度的构建要求准确的工程维护的成本信息、支出定额标准以及支出绩效考核等内容，目前上述方面的财政管理水平尚不具备这样的条件。二是我国还没有编制中长期滚动预算，不能清楚地揭示政策的中长期财政结果。公共设施寿命周期的完全成本是在一定时期内发生的，这段时期可能跨越一个较长的财政周期，因此全面考虑公共设施寿命周期中的完全成本要以中长期滚动预算为基础。三是我国的政府会计中尚未引入权责发生制。通过编制和披露以权责发生制为基础的政府资产负债表可以全面反映政府运用公共资源的投入、产出和结果，而这也正是公共产品寿命周期完全成本分析的财务基础制度。

（4）政绩考核体制未强调政府对公共设施维护的责任　我国当前的领导干部政绩考核体制有两个突出特点：第一，领导干部选拔和晋升标准与地方经济发展绩效挂钩，因此地方政府官员在做决策时可能受到其背后"晋升激励"的强大作用力，而重视公共设施建设投资，忽视公共设施维护投资。第二，一些领导干部担心被"淘汰"，而追求短期政绩，注重那些会在短期内带来显著政治和经济利益的决策，如公共设施建设投资，轻视公共设施维护这种需要长期实施而在短期内无法产生明显成效的工作。

8.6.2 构建和完善我国公共设施维护制度

1. 明确公共设施维护的责任主体

（1）强化政府对公共设施维护的最终主体责任 公共设施的供给过程既包括建造过程也包括维护过程。因此，政府必然要承担公共设施维护的最终主体责任。对于任何公共设施，政府必须就其供给过程中的建造和维护机制做出制度安排，确保公共设施在建造之前就落实相关维护机制。尤其是对于不能产生现金流或者现金流不能完全弥补资金流的公共设施，更要强化政府的最终主体责任。例如：对于农村道路、农村农田水利公共设施等，这些公共设施自身是无法产生现金流的，这种情况下，政府就应该在预算中安排相应的资金，并建立完善的维护机制，确保这些公共设施可持续利用。

（2）明确公共设施维护的具体责任主体 虽然政府是公共设施的最终主体责任者，但是不同的公共设施，其具体责任主体却是不同的，这就要依据公共设施的性质确定具体的建造和维护责任主体。一方面，在投资的相关综合性法律法规中，要就公共设施维护的责任主体进行规定。对于以资本金注入方式投入的，不仅要确定出资人代表，还要明确出资人代表及相关主体的责任。另一方面，在一些行业性法规中，对行业部门内公共设施的维护责任主体的规定不能过于原则性，要尽量明确，避免产生有利益就互相争抢、有责任就互相推诿的现象。对于那些能通过自身现金流来弥补资金流的公共设施，要通过完善公共设施的产权制度，来强化市场主体对公共设施的责任。通过 BOT 等 PPP 模式进行运营的公共设施，也要建立相应的制度，保证公共设施在运营过程中不被过度使用，确保进行相应的维护。另外，要完善政府行政管理和公共部门治理制度，建立和完善公共设施的责任追究制度，防止维护责任和维护成本的转嫁。

2. 建立规范的公共设施维护筹资机制

公共设施维护的核心问题是维护资金问题。规范、稳定的资金来源是有效实施公共设施维护的切实保障。

1）公共设施供给决策要充分考虑公共设施的维护。依据公共设施的寿命周期和完全成本理论，公共设施的供给不仅包括公共设施的建造完成，更包括公共设施使用价值在一定时间段的有效发挥，为此就要进行公共设施的维护。项目立项决策考虑的成本就是公共设施整个寿命周期内的完全成本，既包括建造成本，也包括维护成本。因此，在项目立项和建设的前期，要将公共设施的维护成本考虑在内。

2）要完善预算、非税收入管理制度和财政投融资制度，确保公共设施维护有稳定、规范的资金来源渠道。公共产品建造和维护资金的来源方式是多样化的，准公共产品建造资金来源方式有政府预算投资、私人投资以及私人投资政府补贴三种方式。维护资金来源方式有政府预算维护方式、政府收费维护方式、政府综合利用维护方式、私人收费维护方式、私人综合利用维护方式五种基本维护方式。这五种基本维护方式组合又形成多种组合维护方式。维护方式和建造方式的组合可以形成更多的方式，这些方式均是公共设施的建造和维护过程中的 PPP 的有效模式，实际上可以归纳为"政府建造的，可以通过市场维护；也可以相反，市场建设，政府来维护"。这说明，在公共设施建造和维护过程中，应该且必须考虑建立多元化的融资方式。而公共设施多元化的融资方式实际上是以预算制度、非税收入管理制度以及财政投融资制度为基础的，这就要求按照公共设施建造和维护的要求和特点，完善现行的相关预算、非税收入管理制度和财政投融资制度。在预算的相关法律中，要将维护制度及其经费保障体现在预算编制、提交、审批和执行的各个环节，设立常规性的维护科目和紧急性的维护科目以及管理制度。在投资的相关法律中，要将公共设施的外部成本和维护成本综合纳入投资决策的过程中，同时，在强化非税收入管理的同时，要对收费项目进行分类管理，根据公共设施的性质确定是否可以适当收取"使用者费"，并建立严格的制度，确保收取的"使用者费"用于公共设施的维护。

3）要重视将公共设施自身产生的现金流用于公共设施自身的维护。公共设施自身产生的现金流包括收费和利用衍生价值两个方面。在进行公共设施维护的时候，要充分利用公共设施自身产生的现金流，尤其是收费可以与公共设施维护产生自动关联机制，是公共设施维护较理想的资金来源。一方面，收费可以排除使用者，减少拥挤。如果完全由政府以税收方式筹资然后免费提供，易导致过度消费，造成消费拥挤，降低分配效率。经营性收费可以起到激励作用，调动维护主体的维护积极性，有利于做好维护。另一方面，相对于预算拨款而言，受益者付费更符合公平原则。由收费代替税收，有助于降低税率，减轻纳税人的负担，效率与公平兼得。收费一般因事设费，为特定事项或特定目的而筹集资金，使用的基本原则应该是效益原则和补偿性原则的统一。收费可以适当弥补成本，成本与收益对称。收费的这些特点决定了它可以与公共设施维护产生自动关联机制，为公共设施维护提供较为稳定的资金来源。

3. 建立与公共设施维护配套的财政管理机制

完善的政府预算和会计制度，能够更为准确地提供公共设施维护的成本、支出定额标准等信息，为公共设施维护和运营以及相关的绩效考核奠定良好的财政制度基础。与发达国家相比，我国的财政管理水平尚待提高。为构建完善的公共设施维护制度，我国应着力在以下方面逐步完善财政管理，提高财政管理水平。

（1）进一步完善部门预算制度 细化项目预算信息，重视编列公共设施维护管理预算。在我国现行预算制度的基础上，逐步完善部门预算制度和政府收支分类体系。年度部门预算应考虑下一年度各项重大公共设施项目所需拨款，分析当前公共设施项目投资未来 10 年的营运水平；部门预算应分析影响项目所需投资估算的各因素，包括经济假设、工程标准、对运营和维护开支的估计，以及对该公共设施投资所产生的公共服务需求及其营运能力的估计等。细化项目预算信息，特别是保证公共设施项目在预计水平上运行的各种必要的经常性支出标准的细化和规范。这些支出包括用以保持公共设施正常运行状况的维护支出，以及用于实际服务提供的运营支出。在权责发生制基础上，以公共设施运营成本信息为依据，确定维护运营支出的具体细目和支出定额标准，编列专门的公共设施维护管理预算，并通过立法明确公共设施维护支出需作为永久的或多年连续安排的拨款，为公共设施维护运营资金安排提供制度保证。

（2）编制中长期滚动预算 全面考虑公共设施寿命周期的完全成本，清晰反映公共设施建立的支出责任及维护运营资金的连续滚动安排。公共设施维护和运营是具有持续性资金需求的项目支出，应在科学论证的基础上，建立可靠的资金来源安排，分期分批地安排大量的项目延续支出，在多个年度中实行跨期滚动管理，确保公共设施维护和运营具有长期和稳定的资金来源，保证项目的延续性。随着预算制度的逐步完善，应编制中期的多年度预算（3~5年），这既适应公共设施项目长期管理的需要，也有利于政府从较长时间的角度根据战略计划的要求来安排支出的优先顺序和评定当前支出行动对将来预算的影响，强化预算安排的前瞻性。在中期滚动预算的基础上，配合编制公共设施维护和运营的长期滚动预算，考虑项目建设当期的现金支出责任和以后各期的非现金支出责任，全面反映公共设施寿命周期内可计量的完全成本。

（3）引入权责发生制会计基础　将现行预算会计制度向政府会计制度转变，为公共设施运营和维护资金安排提供更为准确、更富相关性的基础信息。权责发生制会计基础能够反映政府在一定时期内提供产品和服务所耗费的包括非现金开支在内的全部成本，提供的成本信息更为准确、全面。因此，应在行政事业单位的公共设施核算管理中引入权责发生制，如计提固定资产折旧、预提工程维护基金和大修基金等，真实、准确地反映政府部门和行政事业单位用于公共设施维护的可货币计量的完全成本，反映公共产品和公共服务的成本耗费与效率水平。在采用权责发生制的同时，应实行由预算会计向政府会计转变。扩大现行预算会计的核算范围，将所有政府活动引起的资金运动都纳入政府会计的核算范围，即政府会计核算不仅包括预算收支引起的资金运动，同时还包括那些并不反映为预算收支的政府资金运动。前者包括具有纯公共产品性质的公共设施维护和运营成本的核算，后者则包括具有准公共产品性质的公共设施维护和运营成本的核算。

4. 建立公共设施维护激励和监督机制

有效的激励和监督机制，是公共设施维护制度的重要内容，也是公共设施维护有效实施的重要保障。

建立有效的激励和监督机制，最重要的措施是改变目前这种强调发展GDP，重视追求投资效益，重视投资，忽视工程后续维护的现象。注重在政绩考核中坚持可持续发展的理念，优先考虑现有公共设施和公共设施的维护，逐步建立和完善公共设施运营和维护制度，构筑体现科学发展观要求的领导干部政绩考核制度。

（1）将公共设施维护与运营纳入政绩考核范围　要在公共部门树立正确的政绩观，应按照科学发展观的要求，科学把握政绩考核内容，强化对经济综合实力增强、群众生活水平提高、经济社会协调发展、政府职能转变等方面的考核。公共设施是改善民生的重要载体和媒介，关注改善民生，应将公共设施运营与维护纳入政绩考核内容。政绩考核不应仅仅停留在考核新增公共设施上，还应考核现有公共设施的维护和运营情况，分析新增公共设施未来可能带来的维护和运营责任。

（2）将完全成本概念引入政绩考核指标体系　政府在行使其职能的过程中，要充分考虑施政成本，注重投入与产出之间的适当比率，实现政府资源的优化配置，避免为取得政绩不计成本、资源浪费严重的现象。不能过分追求经济增长的速度，而只重视政绩数量却忽视取得政绩的成本预算。要避免这些不合理现象，就要对政绩进行成本分析。不仅要看取得的政绩，还要看为此付出的投入和代价，把发展的成本作为判断和衡量政绩的指标之一，正确评价政绩带来的现实成效与长远影响，避免不计成本和代价的重复建设。政府资源消耗成本不仅包括新增资源投资成本，而且包括原有公共设施的维护和运营成本，包括公共产品寿命周期中所耗费的各种资源，即公共产品寿命周期完全成本。为便于定量计算，可选择适当的参数，将一些难以定量的、抽象的指标用可以测定的、具体的指标表示，选择适当的函数关系，将政绩效益转化为一个无量纲的数，便于量化和比较。

（3）政绩考核要体现显性和隐性相结合以及短期政绩和长期政绩相结合　首先是显性政绩与隐性政绩相结合。公共设施投资建设属于显性政绩，而现有公共设施的维护和运营属于隐性政绩，二者对完善政府公共管理与公共服务均十分重要。由于隐性政绩既要投入很大精力，却又无法及时量化，所以考核时往往不被重视。因此，应将显性政绩与隐性政绩结合起来，科学评价政府官员在任期内取得的政绩的数量、质量、各种资源的消耗情况，以及对地方经济和社会的长远发展、人民群众的根本利益的影响程度等。其次是短期政绩与长期政绩相结合，注重短、中、远期相结合，静态考核与动态考核相结合。地方政府官员是由上一级政府任命的，有一定时间的任期，且任期的政绩将决定地方政府官员的政治命运，因而在考核一届政府政绩时，既要考核年度的政绩，也要考核任期内政绩。考核时应强调，投资建设公共设施是政绩，做好公共设施的运营维护也是政绩。

5. 尽快出台和完善公共设施维护的相关法律法规

（1）建立专门的公共设施建造和维护方面的法律法规　专门的公共设施维护法律法规可以有效规范公共设施建造和维护之间的关系，确保公共设施维护的有效开展，从而保障公共设施的可持续使用。美国、日本等一些发达国家和地区，已经建立了相应的法律法规。我国也应该研究制定专门的公共设施维护的相关法律法规，明确界定公共设施维护的责任主体、维护资金的来源、维护资金的使用等，制定具体、细化、操作性强的法律法规。

（2）增加和完善预算和投资等综合性法律法规中关于公共设施维护的相关规定　预算和投资等综合性法律法规相较于各专门性法律法规具有更大的适用面和影响力。美国、日本等发达国家的预算及投资相关法律中均对公共设施的运营维护做出了明确规定，并体现在预算编制、提交、审批、执行的整个预算决策之中。而我国预算和投资等综合性法律法规中均尚未涉及公共设施维护的内容，因此应该加以修订，对公共设施维护的投资和预算管理做出明确规定。

（3）进一步细化行业性法规中对公共设施维护做出的相关规定　虽然我国在一些部门的行业性法律法规中对公共设施的管理和维护职责、维护要求和维护经费的来源及使用等方面进行了规定。但是，这些规定还不够明确和规范，无法有效解决实际操作中可能遇到的问题，因此也经常发生违背规定的问题。因此，行业性的法规应该对公共设施维护的具体目标、组织机构、经费来源和绩效评价进行明确的规定。

8.7　国外公共设施维护经验

不同的国情和制度安排，使各国公共设施维护做法各不相同，但成功的做法都有一定的共性特征：发达国家普遍重视公共设施的维护，建立了从公共设施投资决策、维护资金筹集、预算安排、具体实施直至绩效考评监督等较为完善的公共设施维护制度，使得公共设施时间维各构成要素之间形成一个较为完善的闭合循环，较好地确保了公共设施的维护。

8.7.1 多种方式拓宽公共设施维护资金来源

资金是公共设施维护的核心问题。公共设施维护较为完善的国家通常采用多种方式积极拓宽公共设施维护资金来源，但政府预算资金始终是公共产品建设和维护的最主要来源之一，政府始终是公共设施维护的最终责任主体。

1. 运用收费产生的现金流，设立专项基金来保障公共设施的维护

很多国家通过设立基金的方式来保障公共设施的运营维护，将一部分预算拨款单独设立专门的基金，或者通过征收燃油税、汽车税、通行费等方式将所筹资金设立专门的基金，专款专用。例如：美国联邦政府的资金分属于一般基金、特别基金、信托基金。其中，信托基金"受法律限制使用于指定的项目和指定的用途"，如公路信托基金、内河航运信托基金、高速公路基金、机场和空运基金等公共设施基金，此外还包括社会保障信托基金、医疗保险信托基金等。信托基金的最主要收入来源是一些特定的专项税收，如燃油税、工薪税等。例如：根据法律，美国设立了密西西比河及其河口和支流洪水控制基金，加利福尼亚州萨克拉门托河洪水控制基金，阿拉斯加州改善道路、桥梁和山林小路基金，明尼苏达州伍兹湖和兰尼河保护设施基金等，政府作为受托人把接受管理的资金额，存入财政部相应的信托基金账户，对基金账户资金实行基金会计制度，编制基金预算。从公共设施时间维的四个构成要素的关系来看，收费产生的现金流在服务流和现金流之间搭起了一个桥梁。

2. 利用衍生价值产生的现金流，通过资源综合开发利用保障公共设施的维护

资源综合开发模式是指政府赋予航道、港口等公共设施运营管理机构以辖区范围内的资源综合开发和经营权力，如综合开发水资源、电力资源、土地资源、矿产资源、森林资源、旅游资源等，运营管理机构将资源综合开发取得的部分或全部收入用于公共设施维护。例如：美国有大小坝82704座，注意充分开发水能资源，综合利用水坝在防洪、发电、航运、供水、水资源调配、水环境保护、旅游、娱乐休闲等方面的综合优势，极大地促进了国家经济的发展。胡佛水坝、大古力水坝、田纳西河流域水坝群等都是美国经济发展与能源开发的成功范例。

美国海港航道和河口建设、维护管理，海岸、湖岸的防护工程由陆军工程兵负责。州运输厅管理公共设施建设，对港口企业进行监督、管理和安全管理。各港务局具体负责港口建设维护。港务局除了通过政府投资、发行债券、贷款、收取港口维护税筹集港口航道维护资金外，还通过资源综合开发取得收入。港口一般都具有土地开发利用权、土地和建筑物的出租权，同时还管理和经营铁路、公路、隧道、桥梁。如美国纽约港务局兼营6个飞机场，收入2亿多美元，用于港口建设维护。

德国在20世纪80年代以后，由于内河航道开发建设费用不断提高，而采取了由业主公司综合开发、国家补助并实施优惠政策的方式。例如：德国莱茵河、美因河等建设总投资42亿马克，开发公司在国家担保下向世界银行贷款占58%，政府投资补助占30%（无须偿还），私人投资10%，开发公司自有资金2%；国家允许开发公司在上游建水电站，以发电收入偿还贷款；运河两岸30m范围以内的土地以低价售给开发公司，对开发公司实行免税、减税等优惠政策。此方式同时与以电养航的滚动式发展集资方式相结合，用以治理维护内河航道。

此外，公路广告是公路综合资源开发的一种常见方式，从最初的城市内街道、建筑物广告，到近年来的铁路媒体、地铁媒体、公交媒体等，收获了可观的收益。例如：北京地铁广告公司一年产值就达上亿元。利用衍生价值产生的现金流，通过资源综合开发利用日益成为公共设施维护资金的一个重要来源。

3. 重视政府预算拨款，强化政府对公共设施保障的最终主体责任

发达国家在早期公共设施维护中较多依靠政府预算拨款模式。例如：美国"公路信托基金"的资金来源除由各州征收的交通相关税费之外，就是联邦政府的一般性财政收入，信托基金中每 4 美元要求政府一般性财政收入补足 1 美元。再如：20 世纪 30 年代至 70 年代是美国大规模整治河流的时期，航道建设整治费用基本上全部由政府投资，政府对航道投资了 100 多亿美元，基本建成世界上最发达的内河航道网络之一。美国把内河航道作为国家公共设施的一部分，其建设和维护费用一直由联邦政府承担，通过陆军工程兵团运用财政拨款进行建设、维护和管理。美国全国约有 40230km 内河、海湾和沿海航道，其中最繁忙的商业航道近 19300km，包括 17500km 最有商用价值的内河航道。

8.7.2　法律要求公共设施投资时必须考虑和保障后期运营维护

明确、完善的法律法规为公共设施维护的正常、顺利进行提供了坚实保障。美国、日本等发达国家的相关法律法规都明确规定了公共设施维护的制度安排。第一，法律规定公共设施投资预算必须考虑和包含后期运营维护开支，否则预算不能获得批准。例如：美国法律规定，民用资本投资是指拨款、支出被用于建设、购置或重建包括道路、桥梁、机场及航空设施、公共交通系统、废水处理及相关设施、水资源工程、医院、资源回收设施、公共建筑物、航天或通信设施、铁路和联邦资助住房等能够为许多年提供服务或其他收益的任何有形资产；军用资本投资是指拨款、支出被用于建设、购置或重建军事基地、营地设施和设备等资产。第二，法律规定公共设施的拨款须具有连续性。美国预算法律规定，常规年度拨款法中的拨款，如果用于河流和港口、灯塔、公共建筑，或者明确规定在拨款法律适用的财政年度之后也可使用，就被视作永久的或可以连续使用的拨款。第三，出台专门法案保障某项或某类公共设施维护经费。例如：美国《（2002 年 21 世纪交通公平法案（TEA-21）》为联邦资助公路计划提供了 316 亿美元，其中 90% 以上的资金分配给各州，主要用于公路工程，包括维护和拓宽合法的公路和桥梁。这些资金来自对机动车燃油和货车征收的联邦税收，主要是汽油税，每加仑油征收 18.4 美分，其中 15.44 美分进入公路信托基金的公路账户，用于资助州及地方政府进行公路的维修和改善。

此外，法律上的规定和约束，也使得设计、施工等责任单位在公共设施的规划设计阶段就充分考虑设施维护，制定出与实际需求和能力相符的设计方案，避免出现超出承担能力而导致资源浪费的情况。

8.7.3　重视编制公共设施维护预算，保持较高比例公共设施维护经费

随着公共设施维护问题日益凸显，各国用于公共设施维护的费用数额也越来越大，很多国家日益重视编制公共设施维护预算。日本在编制预算时，优先考虑公共设施维护预算，之后再编制新建工程预算。美国相关法律也明确规定，总统提交的与投资相关的预算应提供分析：解释下一年度每项重大项目所需的拨款或新的支付义务授权及支出，并对当前资本投资未来 10 年的营运水平做出评估；说明按照标准公式对未来 10 年每项重大项目民用资本投

资需求情况的最新评估；确认影响项目所需民用资本投资估算的主要政策问题；分析影响项目所需投资估算的各因素，包括经济假设、工程标准、对运营和维护开支的估计、对州和地方政府类似投资支出的估计、对因这类资本投资而产生的公共服务需求及其运营能力的估计。

除重视编制公共设施维护预算外，多数国家在预算安排上还保持较高比例的公共设施维护管理费，维护费用占总工程预算经费的比例较高。例如：欧洲 1991 年公共设施维护管理费的比例平均为 36.95%；1998 年日本公共设施维护管理费的比例平均为 17.5%，日本道路公团公路维护管理费的比例约为 19.5%，河川维护管理经费约占河川总治理费用的 19%；美国公路维护管理费的比例为 26% 左右，美国佛罗里达州圣约翰斯河管理区维护管理预算约占总预算的 8%，史密斯博物馆的维护管理费约占总预算的 10.9%。巴拿马运河的年度维护费约占运行管理总费用的 22.2%。

8.7.4 重视 PPP 模式的运用，建立综合的公共设施维护保障机制

经济的发展向我们展示出"市场力量和竞争可以改善公共设施服务的生产和提供"这一事实。公共设施的维护和公共设施的建造一样，都是公共产品，其供应和生产应符合公共产品本身的特点，可以有公共供应和公共生产、公共供应和私人生产等不同的组合方式。

一些国家的公共设施维护采取公共供应、私人生产的方式，工程维护委托外部机构进行，通过政府采购招投标、工程承包等方式实行市场化运作与严格的绩效考评相结合，保证了工程运营维护资金的有效使用。例如：美国航道建设和疏浚工程中大部分已经实行市场化运作，政府实行严格的工程质量监督和绩效评估。据统计，在 2001 年完成的疏浚工作中，私营疏浚公司所承担和完成的疏浚量约 2.286 亿 yd^3（$1yd^3 = 0.7645549m^3$），约占全国疏浚量的 85%。陆军工程兵团自己拥有 12 艘挖泥船，2001 年完成了 4030 万 yd^3 的疏浚量，约占全国疏浚量的 15% 左右。美国陆军工程兵团在工程招标和工程质量监督方面，对承包商业绩进行严格的评估和管理。按照联邦政府采购法规，陆军工程兵团在航道工程实际完成合同后，对承包商的业绩进行评估。业绩评估总体上分为 5 个方面：工程质量、工程完成的时间、管理效率、劳动力达标程度和安全达标程度。每个方面的业绩评估分为 5 个等级：优良、超平均水平、满意、及格和不满意。对于合同额在 10 万美元及以上的合同，必须进行此项业绩评估。陆军工程兵团建有工程承包商评估支持系统（CCASS），该系统的数据库保存了承包商过去 6 年业绩评估的历史资料，其中包括承包商曾经承担过陆军工程兵团委托工程的业绩评估资料，以及国防部和其他联邦政府委托承包商完成工程的业绩评估资料。陆军工程兵团在选择和签订承包商前，通过工程承包商评估支持系统数据库对承包商过去的业绩进行查询。

综合模式即公共设施维护资金通过预算拨款、征收特殊税费形成的专用基金、发行特别公债、借款以及私人投资等多种资金来源筹集经费。目前多数国家维护大型公共设施时采用综合模式。在 20 世纪 80 年代以前，德国内河航道建设维护也采用综合模式，资金来源主要有国家投资、地方集资、发行公债等方式。德国在每个财政年度计划中安排一定比例投资用于内河航道建设维护，其份额约为交通基本建设投资的 7.3%。对于一些大型航道建设工程，有关州和地方政府根据其受益程度为工程提供一定比例的投资，其数量不超过工程总投资的 1/3。政府还采取授权承包工程公司向有关地方政府、公共团体、公司或个人发行债券

的方法筹集资金。为保证航道治理的初始投资，国家还以无息贷款的形式参与投资。

美国从 20 世纪 70 年代末到 80 年代初开始使用其他筹资方式，如征收船舶燃油税、建立内河航道信托基金、贷款、发行债券以及私人投资等。1978 年，美国国会第一次批准对主要内河航道商业运输船舶征收燃油税，政府按每加仑燃油征收 20% 的特别使用税，并将该项税收作为财政部的一项专用基金，用于航道的维护，让使用者负担改进河道的部分开支。美国共有 11500km 征收燃油税的内河航道。最有商业价值的内河、沿海航道几乎都要征收燃油税。尽管采用多种筹资方式，预算拨款和内河航运信托基金等国家投资仍然是最主要的资金来源。20 世纪 80 年代美国每年用于航道改造的投资约 3 亿美元。政府还通过财政购买一定比例航道治理公债的方式给予资金支持。此外，还有相当于国会预算资金总额的 20%～30% 的私有资金参与航道建设维护。

第 9 章

数字化转型下的城市公共设施管理

城市公共设施管理是城市管理的重要内容，我国传统的公共设施管理模式已难以满足现代化城市发展的要求。在信息化时代，城市管理强烈地依赖着大量的、及时的、准确的信息流通，信息化程度已成为衡量城市管理现代化水平的一个主要标志。城市管理要摆脱传统的落后状态，就必须充分利用先进的现代化技术。目前，我国城市公共设施管理尚缺乏先进的管理技术，计算机及网络技术通常只是作为辅助，全国范围的数字化城市管理还处于起步阶段。落后的管理技术，使城市市政公用设施管理的指挥系统、执行系统、监督系统、评价系统之间难以实现信息共享和有机配合，大大降低了城市公共设施管理的效率。

9.1 城市公共设施数字化管理的必要性和意义

9.1.1 数字化城市公共设施管理的提出

"城市公共设施数字化管理"的提出最早可以追溯到美国于 1998 年提出的"数字地球"概念，以及随后出现的"数字城市"和"数字化城市管理"等概念。

1. 数字地球

1998 年 1 月，美国副总统在加利福尼亚科学中心发表了题为《数字地球：21 世纪认识地球的方式》的报告。该报告指出，应在三维地球的数字框架下，按照地理坐标集成有关的海量空间数据及相关信息，构建一个数字化的地球，即"数字地球"，为人们认识、改造和保护地球提供了一种重要的信息源和技术手段。1998 年 6 月，我国首次提到数字地球问题，之后数字地球在我国受到了广泛关注。1999 年，首届数字地球国际会议在北京召开，会议通过了《数字地球北京宣言》，宣言建议政府部门、科学技术界、教育界、企业界及各种区域性与国际性组织，共同推动数字地球的发展，并呼吁在实施数字地球的过程中，应优先考虑解决环境保护、灾害治理、自然资源保护、经济与社会可持续发展及提高人类生活质量等方面的问题。

2. 数字城市

城市是地球表面人口、经济、技术、公共设施、信息最密集的地区，数字城市作为数字地球的神经元或网络节点，必将成为数字地球网络系统中最为重要的一部分和最繁荣的信息中心。具体来说，数字城市是指充分利用遥感技术、地理信息系统、全球定位系统、计算机通信技术、多媒体及虚拟仿真等现代科学技术，对城市公共设施及与生产生活发展相关的各个方面进行多主体、多层面、全方位的信息化处理，具有对城市地理、资源、生态、环境、人口、经济、社会等诸方面进行数字网络化管理、服务和决策功能的信息体系。其核心是利用数字化的手段，借助信息高速公路，最大限度地开发、整合、利用、共享各种信息资源，整体性地解决城市区域所面临的经济、社会等诸多方面的问题。数字城市是一种新的社会经济系统，人们通过它能够实现创造，共享文化、工业、经济、自然、环境、信息和知识，享受和谐的日常生活。

建设部信息化工作领导小组于 2004 年 6 月公布的《数字城市示范工程技术导则（试行）》对数字城市给出了如下定义：数字城市是以网络电信公共设施平台、基础空间信息共享平台、非空间信息共享平台、基础空间信息共享框架标准、地理编码标准和信息安全为基础，以基于空间信息、关联空间信息和参考空间信息三类行业应用信息系统为核心，以政府信息门户网站、社会网站和各类信息化终端为服务和表现手段，以组织领导、政策法规和运营机制为保障环境的城市数字化规划、建设、管理和服务的完整体系。

3. 数字化城市管理

数字化城市管理是在数字城市背景下城市管理的新模式，是将现代化的信息技术手段（包括手机、地理信息系统、无线定位等）应用于城市管理，从根本上改变原有的城市管理手段，并将科学的"监""管"分离机制引入城市管理，建立一整套新型的城市管理模式，在体制、流程和技术上实现城市管理工作的再造。

2005 年，建设部启动国家"十五"科技攻关项目"城市规划、建设、管理与服务的数字化工程"，组织编制了《城市市政综合监管信息系统单元网格划分与编码规则》《城市市政综合监管信息系统技术规范》等一系列标准，并选择了首批数字化城市管理试点地区。2006 年，通过对申报开展数字化城市管理试点工作的城市（区）进行审查，确定了建设部数字化城市管理第二批试点城市（区）。自此，我国数字化城市管理在单元网格管理及城市部件管理的基础上不断深化，数字化城市管理水平持续上升。

4. 数字化城市公共设施管理

城市公共设施管理是城市赖以生存和发展的前提条件。城市公共设施管理是城市管理的重要组成部分，同样地，数字化城市公共设施管理也是数字化城市管理的重要组成部分。实现城市公共设施的数字化管理，是实现数字化城市管理的必要条件和重要基础。

数字化城市公共设施管理是在数字化城市管理背景下，借助现代化的信息技术，对道路交通、园林绿化、给水工程、排水工程、电信工程、通信工程、环卫、能源、供暖等各类城市公共设施，以数字的形式进行采集、存储、管理和再现，从而为提高城市公共设施管理效率、节约资源、保护环境和城市可持续发展提供决策支持。

9.1.2　城市公共设施数字化管理的必要性

1. 城市公共设施数字化管理是城市管理现代化的必然要求

城市管理现代化是一种与传统城市管理模式相区别、与城市现代化相适应、与城市经济社会发展相协调、与城市规划和建设相统一，以实现市政决策科学化、管理法制化、效益最优化的一种全新的城市管理模式。城市管理现代化与传统城市管理模式具有完全不同的特征，表现在以下方面：

（1）综合性　现代城市是一个高度复杂的社会综合体和全方位、多功能、多层次的有机体。城市各个系统相互依存、相互制约、相互影响，城市功能的多样性及城市对外的开放性，决定了城市管理具有整体关联的特点，即综合性。城市管理的完整概念是城市的综合管理。这种综合管理既包括对规划和建设的管理，又包括对内部各层次和各子系统的管理；既包括对现代城市系统的活动主体即个人、集体、群体的协调组织，又包括对现代城市系统的活动客体即经济系统、社会系统、市政系统和生态系统的协调管理，还包括对这些大系统的子系统的协调管理等。因此，要用城市系统论的观点来分析城市管理，把城市管理当作一项系统工程来对待，这是城市管理现代化的重要特征。

（2）统一性　加强统一管理，克服条块分割、分散管理的弊端，这是社会化大生产和城市现代化发展对城市管理的必然要求。所谓统一管理，并非指城市政府独揽决策和指挥城市的一切权力，而是指在城市政府的统一指挥与协调下，对城市这个分层次组织起来的大系统进行调控和综合管理，实现统一管理和分级管理的结合、条条管理和块块管理的结合、综合管理与专业管理的结合，以及规划、建设与管理的统一。

（3）科学性　如果没有科技知识的普及、科学技术的采用及科学方法的实施，城市管理就不可能实现现代化。城市管理现代化本身就应包括市政决策的科学合理和市政科学的超前指导。可以说，管理的科技化是管理现代化的基本前提。早有专家论证过，先进的科技和管理是驱动现代城市发展的两个车轮。在内部条件和外部环境大致相当的不同城市间，管理水平的优劣可使其发展速度相差30%以上。

城市管理现代化的意义体现在以下方面：

1）城市管理现代化是推进城市现代化的内在要求。建设现代化城市已成为城市政府的共同目标。城市现代化的基础是经济实力，但经济实力强并不代表现代化，"高楼大厦+立交桥"并不是现代化的标志。高效、协调、有序的城市管理，是驱动现代城市发展的车轮，没有科学的管理做支撑，建好一个现代化城市是不可想象的。

2）城市管理现代化是提高城市综合效益的动力之源。现代化的城市管理，可以出效率、出效益、出生产力，相反，忽略管理或管理落后，就会浪费财富和资源。城市综合管理的优劣，实际上决定着城市效益的高低。

3）城市管理现代化是确保城市规划、城市建设顺利实施的"龙头"。城市规划由蓝图变为现实，是通过规划管理实现的。没有严格的"批后管理"，就很难防止"规划变更"情况的发生，规划也就很难起到"龙头"作用；城市建设工程要正常运行，确保质量，杜绝"建设性破坏"，乃至确保项目建成后效益的发挥，都是以严格的管理为制约条件的。

4）城市管理现代化是保护城市环境、提升城市形象的有力手段　生态退化、环境污染已成为全球性问题，只有加强对城市工业污染源、工业污染排放量和污水处理的管理，加强对机动车尾气排放的控制和城市生活垃圾的管理，才能从根本上解决城市环境污染问题。只有强化市容管理，才能改善城市形象。城市管理是"形象工程"，无论是城市外在形象还是内在形象的改善都离不开城市管理的优化。

城市公共设施管理是城市管理的重要组成部分，城市管理的现代化必然要求城市公共设施管理的现代化。如前所述，数字化城市公共设施管理，是在数字化城市管理背景下，将现代化的信息技术应用于城市公共设施管理中，有助于实现现代化城市公共设施管理的统一性、综合性和科学性，是实现城市管理现代化的重要前提条件和基本要求。

2. 城市公共设施数字化管理是城市管理体制创新的必然要求

高效的城市管理体制是强化城市管理、提高城市管理水平和效率、实现城市管理现代化的关键。一个高效的城市管理体制应体现政令与政事分开、条块结合、责权利相统一、建设管理和养护相分离、统一领导和分级负责相衔接、综合管理和专业管理相补充的原则。然而，我国城市管理体制在很大程度上仍然遵循"金字塔式"的传统模式，管理层级多、决策权高度集中，监督机制有待进一步完善。在这种模式下，从获取信息到做出决策再到调整政府的组织行为需较长的周期，其结果是管理机构在迅速变化的环境面前显得机械、迟钝且低效。网络状水平管理模式，是现代城市管理体制改革的方向。网络状水平管理模式，即在信息传输渠道上，除由下至上或由上至下的垂直渠道外，还有同一层级的各管理机构和人员之间的横向渠道，从而使处于不同层级、不同部门管理岗位上的工作人员都能及时获得全局信息。压平层级、精简影响信息传递速度和质量的中间层级，使城市管理的组织结构趋向水平模式，成为城市管理体制改革的必要环节。行政权和决策权适当分散到各层级、各部门的管理岗位，形成分层决策、分层行政的权力结构。在政府内部形成垂直和横向并存的网络式传输渠道，行政环境信息和政府指令信息的传输呈现双向或多向反馈的形式。这就使得城市管理组织不再是注重硬性管理、按科层原则构成的"管理机器"，而是按系统整体原则建构的、刚性和柔性相结合的、能对行政生态环境及时反应的有机体。

城市管理体制由传统"金字塔式"向"网络水平式"转变，迫切需要先进管理技术的支撑。数字化城市管理，凭借其先进、智能的技术特征，一改过去单一的信息传递渠道，在网络系统上构建了一种新型的信息传播模式，是一种完全开放的矩阵式组织结构。在这种结构下，上层与下层在信息获得范围及时差上的区别不断缩小，城市管理高层的信息垄断权和决策垄断权逐渐流失，从而使适应现代城市发展的网络状水平管理模式的确立成为可能。

3. 城市公共设施数字化管理是构建"以人为本"管理理念的必然要求

现代城市管理是以人为中心的管理。"以人为本"是一种较先进的城市管理理念，是指在城市管理活动中，始终将人放在核心位置，追求人的全面发展，充分调动所有公众的积极性和创造性，使城市管理获得最大效益。"以人为本"的理念反映在城市公共设施管理中，即城市公共设施在设计上要"为民"，在效果上要"便民"，要把人文关怀充分体现在每项重大城市公共设施的规划、建设和管理的全过程中。

在"以人为本"管理理念下，公众是城市公共设施管理主体的基础细胞，公众所在的社区则成为管理主体的基本单元。在城市公共设施管理活动中，只有公众和社区的参与，才能使管理机制从被动外推转化为内在参与。

在我国，政府承担着城市公共设施的规划、建设、管理等各项职能，而社会组织发育不够完善。然而，政府的力量毕竟有限，单纯依靠增加政府管理力量很难满足迅速扩大的城市规模的需要。城市公共设施管理现代化目标的实现，需要社会各方面的参与。目前，社会需求的多元化与社区管理的单一行政模式之间的矛盾已开始推动社区组织体系的结构和功能发生分化，产生了新的结构要素，社区组织管理体系面临新的重组、整合和再造。我国城市社区管理必须从结构上对管理体制进行调整，遵循"社会化、协调性、专业化、法制化"原则，从社区组织结构着手，根据社区内部各要素的有机联系，重构合理的社区体系；根据社区发展的需求，重建新型的社区组织，并赋予其独立的法人地位。

首先，借助数字化城市公共设施管理技术，政府能够较为全面地了解公众的公共设施服务需求，以便快速回应公众的城市公共设施服务需求，为公众提供容易获得的、快捷方便的、可在一定范围内选择的服务通道；其次，无论是政府，还是社会和个人，其履行城市公共设施管理职能时无一不依靠适时、准确、完备的城市管理信息，而数字化城市管理技术为信息的采集、处理和共享提供了可能；最后，数字化城市公共设施管理将推动一场新的"公共管理活动"，也就是将以往政府承担的服务性职能通过委托、合同、代理等方式，向社会出租或转移，逐步推进城市公共设施的"社会化"。

9.1.3 城市公共设施数字化管理的意义

数字化管理使城市公共设施在其建设、运营、维护、管理等各个领域均发生了深刻变化，其意义是重大且深远的。城市公共设施数字化管理的意义具体体现在以下五个方面：

1. 提高管理效率，降低管理成本

城市公共设施的数字化管理，通过数据采集、处理和集成，将各类公用设施及其相关事件以数据库的形式数字化、网络化并虚拟仿真，从而实现管理决策的可视化和最优化，使传统管理模式向精细化方向的数字化管理模式转变。数字化管理模式大大提高了信息保真率，改变了城市政府现行信息传递模式与组织结构，消除了信息与决策层之间的人为阻滞，使信息传递准确、及时，明显提高了城市公共设施管理的效率。同时，数字化管理模式通过信息技术手段和科学的管理流程设计，整合并充分利用各市政部门原来割裂的资源，使管理机关内部各业务处室及与之相关的其他单位或部门之间能够实现有效数据共享，避免重复建设和资源浪费，有效降低城市管理的成本。

2. 提高服务水平，提升政府形象

数字化管理模式克服了传统城市管理模式的制度缺陷和技术障碍，强化了政府的社会管理和公共服务职能，为建立城市管理长效机制提供了有益探索。

1）数字化城市公共设施管理的发展使社区组织、个人等责任主体在信息的交流和享用方面的通道相对通畅，使政府能够专司社会运行规则的设置及运转监控职责。数字化城市管理使大量共享信息流通与互联，且信息不会因传递渠道障碍而失真，信息的公开性、共享性、保真性使信息占有上的不对称现象大量减少。信息的对称性发展决定了政府某些方面的职能范围应适当收缩，即政府因信息不对称而具有的协调作用要减小，某些权力要归还社会。换言之，数字化城市公共设施管理为城市政府管理职能的输出准备了条件，政府可以将社会性、公益性、自我服务性的事务从政府职能中剥离出来，交给第三部门（民间社团、社区组织等）承担，将本属市场的生产、分配、交换的经济职能归还市场。

2）数字化城市公共设施管理将强化行政决策执行的监督，降低决策执行偏差的发生率。先进的数字化技术简化了监督信息反馈的传输渠道，"公共信息服务网页""城市管理政府网页"直接与广大市民的网络终端连接，计算机网络代替了决策监督反馈的中间环节，可避免反馈信息的失真，从而形成强大的长效监督机制，以规范责任主体和决策执行者的行为。

3. 完善城市公共设施功能，提高突发事件处理能力

数字化城市公共设施管理能够提高公共设施的综合管理能力。例如：实现不同管线的共同管理，提高信息的共享程度，可在相当程度上杜绝由于地质、地下设施等基础数据不清、不准而造成的施工中管线爆裂、泄漏、线路中断、凿穿煤气管道等事故的发生，同时使不同管线间的相互影响、相互干扰达到最小，效益达到最优。同时，数字化城市公共设施管理技术还将大大提升市容环境设施、绿化设施的维护能力，在很大程度上改善城市风貌。

　　数字化城市公共设施管理可在很大程度上解决城市突发事件通常有交通事故、地质塌陷、意外灾害等。目前，我国重大的城市建设突发事件时有发生，影响了居民的正常生活，造成巨大的经济损失。发生突发事件时，现有的常规手段很难实现迅速、准确、动态的监测与预报，有关部门也很难做出快速准确的减灾决策。采用数字化城市公共设施管理，当突发事件发生时，城市监督员能够将有关信息迅速输入 GIS（地理信息系统）并及时传至城市管理监督中心，由 GIS 准确显示出发生地及其附近的地理图层。大比例尺和高分辨率的地理空间数据有利于突发事件精确定位，利用大量描述突发事件周围的自然环境、社会经济的数据，对事件信息进行空间模拟分析，不仅容易制定出影响小、损失低的处理方案和减灾策略，而且可以在网上实现部门协作、决策、调度与实施，将时间消耗降至最低，满足时效性需求。

4. 有利于公众参与，促进管理科学化

　　数字化城市公共设施管理，有利于公众参与公共设施规划、建设、管理与服务过程，提高了城市管理工作的透明度和科学化程度。数字化技术的应用为公众理解、参与城市公共设施的规划及管理等工作提供了便利，使他们可以对城市公共设施的建设和管理进行相应的监督，从而更好地体现"人民城市人民管，管好城市为人民"的城市管理思想。可见，数字化管理拓宽了管理的内涵，提高了民意在城市管理中的分量，并将在很大程度上改变未来城市管理的结构与模式。

5. 优化城市资源配置，实现城市可持续发展

　　数字化城市公共设施管理，在计算机上建立起虚拟城市，再现城市的各种公共设施资源分布状态，明显提高了城市公共设施建设的时效性和管理的有效性，促进了各类公共设施在空间上的优化配置和在时间上的合理利用，对于宏观、全局地制定城市公共设施整体规划和发展战略，减少资源浪费和功能重建，实现城市的可持续发展，具有重要的指导意义。

9.2　城市公共设施的数字化管理

　　城市公共设施的数字化管理，即利用数字化技术对城市公共设施进行的管理。根据管理学的一般理论，任何形式的管理都是由管理的主体、管理的客体和管理的手段三大基本要素组成的。因此，科学界定城市公共设施数字化管理主体、管理客体和管理手段的内涵和外延，是解析城市市政公用设施数字化管理的关键所在。

9.2.1　城市公共设施数字化管理的主体

　　城市公共设施数字化管理是一种全新的城市管理模式，政府不再是其唯一的管理主体。因此，创新城市管理体制，全面整合政府职能，鼓励各方社会公众参与管理，是构建城市公共设施数字化管理主体新模式的关键所在。"双轴化"管理体制和多元化管理主体是城市公共设施数字化管理主体模式的显著特征和精髓所在。

1. "双轴化"管理体制

　　传统城市管理模式下，政府各职能部门交叉分散、责任不清的状况是造成城市管理被动、管理效率低下的重要原因。实施数字化管理新模式，应针对城市管理存在的突出问题，全面整合政府职能，创新城市管理体制。

创新城市管理体制，即通过剥离政府的管理职能和监督评价职能，建立城市管理监督中心和城市管理指挥中心，形成两个"轴心"，依托数字化城市技术，把信息获取和指挥处理快速联系起来，实现城市管理从被动滞后到主动快速的转变、从多头管理到统一管理的转变、从单兵出击到协同作战的转变。

（1）建立"双轴化"管理体制的必然性　建立"双轴化"管理体制的必然性体现在以下方面：

1）建立"双轴化"管理体制是强化城市管理系统监督职能，改变粗放型管理方式的必然要求。在原有城市管理体制中，城市管理的监督评价职能和管理职能都集中于每个职能部门。从发现问题、处置问题到结果评价，都由职能部门单独来完成。在这种自我监督、体内循环的体制下，不可避免地会出现"四个没人管"的现象，即发现问题多少没人管、发现问题快慢没人管、处理问题是否及时没人管、问题处置到什么程度没人管，最终可能导致基本失控状态下的粗放式管理。要彻底解决这一问题，必须强化城市管理的监督职能，将原有的监督职能从职能部门中剥离出来，建立一个与管理职能并行的、强有力的外部监督体系，对城市管理全过程实行有效监督，为精细化管理提供制度支撑。

2）建立"双轴化"管理体制是整合政府职能，彻底解决城市管理工作中专业管理部门多头管理、职能交叉、职责不到位现象的必然要求。在原有体制下，城市管理职能分散在多个专业管理部门和街道办事处，这就形成了多头管理、职能交叉、职责不到位的现象。例如，井盖管理就分属水、电、气、热、公安、交通、电信等十几个部门，水井盖又分为上水井盖、雨水井盖、污水井盖等。如此复杂的隶属关系，会造成城市管理的混乱。又如，对垃圾的管理职责分工是生活垃圾归环卫部门管理，建筑垃圾归建设部门管理，建筑垃圾上面再覆盖生活垃圾就可能成为没人管的混合垃圾。这种分工明确却容易责任不清的管理体制，可能造成管理不到位，使得问题越积越多。要彻底解决这一问题，必须全面整合政府管理职能，建立一个强有力的指挥派遣中心，对城市管理全过程实行统一指挥调度。

3）建立"双轴化"管理体制是全面整合城市管理资源，彻底解决管理力量分散、游击式管理的必然要求。在原有体制下，城市管理相关部门行政割据、各自为政、力量分散。每个专业管理部门都要独立面对全区域的城市管理任务，而对于一个仅有几百人的管理部门而言，根本不可能做到全区域覆盖、全时段监控，只能进行游击式、运动式管理。要彻底改变这种情况，必须全面整合城市管理力量，建立一种新的管理体制，将原有的管理队伍整合为监控和处置两支力量，形成全区域监控和统一调度处置的"双轴化"城市管理体制。

（2）建立"双轴化"管理体制应遵循的原则　创新城市管理体制是一项复杂的系统工程，必须坚持以城市管理实际需求为导向的原则，具体体现在以下方面：

1）在职能体系设计上体现合理性。市场经济对城市管理的影响是全方位的，因此，城市管理体制在职能体系设计上要能够体现市场经济的要求。城市管理体制的合理性表现为：在内容形式及价值取向上，既要体现出宏观指导性（如制定法律规章、颁布政策等），又要符合市场经济的要求，充分体现出"强其所应强、弱其所应弱"的职能定位；在管理手段上，既要运用行政手段，也要善于运用市场机制的调节作用；在对外关系上，城市管理体制的职能结构应体现出开放性的特点，能够不断与体制外的环境进行必要的物质、信息和能量交换。

2）在组织机构的数量上体现精简性。本着政企分开、政事分开、政社分开和精简、统

一、效能的原则，着力解决城市管理职能界定宽泛、政企不分的问题。控制机构数量的最有效方法是做好编制工作。市场经济要求机构编制部门不但要健全相关法制，而且要按照最低数量原则设置部门和职位，科学地分解职能。一方面要控制机构数量；另一方面要压缩人员编制，减少职位设置，杜绝限制和冗员，做到每个职位都定事定责。

3）在信息的采集、处理及运用上体现网络化。现代管理与信息化的关系非常密切，信息是决策、执行、沟通、检验、反馈等一系列管理活动的依据。特别是市场经济条件下的城市管理：一方面由于社会事务的增加，管理中不断涌现一些新问题、新情况，造成信息量的增长；另一方面，信息所反映的城市管理内容涵盖了方方面面，错综复杂。同时，社会生活节奏大大加快，市场信号也越来越多，反映这种变化的信息也出现了快捷性的特点，这就使城市管理对信息的依赖性越来越大。所以，城市管理体制必须具备对信息化的掌握、研究和利用的功能，而要保障和强化城市管理体制的信息利用功能，最便捷的手段是形成网络化、开放性的信息结构，以便及时收集、反馈和处理信息。城市管理只有通过对信息的分析、综合、总结，才能加深了解和把握管理对象及外部环境，通过检查和调整，不断提高决策和管理水平。

按照上述思路，针对原有体制存在的弊端，立足城市管理的实际需要，在不改变原有体制部门设置的前提下，设计一套全新的管理体制。在新体制中，将城市管理的监督职能剥离出来，组建城市管理监督中心，负责城市管理问题的发现和处置结果评价；组建城市管理指挥中心，负责城市管理问题的指挥、调度和派遣；整合各城市管理职能部门，负责城市管理问题的处置，共同组成"双轴化"管理体制。

（3）监督轴体现城市管理监督中心的功能　城市管理监督中心是监督轴的主体，是城市管理信息的集散中心、监控中心和评价中心，负责城市管理的实时监控。通过直属城市管理监督员的信息传递，随时掌握城市管理现状及其出现的问题，并将采集的各类信息经过立案处理后及时反馈给城市管理指挥中心。城市管理监督中心的主要功能如下：

1）对城市管理实施全时段监控和问题信息实时采集的功能。在"双轴化"管理体制中，城市管理监督中心的主要职责是负责城市管理问题信息的实时采集。监督中心通过城管监督员在自己的辖区内不间断巡视，对城市管理进行全时段监控。当发现城市管理问题时，城管监督员利用"城管通"（一种以手机为原型的新型信息采集器）将所发生问题的图像和文字信息及时采集并实时传送到监督中心的呼叫中心，呼叫中心对问题信息进行立案处理后，将其发送到指挥中心进行派遣处置。正是通过这种方式，监督中心实现了对城市管理的全时段监控、对城市管理问题信息的实时采集以及对问题信息的及时处理，彻底解决了原有体制下城市管理问题信息获取滞后的问题。

2）对城市管理问题的处置情况进行实时监督的功能。在城市管理工作中，及时发现问题是提高城市管理水平的前提和基础，但及时有效地处置问题才是城市管理的根本任务。在"双轴化"管理体制中，城管监督员对自己负责的区域中所发生问题的处置情况进行监督，并随时将处置工作的进展情况监督中心；专业管理部门将问题处置完毕后，城管监督员要根据呼叫中心的指令，到问题处置现场进行核查，确认问题处置完毕后，通过"城管通"将处置现场的图像和文字信息采集并实时传送回呼叫中心，呼叫中心在对信息进行处理后才能最终结案。监督中心这一功能的设置，实现了对城市管理问题处置情况的实时监督，彻底改变了原有体制下城市管理问题处置与否没人管、处置多少没人管的现象，有效提高了城市管理水平。

3）客观评价城市管理各部门工作的功能。在"双轴化"管理体制中，通过信息化技术的集成应用，城市管理监督员采集的问题信息和处置情况信息，在数字化城市管理的信息平台上都自动生成为评价指标，存储在数据库中，并实时显示在呼叫中心的电子大屏幕上。城市管理中发生的每一项问题是否得到及时处置、处置结果如何，以及每一个专业管理部门的工作状态、工作效率都记载在城市管理信息系统中。城市管理监督中心根据自动生成的评价指标，对专业管理部门的工作绩效进行评价，从而实现对专业管理部门的有效监督和客观评价。

4）畅通社会公众参与并监督城市管理的渠道的功能。在原有体制下，社会公众参与城市管理和监督政府部门城市管理工作状况的渠道不畅，社会公众反映城市管理问题基本上只能依靠信访这一条渠道来实现。为此，社会公众参与城市管理的积极性不高，对城市管理现状的不满意情绪较多。数字化城市管理新模式则可通过开通服务热线的形式，为社会公众反映问题提供便捷的绿色通道。对于城市管理中发生的问题，社会公众不仅可以通过城管监督员上报到监督中心，还可以通过服务热线直接反映到监督中心，从而畅通了社会公众参与城市管理的渠道。社会公众反映的问题也存储在数据库中，自动生成为评价指标，实现了对政府专业管理部门和城管监督员工作的有效监督。

通过建立城市管理监督中心，将收集和整理信息的职能从原来的体制中剥离出来，实现了指挥调度信息丰富、及时、准确和全面的目的，为整合部门职能、实施统一管理奠定了基础。此外，将监督职能从原来的体制中剥离出来，也使得管理活动中的"裁判员"和"运动员"分离开来，大大增强了监督和评价的科学性及有效性。

（4）指挥轴也是城市管理指挥中心的功能　城市管理指挥中心是"双轴化"管理体制的另一个轴心。城市管理指挥中心根据城市管理监督中心传送的信息，统筹协调和调度各专业管理部门，指挥各专业管理部门具体实施城市管理职能，调度专业管理部门及时处理所发生的各类问题，协调各专业管理部门间的综合管理与执法，最大限度地减少重复作业，提高管理效率，从而实现城市的全方位、高水平管理。城市管理指挥中心的主要职能包括以下三个方面：

1）统一指挥、调度各专业管理部门处理问题。在原有体制下，存在专业管理部门职能交叉、多头管理和管理职责不到位的问题，这是造成城市管理力量分散、问题处理不及时、管理水平低下的重要原因。在"双轴化"管理体制下，在不调整原有专业管理部门机构的前提下，将市政管理委员会调整为城市综合管理委员会，下设城市管理指挥中心，将政府城市管理的指挥调度职能全部整合到城市综合管理委员会，各专业管理部门统一接收指挥中心的调度指挥，形成强有力的"指挥轴"。城市综合管理委员会根据监督中心发送的问题信息，将城市管理问题派遣到相关的专业管理部门进行处置。对于涉及多部门共同处置的问题，城市综合管理委员会将问题处置责任划分为不同等级，由承担最高等级责任的单位牵头进行处置，避免了城市管理中由于职责不清而造成的推诿扯皮。

2）协调市属管理部门和设施管理机构及时处理问题。在原有体制下，城市市政公用设施部件是由市、区两级分别管理的。水、电、气、热、电信、通信等市政公用设施以及与之相关的城市部件，都是由市属管理部门和设施管理机构负责的。在这种体制下，井盖丢失、市政管线破裂、公共设施缺损等大量城市管理问题得不到及时处理，不仅造成资源浪费和市民生活的不便，还经常带来灾害的发生，危及市民的安全。为此，可在城市管理指挥中心下设置设施办公室，专门负责协调市属管理部门和设施管理机构。监督中心将涉及市属单位的问题信息传送到指挥中心后，设施办公室则立即负责与市属单位联系解决。指挥中心的这一功能，在市政公用设施管理的实际工作中能够发挥巨大作用。

3）负责辖区内城市管理的统一决策、规划和部署。城市管理是一项涉及诸多领域，需要各专业管理部门密切配合、协调一致的工作。特别是在城市现代化发展到较高水平、城市负载和城市管理内容发生重大变化的情况下，更需要对城市管理进行统一决策和规划部署。原有体制强调城市管理各专业领域的特殊性，使各专业管理部门分工越来越细，进而导致了管理职能分散、各自为政的现象，大大降低了城市管理的实际效能。数字化城市管理新模式在强化指挥轴统一指挥调度功能的同时，又为其充实了统一决策和规划部署的功能。城市综合管理委员会根据城市发展的实际需要，统一研究城市管理的发展规划，对城市管理中的重大问题进行统一决策，对城市管理工作进行统一部署。这一功能的充实与强化，形成了全区域、系统性、信息化、高效率的现代城市管理机制，使城市管理资源的整体效能得到显著提升。

通过成立城市综合管理委员会，组建城市管理指挥中心，切实转变了政府职能，使城市管理实现了政府管理地位明确、职能全面强化，城市政府通过指挥轴实现了对城市管理的统一决策、规划和部署。

（5）处置力量的整合　城市管理力量分散是制约城市管理水平提高的重要因素。因此，在建立"双轴化"管理体制的过程中，整合城市管理处置力量是一项重要内容。为保证新模式的顺利实施，除在管理机构上设置两个轴心外，还须对已有的城市管理处置力量进行整合，以实现全面、快速、高效的管理。

1）整合城市管理专业部门的处置力量。在原有体制下，城市管理专业部门都需承担辖区内本专业领域的管理任务，本部门人员一般分成两个班次，负责从巡视到发现问题、处置问题的全部过程。而由于所管辖的地域面积大，每个部门的力量有限，专业管理部门只能把主要力量集中在巡视这一环节上，造成处置力量明显不足。在新的"双轴化"管理体制下，监督中心将辖区的巡视任务全部承担下来，由城市管理监督员在分管的区域中进行不间断巡视，这就大大减少了专业管理部门的巡视任务。专业管理部门除适当安排一定力量进行正常检查巡视外，其主要力量都集中在问题处置环节，使处置力量大大增加。同时，由于城市管理监督员上报信息做到了精确定位，指挥中心的任务派遣准确率不断提高，因此，专业管理部门处置问题实现了"精确打击"，大幅度提升了专业管理部门处置问题的效率。

2）协调城市管理专业部门和各街道办事处之间的关系。在传统城市管理体制下，各专业管理部门（即"条条"）负责各自业务领域内的城市管理任务，各街道办事处（即"块块"）负责辖区内的城市管理任务。条块结合的目的是力求构建一种纵横交错的城市管理格局。但是从实际运行情况看，由于条块的职责定位不清，管理权限不明确，不仅工作格局没有形成，反而使城市管理的力量更加分散，推诿扯皮现象更加严重。在"双轴化"管理体制中，指挥中心对全区域的城市管理问题实行统一调度派遣，将条条和块块的处置力量全面整合到一起，形成了条块协调统一、密切配合的管理新格局。专业处置力量和地区管理力量成为一个整体，共同对辖区内的城市管理问题负责，较好地解决了因职责不清而造成的扯皮现象，保证了城市管理问题的处置质量和效率。

（6）创建"双轴化"管理体制的意义　数字化城市管理新模式的运行实践证明，"双轴化"管理体制在实际工作中发挥了重要作用，在不涉及原有机构设置和人员编制的前提下，通过信息化技术的集成应用和政府管理职能整合等手段，实现了政府管理体制创新，使城市管理水平实现了质的飞跃，深刻体现了城市管理现代化的综合性、统一性和科学性。"双轴化"管理体制的意义主要表现为以下几个方面的转变：

1）实现了从被动滞后到主动快速的转变。由于"双轴化"管理体制将监督评价职能剥离出来，强化了城市管理的监督职能，城市管理监督员全天候在各辖区单元内巡查，确保在第一时间发现问题并及时上报。城市综合管理委员会下设的城市管理指挥中心能够通过现代化手段获取信息和派遣任务，使问题尽快得到处理，从而使城市管理由被动滞后转变为主动快速。

2）实现了从多头管理到统一管理的转变。城市综合管理委员会作为城市管理工作的领导机构和协调中心，具有高度权威，对各专业管理部门的统筹、协调力度将大大增强。同时，城市综合管理委员会作为调度和指挥中心，派遣任务时只能出自这里，因此可以有效避免政出多门的现象，从而使城市管理变得统一有序。

3）实现了从单兵出击到协同作战的转变。城市综合管理委员会可以对辖区所有专业管理部门进行统筹、协调。因此，当发生问题时，可以最大限度地调动各方面力量，进行统一协调处理，能够有效抑制职能交叉、钻空子等现象的发生，使城市管理各部门各司其职、协调有序。

4）实现了从冗员浪费到精简效能的转变。城市管理新模式的实施将使城市面貌大为改观，产生良好的社会效益。由于管理体制和工作流程的改变，新模式由多头管理发展为统一管理，城市管理人员数量可以大大压缩，经费开支也相应减少，工作效能大幅度提升。

城市运行的系统性和复杂性，决定了在创新城市管理体制过程中，应当周密、系统地考虑方方面面的关系和要求，以使新的城市管理体制发挥更好的功能和效用。同时，在职能整合与体制创新的过程中，还要特别注意管理理念的更新与管理文化的创新，要从新模式运行的实际要求出发，创新和完善与之配套的政策法规和管理制度，并根据新模式运行与发展的变化，适时调整专业管理部门的设置和职能，以保证新模式的顺利运行和不断完善。

2. 多元化城市管理主体

（1）多元化城市管理主体的提出　在传统城市管理模式下，政府是城市管理的唯一主体。城市管理的主要特点是，公共部门提供公共服务，进行城市公共设施建设投资，而私营部门和非政府组织则被排斥在城市管理之外。然而，随着城市社会经济的高速发展，城市问题日趋尖锐，诸多矛盾交织在一起，具体表现为：从城市管理的本质看，存在一部分群众的环境需求和一部分群众的生存需求之间的矛盾；从管理体制看，存在明确的二级政府（市政府、区政府）、三级管理（市、区、街道）、四级网络（市、区、街道、社区）体制与各级责任都不十分明确的矛盾；从城市管理投入看，存在管理时间成本有限而群众对环境需求无时间限制的矛盾；从城市管理行为看，存在表象为市容管理不到位，而实质为各有关部门未尽职。城市管理主体多元化正是基于上述矛盾而提出的。强调城市管理主体的多元化，是要综合运用国家机制与政府组织、市场机制与营利组织、社会机制与公众组织三套有利于城市健康发展的城市管理工具，构建一种全民参与的现代城市管理体制。

（2）多元化管理主体模式的运行　城市管理主体多元化模式运行的关键：一是政府放

权与分权；二是公众参与；三是各管理主体间利益的协调，同时要利用信息化的平台为各主体参与管理提供载体与渠道。

1）政府的放权与分权。在政府放权方面，应树立有限政府的理念，政府不能包办一切，政府的城市管理职能也应从"全能"政府向"有限"政府转变。在管理主体上，要有政府、企业、社会团体、市民等多元主体观，从主要依赖政府变为政府倡导、社区介入和公众参与，发挥社会团体、行业协会和中介机构在城市管理中的作用。要把政府城市管理工作的重点放在宏观调控和依法行政方面，充分发挥市场经济的调节优势，以保证政府、市场、社会在城市管理上的协调和优化。近年来，城市管理社会化也成为我国城市管理改革的趋势：一是把国有资产经营的理念引入由政府投资建成的城市市政公用设施管理工作中，按照"有偿使用"原则，确保国有资产可产生最大的社会、经济效益，实现在使用过程中国有资产的保值增值；二是积极推行"管干分离""管养分离"，实行城市维护作业的社会化、市场化运作，不断降低城市管理成本，以"花最少的钱买最好的服务"的方式体现了政府职能的转变，同时提高了城市公共设施维护的效益和效率。

分权则主要包括两方面含义：一方面，是政府内部的分权，即上一级向下一级的分权和基层政府向派出机构的分权；另一方面，是政府与社会的分权，将社会可以解决的问题回归社会，鼓励民众、非营利组织、社会团体参与公共管理事业，主动承担政府做不了而企业又不愿做的事情。

2）公众参与。公众参与实际上是国家权力向社会的回归，公众参与的过程就是一个还政于民的过程。公众参与城市管理强调公众对管理过程的决策、实施和监督，体现政府和公众之间的良好合作。公众参与作为一种新的管理理念，将促使城市管理由"自上而下"逐步向"自下而上"转变，并最终达到两种形式的平衡。

首先，应加强社区建设与管理，夯实城市管理的基础。城市管理的基础在社区，社区是城市居民聚集和生活的主要场所。家庭、社区是人们活动时间最长、稳定性最强、依赖性最强的地方，也是人们养成或好或坏生活习惯、卫生习惯的地方。因此，以社区为载体，积极引导公众参与城市管理，是加快城市管理社会化进程的关键。

其次，鼓励公众参与，提高公众参与城市管理的层次。城市的主体是人，城市管理也主要为了人。城市管理水平的提高，必须坚持"以人为本"的服务理念，实现从"管民"到"为民"的转变，把公众当作城市管理的积极行动者而非被动接受者。引导公众参与，必须切实提高公众参与城市管理的层次。

显然，目前我国公众参与城市管理较多停留在非参与的层次上，虽然象征性参与在逐渐增多，但是实质性参与则较为少见。鼓励引导公众参与城市管理非常重要，涉及制度、渠道等多方面因素。公众参与的积极性与自觉性也非常重要，它们在很大程度上取决于参与者对参与程度的感知。数字化城市管理模式为公众的实质性参与提供了平台和条件，只有实质性参与才能让参与者感觉到自己是城市的真正主人，并发自内心地以主人翁的姿态参与城市管理。

3）多元管理主体间利益的协调。多元主体的城市管理主要有欧美和东亚两种典型模式。欧美模式主要利用市场主体进行城市管理，政府通过间接手段进行调节，该种模式往往需要比较完善的市场经济体系作为保障。东亚模式以日本为代表，该模式以政府为主导，同时给社区以相当的自治权，并通过社区的内部组织在本社区范围内进行城市管理。

　　多元城市管理主体间利益的协调可以通过引入市场机制来实现。市场机制的引入，在一定程度上需要自主利益群体的形成，每个管理对象都是利益主体，它们都希望自己的利益最大化，因而会对城市管理形成一定抗力。若予之以适当引导则可促使其联合，进而形成较规范的经营实体。社区居民则是另一类利益群体，应充分让他们了解自身利益的形式、界限，并在社区层次上加以组织，形成社区居民自觉维护自身权益、维护城市环境的机制。

　　因此，并不能简单地将多元主体的引入理解为把基层组织发动起来，而应从利益群体入手，发挥社会的自组织功能。通过调动主体追求利益的积极性，把原本为"政府-管理对象"的二元矛盾，转化为多元主体之间的利益之争，以最大限度地通过市场和法律解决问题。引入多元主体和市场机制后，政府可在某种程度上实现"隐身管理"。

　　（3）城市公共设施数字化管理的五大主体　数字化城市管理模式为实现城市管理主体的多元化提供了条件。结合城市公共设施管理的特征和流程，可将城市公共设施管理的主体划分为产权主体、责任主体、监督主体、管理主体和执法主体五大类。

　　1）产权主体是各类城市公共设施的法定责任人。例如，"邮筒"的产权属邮政局，邮政局是邮筒的产权主体，它应对全市邮筒的维护、保洁等负有责任。产权主体可以自己进行维护、保洁工作，也可委托专业的保洁公司或保洁队代其履职。

　　2）责任主体通常是指对城市公共设施的维护、保洁负有委托责任的保洁公司、"门前三包"责任单位、绿化队和各类绿地保洁主体等。例如，邮政局作为邮筒的产权主体，它不直接对邮筒进行维护和保洁，而是委托某保洁公司代替其履行职责，则该保洁公司即为邮筒的责任主体。

　　3）监督主体的主要职责是监督城市公共设施产权主体、责任主体的履职情况，通常由城市管理监督员来承担。数字化城市管理模式下先进的信息技术，保障了城市公共设施管理监督工作的及时性和有效性。

　　4）管理主体包括各街道办事处、各社区居委会等，主要负责管理制度的制定、开展工作评比等。

　　5）执法主体是指城市管理监察大队和城管分队，负责对各类城市公共设施维护保洁主体的履职情况进行检查，及时处理违法问题。

　　城市公共设施数字化管理的五类主体，贯穿于城市公共设施管理的全过程，调动了社会单位的力量，促进了政府与社区、企业等非政府组织的合作，充分体现了数字化城市管理模式的社会化特征。

9.2.2　城市公共设施数字化管理的客体

　　管理的客体，即管理的对象。城市公共设施管理的主要任务是完成对城市公共设施的更新、维护和保洁，最大限度地保障城市公共设施功能的发挥，改善城市环境。显而易见，各类城市公共设施部件以及发生在各类部件上的事件（在电线杆上张贴小广告、井盖丢失等均属发生在城市公共设施部件上的事件范畴）是城市公共设施管理的重要对象。然而，大量实践表明，人口和社会单位是城市公共设施管理问题的产生根源，若仅把"部件"和"事件"作为管理对象，则很难从根本上改善城市环境面貌。因此，要从根本上解决城市公共设施管理问题，必须从加强人口管理和社会单位管理入手。例如，对于电线杆的管理，不仅要将发生于其上的事件（如张贴小广告）纳入管理对象，而且要将引发该事件的根源——其所属产权单位、责任单位等社会单位以及违章个人等纳入管理对象。

综上所述，城市公共设施数字化管理的客体包括四个层次：城市部件、城市事件、社会单位和人口。需要指出的是，社会单位和人口在城市公共设施管理中具有管理主体和管理客体的双重性质。

1. 城市部件

（1）城市部件的定义与作用　城市部件是以物质形态为特征的城市基础结构系统的基本组成部分，是城市管理诸要素中的硬件部分，主要是指城市市政管理的各项设施，既包括道路、桥梁、水、电、气、热等市政公共设施以及公园、绿地、休闲健身娱乐等公共设施，也包括门牌、广告、匾额等部分非公共设施。

城市部件是城市经济、社会活动的基本载体，是真正属于城市的不可移动要素。城市部件对增强和完善城市功能，改善城市环境，提高城市现代化水平起着非常重要的作用。尤其是与人民群众密切相关的道路、桥梁、供水、排水、供热和垃圾间等公共设施类城市部件，对改善人民群众生活条件，提高人民群众生活质量发挥着举足轻重的作用。同时，城市部件还是影响城市产业价值形成的重要因素。城市部件的管理，将直接影响城市的总体产业竞争力，高水平的管理可以有效节约城市公共设施投资，大幅度减少城市自然资源浪费，改善社会大环境，增加政府收益，提高政府形象。

（2）城市部件的分类与地理编码　城市部件的分类方法一般有四种：按行政隶属关系划分、按城市管理功能划分、按职能部门划分、按空间分布划分。

1）按行政隶属关系划分。按行政隶属关系，城市部件可分为市属（级）和区属（级）两类。市属的城市部件主要包括公共设施（如水、电、气、热等专业集团公司管理的设施及管线）、主要道路、桥梁等。其他为区属设施。

2）按城市管理功能划分。按所承担的城市管理功能，城市部件可分为道路交通（道路、桥梁、车站、路牌、交通设施等）、环卫环保（垃圾间、公共厕所、清扫保洁设备、环境监控设施等）、园林绿化（古树名木、绿地、花卉、城市雕塑等）、公共设施（水、电、气、热设施及管线等）、通信设施（电视电话线缆、电话亭、报刊亭、邮筒等邮政通信设施等）、市容广告（户外灯箱、牌匾、门牌、建筑立面等）。

3）按职能部门划分。按照所属职能部门，城市部件可分为交通、环卫、环保、园林、规划、市政专业集团、工商、税务、房管、城管等管理的城市职能及相关设施。

4）按空间分布划分。按照空间分布，城市部件可分为地下设施（自来水、污水、电力、电信、燃气、热力、地下通道、军民专业线路、地铁、化粪池、蓄水池、人防工事等）和地面设施（加油站、液化气换气站、广告牌匾、线杆、停车场、商亭、报刊亭、公共厕所、垃圾间、果皮箱、桥梁、交通信号灯、路灯、树木、草坪等）。

城市部件是城市最微小的细胞单元。怎样科学、形象、清晰地将其具体化，是城市公共设施管理面临的一项难题。在传统管理模式下，城市管理者很难把握复杂多样的管理对象，此时的管理是一种模糊概念的管理，无法确定"何时、何地会发生怎样的问题"，导致城市管理者往往处于一种被动状况。要解决这一问题，必须摸清城市管理对象，精确掌握每一个管理对象的内容、数量、状态、位置、属性等。

地理编码技术为精确掌握每一个城市部件提供了条件。地理编码是通过将地理坐标（如经纬度）标注到街道地址、其他点位以及地理特征上，从而建立城市部件地点描述与坐标对应关系的过程。通过地理编码，每个部件都具有独立代码、属性和空间位置，并能够显示在地图上或运用到地理信息系统中去，从而可以实现城市部件的准确定位，为实施城市公共设施数字化管理奠定了基础。

2. 城市事件

城市事件是人为或自然因素导致城市公共设施或市容环境秩序受到影响或破坏，需要市政管理部门处理并使之恢复正常的事件和行为的统称。

城市事件通常发生在城市部件之上或其周边区域，是城市部件问题的外在反映。因此，城市事件也是城市公共设施管理的重要组成部分。

3. 社会单位

社会单位，主要包括"门前三包"责任单位、物业公司、保洁队、绿化队、公共服务企业等。社会单位是社会的重要组成部分，也是城市环境和城市公共设施的重要维护主体。据统计，约70%的城市管理问题来源于社会单位和人口。因此，加强对社会单位的管理，监督其履职情况，是从根源上解决城市公共设施管理问题的关键。

4. 人口

人口是城市的最基本单元，是城市公共设施的使用者，是一切城市管理问题的核心。将人口列为城市公共设施的管理对象之一，在很大程度上体现了"源头管理"和"以人为本"的城市管理理念。

9.2.3　城市公共设施数字化管理的手段体系

管理手段体系，是管理主体对管理客体进行管理时所采取或依据的技术手段和法律规章的总称。在数字化城市管理背景下，城市公共设施管理的手段体系是多方面的，既包括信息技术等"硬件"手段，也包括绩效评价体系和标准化建设等"软件"手段，具体包括万米单元网格、先进的信息采集器——"城管通"、网格化城市管理信息平台、综合绩效评价体系、标准化建设五个方面。

1. 万米单元网格

（1）网格地图的概念和由来　网格（grid）作为空间分析的一种方法，起源于中国古代的井田制。"田"是四周封闭的网络；"井"是四周没有边界的网格。由井田而衍生出"计里画方"的"制图六体"，赋予网格以二级坐标和方位的含义，形成网格地图。网格地图是一种比较简单的地图类型，将制图区域按平面坐标或按地球经纬线划分网格，以网格为单位描述或表达其中的属性分类、统计分级以及变化参数。其特点是用人为划分的大小不同的网格，替代多种多样的自然界或行政区划界线。网格地图作为地图的多样表达方式之一由来已久。据史料记载，网格地图约于公元7世纪起源于中国，18世纪传播于欧洲，随着19世纪学科的分化逐步推广应用于许多学科领域，渐成定式。

（2）万米单元网格的产生及确立　"万米单元网格"这一概念，主要是针对城市管理中存在的问题而提出的。管理空间划分不合理，责任难以落实，是当前城市管理中存在的突出问题。传统模式下的城市管理是按行业分类的，如园林部门管绿化、环卫部门管垃圾、环保部门管环境等。各个部门都要面向整个城市行政区域进行管理，面积过大，地域概念缺乏，属粗放式管理。科学划分管理空间是实施城市公共设施数字化管理模式、实现精细化管理的首要任务。在数字化城市管理背景下，利用数字网格地图技术和测绘技术，将所辖城市区域划分为若干个边界清晰、无缝拼接的地域单元，即网格单元。每一个网格大约为 100m×100m，面积约为 10000m^2，因而可称为"万米单元网格"。每一个万米单元网格都是数字化城市管理模式下的基本管理单位，也是网格化城市管理新模式的空间信息基础。

万米单元网格管理法，即在城市管理中，运用网格地图的技术思想，以 10000m^2 为基本单位，将城市所辖区域划分为若干个网格状单元，由城市管理监督员对所分管的万米单元实施全时段监控，同时明确各级地域负责人为辖区管理责任人，从而实现对管理空间分层、分级、全区域的管理。

万米单元网格管理法实现了管理空间的精细化，创建了现代城市管理最基本单元网格划分的标准。实践证明，以 10000m^2 为基本单位的网格划分是科学合理的，符合城市中心城区的管理需求，充分体现了管理幅度的原则，即单元大小划分合理、管理对象负载均衡、管理责任易于落实，为数字化城市管理新模式奠定了坚实基础，同时也为城市部件和事件精确定位到万米单元网格提供了载体，实现了城市管理监督员对城市管理问题的精确定位。将原来的管理层面由四级责任人（市、区、街道、社区）变为五级责任人（市、区、街道、社区、万米网格），责任进一步细化，为实施精细化管理提供了可能。

通过实施万米单元网格，每个城市管理监督员平均管理 2 个网格、20000m^2，管理范围相对缩小和固定，从而从根本上改变了游击式、运动式管理，实现了由粗放管理到精细管理的转变。另外，以万米单元网格为载体，将城市的各种数据资源、信息资源、管理资源和服务资源进行整合，实现了资源共享，为城市的精细化管理提供了基础和载体，也为城市管理、规划、建设和应急响应等多领域的拓展应用提供了可遵循的地理空间划分标准。

2. 先进的信息采集器——"城管通"

信息采集方式、采集手段与传输方式落后，是造成城市管理工作被动滞后的重要原因之一。因此，创新信息采集方式成为创新城市管理模式的一项核心内容。"城管通"以智能手机为原型，集成应用多项信息技术，能够方便快捷地采集城市管理信息，为城市管理问题的精确定位和快速处理提供了硬件支撑。

（1）"城管通"的研发　在传统城市管理模式下，城市问题信息获取滞后，传送不通畅，问题现场的信息通常需要几天甚至十几天才能被反映到管理者一方。落后的信息采集和传送方式，直接导致城市管理的被动，甚至造成事故，给群众的工作、生活带来直接或间接的危害和困扰。而群众对城市管理现状的不满，又直接影响了政府在群众心目中的形象。

要做到现场信息的实时采集与传输，就必须重新设计一套新型的信息传递方式，改进信息采集手段，研发新型的信息采集装置。在研发新型的信息采集装置时，首先要实现信息采集与现场发生问题同步，同时要满足信息移动采集的要求。

信息采集器是数字化城市管理模式下数据采集与传递的源头，是城市管理监督员在工作中必备的专用工具。为使数据采集准确、实时、快速，信息采集器的研发至关重要。按照数字化城市管理模式对信息采集器的需求与定位，遵循实用、经济、方便操作的原则，综合应用视频技术、无线网络与通信传输技术，以成熟手机产品和移动网络为基础，我国自主研发了基于 GSM/GPRS 无线网络、以嵌入 Windows Mobile for Smartphone 操作系统的智能手机为原型的专用通信工具——"城管通"。

"城管通"的研发，不仅满足易携带、可移动、操作简便的功能需求，而且能够基于主流的智能手机操作系统做二次应用开发，实现在城市各种复杂环境下的图文声一体的数据采集和实时数据传递。由于"城管通"依托现有成熟无线网络和成熟移动产品,因此大大降低了研发的经济成本。

(2)"城管通"的主要功能 "城管通"是基于无线网络,以智能手机为原型,为方便城市管理监督员快速采集与传送现场信息而研发的专用信息采集通信工具。其基础功能包括以下方面:

1)定位功能。利用无线网络可以实时定位城市管理监督员的位置,并在城市管理地形图上反映事件发生的位置。

2)地图浏览功能。基于 Smartphone 的 GIS 应用,可以保证地图浏览平滑流畅。用户可以直接在地图上点选信息,进行定位、核查和上报工作,操作简单,工作流程顺畅。Smartphone 大屏显示,可以提供开阔的地图浏览界面,便于用户查看更加细致和更大范围的地理信息。

3)短信交流功能。城市管理监督员可以与城市管理监督中心和相关管理人员通过短信功能交流工作信息;城市管理监督中心可采用短信群发功能向城市管理监督员发布通告和工作信息。

4)信息提醒功能。提供信息提醒,保证城市管理监督员能够及时查看任务和通知。

5)通话功能。城市管理监督员可以通过"城管通"实时与城市管理监督中心和相关管理人员进行语音通话交流。

6)录音功能。城市管理监督员可将现场情况用声音方式进行记录,配合图片、表单功能,能更准确地反映现场信息。

7)图片采集功能。城市管理监督员可将所巡查的现场事件处理前后的照片信息,及时传送到城市管理监督中心。

8)一键拨号功能。对于常用电话号码,提供一键拨号的快捷拨号方式。"城管通"系统能够控制城市管理监督员拨打规定的号码,并对每次拨打的情况进行日志记录。

9)数据同步功能。对于法律法规等变化频率较低的数据,提供本地存储方式及数据同步功能。

10)日志管理功能。"城管通"系统提供日常业务操作的日志管理,以便于事后进行查看和核准。

在基础功能模块的基础上,"城管通"系统还开发出了业务功能模块。业务模块的核心是"城市管理子系统",在此基础上未来可以扩展"'门前三包'管理子系统""社区安全子系统""安全生产子系统"等相关业务应用子系统。几个子系统既相互独立,又相互协调配合,同时结合 GIS 应用及基站定位技术,可以精确了解当前事件的发生位置,使从数据采集到事件最终处理的整个过程更加科学和高效。

在数字化城市管理模式下,城市管理监督员在其所属"单元网格"内,用信息采集器以移动方式实时采集并传送城市管理中发生的问题,在第一时间、第一现场将信息发送到城市管理监督中心进行处理,实现了城市管理问题的精确定位和快速处理,为城市管理部门的科学决策和快速响应奠定了坚实的基础。

(3)"城管通"的关键技术 "城管通"是由我国自主研发的一种实时、高效的多媒体信息采集工具。它采用了无线移动通信和移动定位技术、嵌入式地理信息发布技术、高可靠性的数据压缩和加密技术以及多媒体信息采集技术等一系列先进技术。其中,嵌入式地理信息系统产品以国内自主研发的"MapHand"(嵌入式地理信息系统引擎)为基础,其技术居世界领先地位。服务器端应用支撑系统由无线信息服务系统、数据同步服务系统、地理编码查询系统、数据协同管理和交换系统、安全管理系统等子系统组成，实现了"城管通"与后台的政务信息平台间的各种数据交换和管理。数字化城市管理模式推广试点城市的实践证明了"城管通"的可靠性和有效性。

3. 网格化城市管理信息平台

网格化城市管理信息平台（digital city management information platform，DCMIP）是新模式技术系统的核心和总体集成，是数字化城市管理模式下业务流、信息流贯通、流转和存储的载体，是新模式技术系统运行的核心技术支撑。

（1）DCMIP 技术集成的原则　DCMIP 建设，充分运用成熟的信息技术，集成了空间信息和管理信息的多种关键技术，在技术集成过程中遵循以下原则：

1）统一的技术架构。采用统一的网络架构、软件架构、硬件架构、系统架构等技术架构，确保信息的互联互通，实现真正的资源共享。

2）统一的技术规范。采用国内外公认的、开放的、可扩展的信息技术标准，规范各子系统之间的接口。在统一的信息技术标准基础上，确保各应用系统间数据接口的统一，节省大量接口开发成本和系统扩展成本。

3）统一的数据规划。无论是空间数据，还是非空间数据，都必须遵循统一的数据规划，实现数据标准和数据编码的有效统一。

4）统一的身份认证。用户只需进行一次身份认证，即可安全登录城市管理信息平台的所有业务管理系统，同时还可保证每次访问都是经过加密的，方便各专业管理部门远程安全访问业务系统。

5）统一的用户管理。建立统一的用户信息管理库，包括城市管理监督员和各专业管理部门的用户，有效保障系统使用者的合法性和唯一性，实现用户与角色的分离，并使用户角色能够灵活自定义。

（2）DCMIP 的总体构成　DCMIP 由硬件层、数据层、服务层、应用层和接入层五部分构成。其中，应用层包含所有对外服务的服务器组，是与城市管理工作直接相关的核心层次，一般包括以下子系统：

1）"城管通"无线数据采集子系统。"城管通"用于采集城市管理中事件和部件等问题信息，是城市管理监督员接受监督中心任务、执行任务、回复任务的工具。"城管通"无线数据采集子系统的框架和功能按照《城市市政综合监管信息系统技术规范》（CJ/T 106—2010）中关于"监管数据无线采集子系统"的要求建设。

2）呼叫中心受理子系统。呼叫中心受理子系统的功能包括：接收城市管理监督员上报和公众举报的城市管理问题；建立城市管理问题案卷并发送至协同工作子系统；向城市管理监督员发送核实、核查等工作任务。呼叫中心受理子系统按照《城市市政综合监管信息系统技术规范》中关于"监督中心受理子系统"的要求建设。

3）协同工作子系统。协同工作子系统的功能包括：实现城市管理监督中心、指挥中心、专业管理部门之间的信息同步、协同工作和协同督办；提供城市管理各类信息资源共享的工具；提供地图浏览与部件属性数据的在线更新。协同工作子系统按照《城市市政综合监管信息系统技术规范》中关于"协同工作子系统"的要求建设。

4）大屏幕监督指挥子系统。大屏幕监督指挥子系统，用于整合各类基础信息和业务信息，实现基于电子地图的城市管理监督指挥功能，通过大屏幕对城市管理问题的位置、业务办理过程、监督员的在岗情况、综合评价等信息进行实时监控。大屏幕信息包括业务和地图屏两部分。业务实时显示案件的信息、状态和办理过程（立案、派遣、办理、核查、结案）以及在岗监督员的信息；地图屏实时显示案件在 GIS 上的分布以及监督员的位置，提供地图浏览和部件地理信息查询。

5）综合评价子系统。综合评价子系统根据城市监管工作过程、责任主体、工作绩效等评价模型，对区域、部门、岗位、案件进行综合统计、计算评估，得出相应的评价分值，并生成可视化的评价结果，包括案件评价、人员评价、部门评价、区域评价等内容。综合评价子系统按照《城市市政综合监管信息系统技术规范》中关于"综合评价子系统"的要求建设。

6）构建与维护子系统。构建与维护子系统，能够维护系统的快速适应能力。在机构、人员、工作流程、工作表单、地图等管理内容发生变化时，系统管理员无须重新编程，可通过构建与维护子系统进行相应的调整，以保证系统的正常运行。

7）基础数据资源管理子系统。基础数据资源管理子系统的功能包括：对空间数据资源的管理、维护和扩展；对空间数据的显示、查询、编辑和统计。基础数据资源管理子系统按照《城市市政综合监管信息系统技术规范》中关于"基础数据资源管理子系统"的要求建设。

8）数据交换子系统。数据交换子系统能够实现市级平台系统和区级平台系统的数据交换，交换信息可包括城市管理问题信息、业务办理信息、综合评价信息、共享的业务信息、共享的分析信息等。数据交换子系统按照《城市市政综合监管信息系统技术规范》中关于"数据交换子系统"的要求建设。

9）统一消息平台。统一消息平台能够让使用者在任何时间、任何地点使用不同的技术、媒介和终端与任何人通信。

4. 综合绩效评价体系

任何管理制度的执行，都需要严格的审核、监督和评价。缺乏监督评价的管理不能称为科学的管理。建立一套科学有效的监督评价系统对城市管理结果进行检查和跟踪，是保障数字化城市管理模式顺利运行和确立长效机制的重要举措。

（1）综合绩效评价的目的　建立科学完善的城市公共设施管理综合绩效评价体系，其目的在于形成城市管理四个方面的监督：一是城市管理监督中心对城市管理监督员、专业管理部门工作人员以及城市部件、市容环境情况的监督；二是城市管理监督中心、城市管理指挥中心对其内部工作人员的监督；三是城市管理各专业部门对本部门工作人员工作情况的监督；四是城市管理监督中心对各级责任主体的监督。上述四个方面的监督可以更具体地分解为以下目标：一是客观真实地反映各区域城市公共设施管理的现状和水平；二是对城市公共设施管理过程进行监督和评价，及时发现管理中存在的问题，以便及时调整和改进；三是对各级责任主体的城市管理工作业绩进行监督与评价；四是对城市管理各专业部门的工作业绩进行监督和评价，以促进各部门工作效率和管理水平的提高；五是对新的城市公共设施管理工作流程的各个环节及相应工作岗位进行监督和评价，促使新的工作流程顺利实现完整"闭环"，保证城市管理中的问题得到及时解决。上述综合绩效评价的各个方面共同形成新模式运行中有效的激励约束机制。

（2）综合绩效评价体系的评价对象　综合绩效评价体系主要针对城市公共设施管理中出现的各种问题，从城市管理系统内部予以严格的实时监督和评价，以保证公共设施管理的高质量运行。城市公共设施数字化管理综合绩效评价体系的具体对象包括以下四个方面：

1）对工作过程的评价。主要评价城市管理监督员对市政公用设施管理问题的发现及信息报送情况，城市管理监督中心接收、传递、处理信息的情况，城市管理指挥中心的任务派遣情况以及专业管理部门的问题处理情况。

2）对责任主体的评价。主要评价城市管理监督员、城市管理专业部门、城市管理监督中心、城市管理指挥中心以及各级责任主体的工作状态。

3）对工作绩效的评价。主要评价专业管理部门工作过程中发现问题的数量、处理问题的时效性、各部门之间的协同情况、城市管理工作人员的文明服务规范程度及岗位职责的落实情况。

4）对规范标准的评价。主要评价执法工作标准、城市部件管理标准、信息报送制度、巡视检查工作制度、快速反应和应急处理制度等的科学性。

（3）综合绩效评价体系的构成　综合绩效评价体系是由若干个相互联系的评价指标组成的有机整体，能够全面、系统地反映特定时间内城市公共设施管理多个侧面问题的处理情况、变化特征以及管理规律。

综合绩效评价体系通常包括外评价和内评价两个方面。外评价是指公众、社会媒体和上级政府的评价；内评价则是指城市管理系统自动生成的评价信息。外评价和内评价共同形成综合评价结果并向社会公布。综合绩效评价具体包括以下三个方面：

1）区域评价。通过对各区域公共设施各类部件、事件问题的发生量、问题处理效率及质量进行评价，客观反映各区域城市公共设施管理的情况和存在的问题。

2）部门评价。部门评价主要包括：①对城市管理监督中心的评价。重点对收集信息、处理信息的准确性、快捷性，城市部件信息更新的实时性和部门职责履行情况进行评价。②对城市管理指挥中心的评价。重点对任务派遣的准确性、快捷性，对专业管理部门任务验收的适当性和部门职责履行情况进行评价。③对专业管理部门的评价。重点对任务完成的数量、效率和质量进行评价。④对社会单位的评价。重点对物业公司、"门前三包"责任单位的履行职责情况进行评价。

3）岗位评价。岗位评价主要包括：①对城市管理监督员的评价。重点对城市管理问题信息采集和上报的及时性、准确性、全面性及岗位职责履行情况进行评价。②对城市管理监督中心接线员的评价。重点对信息处理的准确性、及时性及岗位职责履行情况进行评价。③对城市管理监督中心值班长的评价。重点对立案审核和结案处理的准确性、及时性及岗位职责履行情况进行评价。④对城市管理指挥中心任务派遣员的评价。重点对任务派遣的准确性、及时性及岗位职责履行情况进行评价。

（4）综合绩效评价体系的意义　综合绩效评价体系对于城市公共设施管理甚至整个城市管理模式的有效运行具有重要的现实意义。

1）以现代信息技术为依托建立的城市公共设施管理评价体系，从内外评价两个角度，对城市管理的区域、部门、岗位等方面进行评价，并通过网格化城市管理信息平台实时显示，使数字化城市管理新模式呈现出动态性、实时性、阶段性和科学性的特点，为新模式的顺利实施和高效运行提供了保障。

2）将信息系统自动生成的评价结果，通过对不同区域城市管理状况以不同颜色显示的方式，实现了评价结果的可视化，做到对全区域城市公共设施管理水平一目了然。

3）通过科学设计评价指标和自动生成的方式得出评价结果，彻底克服了传统评价方式中的人为因素，使评价更具科学性。

4）将评价结果作为考核职能部门业绩的依据，起到了有效督促的作用，有利于对各部门的工作业绩进行有效监督与科学评价，从而最大限度地发挥每个岗位、层面、系统的功效，全面提升了城市管理水平。

5）有利于社会公众的参与和监督，彻底改变了过去专业部门自己评价自己、缺乏有效监督的局面。

5. 标准化建设

标准化建设是确保城市公共设施数字化管理走向标准化和规范化的重要手段，也是向更大范围推广新模式的基础。

城市公共设施数字化管理的标准化，包括技术标准化和应用标准化两部分。技术标准化要求在进行数字化信息系统建设时应严格按照相关的技术规范和技术标准进行；应用标准化则要求贯穿城市公共设施数字化管理全过程的建设、设置、维护、管理等各个环节都要遵循相关的法律及规章制度，规范各类主体的行为，进而构建一套类似社会化大生产流水线的标准化管理流程。通过标准化建设，实现城市公共设施数字化管理的高标准和规范化。

9.3　城市公共设施数字化管理的一般流程

9.3.1　城市公共设施数字化管理的业务流程

城市公共设施数字化管理的业务流程一般包括七个环节，即信息收集、案卷建立、任务派遣、任务处理、处理反馈、核实结案和综合评价。具体程序如下：

（1）信息收集　万米单元网格内的城市管理监督员对责任区域实行不间断巡视，当发现问题后立即用"城管通"拍照，并上报城市管理监督中心。

（2）案卷建立　城市管理监督中心接到信息后，进行甄别、立案，并将相关案件批转到城市管理监督中心。

（3）任务派遣　城市管理指挥中心根据问题归属，立刻派遣相关的专业管理部门到现场进行处理。如市属部件发生问题，则交由市级专业管理部门进行处理。

（4）任务处理　专业管理部门收到派遣任务后，应派遣相关人员去现场处理。

（5）处理反馈　专业人员处理完任务后，应报告给所属专业管理部门，专业管理部门再向城市管理指挥中心报告处理结果，由城市管理指挥中心将结果反馈给城市管理监督中心。

（6）核实结案　城市管理监督中心接到反馈结果后，即派城市管理监督员进行现场核查，并上报核查结果。若两方面信息一致，则结案。

（7）综合评价　结案后，案件信息自动存入信息平台，信息平台对相关部门和个人实施工作绩效评价。

9.3.2　城市公共设施数字化管理的信息流程

与业务流程相对应，城市公共设施数字化管理的信息流程分为五个部分，即信息获取，信息编辑、分发，信息处理和反馈，信息核查、归档，全程督办。通过网络和网格化信息平台，实现市（区）领导、城市管理监督中心、城市管理指挥中心和各专业管理部门间的信息实时传递与信息资源共享。

1. 信息获取

数字化管理模式下，主要通过城市管理监督员采集信息、公众电话举报、公众网上举报三种途径获取信息。城市管理监督员通过无线信息采集设备"城管通"，主动采集、实时报送现场问题的位置、图像、表单、音频等信息，通过网格化信息平台自动生成受理登记表。市民群众可以通过拨打城市管理特别服务电话号码（例如北京市"朝阳热线"是96105），向城市管理监督中心呼叫中心举报，接线员根据举报人提供的位置信息，通过地理编码，迅速定位问题发生地所在的万米单元网格，填写受理登记表进行登记，并派问题所在网格的城市管理监督员进行现场核实反馈，对情况属实的问题，在信息平台中生成任务表单。公众也可以通过政府网站，以邮件形式将问题信息发送到城市管理监督中心。

2. 信息编辑、分发

城市管理监督中心接线员收到城市管理问题信息后，对任务进行判断并预立案，形成案卷号，然后将案卷批转到值班长处。值班长对案卷信息进行审核甄别，对符合立案条件的案卷填写处理意见，并批转到城市管理指挥中心。

3. 信息处理和反馈

城市管理指挥中心派遣员接收案卷后，根据问题内容进行分析并确定任务处理的专业管理部门，填写派遣单，批转到相关专业管理部门（一个或多个）。相关专业管理部门接收案卷及处理指令后，填写案卷处理表，派遣有关人员到现场处理。现场处理完毕后，处理人员填写案卷办理过程登记表，将已完成的案卷批转回城市管理指挥中心派遣员处。城市管理指挥中心派遣员接到反馈案卷后，填写办理完成核查登记表，并将案卷批转回城市管理监督中心。

4. 信息核查、归档

案卷办理完成后，城市管理监督中心值班长对符合结案标准的案卷进行结案存档，对不符合结案标准的案卷批转到城市管理指挥中心进行重新派遣处理。至此，整个工作流程结束。

5. 全程督办

在城市管理问题信息处理过程中，市（区）领导及有关主管部门被赋予全程督办权限，可以随时查阅案卷的所有信息，包括各种地图和表格、处理过程、处理结果、工作周期等，同时还可以向各环节发送督办信息，以加快问题处理的速度。案件处理完毕后，督办信息与案卷信息同时存档。

9.3.3　城市公共设施管理流程再造的意义

城市公共设施管理流程再造，就是在管理体制创新、技术创新的基础上，对原有的管理工作程序进行科学优化和重新设计，建立高效率、长效性的数字化城市管理新流程，其意义是深远的。

1）新的管理流程克服了传统模式中缺乏监督反馈和效率低下的弊端，实现了信息的实时采集和传输，彻底解决了信息获取滞后的问题，实现了管理的高效性。

2）通过"双轴化"管理体制，将问题发现和处理的主体一分为二。"监督轴"和"指挥轴"职责明确，相互制约，起到了监督激励、互相促进的作用，在很大程度上确保了城市管理工作的绩效。

3）通过建立处理城市管理问题的案卷，为城市（区）政府掌握市（区）情、统一调度、科学管理提供了依据。

4）减少了中间环节和管理层级，实现了管理组织结构的扁平化。

5）提高了公众参与的层次。公众发现问题后，可直接找到城市管理监督员，将信息发送到城市管理监督中心，再通过城市管理指挥中心派遣专业管理部门，使问题得以迅速解决。

9.4　城市公共设施数字化管理的关键要素

城市公共设施数字化管理是信息技术和城市管理模式变革的双重产物。因此，一套先进、科学的城市公共设施数字化管理模式离不开技术和制度两大支撑体系，即"城市公共设施数字化管理——技术创新+制度改革"。

9.4.1　城市公共设施管理数字化转型

首先，信息化是指建设计算机信息系统，将传统业务中的流程和数据通过计算机信息系统来处理，通过将技术应用于个别资源或流程来提高效率。信息化的核心特征是信息数字化（digitization），即将模拟信息转化成0和1表示的二进制代码，以便计算机可以存储、处理和传输。按照Gartner的定义：信息数字化是模拟形式变成数字形式的过程。通过信息化，我们把一个客户、一件商品、一条业务规则、一段业务处理流程方法，以数据的形式录入信息系统中，把物理世界的目标转变成数字世界的结构性文字描述。但要注意的是，这仅仅是对信息的数字化。

数字化（digitalization）用于商业模式改变时，更多的指"业务数字化"，是基于信息化技术所提供的支持和能力，让业务和技术真正产生交互，改变传统的商业运作模式。这是对构成业务运营的流程和角色进行数字化，以此创建新的业务设计。按照Gartner的定义，业务数字化是指利用数字技术改变商业模式，并提供创造收入和价值的新机会，它是转向数字业务的过程。

信息化是从业务到数据，数字化是从数据到业务。通过数字化，建立技术与业务的对接。

数字化转型（digital transformation）是指超越技术和数字化。数字化转型与信息化和数字化大不相同。数字化转型并不是技术转型，它本质上是指数字化驱动的战略性业务转型，不仅需要实施信息技术，实现企业全面数字化，营造满足客户个性化需求和期望的体验，还需要牵涉企业的组织变革，包括人员与财务、投入与产出、知识与能力、企业文化是否能接受或适应转型。它不仅是对业务及其战略进行数字化改造，还是一种思维方式的转型、甚至颠覆。

数字化转型是多维度的企业数字化，通常包括以下三个方面：

1）数字业务模型。企业以往数十年成功运行的业务模型（商业模型），已经被数字创新所摧毁；企业应创造一个适应于数字时代的、可变的数字业务模型。这种业务模型，一定是数据和技术强化的业务模型。

2）数字运行模型。数字运行模型就是在数字化的条件下，重新定义企业的运行模型，清晰地描绘业务功能、流程与组织架构之间的关系，人员、团队、各组成部门之间如何有效互动，从而实现企业的战略和最终目标。

3）数字人才与技能。企业首先必须帮助其领导层进入数字时代；企业必须知道如何通过企业文化和激励措施来吸引、留住和开发与数字时代相关的人才；企业必须采用不同的组织架构、工作策略和方法，使机器与人有效地合作并将机器整合在业务流程之中。

信息化和数字化的关键是技术，而数字化转型的关键不仅包括技术，而是以前所未有的方式综合运用数字化技术、通过创新战略、产品和体验来创造收入和成果。随着新一代信息技术的发展以及互联网、物联网等概念的进一步推广，数字化转型正成为全球社会、科技、经济发展的主线。

9.4.2　技术创新

首先，信息技术为城市公共设施数字化管理提供了条件。城市公共设施数字化管理是信息社会的产物，集成了 GIS、GPS、遥感、虚拟现实、4D 等多种先进的信息技术。从"城管通"的研发、网格化信息平台的构建到信息数据库的建立，无不需要信息技术的支持。

其次，信息技术为城市管理理念的更新创造了环境。信息技术的广泛应用，使管理中出现了诸如精细管理、敏捷管理、扁平化管理、闭环管理等现代管理理念。精细管理理念与信息技术的结合，使城市管理效率的提高成为现实；敏捷管理理念与信息技术的结合，使城市管理信息的实时传递方式发生了根本变化；扁平化管理理念与信息技术的结合，使城市管理中的信息不对称问题得到了有效解决；闭环管理理念与信息技术的结合，使城市管理的监督评价体系发挥了重要的保障作用。信息技术的发展最终为城市管理模式再造奠定了基础。

信息化技术在数字化城市管理中的重要性，要求政府把加强信息化建设作为一项重要职责。坚持"统筹兼顾、分步实施，统一平台、资源共享，统一管理、安全保密"的原则，以整合利用现有网络信息资源和不断完善系统服务功能为重点，尽快建成具有先进水平、能够与国内外信息高速公路接轨的信息公共设施，进一步开发、完善集信息开发、应用、建设、管理与服务于一体化的数字化城市管理信息平台。

9.4.3　制度改革

信息技术是城市公共设施数字化管理的"外在手段"，制度改革是其"内在灵魂"。数字化城市管理的制度改革，体现在管理理念、管理体制、管理机制等各个方面。更新管理理念、管理体制和管理机制，是数字化城市管理新模式成功的关键因素。城市公共设施数字化管理模式：突出体现了"信息化、精细化、社会化、长效化、人性化"的管理理念；提出了一种管理权和监督权相分离的"双轴化"城市管理体制，改变了传统体制下各部门职能交叉、责任不清的局面，变被动式管理为主动式管理，全面提高了城市管理的效率；构建了基于诚信的绩效评价体系，形成了有效的约束激励机制，实现了完整的闭环管理；通过标准化建设，提出了各类主体的行为和技术规范，形成了一套标准化城市公共设施数字化管理流程，为新模式的应用和推广打造条件。

制度改革的重要性要求政府把改变思维方式、转变管理理念作为一项长期任务。政府在实施数字化城市管理新模式时，应改变固有的思维定式和传统管理方式，坚持运用全新的管理理念和先进的管理技术实现城市管理模式的变革。

9.5 城市公共设施数字化管理案例

一旦城市公共设施管理使用数字化转型框架来映射其数字化战略，下一步就是对每个已经确定的构建模块进行分析。第一个数字化转型构建模块为自动化、竞争能力水平和外部客户导向支柱之间的交集；第二个数字化转型构建模块为用户体验、行业竞争力水平和外部客户导向的交集。两个数字化转型构建模块构成了数字化转型框架的核心。从概念上讲，数字化转型框架由代表三个支柱和基础层交集的构建模块组成。此外，每个构建模块还有三个附加特征：功能属性、经济价值属性和风险管理与控制属性。

1）功能属性是指为数字化转型选择的一组业务功能。该属性与数字化主题特征密切相关，数字化主题特征指示这些业务功能将如何演化，以便走向数字化。

2）经济价值属性表示创造商业价值的潜力，这一属性对于理解与转型相关的经济影响来说是至关重要的。从经济方面来看，任何经营模式的改变或演化都必须是合理且可持续的。该属性既可以衡量可量化的绩效管理比率，如风险调整后的资本回报率，也可以衡量公司品牌的强化或退化等非直观的因素。

3）风险管理和控制属性是指与计划的数字化转型相关的风险数量，以及在未来的运营模式中嵌入控制以监控和减轻风险的能力。在本书中，风险被定义为与预期结果之间的潜在差异，可能包括运营、业务、战略或声誉风险。需要注意的是，在某一转型过程中，某些类型的风险可能会增加，而其他风险可能会减少。了解与特定数字化转型相关的风险以及是否可以不引人注意地加入控制是至关重要的。例如：一个组织应该能够理解某个特定的数字化转型路径是否会影响其运营风险，所选的数字化演化路径是允许业务继续在预期损失层级运作还是会让组织陷入非预期损失层级，如果有损失，那么损失是多少。这些都是在开始转型之前需要讨论的要点。

如果数字化转型路径可能产生经济价值，同时从运营角度推动组织达到非预期损失的阈值，那么决策可能会变得极具挑战性。这种情况可能与基于创新扩散规律的创新前沿企业特别相关。

数字化构建模块具有原子性。因此，可以通过开发多个数字化构建模块从头开始设计企业级数字化策略。首先确定一系列战略意图，然后将其建模为数字化转型构建模块，最后将收集的数字化构建模块合理化并汇总起来，用以制定组织的数字化战略。

此外，数字化转型构建模块可以根据转型范围进行单独或共同的分析。具有全球影响力的公司也可以用它们来比较和对比各个地区制定的数字化战略。

　　从概念上讲，数字化转型构建模块与 TOGAF[⊖]的架构构建模块（ABB）和解决方案构建模块（SBB）之间具有固有的联系，无论是现有的还是新创建的。这是将数字化转型战略文档化并传达给架构和开发团队的关键。更重要的是，因为这种联系的存在，组织将考虑其业务和技术模式的转变。因此，数字化转型构建模块可以通过传递性来改进组织的数字化转型成熟度。

　　转型构建模块可以通过解决方案构建模块映射到规范技术栈，以便确定实现模式。组织因此能够识别和记录可重用的逻辑和实现解决方案，以加快转型计划的实现。

　　这是一个重要的概念，特别是对于国际性公司来说，因为它们可以重用转型模式跨地域实现类似的变革，从而将工业化要素带到转型中。

　　一个数字化战略可能包含几个数字化转型构建模块。一旦它们的成本被估算出来，就可以使用 MVP（最小可行产品）技术来制定实现路线图。实现路线图假定每个构建模块整齐地映射到一个或多个 MVP，这不是必需的。单个 MVP 可能涉及多个构建模块。

　　MVP 是指一种产品开发技术，通过增量的方式逐步开发出完整的产品，每一个阶段的产品都具有全部功能的一个子集。

　　数字化转型框架与大规模敏捷框架（SAFe）的集成也很重要。构建模块成为软件工程方法组合层的战略输入。

　　SAFe 投资组合是该方法最受关注。它通过一个或多个价值流为建立精益敏捷企业提供了基本结构，这些基本结构用于构建满足战略意图的系统和解决方案。投资组合封装了一些元素，并提供了必要的基本预算和其他监管机制，以确保对价值流的投资能够为组织实现其战略目标提供必需的回报。将数字化转型框架（及其构建模块）与组织组合管理方法和精益软件开发方法相结合，以便实现数字化战略。使用风险调整框架可以更好地理解与数字化转型路径相关的固有风险，目标是让组织通过设计而不是偶然性来承担与数字化演进相关的风险和业务奖励。

　　每个业务转型都很难建模和执行，而数字化转型似乎更加难以构思和交付，因为与业务变更相关的技术特征往往会带来混淆。数字化转型极具挑战性，"数字化"的定义可以用于描述与数字化演进相关的边界，这些边界有助于区分三种可能的数字化状态，组织可以使用这三种状态来确定自己的位置，以便更好地实现转型目标。

　　在数字化转型当中，首先要明确"数字化"的概念。有些人认为数字化就是 IT 化，有些人认为数字化是信息化，有些人认为数字化是两化融合。数字化本质上不是一个新概念，它是把信息量化，通过一定的数据规则让信息变成一个可利用的数据，让数据在各个领域产生价值。

　　未来数字化转型的技术趋势可能包括三个方面：一是互联的世界，二是数据，三是智能化和自动化的运营。

　　传统组织在做数字化转型时应该关注新的业务模式、新的产品属性和新的生态组合。将数字化这个命题纳入体系化时，存在五个关键点：第一，真正做到用户至上；第二，要能持续生产有品质保证的产品；第三，不要追求娱乐化的消费；第四，关注新生态的消费群体，它们代表着未来的趋势；第五，关注长期和短期利益的平衡。

　　⊖　The Open Group 标准之一，企业架构标准。

1. 城市窨井盖智能管理

城市窨井盖智能管理示意见图 9-1。

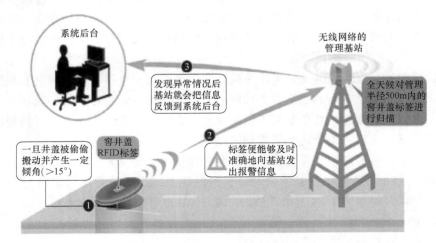

图 9-1　城市窨井盖智能管理示意图

已经安装于各个交通卡口或治安监控杆的感知基站，可以用于感知射频信号范围内的窨井盖的实时状态信息，如窨井盖是否被打开或移动、是否被盗。

2. 城市消防栓管理

城市消防栓管理示意见图 9-2。

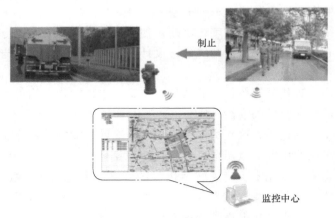

图 9-2　城市消防栓管理示意图

智能消防栓监控系统基于传感器、嵌入式系统和物联网技术，被应用于自来水行业，实现消防栓监测方面的信息化管理。

3. 基于 NFC 的智慧城市公共设施管理平台

智慧城市公共设施管理平台以 NFC 技术为核心，实现对城市公共设施的统一管理，如图 9-3 所示。使用一部 NFC 手机，即可实现公共自行车租借、咖啡厅自助点餐、家居设备控制等功能。它通过直接简单的交互方式和统一管理，为城市居民提供方便、智能的生活体验。

4. 公共设施二维码管理

北京长安街街边垃圾桶、电话亭等公共设施上被安上了钢制二维码铭牌。市民只要通过

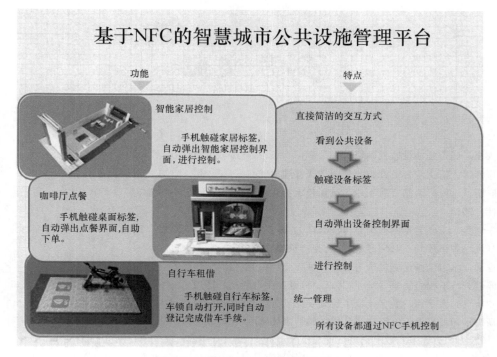

图 9-3　智慧城市公共设施管理平台

微信、QQ、微博等软件扫描二维码，就可以了解设施的基本信息，能随时在线反映公共设施存在的脏乱、破损等问题。市民提交问题后，公共设施管理系统会把问题按照处理程序转交责任单位进行处理，并及时反馈处理结果。

利用二维码和互联网技术就能建立"互联网+设施管理"的城市精细化智慧管理模式，用二维码承载设施名称、产权单位、责任人、设置情况等信息。而实施二维码管理可解决设施管理权属难核实、问题难发现、违法设施难认定的"三难"问题，也可实现设施权属快速核实、违法设施快速甄别、方便市民对设施问题快速投诉、设施案件快速处置，促进产权单位、行业管理部门和属地责任的落实。

思　考　题

1. 什么是数字化转型？
2. 信息化、数字化和数字化转型的本质区别与内在联系是什么？

参 考 文 献

[1] 张伟. 城市公共设施投融资研究 [M]. 北京：高等教育出版社，2005.

[2] 何继善，王孟均，王青娥. 中国工程管理现状与发展 [M]. 北京：高等教育出版社，2013.

[3] 周蔚吾. 城市道路交通畅通化设计技术：交通拥堵原因分析与实例详解 [M]. 北京：知识产权出版社，2013.

[4] 朱训生. 工程管理的模糊分析 [M]. 上海：上海交通大学出版社，2004.

[5] 李岚. 城市规划与管理 [M]. 大连：东北财经大学出版社，2006.

[6] 肖云. 城市公共设施投资与管理 [M]. 上海：复旦大学出版社，2004.

[7] 郭献芳. 工程经济学 [M]. 北京：机械工业出版社，2012.

[8] 叶裕民，皮定均. 数字化城市管理导论 [M]. 北京：中国人民大学出版社，2009.

[9] 杨励雅，池海量. 城市市政公用设施数字化管理 [M]. 北京：中国人民大学出版社，2009.

[10] 杨宏山，齐建宗. 数字化城市管理模式 [M]. 北京：中国人民大学出版社，2009.

[11] 赵辉. 公共设施项目融资模式及其选择研究 [M]. 天津：南开大学出版社，2014.

[12] 鲍姆. 用 Stata 学计量经济学 [M]. 王忠玉，译. 北京：中国人民大学出版社，2012.

[13] 张焱. 公共设施设计 [M]. 北京：中国水利水电出版社，2012.

[14] 邱建，高黄根，张欣，等. 城市规划 ABC [M]. 北京：中国建筑工业出版社，2019.

[15] 宋培抗. 城市规划与城市设计 [M]. 北京：中国建材工业出版社，2004.

[16] 余池明，张海荣. 城市公共设施投融资 [M]. 北京：中国计划出版社，2004.

[17] 薛文凯，陈江波. 公共设施设计 [M]. 北京：中国水利水电出版社，2012.

[18] 拉维. 现代城市规划：第 10 版 [M]. 张春香，译. 北京：电子工业出版社，2019.

[19] 钟蕾，罗京艳. 城市公共环境设施设计 [M]. 北京：中国建筑工业出版社，2011.

[20] 王海军. 运营管理 [M]. 北京：中国人民大学出版社，2013.

[21] 张婷，苗广娜. 公共设施造型开发设计 [M]. 南京：东南大学出版社，2014.

[22] 彭军，高颖. 城市公共设施设计与表现 [M]. 天津：天津大学出版社，2016.

[23] 丁向阳. 城市公共设施投融资理论与实践 [M]. 北京：中国建筑工业出版社，2015.

[24] 詹卉. 公共设施维护理论与制度研究 [M]. 北京：经济科学出版社，2011.

[25] 北京市"2008"环境建设指挥部办公室. 现代城市运行管理 [M]. 北京：社会科学文献出版社，2007.

[26] 联合国人居署，刘冰，周玉斌. 城市公共设施优化 [M]. 上海：同济大学出版社，2013.

[27] 卢建华，郑毅. SAP 公用事业行业营销解决方案 [M]. 北京：清华大学出版社，2014.

[28] 李昊. 城市公共中心规划设计原理 [M]. 北京：清华大学出版社，2015.

[29] 李华，张靖会. 公共产品需求弹性与市场供给的相关分析 [J]. 财政研究，2008 (8)：36-39.

[30] 张洪吉，罗勇，刘慧，等. 我国传统村落数字化保护技术研究现状与展望 [J]. 资源开发与市场，2017，33 (8)：912-915.

[31] 刘鹏飞，赫曦滢. 传统产业的数字化转型 [J]. 人民论坛，2018 (9)：87-89.

[32] 赵跃，周耀林. 国际非物质文化遗产数字化保护研究综述 [J]. 图书馆，2017 (8)：59-68.

［33］ 马跃. 平等与尊重：公共建筑使用者分析与通用设计的本质［J］. 建设科技，2019（7）：33-36.

［34］ 赵星，董晓松. 数字化革新战略实施路径与管理框架［J］. 软科学，2017，1（31）：20-23.

［35］ 张于喆. 急需关注创新治理的数字化转型［J］. 经济纵横，2016（5）：14-22.

［36］ 陈刚，王苗，潘洪亮. 数字服务化企业的特点与模式研究［J］. 新闻与传播评论，2018，4（71）：90-97.

［37］ 刘沛林，邓运员. 数字化保护：历史文化村镇保护的新途径［J］. 北京大学学报，2017（6）：104-110.

［38］ 荆浩，刘垭，徐娴英. 数字化使能的商业模式转型：一个制造企业的案例研究［J］. 科技进步与对策，2017，2（34）：93-97.

［39］ 栾世栋，戴亦舒，余艳，等. 数字化时代的区域卫生信息平台顶层设计研究［J］. 管理科学，2017：1（30）：15-30.

［40］ 王龙，赵元超. "事件—建筑"思想的本质解读：以延安大剧院为例［J］. 先锋·理论，2018（10）：1-4.

［41］ 刘国新，王君华. 近现代西方城市规划理论综述［J］. 特区经济，2006（5）：343-344.